생명공학의 윤리 3

나남
nanam

한국연구재단 학술명저번역총서
서양편 391

생명공학의 윤리 3

2016년 11월 15일 발행
2016년 11월 15일 1쇄

편저자_ 리처드 셔록 · 존 모레이
옮긴이_ 김동광
발행자_ 趙相浩
발행처_ (주) 나남
주소_ 10881 경기도 파주시 회동길 193
전화_ (031) 955-4601 (代)
FAX_ (031) 955-4555
등록_ 제 1-71호 (1979.5.12)
홈페이지_ http://www.nanam.net
전자우편_ post@nanam.net
인쇄인_ 유성근 (삼화인쇄주식회사)

ISBN 978-89-300-8894-7
ISBN 978-89-300-8215-0 (세트)
책값은 뒤표지에 있습니다.

'한국연구재단 학술명저번역총서'는 우리 시대 기초학문의 부흥을 위해
한국연구재단과 (주)나남이 공동으로 펼치는 서양명저 번역간행사업입니다.

생명공학의 윤리 3

리처드 셔록 · 존 모레이 편
김동광 옮김

나남
nanam

Ethical Issues in Biotechnology

생명공학의 윤리 3

차 례

제 6부

인간복제와 줄기세포 연구

제5부

인체 유전자 검사와 치료

인간 유전자 검사와 선별 검사

유전자 검사의 원칙들

앞에서 다루었던 DNA 화학과 유전학은 여러분이 인체유전학의 검사 기술을 이해하는 데 도움을 줄 것이다. 수소결합으로 염기 A가 T와 쌍을 이루고, G가 C와 쌍을 이루어 DNA의 이중가닥이 형성된다는 사실을 상기하자. 이 결합이 끊어지면, 두 가닥은 단일가닥으로 분리된다. 두 가닥이 합쳐져 이중가닥의 분자를 형성하는 과정을 '잡종 형성'이라고 한다. 두 가닥이 서로 잘 맞으면 서로 '상보적' 혹은 '상동적'이라고 한다. 이 용어들은 유전자 검사 절차를 언급하면서 빈번하게 등장하기 때문에 기억해 둘 필요가 있다. DNA가 결합하여 이중가닥을 형성하는 과정은 대부분의 유전자 검사에서 기본이다.

DNA 가닥이 결합해서 약하거나 강하게 서로 잡종을 형성하게 되는 데에는 여러 가지 조건이 있다. 이미 앞에서 논의한 첫 번째의 분명한 조건은 A가 T와 결합하고 T가 C와 결합하는 것이다. DNA의 모든 단일 핵산들이 2개의 DNA 가닥 사이에서 완벽하게 일치하는 것도 가능하다. 그러나 이들 서열에 여러 개의 염기들이 일치하지 않거나 단 하나가 일치하지 않음으로써 불완전하게 잡종을 형성할 수도 있다.

불일치의 한 가지 사례는 인접한 다른 핵산들이 완벽하게 일치해도, A가 G 앞에 오는 경우이다. 2개 가닥 사이의 상동 정도를 나타내기 위해 상보성을 백분율로 계산할 수 있다. 예를 들어, (앞에서 예를 든) 2개의 DNA 가닥은 99% 상동이라고 할 수 있다. 그것은 평균 99개의 서열에서 하나의 불일치가 나타난다는 것을 뜻한다. 역으로 35% 상동인 2개의 서열은 별로 비슷하지 않다. 이 이론은 범죄조사처럼 두 DNA 원천 사이의 연관성을 보여 주는 데 이용된다. 혈액세포와 같은 조직에서 나온 DNA는 범죄 현장에서 발견된 용의자의 DNA와의 연관성을 보여 주는 데 사용될 수 있다.

염기쌍 사이의 수소결합 숫자는 DNA의 두 가닥이 서로 잡종을 형성하는 곳의 강도에 영향을 준다. C 반대편에 G가 오는 결합은 A 반대편에 T가 오는 결합보다 강하다. 그 이유는 G-C 염기쌍은 3개의 수소결합을 가지는 데 비해 A-T 염기쌍은 2개만 가지고 있기 때문이다. 따라서 G와 C의 비율이 더 높은 DNA 가닥이 더 튼튼하게 잡종을 형성하게 될 것이다.

DNA 잡종화에 영향을 주는 또 하나의 조건은 DNA를 포함하는 용액, 즉 잡종형성 용액(hybridization solution)이라 불리는 것의 온도이다. 그 온도가 아주 높으면, 수소 분자들 사이의 결합이 활발하고 불안정해져서 수소분자들을 함께 붙잡아 주지 못하기 때문에 DNA 가닥들이 분리되거나 서로 연결되지 않을 것이다. 역으로 용액이 차가우면, 결합이 활발하지 않고 안정적이어서 DNA 가닥들을 결합시킨다.

마지막으로 용액의 염분(鹽分) 농도가 높으면, 수소결합은 DNA 가닥들을 단단하게 잡아줄 것이다. 낮은 염분 농도는 약한 수소결합을 만든다. 유전자 검사 절차를 수행하는 사람들은 자신들의 유전자 검사 분석에서 DNA 잡종형성을 변형하기 위해 이처럼 다양한 잡종형성 원리를 사용한다.

유전자 검사를 위한 서던블롯 잡종형성 방법

이 잡종형성 원리는 검사 절차들이 어떻게 수행될 것인가의 문제에 포함된다. 우리는 두 가지 검사 절차를 기술할 것이다.

첫 번째는 서던블롯(Southern blot) 잡종형성이라 불리는 것이다. 이 방법에 '서던'이라는 말이 붙은 까닭은 1875년에 이 절차를 창안했던 사람이 E. M. 서던(E. M. Southern) 박사였기 때문이다.

먼저, 커다란 염색체 DNA를 제한효소로 잘라 다루기 쉬운 작은 조각으로 만든다. 그런 다음, 잘린 DNA 견본을 크기에 따라 분류한다. DNA 분자는 약한 전하를 띠기 때문에 전류를 이용하여 분리할 수 있다(〈그림 18〉 참조). DNA는 젤라틴과 비슷한 물질인 아가로오스 겔(*agarose gel*)에서 양극에서 음극으로 이동한다. 여기에서 아가로오스 겔은 매질 또는 체로 생각할 수 있다. DNA 단편이 전류에 의해 겔로 이동하면, 큰 조각들은 매질을 통과하면서 작은 조각들에 비해 속도가 느려진다(〈그림 18〉 참조).

따라서 큰 조각들은 출발점에 가까운 곳에 위치하고, 작은 조각들은 출발점에서 더 멀리 이동한다. 그 결과, 같은 크기의 단편들은 겔상의 단일 장소에 위치하게 된다.

나중에 설명하겠지만, 정확한 검출을 위해서는 같은 크기의 DNA 단편들이 겔상의 한 지점에 축적되는 것이 중요하다. 서로 다른 크기의 단편들이 모두 섞이면 적절한 분석이 불가능할 것이다.

겔상에서의 단편 분리가 끝나면, DNA는 겔에서 나일론 막으로 위치를 옮겨야 한다. 이 과정은 겔을 이용해서 할 수 없다. 겔에서 나일론으로 옮겨 가는 과정은 다양한 띠의 위치와 장소가 유지되어

〈그림 18〉겔 전기영동의 단면도

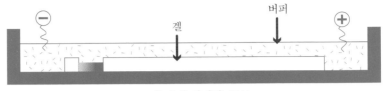

버퍼

겔

겔 속에 장전된 DNA

전기영동

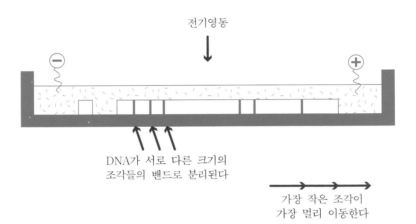

DNA가 서로 다른 크기의
조각들의 밴드로 분리된다

가장 작은 조각이
가장 멀리 이동한다

야 한다. 이 작업 절차를 서던블롯 잡종형성이라고 부른다. 이 과정
은 여러 가지로 변형될 수 있지만, DNA를 분석한 결과는 기본적으
로 동일하다.

〈그림 19〉는 전사 용액, 겔, 나일론 종이 또는 막, 그리고 전사
용액을 빨아들이기 위한 종이 흡수패드 등을 담아두기 위한 저장기
를 이용하는 기구를 보여 준다. 전사 용액은 겔과 나일론을 통과해
흡수패드로 들어간다. 이것은 종이타월로 부엌 바닥에 쏟아진 물을
빨아들이는 것과 마찬가지이다. 용액은 겔 속을 지나는 DNA를 붙

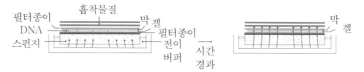

〈그림 19〉 서던 블롯 잡종화

잡아 나일론 막에 부착시킨다. 그런 다음 용액은 계속 흡수패드에
배어든다. 용액은 겔과 나일론을 통과하면서 직선으로 움직이기 때
문에 DNA의 위치는 그대로 유지된다. 이 과정을 통해 잡종형성을
위한 DNA가 준비된다.

탐침(*probe*)은 동위원소라 불리는 화학 혹은 방사성의 분자로 딱
지가 붙은 DNA 염기서열이다. 쉽게 검출되는 화학물질이나 동위원
소를 탐침에 딱지로 표지하면, 탐침의 존재를 쉽게 확인할 수 있다.

기본적으로 탐침은 과학자에게 DNA 조각이 탐침과 관계가 있는
지 알려 준다. 알려진 서열의 탐침과 잡종화되거나 연결되어 있는
DNA는 확인이 가능하다.

잡종형성 단계에는 적당한 온도의 적당량의 염분만을 포함하는
잡종형성 용액에서 나일론 막에 DNA를 부착하는 과정이 포함된
다. 여기에서 잡종형성이 염분과 온도에 의해 영향을 받는다는 것
을 기억하라.

탐침이 막에서 DNA와 잡종을 형성한 다음, 결합하지 않은 탐침
을 막에서 씻어 내어 막에는 잡종을 형성한 탐침만 남게 한다. 가장
강한 탐침만 남겨 두려면, 세척 용액의 온도를 높이고 염분 농도를
낮춰서 약하게 연관된 탐침을 제거한다. 이 개념의 핵심은, 세척 단
계에서 염분의 농도와 온도를 조절하여 탐침을 이용하면, 유사성이

높거나 낮은 염기서열들을 찾아낼 수 있다는 것이다. 마지막 단계는 나일론 필터에 X-선 필름을 노출하는 것이다. 예를 들어, 특정한 상보적인 방사성 탐침들은 나일론 막에서 발견된 DNA와 잡종을 형성하거나 부착될 수 있다(〈그림 20〉).

그리고 나일론 막은 방사성 검출이 가능한 필름에 노출시킬 수 있다. 이 필름을 현상하면 상보적 DNA가 위치한 곳에 검은 얼룩이 나타날 것이다. 그 밖의 모든 DNA의 위치에는 검은 얼룩이 나타나지 않는다. 방사성 탐침이 다른 DNA 염기서열 중 어느 것과도 잡종을 형성하지 않기 때문이다(〈그림 20〉).

여기에서 탐침을 만드는 세부적인 방법은 중요하지 않다. 그러나 딱지나 꼬리표가 붙은 탐침이 어떻게 목표와의 잡종형성을 검출하는 데 도움을 주는지 확실하게 이해하는 것은 탐침의 작동방식을 파악하는 데 매우 중요하다. 탐침은 방사성 물질이나 검출 가능한 화

〈그림 20〉 방사성 탐침을 이용해 관심 있는 DNA를 식별한다

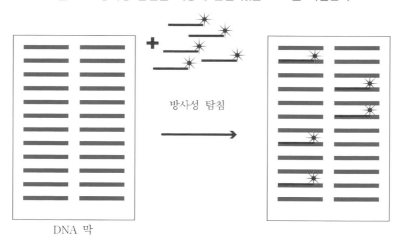

방사성 탐침

DNA 막

학물질 딱지를 탐침의 끝부분이나 탐침 안에 있는 핵산에 붙인다. 방사성 동위원소는 필름, 좀더 구체적으로 말하면 부러진 뼈를 촬영할 때 X-선에 사용하는 것과 같은 종류의 X-선 필름에 노출될 수 있는 방사선을 방출한다.

검출 가능한 화학물질도 대개 필름에 노출될 수 있는 형광이나 빛을 낸다. 여기에 사용되는 원리는 탐침이 목표 염기서열과 잡종을 형성했을 때, 그것을 검출할 수 있는 무언가를 탐침에 붙여야 한다는 것이다.

유전자 검사를 위한 중합효소 연쇄반응

유전자 검사의 두 번째 방법은 중합효소 연쇄반응(PCR)이라고 불리는 절차를 이용한다. PCR의 핵심은 10억 배로 DNA 분자 수를 증가시킬 수 있는 능력에 있다. PCR이 어떻게 작동하는지 이해하려면 DNA 복제에서 프라이머의 역할에 관해 파악해야 한다. 복제란 새로운 상보적인 DNA 분자들이 합성되는 것을 뜻한다. 프라이머란 '목표 DNA'라고도 부르는 복제될 DNA 서열과 상동인 DNA의 작은 조각들이다. 목표 DNA에 프라이머를 결합하는 것은 복제를 시작하는 데 꼭 필요한 단계이다. 프라이머가 목표 DNA에 대해 상동이지 않으면, 결합하지 않을 것이고, DNA 합성은 일어나지 않게 된다.

합성에 관여하는 단백질 효소는 이 프라이머를 찾아서 결합하고, 그런 다음 프라이머의 끝부분에 핵산들을 붙여 나가기 시작한다. 이 효소를 'DNA 중합효소'라고 한다. 프라이머가 결합된 목표 DNA 상에 G가 있으면, DNA 중합효소는 프라이머의 끝에 C를 붙일 것이다. C와 G는 상보관계이기 때문이다. 프라이머에서 DNA가 확장되어 나가면, DNA 중합효소는 상보적인 핵산들을 붙여가기만 할 것이다. 그 최종 산물이 상보적인 DNA의 새로운 가닥이다.

PCR에서 또 하나의 중요한 개념은 DNA 중합효소가 프라이머에 대해서 5′에서 3′ 방향으로 핵산을 더한다는 점이다. 여기에서 DNA 프라이머의 끝이 5′나 3′의 끝을 가지는 것으로 확인되기 때문에, 핵산이 프라이머의 3′ 말단에 첨부된다는 것을 기억해 둘 필요가 있다. 따라서 새로운 DNA는 5′에서 3′로 한 방향으로만 자라난다.

PCR은 새로운 상보적인 DNA의 합성을 포함하지만, 어떻게 DNA의 양을 10억 배로 증가시킬 수 있는가? 이 방법은 합성 반응에서 2개의 프라이머를 이용한다. 각 프라이머의 합성 방향은 상대 프라이머를 향한다(〈그림 21〉). 첫 번째 프라이머의 합성 방향은 두 번째 프라이머를 향하고, 두 번째 프라이머는 첫 번째 프라이머를 향한다. 반응이 시작되면, DNA 중합효소 분자가 각각의 프라이머에 부착되고, 합성은 각각의 프라이머에서 멀어지는 것이 아니라 각각의 프라이머를 향해 진행된다. 한 반응이 완성되면, 또 하나의 합성 반응이 진행된다.

그런데 이번에는 합성될 DNA 단편의 수가 2배가 된다. 합성 반응이 반복될 때마다 DNA의 총량은 2배가 된다. 첫 눈에는 DNA 수준 증가가 그리 크지 않을 것처럼 보이지만, 이 반응은 30번 반복된다! 30번의 주기가 끝나면, DNA는 처음에 출발했던 양의 10억 배로 엄청나게 증폭된다.

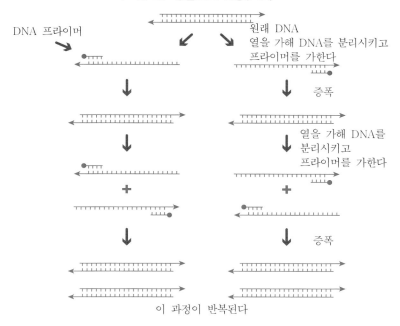

〈그림 21〉 중합효소 반응(PCR)

유전자 검사를 위한 PCR의 응용

그렇다면 중합효소 연쇄반응(PCR)의 어떤 특징이 유전자 검사나 선별 검사에 유용한가? 대개 카펫에 떨어진 머리카락이나 옷에 남아 있는 정액 등으로 범죄 현장에서 찾을 수 있는 DNA 양은 너무 적기에 서던블롯 잡종형성 절차는 사용하기 힘들다. 그러나 PCR은 DNA의 작은 단편만 있어도 분석할 수 있다. 이 방법으로 DNA의 총량을 엄청나게 증폭시킬 수 있기 때문이다. 따라서 DNA의 적은 양밖에 구할 수 없을 때, PCR이 분석에 이용된다.

DNA 선별 검사에 PCR이 중요한 또 하나의 특징은 프라이머가 목표분자와 상보적이어야 한다는 것이다. 프라이머가 목표 DNA와 상보적이면, 결합해서 합성이 일어날 것이다. 약간의 불일치가 있어도 합성은 일어나지 않는다. 따라서 PCR을 통한 DNA 합성은 선별 검사 분석에서 유전자가 일치한다는 것을 시사한다.

서던블롯 잡종형성 방법이 유전자 선별 검사에 사용될 때, 한 무리의 탐침이 사용된다는 것을 기억할 필요가 있다. PCR 반응의 프라이머들은 서던블롯 잡종형성에서 탐침과 비슷한 역할을 한다. 프라이머나 탐침이 목표 DNA 서열과 잡종을 형성하는 능력은 목표와의 상동성이나 상보성에 달려 있다. 프라이머나 탐침의 무리가 클수록 정확성도 높아진다. 이 점에서 PCR과 서던블롯 잡종형성은 같지만, 분석에 필요한 목표 DNA의 양에서는 다르다. 대개 목표 DNA의 양이 분석에 충분할 정도로 많아도 정확도를 높이기 위해, 두 분석법이 동일한 목표 DNA에 사용된다.

유전자 검사의 통계적 확률

사람은 저마다 생김새, 키, 몸무게, 골격, 머리카락 색깔 등이 다르다. 우리는 모두 다르며, 이러한 차이는 우리의 유전적 특징의 결과이다. 사람들은 똑같은 유전자 염기서열을 가지고 있다. 그렇지 않다면 사람처럼 보이지 않을 것이다. 만약 개인 간의 차이를 확인하려 한다면, 각 개인에 공통으로 있는 염기서열을 찾아낼 수 있는 탐침을 사용해서는 안 될 것이다. 그보다 어떤 사람에게는 발견되지 않지만 다른 사람에게는 발견되는 탐침을 사용해야 한다.

하나의 특정 탐침이 10%의 사람이 가지고 있는 염기서열을 찾아낼 수 있다. 그러나 그 정도로는 이 집단에 속한 각 개인을 구별할 수 없다. 완전히 다른 염기서열을 식별하는 또 하나의 확실한 탐침으로 2%의 사람들을 인식할 수 있다. 2개의 탐침을 사용하면, 두 탐침과 모두 잡종을 형성하는 DNA를 가진 사람은 0.2%에 불과하다. 여러 개의 탐침 패널을 이용하면, 이 모든 탐침과 잡종을 형성하는 집단의 비율은 점차 낮아질 것이다.

범죄 현장에서 발견된 DNA의 탐침이 용의자의 DNA와 똑같은 패널 반응을 보이는지 조사할 때 이러한 개념이 사용된다. 그러면 범죄 현장의 DNA가 용의자의 DNA와 몇 %까지 일치하는지 계산할 수 있다. 여기에서 중요한 개념은 그 확률이 매우 낮아서 일치하지 않을 수 있지만, 그 확률이 결코 제로(0)가 되지는 않는다는 것이다. 다시 말해, 우리는 그 사람이 범죄를 저질렀다고 확신할 수 있지만, 절대적으로 확실한 것은 아니다. 그 사람이 죄를 저질렀을 확률이 100%에 가깝지만 — 용의자의 DNA가 범죄 현장의 DNA와 일치해도 — 100% 절대적인 것은 아니다.

이 점 때문에 법정에서 용의자에게 유죄를 선언할 만큼 확실한 확률이 무엇이냐는 문제가 제기된다. 10분의 1이라면 문제의 DNA가 한 사람에게 유죄를 선언하기에 충분한 오차인가? 아마도 그렇지 않을 것이다. 유죄판결이 오류일 확률은 1천분의 1이라도 다른 증거에 따라 충분치 않을 것이다. 100만분의 1 정도라면 판사에게 확신을 줄 수 있을 것이다. 한 패널에 충분한 탐침을 사용함으로써, 과학자들은 용의자가 유죄인지 무죄인지 밝혀낼 수 있는 매우 높은 확률을 얻는다. 그러나 앞에서 설명했듯이, 사람들은 이런 숫자를 이해하는 데 어려움을 겪는다. DNA 증거는 법정에서 점차 받아들여지고 있다. 그러나 다른 증거들도 여전히 용의자에게 유죄를 인정하거나 무죄 방면하는 데 중요한 역할을 한다.

PCR과 서던블롯 잡종형성의 비교

그렇다면 두 가지 방법의 단점은 무엇인가? 앞에서 설명했듯이, 서던블롯 잡종형성은 PCR보다 많은 DNA가 필요하다. 또한 비용도 더 든다. 그러나 PCR은 상당한 주의를 기울이지 않으면 피할 수 없는 단점이 있다. PCR은 지극히 극소량의 DNA도 식별할 수 있으므로 의도하지 않게 공기 중이나 분석자와 같은 반갑지 않은 원천에서 상보적 DNA를 얻을 수 있다. 그 때문에 일치가 발견되어도 오염 발생으로 잘못된 양성 반응을 얻는 문제가 있다.

일부 학자들은 실제 목표 DNA가 어디에서 온 것인지의 원천에 대해서도 의문을 제기한다. 이런 문제를 'PCR 오염'이라고 하며, 대개 PCR의 가장 큰 문제점으로 간주된다. 이 분석법은 너무 민감하여 실수로 잘못된 목표 DNA를 취할 수도 있다.

가령, 한 여성이 살해되었고 그녀의 남편이 용의자로 지목되었다고 하자. 범행 현장에서 머리카락이 발견되었고, 희생자의 것이 아니라는 사실이 밝혀졌다. 희생자가 공격한 사람의 머리를 잡아당긴 것으로 보인다. PCR로 머리카락에 대한 유전자 검사를 하기로 결정되었고, 남편의 DNA로 신원이 밝혀졌다.

당신이 피고 측 변호사라면 판사에게 PCR 검사결과의 타당성에 대해서 어떤 의구심을 제기할 것인가? 당신은 PCR 검사 원리의 관점에서 변호할 수 있고, 그 검사법이 매우 민감하다는 사실을 주장할 수 있다. 당신은 PCR 반응의 민감성에 대해서 다음과 같은 사실을 입증할 수 있는 과학자를 전문가 증인으로 부를 수 있다.

DNA가 들어 있는 액체 한 방울을 올림픽 경기장급 수영장에 떨어뜨린 다음에 물을 완전히 휘저어도, PCR은 DNA의 존재를 확인할 수 있을 정도이다. 용의자와 희생자는 결혼한 상태이기 때문에 피부세포가 남편의 DNA가 발견된 카펫이나 부인의 손에 떨어질 가능성이 있으며, 설령 남편이 살인을 하지 않았더라도 PCR로 남편의 DNA를 쉽게 발견할 수 있다는 것이다.

그러나 범행 현장의 머리카락을 확인하는 데 서던블롯 잡종형성이 사용되었다면, 그 증거는 좀더 신빙성이 있을 것이다. 서던블롯법은 오염된 DNA의 작은 흔적을 잡아낼 수 없기 때문이다. 이 방법은 머리카락에서 추출되는 DNA보다 더 많은 양이 필요하다.

그렇다면 시나리오를 바꾸어서 한 여성이 살해되었고, 그 용의자는 희생자나 그 가족들에게 알려진 인물이 아니라고 가정해 보자. 이 경우에는 사전 접촉이 이루어질 수 없다. 따라서 임의적인 살인 사건으로 보인다. 그럴 경우, PCR 증거는 훨씬 더 설득력을 가진다. 용의자가 희생자와 사전 접촉을 하지 않았고, 따라서 PCR 오염이 일어났을 가능성이 없기 때문이다. 과학에 대한 지식이 어느 정도 있으면 이렇게 유전자 검사의 윤리적·사회적 문제들을 면밀히 검토하는 데 확실히 도움이 된다.

인체 유전자 치료

유전자 치료는 질병에 저항하는 치료로, 이로운 유전자를 이용한다. 그것은 질병 치료에 이로운 화학물질이나 약이 사용되는 것과 마찬가지이다. 여러분은 유전자와 DNA에 대해 충분한 지식을 가지고 있으므로, 단백질 기능 이상을 치료하기 위해서 암호화한 DNA를 환자의 세포 속에 넣어 치료 효과를 제공할 수 있다는 것을 이해할 수 있을 것이다. 이론적으로 유전공학을 이용하여 그 사람에게 유전자를 주입하거나 분리된 세포를 유전공학으로 처리해 그 사람에게 도입할 수 있다.

제 5부에서는 주로 3가지 기술적 문제들을 다루게 된다. 유전자 치료를 위해 DNA를 어떻게 세포에 주입하는가? 어떤 세포가 치료를 위한 목표가 되는가? 그리고 오늘날 유전자 치료의 후보가 되는 질병은 어떤 것인가?

생식계열 세포 유전자 치료와 체세포 유전자 치료

유전자 치료는 크게 생식계열 세포 유전자 치료(*germ line gene therapy*)와 체세포 유전자 치료(*somatic gene therapy*)의 두 가지 범주로 나눌 수 있다. 생식계열 세포에는 정자, 난자, 그리고 초기 배아 등이 있으며, 생식과 관계되는 세포들을 뜻한다. 이것은 미래의 자손이나 아이들을 태어나게 하는 세포이다.

이러한 생식세포에 들어 있는 유전정보는 이 세포들의 자손에게 전달될 것이다. 따라서 부모에게 유전병이 있거나 최소한 어떤 질병의 유전자를 가지고 있다면, 생식계열 세포는 그 질병의 유전자를 포함할 것이고, 그 결과로 태어나는 아이는 문제의 유전자를 물려받게 된다. 마찬가지로, 생식세포가 치료 유전자를 갖도록 유전자 변형되면, 그 자손은 치료 유전자를 물려받을 것이다. 다른 유전자와 마찬가지로 치료 유전자는 세대에서 세대를 거쳐 계속 이어질 것이다. 이러한 생식계열 세포의 치료 과정은 이론적으로 미래 세대 아이들의 유전병을 치료할 수 있다.

체세포 유전자 치료는 생식과 관련되는 생식계열 유전자에 대한 변형을 일으키지 않는다. 따라서 치료용 유전자는 미래 세대에게 전달되지 않는다. 부모가 유전병을 앓았고 그로 인해 체세포 유전자 치료를 받았다면, 유전자 치료는 자손에게 전달되지 않는다. 체세포는 생식계열 세포를 제외한 모든 세포를 뜻한다. 따라서 폐, 간, 뇌, 피부, 그리고 그 밖의 세포들이 포함되며, 생식계열 세포는 포함되지 않는다.

흔히 체세포 유전자 치료의 전략은 질병을 가진 조직에 대한 유전자 변형을 포함한다. 예를 들어, 낭포성 섬유증(cystic fibrosis)은, 전부는 아니지만, 대체로 폐에서 발생하는 질병이다. 이 질병에 대한 체세포 유전자 치료는 폐세포에 직접 치료용 유전자를 주입하는 것이다. 간에서 발생한 질환에 대해서도 직접 치료용 유전자를 주입하는 치료가 포함된다. 그밖에 뇌, 췌장, 그리고 그 밖의 조직들에 대해서도 마찬가지이다. 폐세포가 낭포성 섬유증에 대해 유전자 변형되면, 치료용 유전자는 환자의 자손에게 전달되지 않기 때문에 자손들은 해당 병에 걸릴 수 있다. 치료용 유전자는 그 세포나 그 세포를 가진 사람이 죽으면 따라서 죽는다. 낭포성 섬유증 환자가 질

병 유전자를 자신의 아이에게 물려주기를 원하지 않고, 그녀가 폐
세포 대신 생식계열 세포를 유전자 변형하는 생식계열 치료를 선택
했다고 가정하자. 이 가상 사례에서 환자는 낭포성 섬유증에 대해
직접 치료를 받지 못할 것이다. 다만 그녀의 자식들만이 혜택을 받
을 것이다. 생식계열 유전자 치료는 환자 자신이 아니라 후손을 치
료하는 것이며, 체세포 유전자 치료는 미래 세대가 아니라 환자를
치료하는 것이다.

생식계열 유전자 치료는 체세포 유전자 치료보다 훨씬 복잡한 윤
리적 쟁점들을 야기한다. 따라서 임상실험이나 연구도 체세포 유전
자 치료 쪽으로 훨씬 많이 이루어지고 있다. 이 글을 쓰는 시점까
지, 생식계열 유전자 치료에 대한 임상실험은 국립보건원의 규제기
구에서 한 번도 승인이 이루어지지 않았다.

그런데 역설적이게도, 동물연구를 기반으로 했을 때, 이론적으
로 체세포 유전자 치료가 생식계열 유전자 치료보다 훨씬 힘들다.
동물의 경우, 태아 발생을 위해 모체에 이식하려고 치료 유전자의
DNA를 단세포 배아에 주입하는 것보다 병에 걸린 조직의 성체세포
에 유전자를 주입하기가 상대적으로 더 어렵다. 그러나 형질전환
동물을 생성할 때 부딪히는 사소한 문제 중 일부도 사람을 대상으로
하는 동일 과정에서는 심각한 윤리적 문제가 될 수 있다.

가령 동물 배아에 DNA를 미세 주입하는 절차는 다른 절차에서
야기되는 윤리적 문제들을 잘 보여 준다. 외래 DNA가 단세포 배아
의 핵에 주입되면, 그 DNA는 임의로 염색체에 삽입된다. 엄격히
말하면, 이것은 유전자 돌연변이에 해당한다. 이와 같은 삽입 과정
을 통해 '침묵 돌연변이'(*silent mutation*) 가 유발되기도 한다. 그 동

물에게 어떤 질병도 일으키지 않기 때문이다.

그러나 외래 유전자의 임의적인 삽입 후 발생한 일정 수의 동물 배아는 생리상이나 발생상에서 질병을 가지게 될 것이다. 때로는 분만 이전에 자궁 내에서 사망하기도 한다. 동물의 경우에는 이런 사건이 별반 문제시되지 않지만, 사람의 유전자 치료에서는 중요한 문제가 될 수 있다. 치료 결과로 유전적 결함을 가지고 태어난 사람의 아기는, 특히 그 아기가 치료를 받는 문제에 있어서 아무런 선택권을 갖지 못하기 때문에, 매우 불행할 것이다.

하나의 유전병을 예방하거나 치료하려는 시도에서 또 하나의 우연적인 유전병이 발생할 수 있다. 이 경우, 병에 걸리는 사람은 그 문제에 관한 한 아무런 선택권이 없다. 생식계열 유전자 치료를 사람에게 적용할 때, 두 가지 윤리적 문제가 발생한다. 하나는 아이의 동의를 받지 못한다는 것이고, 다른 하나는 그 절차에 포함된 의학적 위험성이다.

체세포 유전자 치료는 유전자 변형된 세포가 장기적으로 지속되는 혜택을 줄 만큼 조직에 오래 남아 있지 못하기 때문에 그 가능성이 작다. 그리고 현저한 차이를 가져올 만큼 조직 속에서 생성되는 단백질이나 유전자 변형된 세포들이 충분치 않을 수도 있다. 조직속에 있는 모든 세포는 그 조직에 더해진 유전자 변형된 세포 수에 비하면 매우 많다.

체세포 유전자 치료법들

체세포 유전자 치료를 가능하게 하는 기술은 유전자를 전달하는 전략에 달려 있다. 이를 위해 과학자들은 벡터와 같은 유전자 전달매체를 개발했다. 이 벡터는 세포에 전달하기 위해 치료 유전자를 캡슐로 덮는다. 현재 이용되는 벡터의 상당수는 독성을 약화시키거나 변형한 바이러스를 이용한다. 수십억 년의 진화를 통해 바이러스는 목표 세포에 자신들의 유전체를 전달하는 매우 효율적인 방법을 개발했다. 그런데 불행하게도 이 유전체는 질병으로 이어진다.

따라서 바이러스에서 질병 유발 요소를 제거하고 환자의 치료에 도움이 되는 재조합 DNA를 주입하는 것이 과제이다. 변형된 바이러스는 환자의 몸속에서 스스로 복제할 수 없으며, 다만 유전물질을 효율적으로 전달하는 능력만 유지한다.

또 하나의 전략은 DNA, 단백질 또는 지질의 복합체가 유전자를 효율적으로 전달할 수 있는 입자로 형성되는 합성 벡터를 기반으로 한다. 유전자 치료의 가장 근본적인 도전은 DNA를 어떻게 체내의 많은 세포에 전달할 것인가, 어떻게 정확한 종류의 세포핵에 효율적이고 구체적인 방식으로 전달할 것인가, 그리고 환자에게 어떻게 안전히 전달할 것인가이다.

이미 우리는 생식계열 유전자 치료를 위해 외래 DNA를 미세주사법으로 개별 배아에 주입할 수 있다는 사실을 언급했다. 그러나 체세포 유전자 치료에서는 이 방법이 실질적으로 가능하지 않다. 그 까닭은 충분한 치료 단백질을 생성하려면 너무 많은 세포가 외래 DNA를 전달받아야 하기 때문이다. 대부분의 전략은 바이러스나 바이러스와 유사한 인공 입자들을 사용하는 것이다. 바이러스는 세포에 도달하는 매우 효율적인 방법을 가지고 있다. 이 바이러스는 더는 복제나 생식을 하지 못하지만 체세포로 들어가는 능력을 계속 유지하도록 유전자가 변형된다.

외래 DNA가 변형된 바이러스에 주입되면, 그 바이러스는 체세포를 감염시켜 외래 DNA를 세포 속으로 방출할 수 있다. 이 바이러스는 재생산을 하지 않기 때문에 의도된 사용으로만 한정될 수 있다. 바이러스는 세포 표면의 특정 분자에 부착하는 수용기를 가지고 있다.

이 과정은 차를 타고 한 나라에서 다른 나라로 여행하는 것과 비슷하다. 여러분은 여러분을 운송하는 차 안에 있다. 마찬가지로 외부 바이러스도 바이러스에 올라타서 세포 안으로 운송될 수 있다. 국경 지대에서 여러분은 여권과 같은 서류가 있어야만 다른 나라로의 입국이 허용될 것이다. 바이러스도 특정한 수용기 분자를 이용해 세포에 달라붙어 그 속으로 들어간다. 치료 유전자를 가지고 있는 변형된 바이러스는 운송수단이라고 할 수 있으며, 좀더 구체적으로는 '벡터'라고 할 수 있다.

바이러스 벡터 사용의 장단점

체세포 유전자 치료에 바이러스 벡터를 이용할 때 나타나는 장점과 단점은 무엇인가? 바이러스 벡터는 면역원성(*immunogenic*)이다. 그 뜻은 신체가 몸에서 그 바이러스를 제거하기 위해 면역반응을 일으킨다는 것이다. 따라서 바이러스 벡터는 반복적으로 공급될 수 없다. 바이러스 벡터를 대량으로 공급하면, 충분한 수의 세포들이 치료 유전자를 받아 혜택을 받을 수 없다. 임상실험에서 이 바이러스 벡터는 한 가지 불행한 사례를 제외하고는 안전하다는 사실이 입증되었다.

18살의 제시 젤싱어(Jesse Gelsinger)는 오르니틴 트랜스카바미라제(Ornithine TransCarbamylase: OTC) 결핍증*으로 실험적인 유전자 치료를 받았지만, 유전자 치료 임상실험의 합병증으로 사망했다. 그의 OTC 결핍증이 바이러스 벡터에 대한 면역원성 반응의 부작용을 정상적으로 제거하지 못하도록 방해했기 때문이다. 그 밖의 다른 환자들은 이러한 부작용을 일으키지 않았다.

이러한 부작용은 연구를 시작하기 전에 실험실 검사를 기반으로 해서는 예측이 불가능하다. 현재까지 유전자 치료 임상실험의 효율성은 기대에 못 미치고 있다. FDA로 부터 유전자 치료의 임상 적용이 안전하다고 승인 받으려면 충분한 성공을 거두기 위해 훨씬 많은 연구가 이루어져야 할 것이다.

체세포 유전자 치료 현황

다음 목록은 유전자 치료가 고려되고 있는 질병들이다. 이 목록은 인체 유전자 치료 규약의 잠재적 가치를 보여 준다. 물론 이 질병 모

---

* 〔역주〕 유전성 요소 대사 장애로 희귀난치성 질환 중 하나이다.

두가 유전자 치료가 가능하지는 않을 것이다. 그러나 그중 일부는 가능할 것이다.

급성 간질환, 급성 골수성 백혈병, 전립선 선암종, 진행암, 진행 중피종, 근위축성 측삭 경화증, 알츠하이머, 방광암, 뇌종양, 유방암, 카나반 병, 자궁경부암, 만성육아종, 만성 림프성 백혈병, 만성 골수성 백혈병, 결장 악성 종양, 대장암, 급박 사지허혈, 팔꿈굴 증후군, 낭포성 섬유증, 사이토메갈로바이러스 질환, 미만성 관상 동맥질환, 당뇨 합병증 족부궤양, 엡스타인바 바이러스 질환, EBV-양성 호지킨병, 난소외암, 파브리병, 가족형 과콜레스테롤혈증, 판코니 빈혈증, 고셰병, 다형성 교모세포증, 신경교종, 맥락막 위축증, 목과 머리의 편평상피 세포암, 골반 골절, HIV(면역결핍바이러스), HIV 림프종, 연수막 암종증, 백혈구부착결핍증, 지대형 근이영양증, 간암, 폐암, 림프성 악성 종양, 흑색종, 경증 헌터증 후군, 다발성 경화증, 심근 혈관신생, 신경아종, 비호지킨 림프종, 비소세포폐암, 구강 편평상피 세포암, 난소암, 오르니틴 트랜스카바밀라제 결핍증, 소아 뇌암, 소아 교모세포종, 말초동맥질환, 말초동맥폐색질환, 말초혈관질환, 전립선암, 푸린뉴클레오시드 포스포릴라아제 결핍증, 콩팥세포암종, 망막모세포종, 류마티스성 관절염, 육종, 중증 복합형 면역부전증, 혈우병 A/B, 소세포암, 노작성 협심증, 다리 정맥궤양, X-염색체 연관성 중증복합면역결핍증 등이 그것이다.

윤리적 쟁점들

지난 30년 동안 유전적 비정상과 유전병에 대한 검사와 선별 검사(screening)로 발생한 문제들에 대해 많은 글이 발표되었다. 유전학이 그 힘과 예측력을 높이면서, 다시 논쟁이 촉발되었다.

어떤 상황에서 유전적 이상을 가진 신생아를 합리적으로 선별 검사할 것인가?

사회는 유전학 발전 그리고 질병에 대한 유전자 검사에 어떻게 대응할 것인가?

어떻게 이 지식을 사람들에게 공평하고 합리적으로 이용할 것인가? 프라이버시와 비밀을 어떻게 보호할 것인가?

새로운 법률이나 규칙이 필요한가?

유전 지식에 대한 우리의 책무는 무엇인가?

우리는 우리의 유전적 미래에 대해 몰라도 되는 권리를 가지는가?

이런 주제들에 대한 고민을 시작할 가장 좋은 출발점은 최근 미국 국립과학아카데미(National Academy of Sciences: NAS)의 한 위원회에서 발표한 보고서일 것이다. NAS는 유전질환의 선별 검사와 검사를 고려할 때 적용해야 하는 4가지 핵심 도덕원칙들을 제기했다. 그것은 ① 자율성, ② 프라이버시, ③ 비밀유지, ④ 평등성이다.

자율성은 자신의 유전자 구성에 대해서뿐만 아니라 검사를 통해 무엇이 밝혀질 것인지에 대한 정확한 정보를 개인이 알 수 있어야 한다고 요구한다. 각 개인은 무엇을 검사하는지, 그것이 어떻게 작동하는지, 그리고 어떤 결과에 도달할지에 관해 알 필요가 있다. 이것은 의약품에 대한 표준적이고 공식적인 동의 법안이다. 그러나 NAS

가 지적하듯이, 이 모형은 하나의 혈액견본만으로 10여 가지의 유전 질병을 검사할 수 있는 상황에서는 적합하지 않다. 보고서는 그밖에도 신생아를 대상으로 유전적 이상을 선별 검사하는 특수한 문제에 대해서도, 특히 그 질병이 치료될 수 없는 경우에 대해 지적한다.

지식은 힘이 될 수 있다. 그러나 지식은 사람들에게 부정적 영향을 줄 수 있다. 특히 아무런 처치도 제공될 수 없는 경우가 그러하다. 어린아이에게 이런 지식이 무슨 도움이 되겠는가? 미래의 삶을 결정하기 위해 아이가 나이가 들어서 충분한 정보를 습득한 후에 결정을 내릴 능력이 된 후에 유전자 검사를 할 수 있다.

비밀유지는 의학에서 핵심적인 가치이다. 유전의학도 예외는 아니다. 유전정보는 전문가와 환자에게만 알려져야 한다. 여기에 예외가 있는가? 아마도 몇 가지 예외가 있을 것이다. ① 유전적 문제를 밝히지 않을 때 발생할 수 있는 위해가 큰 경우, 친척이 치료를 요하는 경우가 그런 예에 해당한다. ② 검사를 받은 사람이 자발적으로 정보를 제공하지 않을 경우, 고용주나 보험업자와 같은 제삼자가 이러한 정보를 적용한다면 어떻게 되겠는가? 아마도 그 개인은 이러한 경우에 차별을 받거나 보험에 가입하지 못하게 될 것이다.

유전의학이 평등하게 창조되지 않은 세계를 드러내면서, 이 분야에서 평등성은 위기에 처해 있다. 어떤 사람들은 치명적이거나 중증인 질병을 증가시키는 유전자를 가지고 있다. 이런 종류의 위험을 공유하고, 그로 인해 발생하는 비용도 모두 나누어야 하는가? 의료보험료는 모든 사람에게, 아니면 '위험에 관련된' 사람들에게 더 많은 보험료를 내도록 해야 하는가? 고용주는 고용계약을 맺을 때 유전정보를 사용해야 하는가? 일반적으로 NAS는 유전정보에 근거한 차별에 반대하는, 가능한 한 폭넓은 규칙을 위해 엄격한 비밀유지와 프라이버시 규정을 주장했다. 이 기관은 유전학이 개인의 통제하에 있는 무언가가 아니며, 차별의 유일하고 적절한 설명은 오직 사회적 과제를 수행할 능력의 부재일 따름이라고 주장한다. 다르다는 이유로 사람을 차별하는 것은 옳지 않다.

　제25장에서 로드스는 자율성보다는 사회적 연대에 초점을 맞춘다. 그녀는 우리가 유전적 운명에 대해 알지 않을 권리를 가지는지, 또는 가족구성원들의 운명에 대한 지식을 제공할 권리가 있는지 묻는다. 그녀는 유전적 자율성 문제에 대해 조건부의 반대 입장을 제시한다. 그녀는 우리의 모든 결정이 우리에게 가장 가까운 사람들에게 영향을 줄 것이라고 믿는다. 따라서 우리는 우리의 유전적 운명에 대해 알 의무가 있다. 그것에 관해 알지 못하면, 우리와 사회적으로 밀접하게 연결되어 있는 사람들에게 해를 미칠 것이다.

　나아가 그녀는 우리가 밀접한 사회적 연대를 가지고 있는 상황에서, 우리는 친족 집단에게 지식을 제공할 의무가 있다고 주장한다. 그녀는 지식이 개인이 아닌 사회집단의 이익을 위해 공유되어야 하며, 개인은 가장 가까운 사람들에 대한 유전의학에 책임이 있다고 말한다. 놀랍게도, 로드스에게 사회적 연대는 개인과 건강전문가들만이 유전의학의 영역에 대한 책임이 있는 유일한 사람들이 아니다. 사회적 연결을 맺는 사람들은 권리와 책임의 연결망을 이루며 그 연결망의 한 부분인 것이다.

유전자 치료

사람의 질병 중 많은 부분은 그 병에 걸린 사람의 유전적 구성에 얼마간의 근거를 가진다. 우리 유전자는 육체적 특성에 영향을 주며, 다양한 유전적 조합은 사람들로 하여금 특정 질병에 더 잘 걸리도록 한다. 유전형(*genotype*)이 — 사람의 유전적 구성 — 우울증, 중독증, 그리고 암 등에 일정한 역할을 할 수도 있다. 사람의 일부 질병은 좀더 구체적·직접적으로 유전자와 관련된다. 이러한 경우, 특정 유전자나 유전자 집합을 가지는 것은 낭포성 섬유증이나 헌팅턴 무도병*과 같은 특정 질병에 걸리게 된다는 것을 뜻한다.

지난 10년 동안 유전자 치료는 유전적 원천을 가진 질병 연구와 치료에서 가장 활기찬 영역이었다. 유전자 치료는 문제의 뿌리, 즉 환자의 유전자형에 대한 공격에 사용된다. 만약 여러분에게 특정한 간 효소의 생성을 유발하는 유전자가 없다면, 최선의 처치는 간이 문제의 효소를 만들 수 있도록 하는 것이다. 여러분의 간이 문제의 유전자를 갖게 되면, 효소를 만들 수 있을 것이다.

이것을 가능하게 하는 데에는 두 가지 방법이 있다. 하나는 벡터를 이용해서 해당 유전자를 특정인의 손상된 기관에 넣어 주는 것이다. 이 경우 벡터는 유전자를 필요한 곳에 실어 나르는 수단이다. 새로운 유전자를 바이러스에 결합시켜 유전자가 필요한 기관에 주입한다. 바이러스가 여러 세포에 침입해서 새로운 유전자를 많은

---

* 〔역주〕 진행성으로 신경이 퇴화하는 질병으로 판단력, 기억 인지기능이 감퇴하며, 손가락이나 발 등의 움직임이 불수의적으로 일어나서 마치 춤을 추는 것처럼 보인다.

세포에 전달한 후 잃어버린 효소를 충분히 생산해, 효과적으로 질병 치료를 하려는 것이다.

유전자 치료의 또 하나의 방법은 처음부터 생식계열 유전자 치료로 시작하는 것이다. 이것은 성인이나 아이에게 적용되는 것이 아니라 수정란을 대상으로 한다. 이 과정에 유전자가 더해져 질병을 일으키는 유전자를 덮거나 가린다. 따라서 특정 기관에 필요한 효소가 처음부터 제대로 생성되도록 만드는 것이다. 이것을 생식계열 유전자 치료라고 부르는 까닭은 해당 개인의 전체 유전적 운명에 영향을 미치기 때문이다.

지금까지의 설명으로 왜 최초의 유전자 치료가 성인에 대한 체세포 치료에 초점을 맞추었는지 분명해졌을 것이다. 이 치료는 병을 앓고 있는 특정 환자의 동의가 필요하며, 환자의 질병과 효과적으로 싸울 수 있는 처치가 요구된다. 미래 세대가 동의할 수도 없고 하지도 못하는 방식으로 미래 세대의 삶에 영향을 줄 수 있는 유전적 변화가 체세포 치료에는 포함되지 않는다. 둘째, 체질이나 눈 색깔과 같은, 그 사람의 육체적 특징을 향상하기 위해 유전자 치료를 사용하는 데에 체세포 치료는 적합하지 않다.

생식계열 유전자 치료는 미래 세대가 무엇을 원하는지 알지 못한 채 그들에게 유전자 변화를 일으킨다. 또한 이 치료는 개인의 유전적 특성을 향상시키는 데 사용된다. 제 5부에 실린 글들은 유전자 치료에 대한 다양한 관점들을 제공한다. 월터스(Walters)와 팔머(Palmer)는 체세포 유전자 치료와 연관된 다양한 쟁점들을 논한다. 그러나 그들은 생식계열 유전자 치료의 지지자이다. 미국과학진흥협회(American Association for the Advancement of Science: AAAS)

에 모인 전문가들은 생식계열 유전자 치료가 제대로 작동할지 의구심을 표했고, 그 도덕적 타당성에 대해서도 많은 문제를 제기했다. 그들은 이 치료법이, 그들이 강하게 비판하는, 유전적 향상을 위해 오용될 수 있다고 믿었다. 그에 비해 엥겔하르트는 우리가 유전적 향상을 위해 유전자 치료를 사용할 것이라고 예상했고, 그것이 잘못이라고 생각하지 않았다. 엥겔하르트의 주장은 우리 시대의 뿌리 깊은 도덕적 다원주의는 우리가 무엇이 좋은 삶인지 알지 못하고 이를 정의하는 데 더는 사람의 본성에 호소할 수 없게 되었음을 뜻한다는 생각에 근거한다. 우리가 사람의 본성에 호소할 수 없기 때문에, 그리고 바람직한 삶을 살아가는 다양한 방법들이 있으므로, 유전자 치료에 대해 우리가 가할 수 있는 유일한 제약은 그것이 사악한 방식으로 사용되지 않도록 하는 것이다. 이는 그것을 다른 사람들을 악화시키는 방식으로 사용하지 않는 것을 뜻한다. 다른 한편, 금발이나 푸른 눈이 더 낫다고 생각하기 때문에, 유전자 치료를 자신의 체질이나 눈 색깔, 머리색을 향상시키는 데 사용하려는 사람들의 시도를 막아서는 안 된다는 것이 엥겔하르트의 견해이다.

제24장

유전자 검사의 사회적·법적·윤리적 함축[●]

미국 국립과학아카데미[*]

새로운 유전자 검사가 개발될 때마다, 그 검사가 사용되는 환경과
수행되는 방법, 그리고 그 결과의 이용과 관련된 의료 및 공공 보건
과 사회 정책에 대해 여러 가지 문제가 제기된다. 일부 주에서 신생
아 선별 검사가 그러했듯이, 사람들이 유전자 검사를 선택하거나
거부하도록 허용해야 하는가 아니면 강제적으로 규정해야 하는가?
만약 검사결과가 고용주나 보험회사와 같은 제삼자에게 공개된다
면, 사람들이 자신의 유전자형으로 인해 불공정한 대우를 받지 않
도록 보장하기 위해서는 어떠한 보호조치가 취해져야 하는가?

- [●] 허락을 얻어 재수록하였다. 이 글의 출전은 다음과 같다. *Lancet*, May 2,
  1998, pp. 1347-1350.
- [*] 〔역주〕 National Academy of Sciences. 과학기술 발전과 공공복지 증진을
  목적으로 미국 과학자와 공학자로 구성된 조직.

이러한 질문에 대한 답은 부분적으로는 4가지의 주요한 윤리적·법적 원칙에 부여된 의미에 달려 있다. 그 원칙이란 자율성, 비밀유지, 프라이버시, 평등성이다. 이러한 개념의 의미가 무엇인지 그리고 현재 법률에 의해 이 개념들이 어떻게 보호되고 있는지 재검토하는 것은, 유전자 검사를 받을 것인지 그리고 그 결과를 어떻게 이용해야 할지를 결정할 때에 사람들이 견지해야 할 통제 수준에 관한 권고를 개발하는 데 출발점을 제공한다. 이 작업은 매우 시급하다. 마치오브다임스(March of Dimes)*가 후원한, 1992년 전 국민확률 조사에서, 응답자의 38%가 프라이버시 문제가 해결될 때까지 새로운 유형의 유전자 검사는 모두 중단되어야 한다고 답했다.[1]

이 장에서는 연구와 임상적 배경에서 제기되는 갈등을 검토하고, 이 분야에서 서서히 부상하는 정책 분석을 위한 출발점이 되어야 하는 일반 원칙을 제시하고자 한다.

---

* 〔역주〕 미국의 국제민간아동구호단체.

[1] March of Dimes Birth Defects Foundation, *Genetic Testing and Gene Therapy National Findings Survey*(New York, 1992).

기본 정의

자율성

윤리적 분석

자율성은 자기결정, 자기규율 또는 자기통제로 정의될 수 있다. 자율적인 동인(動因)이나 행동은 이성적 사고와 의사결정 및 의지능력을 전제조건으로 한다. 도덕적·사회적·법적 규범은 자율적인 행위자와 이들의 선택을 존중할 의무를 확인한다. 개인의 자율성에 대한 존중은 행위자들이 외적 제재 없이 자치적이고 자기 주도적인 권리나 능력을 가진다는 것을 함의한다.

유전자 검사와 선별 검사라는 맥락에서 자율성 존중은, 검사를 받고 싶은지 그리고 검사결과의 세부사항을 알고 싶은지에 대해, 각 개인이 정보에 근거한 자율적인 판단을 할 권리와 관련된다. 또한 자율성은 개인이 유전정보에 의존하거나 의존하지 않고서 자신의 운명을 통제하고, 유전정보나 다른 요인들에 근거한 중요한 삶의 결정으로 다른 사람들의 간섭을 회피할 권리이다. 자율성 존중은 특정 목적(유전형질 자체와 형질에서 추출한 정보가 장래의 분석을 위해 DNA 은행이나 등록파일과 같이 저장되는 경우를 포함)의 분석을 위해 제출된 유전형질의 추후 확인 이용을 통제할 개인의 권리를 내포하기도 한다.

자율성 존중은 우리 사회에서 매우 중요하지만 절대적인 것은 아니다. 페닐케톤 뇨증(PKU)과 갑상선기능 저하증에 대한 강제적 신생아 선별 검사처럼 다른 사람에게 해를 주는 것을 막기 위한 경우에는 자율성이 무시될 수도 있다.

법적 문제

자율성의 법률적 개념은 개인의 신체적 온전성을 보호하기 위해 이루어지는 많은 결정의 기반이 된다. 특히, 판례에 따르면 법적 능력이 있는 성인은 의료적 개입을 받을 것인지 선택할 권리가 있다.[2] 사람들은 그러한 선택을 하기 전에 스스로의 결정에 자료가 될 수 있는 사실들에 대해 알 권리가 있다.[3] 그런 사실에는 자신들의 건강상태와 그 예후의 본질,[4] 제의된 검사와 처치가 가진 잠재적 위험과 이익,[5] 제의된 개입에 대한 다른 대안[6] 등이 있다. 유전학의 맥락에서 공중보건 공급자들은 유전자 검사로 입수하게 된 정보를 제공하지 않을 책임을 진다.[7]

또한 사람들은 자신의 몸에서 뗀 조직이 차후에 어떻게 사용되는지 알고 통제할 권리가 있다.[8] 연구원들이 (신종 검사 때처럼) 유전

---

2) 다음 문헌을 보라. *Satz v. Perlmutter*, 362 So. 2d 160(Fla. App. 1978); *aff'd.*, 379 So. 2d 359(Fla. 1980).

3) 다음 문헌을 보라. *Salgo v. Leland Stanford Jr. Univ. Bd. of Trustees*, 154 Cal. App. 2d 560; 317 P.2d 170(1957); *Canterbury v. Spence*, 464 F2d 772(D. C. Or.); *cert. denied*, 409 U.S. 1064(1972).

4) *Gales v. Jensen*, 92 Wash. 2d 246; 595 P.2d 919(1979).

5) *Salgo v. Leland Stanford Jr. Univ. Bd. of Trustees*, 154 Cal. App. 2d 560; 317 P.2d 170(1957).

6) *Kogan v. Holy Family Hospital*, 95 Wash. 2d 306; 622 P.2d 1246 (1980).

7) 다음 문헌을 보라. *Becker v Schwartz*, 46 N.Y 2d 401; 386 N.E. 2d 807; 413 NY S.2d 895(1978). For a review of relevant cases, see Lori B. Andrews, "Tons and the Double Helix: Liability for Failure to Disclose Genetic Risks", 29 U, *Houston L Rev* 143(1992).

자 검사를 위해 제공된 혈액 견본에 대한 후속연구를 수행하기 위해 인간 피험자를 포함하는 연구에 대해 규정하는 연구방법으로, 그 견본이 익명이고, 수집되던 당시 후속 이용이 예정되어 있지 않은 경우 약간의 재량이 주어진다.[9] 만약 견본이 수집된 시기에 추가 연구가 예정되어 있었다면, 견본을 수집하기 전에 그 이용에 대해 충분히 고지된 동의(*informed consent*)를 얻어야 한다.

의사나 연구자가 다른 연구나 상업적 프로젝트에 추가로 이용할 목적으로 조직을 원하여 환자에게 특정 검사를 받도록 제의하는 경우와 같은 이해충돌을 피하는 데 이러한 접근이 적합하다고 생각된다. 그런 상황에서는 추후 이용에서 견본이 익명으로 사용될지라도 환자의 자율성이 침해될 위험이 있다. 기술평가국 보고서도 이와 유사하게 지식과 동의의 중요성을 강조했다.

---

8) L. Andrews, "My Body, My Property", 16(5) *Hastings Center Report* 28 (1986).

9) 인간 실험과 관련하여 고지된 동의를 규정하는 연구방법은, "이러한 출처가 공공연히 이용되거나 피험자가 누구인지 직접적으로든 피험자와 연결된 감정인을 통해서든 알 수 없는 방식으로 연구자가 그 정보를 기록했을 경우", 진료나 진단상의 표본 연구에는 고지된 동의가 필요하지 않다고 정하였다. 45 C. F. R. 46, 101(b)(5)(1991). 이와 유사하게 인간 실험에 대한 주 법률 중에는 추출된 조직에 대한 연구까지 그 보호 범위를 확대하지 않는 것으로 보이는 법률도 있다. 가령, 버지니아 주에서는 '표준의료업무 과정에서 인간 피험자로부터 추출한 조직이나 체액을 추후에 배타적으로 이용하는 생물학 연구의 운영을' 법으로 규정하지 않고 있다. Va Code Ann § 37 I 234 (1)(1984). 뉴욕 주 법률에서는 "표준의료업무 과정에서 인간 피험자로부터 추출한 조직이나 체액을 추후에 배타적으로 이용하는 연구는" 인간 연구에서 배제된다고 규정하고 있다. N V Public Health Law § 2441(2) (McKinney, 1977).

환자의 몸에서 혈액이나 조직을 추출하고 검사를 시행하는 데에는 환자의 동의가 필요하지만, 중요한 것은 시행되는 모든 검사에 대해 환자가 충분히 알고, 환자의 프라이버시에 대한 관심이 환자의 몸에서 추출한 조직까지 통제할 수 있는 능력으로 확대된다는 점이다.[10]

프라이버시

윤리적 분석

프라이버시에 대한 여러 가지 정의 중에서, 한 가지 광의의 정의가 그 중심 요소를 담고 있다. 즉, 프라이버시란 "개인에 대한 제한된 접근의 상태나 조건"이다.[11] 다른 사람들이 자신에 대해 접근하지 못하거나 접근을 행사하지 못한다면 그 사람은 프라이버시를 가진다. 자신을 유지할 수 있고 타인에 의해 부당한 침입을 받지 않으면 그 사람에게는 프라이버시가 있는 것이다.

유전자 검사를 받을 경우, 타인이 (가령, 보험회사, 고용주, 교육기관, 배우자, 그 외 다른 가족들, 연구자들과 사회복지 기관들) 자신의 유전체의 세부사항들을 알아도 되는지에 대해 충분한 정보에 기초해 자주적인 결정을 내릴 권리가 프라이버시에 포함된다.

---

10) Office of Technology Assessment (OTA), U. S. Congress, *Human Gene Therapy* 72 (Washington, D. C. : U. S. Government Printing Office, 1984).

11) Ferdinand D. Schoeman, "Privacy: Philosophical Dimensions of the Literature", in *Philosophical Dimensions of Privacy: An Anthology*, Ferdinand D. Schoeman ed. (New York: Cambridge University Press, 1984).

프라이버시를 정당화하기 위해 여러 가지 프라이버시 규칙이 제시되었다. 첫 번째는 프라이버시권이 제반 개인적 고유 권리에 대한 속기(速記) 식의 표현일 뿐이라는 일부 철학자들의 주장이다. 이러한 권리는 프라이버시의 개념과 관계없이 설명될 수 있다. 이 주장을 한 톰슨(Judith Jarvis Thompson) 은 프라이버시 권리는 단지 감시당하지 않고, 도청당하지 않으며, 고통받지 않을 권리와 같은 개인적 권리와 소유권을 반영하는 것이라고 주장한다. [12]

두 번째 정당화는 프라이버시에 대한 권리가 신뢰나 우정과 같은 친밀한 관계를 비롯한 다른 선(善) 을 이루기 위한 주요한 도구이거나 수단이라는 주장이다. 자신들에 대한 접근을 통제할 수 있다면, 다른 모든 사람에게 똑같이 접근하기보다는 다른 사람들과 다양한 관계를 맺을 수 있게 해준다는 것이다.

세 번째 접근은 프라이버시에 대한 권리의 근거를 개인의 자율성 존중에서 찾는다. 결정 프라이버시*는 종종 개인의 자율성과 밀접한 관계를 가진다. 개인의 자율성이라는 말은 자치 범위나 영역이라는 개념을 반영하며 따라서 결정 프라이버시의 영역과 겹친다.

이론적 근거나 명분이 무엇이든지 간에 프라이버시권은 그 범위와 비중에 관해 현재 토론이 진행 중인 주제이다. 그러나 그 범위가 제한되지 않은 것은 아니며, 타인의 이익과 같이 상충되는 다른 모든 이해관계보다 늘 우선하는 것도 아니다.

---

12) Secretary Judith Jarvis Thomson, "The Right to Privacy", *Philosophy and Public Affairs* 4(1975)： 315-333.

 * 〔역주〕 타인의 간섭 없이 중요한 결정을 내리는 개인의 능력과 관련된 프라이버시로 주로 개인의 선택과 관련된다.

법적 문제

법률적 영역에서 프라이버시의 원칙은 자율성과 비밀유지라는 문제를 모두 망라하는 포괄적 개념이다. 건강관리에 대한 선택권은 주 헌법뿐 아니라 미 연방헌법에서 보장하는 프라이버시권에 의해 부분적으로 보호되고 있다. 여기에는 유전자 검사를 이용할 것인지[13]와 같은 특정한 재생산 선택권이 포함된다.[14] 또한 치료를 거부할 권리도 포함된다.

프라이버시에 대한 전적으로 다른 기준은 개인정보를 보호한다. 일부 법원의 판결은 그러한 정보에 대한 보호를 프라이버시에 대한 헌법의 원칙에서 찾고 있지만,[15] 개인정보 공개를 반대하는 프라이버시 보호는 관습법 침해 원리에서 근거를 찾는 경우가 더 일반적이다.[16] 또한 프라이버시를 보호하는 주 법령뿐 아니라 연방 프라이버시 보호법도 있다.[17]

---

13) 다음 문헌을 보라. *Griswold v. Connecticut*, 381 U. S. 479(1965); *Roe v. Wade*, 410 U. S. IU(1973); *Planned Parenthood v. Casey*, 505 U. S. 833 112 S. Ct. 2791(1992).

14) *Lifchez v. Hartigan*, 735 F Supp. 1361(ND 111 1991), *aff'd*. without opinion *sub nom*; *Scholber v. Lifchez*, 914 F2d 260(7th Cir 1990), *cert. denied*, 111 S. Ct. 787(1991).

15) Carter V. Broadlawn Medical Center, 667 F. Supp. 1269. 1282(SD Iowa 1987). 다음 판결도 참조하라. Whalen V. Roe. 429 U. S 589. 599 n23(1977). 이 판결에서 법원은 군(群) 병원의 환자 기록 프라이버시가 헌법수정조항 제 14조 개인의 자유의 개념에 의해 보호된다고 주장하고 있다.

16) *Home v. Paitori*, 291 Ala. 701, 287 So. 2d 824(1973). *MacDonald v. Clinger*, 84 A D 2d 482. 444 N. Y. S. 2d 801(1982).

17) Privacy Act of 1974, 5 U. S. C. § 552a(1991).

비밀유지

윤리적 분석

하나의 원칙으로서의 비밀유지는, 많은 정보가 민감한 것이어서 이에 대한 접근은 통제되어야 하며, 그러한 접근을 승인 받은 관계자로 제한해야 한다는 것을 함축한다. 그러한 관계에서 제공된 정보는 다른 사람들에게는 공개되지 않거나 제한된 범위 내에서만 공개될 것을 기대하며 비밀리에 주어진다. 비공개 또는 제한적 공개라는 상태나 조건은 윤리적·사회적·법적 원칙과 규칙에 의해 보호받을 수 있으며, 이는 권리나 의무라는 말로 표현될 수 있다.

건강관리를 비롯한 그 밖의 여러 관계에서 우리는 다른 사람이 우리 신체에 접근하는 것을 허용한다. 이 경우 타인이 우리의 몸을 만지고 관찰하고 청취하고 촉진(觸診)하고, 심지어 물리적으로 침입할지도 모른다. 그들은 우리 몸 전체나 일부를 검사하고, 조직과 같은 부위를 추후 연구를 위해 검사라는 형식으로 추출할 수도 있다. 다른 사람들이 우리의 정보에 접근한다면 프라이버시는 손상될 수밖에 없다.

따라서 비밀유지 규칙은 이러한 관계에서 생성되는 정보에 그 이상 접근하는 것을 통제하고 제한할 권한을 우리에게 부여한다. 가령, 비밀유지규칙은 의사가 환자의 동의 없이 보험회사나 고용주에게 환자의 정보를 공개하는 것을 금한다.

비밀유지 규칙은 건강관리와 연관된, 사실상 모든 규약이나 관련 법규에 나타나 있다. 그것이 존재하는 것은 놀라운 일이 아니다. 왜냐하면 그러한 규칙이 그 도구적 가치를 근거로 정당화될 때가 많기 때문이다. 만약 치료가능성이 있는 환자가 비밀유지 때문에 건강관리전문가에게 의지하지 못한다면, 진찰과 치료에 필요한 충분하고 완전한 접근을 전문가에게 허용하기를 주저하게 될 것이다. 그러므로 비밀유지규칙은 환자와 사회복지에 있어서 필수 불가결한 것이다. 만약 이러한 규칙이 없다면, 의료나 정신치료 또는 그 밖의 다른 치료가 필요한 사람들이 치료를 받거나 그 과정에 충분히 참여하는 것을 가로막을 것이다.

비밀유지 규칙에 대한 또 다른 정당화는 전술한 자율성과 프라이버시 존중 원칙에 기초하고 있다. 개인을 존중하는 것은 이들의 프라이버시 영역을 존중하고 이들이 자신에 대한 정보접근의 통제 결정을 수용한다는 뜻을 포함한다. 사람들이 건강관리 전문가가 자신들에게 접근하는 것을 허용할 경우, 다른 누군가가 그러한 관계에서 발생하는 정보에 접근하는 것을 결정할 권리를 보유해야 한다. 따라서 자율성과 프라이버시 존중의 논변은 비밀유지규칙을 뒷받침한다.

마지막으로, 비밀유지 의무는 그러한 관계에서 맺은 명시적이거나 묵시적인 약속에서 나온다. 예를 들어, 만약 전문가의 공개서약이나 전문가의 윤리강령이 정보의 비밀유지를 약속하고 특정 전문가가 이를 거부하지 않는다면, 환자는 그러한 관계에서 발생한 정보가 비밀로 취급될 것으로 기대할 권리가 있다. 18)

---

18) 이 주장들(그리고 이 장에 나온 다른 주장들)에 대한 좀더 깊은 토론은 다음을 참조하라. Tom Beaucham, James F. Childress, *Principles of Biomedical Ethics*, 3d ed. (New York: Oxford University Press, 1989), chap. 7.

비밀유지규칙 위반에는, 최소한, 뚜렷이 구별되는 두 가지 유형이 있다. 하나는 고의적인 불이행으로 비밀유지 규칙을 위반하는 경우이다. 다른 하나는 대개 건강관리 전문가가 비밀 정보를 보호하기 위해 적절한 예방조치를 강구하지 않는 등 부주의로 위반하는 경우이다. 일부 평자들은 부주의와 현대적인 보건 관행이 의료 비밀유지를 '노쇠한 개념'으로 만들었다고 주장하는데, 그 이유는 건강관리 규정에서 의료 비밀이 늘 양보의 대상이기 때문이다.[19]

비밀유지 규칙이 최소한 두 가지 점에서 제한을 받는다는 것은 널리 인정되는 사실이다. ① 일부 정보는 보호되지 않을 수 있으며, ② 이 규칙은 간혹 다른 가치를 보호하기 위해 무시될 수 있다.

첫 번째는 모든 정보가 비밀로 간주되는 것은 아니며, 환자는 그러한 정보가 타인에게 공개되지 않도록 보호될 것이라고 기대할 권리는 없다는 것이다. 예를 들어, 건강관리 전문가는 총상이나 성병, 결핵과 같은 전염병에 대해 보고한다.

두 번째는 건강관리 전문가는, 가령 심각한 위해가 발생하는 것을 방지하기 위해서, 비밀유지 규칙을 어길 도덕적·법적 권리(간혹 의무이기도 하다)가 있다는 것이다. 이런 경우에 비밀유지 규칙은 정보를 보호하지만, 다른 가치를 보호하기 위해 무시될 수도 있다. 어떻게 판단하는가는 비밀유지 원칙을 파기하지 않을 경우 발생할 심각한 위해의 가능성에 달려 있다. 비밀유지규칙 위반을 정당화하려면, 자율성 존중원칙 위반의 정당화에 대한 앞의 토론에서 확인

---

19) Mark Siegler, "Confidentiality in Medicine: A Decrepit Concept", *N Eng J Med* 307(1983): 1518-1521.

한 조건을 충족시켜야 한다.

법적 문제

비밀유지의 법적 개념은 사람들이 의사에게 제공하는 정보에 초점이 맞추어져 있다. 흔히 비밀보호는 사람들이 건강을 관리하도록 장려하는 공중보건의 주요 목표에 기여하는 것이라고 생각된다. 다시 말해, 환자의 이익은 완전한 공개와 정직함을 통해서만 달성될 수 있다는 것이다.[20]

따라서 비밀유지 약속이 없으면, 사람들은 의학적 처치를 기피해, 사회와 자기 자신에게 잠재적 해를 끼칠지도 모른다. 실제로 천연두가 창궐하던 1828년에 사람들이 건강관리에 힘쓰도록 촉구하기 위해 의사-환자 비밀유지법이 뉴욕에서 최초로 통과되었다. 특정 주와 연방 법이 그랬던 것처럼, 여러 가지 법률적 결정도 건강관리정보의 비밀유지를 보호했다.[21]

---

[20] 연구결과에 따르면 자신의 답변이 비밀로 유지되지 않을 것이라는 말을 들은 사람들은 내밀한 정보를 덜 제공하는 경향이 있다. Woods and McNamara, "Confidentiality: Its Effect on Interviewee Behavior", *Prof. Psychology* 11 (1980): 714-719.

[21] 다음 문헌을 보라. *Home v. Ration*, 291 Ala. 701, 287 So. 2d 824 (1973); *MacDonald v. Clinger*, AD 2d 482. 444N. Y-S. 2d 801 (1982); W. Prosser and W P. Keeton, *Prosser and Keeton on Torts*, 856-863 (1984). 또한 이 문헌들도 참고하라. S. Newman, "Privacy in Personal Medical Information: A Diagnosis", 33 *U Ha L Rev* 33 (1981): 394-424. 후자에 따르면, 프라이버시 침해의 불법화는 로드아일랜드와 네브래스카, 그리고 위스콘신 주에서만 거부되었다. *Id.* p. 403. 그러나 이 중 2곳은 현재 법령으로 이를 인정하고 있다. R. I. Gen. Laws 5 9-1-28(1984); Wisc Stat § 895, 50(1985-1986).

또한 개인의 의료상태를 공개하는 것이 당사자에게 피해를 줄 수 있으므로, 건강관리정보의 비밀유지는 지켜져야 한다. 차별을 처벌하는 것(아래 참조)과 같은 법적 원칙들이 특정 정보의 부당한 이용으로부터 사람들을 보호한다.

평등성

윤리적 분석

정의, 공정성, 평등성과 같은 문제들이 유전자 검사와 관련된 여러 행위 및 관례와 정책에서 불거지고 있다. 실질적 정의(substantive justice)와 형식적 정의(formal justice)를 구분하는 것은 이제 진부한 일이다. 형식적 정의는 비슷한 사건을 유사한 방식으로 처리할 것을 요구한다. 실질적이거나 구체적인 정의는 관련 사안의 유사성과 차이의 실체를 정립하고 그러한 유사성과 차이에 적합한 대응을 확립한다. 예를 들어, 사회는 요구나 사회적 가치 또는 지급 능력에 대한 개인적 차이에 따라 건강관리와 같은 부족한 자원을 어떻게 배분할지 결정해야 한다.

여기에서 제기되는 중요한 한 가지 물음은 유전질환이나 소인(素因)이 고용이나 건강보험 같은 특정 사회보장상품에 대한 접근을 차단하는 토대를 제공하는지의 여부이다. 정의에 대한 대부분의 개념에 따르면, 고용은 특정 업무를 효율적이고 안전하게 수행하는 능력에 기초하고 있다. 이러한 개념에서 볼 때, 관련 자질 및 유전질환을 동시에 지니고 있는 사람의 고용을 거부하는 것은 부당한 일이다. 고용에 대한 이러한 문제는 건강보험 문제와 중첩될 때가 많다.

건강보험에서 의료보험의 업무는 이른바 '보험회계적 공정성' (*actuarial fairness*)을 반영하는 것이다. 즉, 보험회사가 비용을 정확히 예상하여 공정하고 충분한 할증 요율을 설정할 수 있게 유사 위험을 한데 묶는 것이다. 직관적으로는 보험회계적 공정성에 호소력이 있을 수도 있지만, 비판가들은 도덕적·사회적 공정성을 표현하는 것은 아니라고 주장한다. 노먼 다니엘스에 의하면 건강관리 접근을 위한 자원을 개인에게 제공하는 데 있어서 '표준 보험 업무와 건강보험의 사회적 기능 사이에는 명백한 모순이' 있다고 한다.[22]

건강보험에서 유전적 차별을 배제하자는 근본적 논변은 결국 건강관리권을 확립하자는 논변이 된다. 건강관리 배분에 관한 논쟁에서 핵심 쟁점 중 하나는 '타고난 운'(*natural lottery*), 특히 '유전적 운'(*genetic lottery*)[23]이라는 견해이다. 운(運)이라는 말이 주는 상징적 의미는 건강에 대한 요구가 대체로 비인격적인 타고난 운에서 귀결한 것이므로 고려할 가치가 없다는 것을 시사한다.

그러나 우연이라는 구실로 건강에 대한 요구가 대체로 고려할 가치가 없다고 할지라도, 엥겔하르트(H. Tristram Engelhardt)가 주목한 것처럼 그러한 요구를 부당하다고 볼 것인지 아니면 불운한 것으로 볼 것인지에 따라, 그에 대한 사회의 대응이 달라진다.[24] 만

22) Norman Daniels, "Insurability and the HIV Epidemic: Ethical Issues in Underwriting", *Milbank Quarterly* 68(1990): 497-515. 다음 문헌도 보라. Mark A. Rothstein, "The Use of Genetic Information in Health and Life Insurance", in *Molecular Genetic Medicine*, T Friendman ed. (New York: Academic Press, 1993).

23) 자연적인 운에 대해서는 다음을 보라. H. Tristram Engelhardt Jr., *Foundations of Bioethics*(Oxford University Press, 1986).

약 건강 요구가 부당한 것이 아니라 불운한 것이라면, 개인적 또는 사회적 동정의 대상이 될 수도 있다. 다른 개인이나 자원봉사단체, 나아가 사회까지 동정심에 고무되어 그러한 요구에 부응하려고 노력할 수도 있다.

사회가 제공해야 할 건강관리의 적정 최소치에 대해 두드러진 주장은, 건강에 대한 요구가 전반적으로 임의로 배분되고 예측 불가능할 뿐 아니라 보건 위기가 발생하면 불가항력이라는 것이다.[25] 건강 요구의 이러한 특성으로 인해, 많은 사람은 공적이나 사회적 공헌, 심지어 지급 능력에 따라 건강관리를 배분하는 것은 부적절하다고 주장한다.

공정성에 대한 다른 주장은, 건강 요구가 정상적인 종(種)의 기능에서 이탈한 것이어서 공정한 기회 균등을 사람들에게서 박탈한다고 본다. 그러므로 공정성은 공정한 기회 균등을 보장하기 위해서 "정상적 기능을 유지하거나 회복하고 그 상실을 벌충하는" 건강관리에 대한 규정을 요구한다.[26] 여러 위원회의 위원들이, 수많은 질병이 우연한 사건의 결과가 아니라 흡연이나 과음과 같은 불요불

---

24) *Id.*

25) 다음 문헌을 보라. Gene Outka, "Social Justice and Equal Access to Health Care", *Journal of Religious Ethics* 2(1974). President's Commission for the Study of Ethical Problems in Medicine and Behavioral Research, *Securing Access to Health Care*, vol. 1(Washington, D. C.: U. S. Government Printing Office, 1983).

26) Norman Daniels, "Equity of Access to Health Care: Some Conceptual and Ethical Issues", *Milbank Memorial Fund Quarterly/Health and Society* 60(1982). 다음 문헌도 참고하라. Norman Daniels, *Just Health Care*(New York: Cambridge University Press, 1985).

급한 습관들로 초래되거나 악화된다는 사실로 인해, 앞서 언급한 주장들이 다소 힘을 잃고 있다는 우려를 표명했다. 여러 나라에서 교육이나 세금 부과 등의 수단을 통해 그러한 습관을 억제시키려는 시도를 하고 있지만, 일단 질병이 나타나면 완벽한 건강관리에 대한 접근이 보장되어야 한다는 일반적인 주장도 있다. 가령, 알코올 남용 경향이 유전적 성향을 지니고 있다면, 개인이 자신의 유전적 성향을 선택하는 것이 아니므로 모든 사람에게 동일한 수준의 건강관리를 제공하자는 주장이 추가로 나올 수도 있다.

사회가 모든 시민이나 주민에게 적정 최소치의 건강관리를 보장하거나 제공해야 한다는 주장은 보건 정책 방향을 제시하지만, 동일한 목표를 추구하는 다른 선들과 비교하여 사회가 어느 정도의 건강관리를 제공해야 하는지를 정확히 결정하는 것은 아니다. 그리고 건강관리 예산에는 특정 질환과 그 질환에 대한 특정 치료에 얼마를 지급해야 하는지를 비롯하여 곤란한 할당 문제가 발생할 수 있다. 할당 문제는 추상적으로 해결될 수 없다. 민주 사회에서는, 자원이 부족한 상황에서, 건강관리의 적정 최소치, 적정 수준 또는 공정한 배분을 명시하고 이행하는 데 있어서 대중의 의지를 표명하는 정치적 과정을 통해 해결되어야 한다.

1983년에 대통령 직속 위원회가 지적했듯이, 사회가 적정 건강관리에 대한 여러 개념 중에서 하나를 선택하기 위해서는 공정한 민주적·정치적 절차를 따르는 것이 합리적이며, "적정 건강관리라는 대단히 불명확한 관념에 비추어 볼 때, 공정한 — 그리고 그렇게 인식되는 — 수준을 규정하는 데 이 절차가 사용되는 것은 특히 중요하다". 27)

법적 문제

평등성 개념은 다양한 법적 원칙이나 규칙의 토대 역할을 한다. 특정 빈곤층은 메디케이드(Medicaid)*와 정부 프로그램으로 유전학 서비스를 비롯한 건강관리를 제공받는다. 그밖에도 유전자형에 기초한 차별을 금하는 입법적 노력들이 이루어졌다.

예를 들어, 일부 주에는 유전자형에 기초한 고용 차별을 금하는 법률이 있다.[28] 그리고 65세 이상의 거의 모든 사람은 (고령자-장애자 의료보험제도로) 보살핌을 받을 권리가 있다고 간주된다.

유전학에서 이루어지는 현행 보호관행

유전자 검사가 발전하면서 그러한 검사가 시행되는 맥락의 범위와 제공될 수 있는 검사의 분량 그리고 검사결과로 이루어질 수 있는 수많은 이용과 유전정보를 저장하는 기관의 다양성으로 인해, 자율성과 비밀유지, 프라이버시와 평등성이 악화될 것이라는 우려가 무수히 제기되었다. 지금까지 대부분의 유전자 검사는 현재나 가까운

---

27) President's Commission for the Study of Ethical Problems in Biomedical and Behavioral Research, *Securing Access to Health Care*, Vol. 1 Report (Washington, D. C.: U. S. Government Printing Office, 1983), p. 42.

* [역주] 미국 정부의 저소득층 의료보험제도.

28) Rothstein, "Genetic Discrimination in Employment and the Americans with Disabilities Act", 29 *Houston L Rev.* 23(1992): 31. 이 장 아래쪽의 토론도 참고하라.

미래에 태아나 유아에게 미칠 심각한 장애를 알아보기 위해 생식이나 출산의 맥락에서 이루어졌다.

그러나 잠재적으로 검사대상이 될 수 있는 유전적 조건이나 소인(素因)의 유형은 겉으로 나타나는 심각하고 급박한 질병들보다 훨씬 광범위하다. 여기에는 질병이 아닌 특징들(성별이나 키)과 특정 환경의 자극과 접촉하게 될 경우 감염될 수 있는 잠재적 질병 민감성 그리고 당장은 자각 증세가 없더라도 인생 후반기에 헌팅턴 무도병과 같은 쇠약증으로 고통받을 수 있음을 나타내는 지표들이 포함된다. 유전적 이상은 그 징후와 가혹성, 치료가능성과 사회적 유익성 측면에서 광범위하게 검사될 수 있다.

사람들이 스스로를 규정하고 자신의 운명과 자아상을 다루는 능력은, 대체로 본인과 타인이 자신의 유전적 특징에 접근하는 데 대해 얼마나 통제권을 가지고 있느냐에 따라 좌우된다. 대부분의 의료검사는 의사와 환자라는 관계 내에서 시행된다. 그러나 유전자 검사의 경우, 그것이 시행될 수 있는 맥락의 가능한 범위가 훨씬 크다. 공중보건의 맥락에서 이미 400만 명 이상의 신생아들이 매년 신진대사 장애 검사를 받으며, 그로 인해 수백 명에 대한 효과적인 치료가 시작될 수 있게 되었다.

연구자들은 사람들에게 가족 연구에 참여해서 현재 또는 미래의 연구를 위해 DNA 견본 수집을 비롯한 유전자 검사를 받도록 권하고 있다. 또한 유전자 검사의 비의학적 적용도 증가하고 있다. 법 집행의 맥락에서는 범법자 확인을 위해 DNA 검사가 시행되고 있다. 최소 17개 주에 강력범에 대한 DNA 지문 프로그램이 있다. [29] 군대에서는 일차적으로 사망한 군인의 신원을 확인하기 위한 목적으로 모든 병사로부터 DNA 견본을 수집하고 있다. 고용주와 보험업자들이 사람들에게 유전병에 대해서만 유전자 검사를 받도록 요청할 수도 있다.

이러한 광범위한 검사 배경에서 제기되는 정책 문제 중 하나는 자율성, 비밀유지, 그리고 프라이버시에 대한 기존의 판례 중 상당수가 전통적인 의사와 환자 관계에만 적용된다는 것이다. 예를 들어, 비밀유지를 좌우하는 일부 주의 법이 의사에게 제공되는 정보만을 다루고, 박사급 연구자나 고용주들에게 제공되는 정보는 포함하지 않을 수도 있다.

자율성, 비밀유지, 프라이버시에 대한 관심을 양적 측면에서 비교하면, 기관과 제공자들 간에는 큰 차이가 있는 것 같다. 가령, 일부 산부인과에서는 모계혈청 알파페토프로테인(MSAFP) 검사*에 대한 정보를 환자들에게 제공함으로써 환자의 자율성을 인정하고 있지만, 그 검사를 받을지를 결정하는 환자의 권리까지는 인정하지 않는다. 산부인과 의사들은 여성 환자에게서 수집한 혈액을 다른 목적으로 검사한다. 따라서 그 여성 환자들은 의사가 비정상적인 결과가 나왔다는 나쁜 소식을 전해주지 않는 이상, 자신이 그 검사의 대상이었다는 사실조차 알지 못한다.

유전학자들은 유전자 검사결과의 비밀유지를 얼마나 강조하느냐

---

29) Office of Technology Assessment(OTA), U. S. Congress, *Genetic Witness: Forensic Uses of DNA Tests*(Washington, D. C.: U. S. Government Printing Office, 1990).

* 〔역주〕기형아 검사의 하나로, 보통 15~20주 사이에 산모의 혈액을 채취하여 태아의 다운증후군, 신경관 결손 여부를 알아내는 진단법으로 알려져 있다.

에 따라 의견 차이를 보인다. 도로시 웬즈(Dorothy Wenz)와 존 플레처(John Fleicher)의 설문조사에 따르면,[30] 많은 유전학자가 비밀유지를 준수하지 않고, 환자의 동의 없이 심지어는 환자가 거부했음에도 불구하고 유전정보를 공개했다. 여기에는 최소한 4가지의 경우가 있었다. ① 54%가 헌팅턴 무도병의 위험성을 친척에게 공개할 것이라고 답했다. ② 53%가 혈우병 A의 위험성을 공개하겠다고 답했다. ③ 24%가 환자의 고용주에게 유전정보를 공개하겠다고 답했다. ④ 12%가 환자의 보험회사에 정보를 공개하겠다고 답했다. 또한 일차 의료 의사들이 이러한 정보를 훨씬 더 쉽게 공개할 수 있다는 사실도 밝혀졌다.[31] 건강관리 제공자들은 친척에 대한 정보공개를 포함하여 자신들의 공개 정책에 대해 미리 설명해야 한다.

DNA 견본을 저장하거나[32] 유전자 검사결과를 저장하는 기관들도 자율성과 비밀유지 및 프라이버시를 존중하는 정도가 서로 다르

---

30) D. C. Wertz and J. C. Fletcher, *Ethics and Human Genetics*: *A Cross Cultural Perspective* (New York: Springer-Verlag, 1989); D. C. Wertz and J. C. Fletcher, "An International Survey of Attitudes of Medical Geneticists toward Mass Screening and Access to Results", 104 Public Health Reports, 1989, pp. 35-44.

31) G. Geller, E. Tambor, G. Chase, K. Hofman, R. Faden, and N. Holtzman, "How Will Primary Care Physicians Incorporate Genetic Testing Directiveness in Communication?" *Medical Care* 31 (1993): 625-631.

32) 기관들이 DNA 샘플에서 얻은 정보가 아니라 샘플 자체를 저장하는 이유는 여러 가지다. 첫째는 새로운 검사가 개발되어 더 정확한 진단을 할 수 있게 될 경우, 장래의 잠재적 임상 이익 때문이다. 둘째는 소송목적으로 그 결과가 기피되면 샘플을 재검사할 수 있다. 셋째는 연구목적으로 추가 검사 개발을 위해 DNA를 사용하려는 것이다.

다. [33] 일부 기관들은 DNA 견본을 제공한 사람의 허락 없이 추가 검사를 시행한다. 일부 기관은 견본을 익명으로 저장하지 않고 제공자의 신원을 부착한 채 저장하기도 한다.

실제로 저장 현황은 천양지차다. 여과지를 온도가 조절되는 안전한 환경에 보관하는 신생아 선별 검사 프로그램이 있는가 하면, 캐비닛이나 창고에 정리해 두는 프로그램도 있다. 또한 견본이나 검사결과를 보관하는 기간도 프로그램에 따라 다르다. 일단 DNA 물질이 제공되면 그 물질이 현재나 미래에 다른 목적으로 이용되는 데 대한 안전장치가 거의 없다. 신생아 선별 검사를 위해 수집했던 혈액에서 후속 검사를 위해 DNA를 추출할 수도 있다. [34] 현재 신생아 선별 검사에서 나온 DNA를 저장하고 적절한 분석을 하도록 관리할 기준이나 보호 수단은 전혀 존재하지 않는다.

이러한 가능성들로 인해, 추가 이용이나 후속 이용(특히 신생아 선별 검사는 처음부터 동의를 구하는 일이 거의 없기 때문에)에 대한 동의를 구할 필요성과 새로운 DNA 추출 검사 기술을 이용하여 혈액에서 질환을 찾아냈을 경우 경고할 의무에 대해 문제가 제기되고 있다.

유전정보의 비밀유지 문제는 의료정보를 저장한 신용카드 크기 장치인 '광학 메모리카드'의 도입으로 한층 강조될 것이다. [35] 휴스

---

33) Philip Reilly, Presentation to Ethical, Legal, and Social Implications Program Committee, January 1991.

34) Yoichi Maisubara, Kuniaki Narisawa, Keiya Tada, Hiroyuki Ikeda, Yao Ye-Qi, David M. Danks, Anne Green, Edward R. B. McCabe, "Prevalence of K329E Mutation in Medium-Chain AcyiCoA Dehydrogenase Gene Determined from Guthrie Cards", *Lancet* 338(1991): 552-553.

35) Joe Abernathy, "City Health Clinics Unveil Controversial Smart Card",

턴 시 보건 클리닉은 이미 이 카드를 도입해 사용하고 있다. 이 카드에는 개인의 유전정보를 비롯해 장차 개인의 유전체 전체를 포함할 수 있을 만큼 충분한 용량의 컴퓨터 메모리가 내장되어 있다.

모든 환자가 광학 메모리카드를 사용할 것을 요구하는 국회 법안이 제출되었다. 1992년 건강보험 정보개혁 조례인 이 법안은 의료기관과 보험회사 간의 정보 교류를 모두 전자시스템화할 것을 의무화하고 있다. 그러한 체계는 광학 메모리카드(데이터 저장이 가능한 메모리칩이 내장)나 현금카드와 유사한 카드(다른 곳에서 저장된 데이터에 대한 접근만을 제공함)에 기초하게 될 것이다.

유전자 검사에 대한 원칙 적용

자율성, 프라이버시, 비밀유지, 평등성이라는 원칙은 개인이 아무런 간섭을 받지 않으면서 결정을 내릴 권리에 큰 비중을 두고 있다. 이는 부분적으로는 우리 문화와 법체계가 개인에게 두고 있는 비중에 기인한다. 그러나 개인의 권리가 무제한인 것은 아니며, 유전학 분야는 개인의 권리가 어디에서 끝나고, 집단(가족이나 그보다 규모가 큰 사회)에 대한 책임은 어디에서 시작되는가에 대한 중요한 문제를 제기하고 있다.

일반적으로 이러한 개인의 권리라는 문화(치료를 거부하고 자신의 의료정보 유포를 통제할 환자의 권리에 대한 규정이 있는) 내에서 의료

Houston Chronicle, October 11, 1992, A1.

가 시행되고 있지만, 이러한 의료 모형이 백신처럼 확실한 의료개입의 시행을 요구하고 건강의 위험성에 대해 주의를 주는 것으로 (가령, 금연 캠페인이나 성병과 관련된 접촉 경로 추적 등) 질병 예방을 촉진하는 공중보건 모형으로부터 밀려나는 상황들이 벌어지고 있다.

일부 평자들은 의무적인 유전자 선별 검사와 심지어 심각한 질병에 걸린 태아를 강제 낙태하는 공중보건 모형을 유전학에 적용시켜야 한다고 주장했다.[36] 이와 연관된 조치들이 유전질환의 위험성을 사람들에게 경고할 수 있다는 것이다.

그러나 공중보건 모형을 유전학에 적용하는 데에는 몇 가지 어려움이 있다. 특정 전염병은 단기간에 많은 사람에게 전염되어 순식간에 사회 전체를 위험에 몰아넣을 가능성이 있다. 그 잠재적 희생자는 감염된 개인에게는 완전히 낯선 사람일 수도 있다. 전염병과는 대조적으로 유전질환의 전이는 사회에 즉각적인 위협을 주지 않는다. 전염병이 공동체를 급속히 황폐화할 수 있는 데 반해, 후손에 대한 유전질환의 전이는 반드시 즉각적인 위해로 귀결하는 것은 아니며, 그보다는 미래 세대에 대한 잠재적 위험을 사회에 야기할 수 있다.[37] 기본권을 다룬 미 연방 대법원 판례들은 미래의 위험이 당면한 위해만큼 긴박하게 국가 이익과 관련되지는 않는다고 판결해 왔다.[38]

---

36) 다음 문헌을 보라. M. Shaw, "Conditional Prospective Rights of the Fetus", *Jour. Legal Med.* 5(1989) : 63.
37) 게다가 이러한 위험(유전질환을 자손에게 전이)은 사회가 항상 공생해온 것이며 사회는 그러한 위험에도 불구하고 번영한 듯 보인다는 것이 지적되어야 한다.

38) 예를 들어, 〈뉴욕타임스〉 대 미 연방정부의 403 U.S. 713(1971) 소송에서, 연방 대법원은 정부가 국가 안보상 국방부 문건이 공개되면 안 된다는 것을 입증할 '무거운 책임'에 부응하지 못하였다고 전원합의로 판결하였다. 보충의견은 이 소송의 논리에 관해 더 자세히 설명했다. 공개가 "직접적이고 즉각적으로 돌이킬 수 없는 피해를 국가나 국민에게 확실히 초래할" 경우에만, 공개 금지령에 의해 자유 언론의 권리가 침해될 수 있다. *Id*. p. 730 (Stewart, J., 보충 의견). 혹은 전시 중에 "발표가 해상에서 이미 수송의 안전을 위협하는 유의 사건 발생을 필연적·직접적·즉각적으로 일으킨다는 것이 틀림없다는 정부의 주장과 증거 제시가" 있을 경우이다. *Id*. pp. 726-727(Brenan, J., 보충 의견). 언론 보호에 반하는 금지 명령을 부여하는 불가피성의 기준은 상대적인 것이 아닌 절대적인 기준이다. 언론이 심각한 피해를 일으킬지라도 그것만으로는 충분치 않다. 화이트 대법관이 〈뉴욕타임스〉 사건에 대한 자신의 동의에서 지적하였듯이 "대중의 이해에 실질적 피해"가 있을지도 모른다는 것만으로는 충분치가 않다. *Id*. p. 731(White, J., 보충 의견). 스튜어트 대법관도 유사한 의견을 피력했다. "관련(즉, 국가의 이해상 공개되어서는 안 된다) 문건의 일부에 대해서는 행정부가 옳다고 확신한다. 그러나 그중 일부의 공개가 직접적이고 즉각적으로 돌이킬 수 없는 피해를 우리 국가나 국민에게 분명 초래할 것이라고 나는 말할 수 없다. 그런 연유로 헌법수정조항 제1조에 의거한 이 문제의 사법적 해결은 오직 하나일 수밖에 없다." *Id*. N 730 (White, J., 보충 의견).

〈뉴욕타임스〉 사건은 돌이킬 수 없는 피해 가능성이 있다 할지라도 그러한 피해가 직접적이고 즉각적으로 발생하지 않으면 언론에 공개 금지명령을 내려서는 안 된다는 것을 보여 준다. '즉각적으로'라는 말은 충분히 이해할 수 있을 만큼 명확하다. 이 말은 미래가 아닌 현재의 피해를 요구한다. '직접'이라는 말은 그 기간에 일어난 영향력의 결여와 관련 있다. 다른 큰 영향이 그 사이에 끼어들거나 나타날 수 있다면, 돌이킬 수 없는 피해는 직접 발생하지는 않을 것이다. 필수적인 즉각성과 직접성을 표현하는 다른 방법은 필연적인 피해를 말하는 것이다. 필연적 피해란 아무것도 이를 바꿀 수 없거나 멈출 수 없는 단기간에 일어난다.

공개금지령이 쟁점이 아닐지라도, 기본권이 쟁점일 때에는 국가 이익 위협에 대한 높은 기준이 필요하다. 또한 헌법수정조항 제1조에서 거짓이 아닌 실제적 피해를 즉각적으로 위협하지 않는 한, 그에 따른 후속 처벌의 근거가 되어서는 안 된다(*Bridges v. California*, 314 U.S. 252, 263

또한 '예방'이라는 개념은 대부분의 유전질환에 잘 들어맞지 않는다. 페닐케톤 뇨증(PKU)에 대한 신생아 선별 검사의 경우에 치료를 통해 정신지체를 막을 수 있을지 모른다. 그러나 오늘날 수많은 유전질환의 경우, 유전질환 자체가 예방되기보다는 질환이 있는 특정 개인의 출생을 막는 방식이다(예를 들어, 한 쌍의 남녀가 각각 심각한 열성장애에 대한 이종접합체인 경우, 이들은 그 질환에 대한 이종접합체인 태아를 임신하는 것을 선택하는 것이 아니라 임신을 중절하는 쪽을 택한다).

이런 식의 예방은 가령 홍역이나 매독을 예방하는 것과 같은 방식으로 볼 수 없다. 장애나 질환을 '예방'하는 것에 대한 견해차는 사람마다 크다. 많은 사람이 다운 증후군이나 낭포성 섬유증이 있는 아이를 기꺼이 가족으로 받아들일 것이다. 게다가 낙태를 종교적 이유로 반대하거나 개인적 윤리로 반대하는 사람들도 있다. 심지어 낙태에 반대하는 사람들은 태아에 미치는 유전적 위험성을 알게 된 일반인들 사이에서 낙태율이 증가하게 될 사태를 우려하기 때문에, 강제 낙태를 수반하지 않는 의무적 보인자(保因者) 검사나 산전 진단검사도 반대한다. 더욱이 특정 장애나 유전적 위험성이 있는 일부 사람들은 그 위험이나 장애에 대한 강제적 유전자 검사를 자신들과 같은 부류를 근절하려는 시도나 자신들의 가치를 부정하는 것으로 볼 수도 있다.

또한 강제적 유전자 검사는 검사를 받는 개인을 황폐화하는 영향을 줄 수도 있다. 개인에게 외적인 것으로 보이는 전염병과는 달리,

---

(1941) 참조.

유전질환은 사람들이 자신의 본성 중 고질적인 부분이라는 생각을 들게 할지도 모른다. 결함이 있는 유전자를 보유한다는 사실을, 본의 아니게, 알게 된 사람들은 스스로를 결함이 있는 사람이라고 볼 수 있다. 자신의 선택으로 그 정보에 대해 알게 된 것이 아닌 경우, 그 상처는 더 악화된다. 아무리 에이즈나 음부포진*이 개인의 이미지에 똑같이 부정적 영향을 준다고 할지라도, 개인 정체성에 대한 공격이라는 점에서 전염병과는 차이가 있다.

더욱이 대부분의 전염병과는 달리 유전적 결함은 현재로서는 대부분 완치가 어렵다.[39] 그러므로 의무적인 유전자 검사를 통해 발생한, 요구받지 않은 공개는 평생 동안 그 개인을 쫓아다니며 괴롭힐 수 있으며, 그러한 위험에 처해 있거나 그들의 배우자가 되는 사람들을 포함해 그 밖의 가족들에게도 광범위한 반향을 일으킬 수 있다. 게다가 유전질환의 전이를 막으려는 시도로 제기된 정책적 관심은 전염병에 대한 관심과는 다르다. 그것은 유전질환이 서로 다른 인종적 배경을 지닌 사람들에게 각기 다르게 영향을 미치기 때문이다.

그러한 이유로 일부 평자들은 유전질환과 관련된 정부의 조치에 대한 전염병 모형의 적용가능성에 이의를 제기한다. 캐서린 댐(Catherine Damme)은 "인종적, 민족적 또는 유전적 경계가 없는 것

---

* 〔역주〕 성기 주변에 수포나 궤양이 형성되는 증상.
39) 물론 AIDS는 치료를 할 수 없으며 소수자 집단(예, 동성애)을 명확히 확인하는 전염병이다. 강제적 유전자 검사에 적용할 수 있는 수많은 동일한 이유로 강제적 AIDS 검사가 채택되지 않은 점을 지적한 것은 흥미롭다. 대신에 익명으로 하는 자발적 검사가 그 모델이 되었다.

으로 알려진 전염병과는 달리, 유전질환은 유전의 결과이다"라고
말하며, 정부의 조치가 차별을 불러올 가능성을 열어 두고 있다. 40)

정부는 어떤 전염병을 중요하게 다룰지에 관해 재량권을 가진다.
예를 들어, 매독에 대해서는 검진을 요구하면서 클라미디아(*chla-mydia*)*에 대해서는 하지 않는다거나, 천연두에 대해서는 백신접
종 요구결정을 하면서 디프테리아에 대해서는 하지 않을 수 있다.
그러나 유전질환과 관련된 정부 조치의 경우 상황이 크게 달라질 수
있다. 특히 효과적인 치료법이 존재하지 않기 때문에, 이용가능한
의료처치가 감염된 태아의 낙태밖에 없는 질환의 경우에는 더욱 그
러하다.

과거에 차별을 받았던 소수자 집단은 자신들의 인종 집단 내에서
발생하는 질환만을 대상으로 삼는 선별 검사 프로그램을 인종에 대
한 부가적인 공격으로 보거나 유전정보에 근거한 생식의 절제나 자
손 낙태를 일종의 인종 근절 조치로 볼 수도 있다. 41)

전염병의 선례가 의무적 유전자 검사를 정당화한다고 주장하는
평자들은 전염병의 경우에서도 성인에 대한 의료처치를 강제한 적
이 거의 없다는 점을 인정하지 않고 있다. 아무리 치료 가능한 전염
병을 앓고 있다 할지라도 성인에게 강제로 의학적 진단이나 치료를
받도록 할 수는 없다. 결혼 전에 강제로 전염병 검사(예, 성병)를 요

---

40) C. Damme, "Controlling Genetic Disease Through Law", 15 *U. Cal Davis L Rev* 15(1982)：801, 807.

 * 〔역주〕성병의 하나로, 림프샘염(炎)을 일으킨다.

41) 겸형 적혈구 빈혈증 보인자 검사가 수립되었을 때, 흑인들은 이러한 비난
을 제기했다.

구하는 법은 폐지되고 있다. 그 예로, 뉴욕 주는 혼전 임질 매독 검사 요구를 폐지했다. 그 이유 중 하나는 이러한 요구가 위험에 처한 집단의 문제를 해결하는 적절한 방식이 아니라는 것이었다. [42]

질병이라는 개념이 지나치게 유연할 때에는 유전질환 검사 및 치료를 강제하는 것이 특히 문제가 된다. 모툴스키(Arno Motulsky)는 병인(病因)과 무관하게 '질병'에 대한 정확한 정의를 내리기 힘들다고 했다. [43] 그는 고혈압과 정신지체 같은 질병은 자의적인 한계 수준에 기초한다고 말한다. 브록(David Brock)도 대부분의 질환은 테이-삭스병(가족성 흑내장성 백치)과 알캅톤뇨증(선천성 대사이상)의 양극단 사이에 있다고 지적했다. 그것은 '의사의 의료 경험뿐 아니라 인종적 선입견에도 크게 의존한다'고 한 의사는 충고했다. [44]

공중보건 모형이 유전학의 상황과 맞지 않다는 사실에도 불구하고, 개인의 권리 모형이 절대적인 것으로 간주되어서는 안 된다. 다른 사람에게 심각한 해를 주는 사태를 막기 위해 자율성과 프라이버시, 비밀유지와 평등성의 가치를 포기해야 하는 상황이 있다. 그러나 이 일반 원칙의 예외가 무엇인지 결정하기는 쉽지 않다. 이 원칙 중 하나를 위배해서 다른 위해를 막을 순 있지만, 그럼에도 원칙을 고수하는 가치가 위해를 비켜가는 기회보다 더 중요한 경우도 있을

42) L. Andrews, "Medical Genetics: A Legal Frontier", 233(1987).
43) A. G. Motulsky, "The Significance of Genetic Disease", 59, 61 in B. Hilton, D. Callahan, M. Hams, P. Coodliffe, B. Berkley eds., *Ethical Issues in Human Genetics: Genetic Counseling and the Use of Genetic Knowledge*, Fogarty International Proceedings, no. 13, 1973.
44) Statement of D. Brock in B. Hilton et al. eds., *Id.* p. 90.

지 모른다. 따라서 매번 제반 요소에 대한 포괄적인 평가가 필요할 것이다. 피해야 할 위해가 얼마나 심각한가? 원칙을 위반했을 경우 초래되는 의학적·심리학적 또는 여타의 위험은 무엇인가? 원칙을 위반함으로써 발생하는 재정적 비용은 얼마인가?

다음 절에서는 자율성과 프라이버시, 비밀유지와 평등성의 원칙들을 임상 유전학과 다른 의료업무, 유전학 연구 등의 맥락에 적용함으로써 제기되는 문제들을 검토할 것이다. 또한 이들 원칙에 예외가 되는 적절한 상황을 결정하는 데 도움이 될 지침을 제공할 것이다. 그리고 이 문제에 대한 동 위원회의 권고로 장을 마감할 것이다.

유전자 검사의 여러 쟁점들

자율성

유전자 검사와 관련하여 자율성을 보장하는 중요한 방법 중 하나는 검사여부를 개인이 결정할 수 있도록 적절한 정보를 제공하는 것이다. 충분한 정보에 근거한 고지된 동의에는 그 사람이 받게 될 치료의 위험성과 혜택, 효능과 대안들에 대한 정보 제시 등이 포함된다. 그 외에 최근의 판례와 법은, 환자가 수용될 시설의 재정적 이익과 같이, 검사를 권고한 건강관리 전문기관이 가지게 될 이해관계를 둘러싼 잠재적 갈등을 공개하는 것에 대한 중요성을 인정해왔다.

유전학의 맥락에서 볼 때, 여기에는 연구소 지분이나 소유권 공개, 상담이나 특허 등의 비용을 충당하기 위한 검사 변제 의존도의 공개가 포함될 것이다. 또한 비록 익명으로 사용되더라도 예정돼 있는 조직 견본의 후속 사용의 공개도 포함될 것이다.

유전자 검사를 받을지에 관한 여부를 결정하여 자율성을 행사하려는 사람들에게는 다양한 종류의 정보가 관련된다. 여기에는 검사받을 질환의 심각성과 잠재적 변이성 및 치료가능성에 대한 정보가 포함된다. 가령, 임산부에게 보균자 상태 검사를 제안하거나 태아에 대한 산전 검사를 제안할 경우, 조직에서 발견된 질환이 임산부에게 예방될 수 있거나 치료될 수 있는지 혹은 낙태를 할 것인지에 대한 결정에 직면하게 되는지 충분한 설명을 제공해야 한다. 유전문제 지원단체연합(Alliance of Genetic Support Groups) *이 제시한 유전자 검사를 비롯한 연구에 대한 고지된 동의 가이드라인은 유전학 분야에서 고지된 동의 정책을 개발하는 데 훌륭한 출발점을 마련해준다.

복합 검사법의 개발은 유전자 검사에 대한 고지된 동의 문제에 고민을 하나 더 얹어 주었다. 만약 100가지 질환을 동일한 혈액견본으로 검사한다면, 검사 전에 건강관리제공자가 환자에게 각 검사의 효능과 질환에 대한 정보를 제공하는 데 대해 현행 고지된 동의 모형을 적용하기 어려울지도 모른다. 하지만 고지된 동의를 얻는 데 전통적인 메커니즘을 적용하기 어렵다고 해서 정보를 얻을 때 환자의 자율성과 필요성을 존중하지 않아도 된다는 변명이 통한다는 뜻은 아니다. 이러한 권리를 보호하기 위해서는 새로운 메커니즘이 개발되어

---

* 〔역주〕 유전현상과 건강, 공공 보건 문제에 관한 교육적인 정보를 제공하며, 건강 및 질병에 관련된 많은 사이트가 연결되어 있다.

야 할지도 모른다.

환자가 선택한 검사(또는 검사 유형)에 대해서만 의사와 환자에게 그 결과를 보고하도록 하는 것이 가능할 것이다. 이러한 선택은 환자, 즉 컴퓨터 프로그램으로 여러 질환과 검사에 대해 알게 된 환자가 할 수 있다. 또는 일반적 범주에 따라 선택할 수도 있는데, 가령 환자는 복합 검사를 선택하지만 치료할 수 없거나 예방이 불가능한 질환에 대해서는 검사결과를 듣지 않는 쪽을 고르는 것이다. 45)

사람들이 결정을 내리기 전에 정보에 대한 권리를 가진다는 인식과 더불어, 유전자 검사나 여타 유전학 서비스에 참여하는 결정이 자발적이어야 한다는 인식을 통해 자율성 원칙의 이차적 적용이 이루어진다. 자발성은 유전학을 비롯하여 과거의 권고사항이나 관례에서 인정된 원칙이다. 이는 의료개입을 거부할 자격이 있는 성인들이 인정받은 권리는 물론이고 고지된 동의라는 맥락에서 의료정보의 제출까지 거부할 권리와 일치한다. 46)

예를 들어, 태아의 유전 상태를 결정하기 위해 임산부의 혈액에서 분리한 태아 세포를 정확히 검진하는 것이 가능하게 된다면, 주(州)

---

45) 범주로 선택한다는 개념은 1992년 6월 동 위원회의 워크숍에서 알타 샤르(J. D. Alta Charo)가 토론하였다.

46) 가령 다음 문헌을 보라. *Cobbs v. Grant*, Cal. 3d 829; 104 Cal. Rptr. 505, 502 P2d 1, 12(1972). 일부 주의 고지된 동의는 정보 거부권을 명백히 인정하고 있다. Alaska Stat. § 09 55, 556<bM2)(1983); Del. Code Ann. tit. IS. i 6852(bX2)(Supp. 1984); N H Rev Stat Ann § 507-C: 2(HXbX3)(1983); N.Y. Public Health Law 2805-d(4Kb)(McKinney 1985). Or Rev. Stat. § 677, 097(2)(1985). Utah Code Ann. 78-14 -5(2)(c)(1977); Vi. Stat. Ann. in 12. § 1909(c)(2)(Supp. 1991); Wash. Rev. Code Am. 17. 70. 060(2)(Supp. 1991).

의 보건복지 부서는 임산부에게 정보를 제공하는 것이 최소침습 절차라는 근거에서, 그러한 검사를 요구하는 데 관심을 보일지도 모른다(그리고 그 결과, 그녀가 감염된 태아를 낙태하도록 유도해서, 문제가 있는 유아를 돌보는 데 들어갈 주 예산을 절약하게 될 것이다). 그러나 그러한 검사를 강제하는 것은 임산부의 자율성을 충분히 존중하지 않은 채 생식에 대한 결정권을 침해하는 것이다.

어린이 선별 검사와 검사의 특수한 문제들

인간유전체 계획의 결과, 이용가능한 검사가 늘어나면서 신생아와 여타 아동들의 검사와 관련하여 복잡한 문제들이 야기될 것이다. 성인은 잠재적으로 이로운 검사와 치료까지 거부하는 데 제약이 없음을 명시한 명백한 법적 절차가 있지만, 판례는 심각하고 절박한 위해를 예방하기 위해서 아동의 경우 본인의 동의가 없더라도(그리고 부모의 거부에 우선하여) 검사를 받을 수 있다고 제시하고 있다.

　미 연방 대법원은 부모는 자신을 학대하는 데 제약이 없는 반면, 자식을 학대하는 데에는 제약이 있다고 주장했다.[47] 아동의 생명이 절박한 위험에 처해 있고 치료에 있어선 문제가 거의 없는 상황에서는 부모의 반대에 우선하여 의료개입이 허용되어 왔다.[48] 생명이 위독한 상태인 '여호와의 증인' 아동에게 수혈을 지시한 사례가

---

[47] *Prince v. Massachusetts*, 321 U. S. 158, 170(1944).

[48] *In re Green*, 448 Pa. 338, 292 A. 2d 37, 392(1972). 다음 문헌도 보라. Brown and Truit, "The Right of Minors to Medical Treatment", *DePaul L Rev.* 28(1979) : 289, 299.

있다. 49)

　페닐케톤 뇨증(PKU)처럼 조기 치료로 어린이에게 분명한 의료 혜택을 주기 위해서 선천적 신진대사 장애에 대한 신생아 선별 검사를 실시하는 프로그램이 모든 주에 마련되어 있다. 현재 최소 2개 사법부(컬럼비아와 메릴랜드 지구)의 법은 신생아 선별 검사가 자발적이라고 명시하고 있다. 50) 최소 2개 주(몬태나와 웨스트버지니아)에서는 선별 검사가 강제적이며, 종교적 이유로 인한 부모의 반대나 거부에 대한 법적 조항이 아예 없다. 51) 나머지 주에는 종교나 기타 이유로 인한 부모의 거부에 대한 조항들이 있다. 그러나 대다수의 주가 여러 이유에 근거한 검사 거부를 허용하고 있지만, 유아의 부모나 보호자에게 유아가 검사를 받을지를 선택할 수 있다는 정보를 충분히 고지하거나 거부할 권리가 있다는 것을 설명하도록 규정한 법은 거의 없다. 2개 주(미주리와 사우스캐롤라이나)에서는 자식의 신생아 선별 검사를 거부한 부모들을 형사처벌하고 있다. 52)

　의무적인 신생아 선별 검사를 뒷받침하는 개념은 호의적인 것이다. 즉, 페닐케톤 뇨증(PKU) 및 갑상선 기능 부전증 검사의 혜택을

---

49) *Jehovah's Witnesses v. King County Hospital*, 278 F. Supp. 488(W D Wash. 1967); 390 U. S. 598(1968); denied, 391 U. S. 961(1968).

50) D. C. Code Ann. 16-314(3)(1989); Md. Health-Gen. Code Ann. §§ 13 102(10) and 109(c)(f)(1982).

51) Iowa Admin Code 641-644, 1(136A)(1992); Mich. Comp Laws Ann. § 333 5431(1)(WCM 1992); Mont. Code Ann. 50-19-203(1)(1991); W. Va. Code Ann. § 16 22 3(Supp. 1992).

52) Mo. Ann. Stat. 191. 331(5)(Vernon 1990); S. C. Code § 44 37 30 (B) (1991).

모든 어린이가 받을 수 있도록 보장하려는 시도이다. 이는 조기 치료로 정신지체를 예방함으로써 아동 복지에 큰 효과를 낼 수 있기 때문이다. 하지만 어린이들이 이 검사를 받게 하기 위해 이 프로그램을 강제할 필요가 있다는 증거는 거의 없다. 왜냐하면 1990년에 자발적 프로그램을 시행한 주에서는 신생아들이 100% 이 검사를 받았다고 보고된 데 반해, 의무 프로그램 방식으로 시행한 주에서는 98%였고, 심지어 96%에도 미치지 못하는 경우도 있었기 때문이다. [53]

관련 조사에 따르면, 신생아 선별 검사 프로그램이 완전히 자발적이며 부모가 어떤 이유로든 거부할 수 있으면 실질적인 거부율은 약 0.05% (5만 명의 산모 중 27명)로 극히 낮은 것으로 나왔다. 이 연구에서 간호사들은 대부분 신생아 선별 검사에 대해 산모에게 알려 주는 데에는 1~5분 정도밖에 걸리지 않는다고 보고했다. [54]

부모의 거부에 우선하여 어린이에게 필요한 수혈을 하는 것처럼, PKU 신생아 선별 검사도 '국친사상'(*parens patriae*) *의 법적 이론을 근거로 정당화되어 왔는데, 주 정부는 실질적이고 즉각적인 피해로부터 어린이를 보호하기 위해 이것을 근거로 삼았다. 부가적인 검사가 개발되고 있는 인간유전체 계획 시대인 오늘날, 일부 사람

---

53) Council of Regional Networks for Genetic Services(CORN), *Newborn Screening* 1990, Final Report, February 1992.
54) R. R. Faden, A. J. Chalow, N. A. Holtzman, and S. Horn, "A Survey to Evaluate Parental Consent as Public Policy for Neonatal Screening", 72 *Am J Pub. Health* 1347(1982).
 * 〔역주〕 13세기 영국의 형평법에 기원을 둔 것으로, '국가는 국민의 보호자'라는 사고가 핵심이다.

들은 그다지 급박하지 않고 확실하지도 않은 혜택을 위해 신생아 선별 검사를 부분적으로 장려하고 있다. 제시된 가이드라인은 신생아 선별 검사의 또 다른 혜택이 '차후 가족계획상담을 위해 명부에 등록(PKU 물질) 하거나 표현형(선천성 부신증식증)을 감시하는 형태로 나타날지도 모른다'고 주장한다. 55) 그러한 결과를 달성하려면, 출산상담을 받을 수 있을 때까지 — 또는 증상이 나타나는 연령이 될 때까지 — 이동성이 유독 강한 이 시기에 그 어린이를 계속 추적해야 할 것이다.

최초의 신생아 선별 검사 프로그램은 신생아 조기 치료가 효과적인 질환을 대상으로 삼았다. 그러나 점차 치료 불가능한 질환에 대한 검사가 제안되었다. 이 경우, 정당화의 근거는 신생아를 위한 혜택이 아니라 장래 출산을 계획하는 부모에게 돌아가는 혜택이다. 이런 이유를 근거로, 여러 나라가 — 그리고 미국의 여러 주(예, 펜실베이니아)에서 — 듀켄씨근이 영양증(*duchenne muscular dystrophy*)*에 대한 신생아 선별 검사를 하고 있다. 이러한 의료개입은 신생아에 대해서는 당장 의료혜택은 제공하지 못하며, 부모는 자신들이 위험한 상태라는 자각을 하지 못할 때도(듀켄씨 근이영양증과 그 밖의 질병에서처럼) 다른 방법을 통해 조기검진을 할 수 있다.

---

55) Consensus Statement Proposed for Routine Newborn Genetic Screening, Based on October 1989 Conference in Quebec, Canada. Reported in Barta Maria Knoppers and Claude M LaBerge eds., "Genetic Screening: From Newborns to Data Typing", *Excerpta Medico* 382 (1990).

 * 〔역주〕근육을 형성하는 단백질이 생성되지 않고 서서히 위축되어 몸이 정상적으로 성장하지 않는 희귀 질환.

그 외에도 치료 불가능한 질병에 관련된 유전자에 대한 신생아나 보인자 검사는 여러 가지 문제점이 있다. 그 어린이가 받은 정보가 나중에 동의가 가능한 시기에는 사실이 아닐 수도 있다. 또한 검사 결과가 양성이면, 부모들은 이들을 차별적으로 대하게 될 수도 있다. 부모들은 비정상 유전자를 가진 아이들에게 상처를 주거나 심지어 그런 아이를 거부할 수도 있으며, 그러한 자식에 대해 교육이나 다른 혜택에 관해 재정적 자원을 쓰는 걸 달가워하지 않을 수도 있다. 그 외에도 검사결과 공개로 보험에 들 수도 없고 취직도 안 되어, 구제불능의 상태에 빠질 수도 있다.

반면 자발적 신생아 선별 검사가 주는 부가적 이점도 있다. 신생아 선별 검사를 받기 전에, 검사에 대해서 부모에게 충분히 설명하면 검사의 질을 보증할 수 있다. 부모가 실제로 견본이 추출되었는지 확인할 수 있기 때문이다. 또한 보험회사의 압력으로 어린이들이 점차 빨리 병원에서 퇴원하는 경향이 있다. 이렇게 되면 페닐알라닌 수치가 검출이 가능할 만큼 충분히 상승하지 않아, 잘못된 음성 판정을 받게 될지도 모른다.

반면 고지를 통해 동기를 부여받은 부모는 정확한 검사결과를 알기 위해 퇴원 후, 아기를 다시 데려와 검사를 받을 수 있다. 여기에서 권고하는 고지된 동의 과정은 필수적인 교육을 제공하고, 의무 프로그램에 비해 (검사를 위한) 왕복여행을 하도록 동기를 부여하는 측면에서 훨씬 뛰어나다.

포스트 유전체 시대를 살아가는 사람들은 평생 동안 훨씬 많은 유전자 검사를 받을 가능성에 직면할 것이며, 자신의 건강과 재생산 계획, 그리고 무엇을 먹고 어디에서 살며 어디에 취직할지에 관한 선택과 관련된 풍부한 유전정보를 숙지해야 할 것이다. 유전학에 대해 더 많은 것을 알게 될수록 이러한 결정을 하게 될 가능성이 높아진다.

게다가 신생아 선별 검사 프로그램이 자발적일 경우, 부모들은 그 질병에 대한 자료를 미리 제공받고 질문에 대한 답변을 들으며 이를 더 진지하게 생각하게 되고, 징후가 발견되면 아이들에게 적절한 치료를 받도록 하기 위해 더 큰 노력을 기울일 가능성이 높아진다. 신생아 선별 검사에 우선하여 이 검사에 대해 부모에게 정보를 공개하는 것이 유전학에 대한 공공 교육의 주요한 수단이 될 수 있다.

가능성이 있는 가장 이른 나이에 효과적인 치료로 신생아에게 혜택을 줄 수 있다는 확실한 증거가 있는 경우(예, 페닐케톤 뇨증 및 선천성 갑상선기능 저하증)에만 의무적 신생아 선별 검사가 시행되어야 한다. 이러한 원칙으로 듀켄씨 근이영양증 검사는 정당화되지 못할 것이다. 또한 낭포성 섬유증에 대한 신생아 선별 검사도 현재로서는 정당화되지 못할 것이다. 56)

위스콘신대학의 유망한 이중맹검법 연구(이 주제에 관해 유일하게 통제된 연구)는 낭포성 섬유증에 대한 신생아 선별 검사에서 조기 발견의 혜택을 찾지 못했다. 증상의 발생에 기초한 성공적 결과가 나타났을 때에만 어린이의 치료가 시작될 수 있었다. 명백한 혜택의 결여 외에도 낭포성 섬유증에 대한 신생아 선별 검사에는 명백한 부

---

56) 현재로서는 콜로라도와 와이오밍 주가 신생아 선별검사에 실험적 연구 프로토콜의 일부로 낭포성 섬유증을 포함하고 있다.

정적 측면이 있다. 그 성격상 검사가 너무 광범위하기 때문이다.

예를 들어, 낭포성 섬유증에 대한 신생아 선별 검사에서 "최초의 검사로 양성이 나온 유아의 6. 1%만이(콜로라도 및 와이오밍 프로그램에서) 땀의 염화물 검사에서 궁극적으로 낭포성 섬유증을 가진 것으로 판명되었다". 57) 그러나 낭포성 섬유증에 대한 신생아 선별 검사에서 잘못된 양성 판정을 받은 부모의 5분의 1은 "자식의 건강에 대한 불안이 좀처럼 사라지지 않는다'"고 말했다. 58)

위스콘신대학의 연구에서 처음에는 낭포성 섬유증 양성이라고 했다가 이후 오류임이 밝혀진 유아의 부모 중 5%는 1년 뒤에도 여전히 자신의 아이가 낭포성 섬유증를 가지고 있을지 모른다고 믿고 있었다. 59) 그러한 반응은 부모들이 자신의 아이들에게 취할 행동에 영향을 미칠 수도 있다. 위스콘신대학의 낭포성 섬유증 신생아 선별 검사에 관한 보고서에 따르면, 거짓 양성이 나온 104개 가구 중 8%가 2세 계획을 변경할 예정이었으며, 그 외 22%가 2세에 대한 계획을 변경할지에 관한 결정을 내리지 못하고 있다. 60)

사실, 프랑스에서는 잘못된 양성의 높은 수치에 반대하는 부모들의 요구로 낭포성 섬유증에 대한 신생아 선별 검사가 종결되었

57) Neil A. Holtzman, "What Drives Neonatal Screening Programs?" *New England Journal of Medicine* 325(1991) : 802. 809; K. B. Hammond, S. H. Abman, R. J. Sokol, F. J. Accurso, "Efficacy of Statewide Newborn Screening for Cystic Fibrosis by Assay of Trypsinogen Concentration", *New England Journal of Medicine* 325(1991) : 769-774.

58) *Id.*

59) *Id.*, citing P. Farrell, personal communication.

60) Norm Fost presentation, June 1992 committee workshop.

다. [61] 덴마크에서는 유아의 알파 1 안티트립신 결핍증 식별 과정이 모자 상호작용에 미치는 장기적 부작용으로 인해 알파 1 안티트립신 결핍증 검사가 중단되었다. [62]

신생아 선별 검사로 밝혀질 수 있는 질환에 치료법이 있는 경우에도, 증상이 나타난 뒤 치료가 시작된다면 그 치료 효과가 확실치 않을 수 있다. 단풍 당뇨증(*maple syrup urine disease*) * 검사를 통해 확인된 어린이의 치료는 기껏해야 제한적인 효과만 있을 뿐이어서, 부모들은 치료를 받을지를 결정하기가 힘들 수 있다.

가설적 혜택이 존재할지라도, 신생아 선별 검사 프로그램은 어린이에게 필요한 치료를 실제로 제공할지를 결정하기 위해 면밀히 검토할 필요가 있다. 치료는 제외하고 검사만 지원하는 주의 경우, 가족들이 치료를 할 경제적 여유가 없어 아이들이 검진의 혜택을 받지 못할 수도 있다. 가령, 겸형 적혈구 빈혈증이 있는 수많은 어린이들이 필수적인 페니실린 예방을 받지 못하고 있다. [63] 대부분의 주들이 페닐케톤 뇨증(PKU) 유아들의 식이요법과 영양에 대해 부모들에게 교육을 제공하지만, 모든 주가 값비싼 필수 식품이나 그 밖의

---

61) Statement of Claude LaBerge at June 1992 committee meeting.
62) 다음을 보라. T. McNeil, B. Hany, T. Thelin, E. Aspergren-Jansson, T. Sveger, "Identifying Children at High Somatic Risk: Long-Term Effects on Mother Child Interactions", *Acta Psychiatrica Scandinavia* 74, no. 6: 555-562(1986).
 *   〔역주〕 일종의 아미노산 대사 장애로, 치료하지 않으면 정신지체, 신체적 불구, 사망을 유발하는 드문 유전질환이다.
63) Ellen Wright Clayton, "Screening and Treatment of Newborns", 29 *Houston L Rev* 29(1992): 85.

보조 식품을 제공하지는 않는다.

주 당국이 지원하는 프로그램의 신생아 검사 문제 외에도 어린이 유전자 검사와 관련된 더 많은 일반적인 문제가 임상 과정에 존재한다. 개인의 감염 여부를 확인하려고 고안된 일부 기술들도 보인자에 관한 정보를 제공할 것이다. 예를 들어, 유아가 겸형 적혈구 빈혈증 검사를 받을 경우, 그 검사는 유아가 유전자 보인자인지를 나타낼 것이다. 그런 경우에 보인자 정보 획득이 검사의 1차 목적이 아니므로, 보인자 정보는 겸형 적혈구 빈혈증 검사의 부산물이 된다.

이 대목에서 그 정보를 유아의 부모에게 알릴 것인지에 대한 문제가 제기된다. 정보를 알려서 얻는 이점 중 하나는 그것이 부모의 장래 출산 계획과 관련된다는 것이다. 만약 유아가 보인자라면 최소한 부모 중 한쪽이 보인자인 셈이다. 부모 모두 보인자라면 감염된 아이를 가질 위험은 25%이다.

반대로 그러한 정보를 부모에게 알림으로써 오는 단점도 있다. 교육과 상담이 이루어지지 않으면 아이들이 보인자와 연관된 질환에 감염될지 모른다는 엉뚱한 걱정을 할지도 모른다. 따라서 부모가 아이에게 낙인을 찍거나, 심지어 아이를 차별할지도 모른다. 더욱이 부모 모두 보인자가 아닐 경우 아이가 보인자임을 밝히는 것은 (이는 대부분 다른 남자가 아이의 생부임을 의미한다), 그 가족을 혼란에 빠뜨릴 수도 있다.

최초의 여과지 점적(spot)으로 수많은 검사가 신생아 선별 검사에 추가될 수 있으므로 새로운 검사를 추가하려는 압력에 저항하기 어려울 수도 있다. 그러나 검사가 추가되기 전에 미국 인간유전학회 (American Society of Human Genetics: ASHG)의 가이드라인을 토대로 그 검사로 누가 혜택을 받고 누가 해를 입을지 그리고 누가 동의하는지에 대한 엄격한 분석이 이루어져야 한다. 신생아 선별 검사에 대한 각 주의 프로그램에서 견본이 익명으로 계속 사용될 수도 있다.

후속 사용의 자발성

연구 및 임상 시설뿐 아니라 많은 주의 신생아 선별 검사 프로그램은 여과지 점적이나 DNA 견본을 유전자 검사 시 최초로 사용한 이후에도 장기간 보관한다. 일부 주에서는 새로운 검사 실험에 신생아 선별 검사 점적을 사용하고 있는데, 이는 견본의 신원이 밝혀지지 않는 한에서 허용되는 것으로 보이며, 이러한 사용은 최초 검사 이전에 예정되었던 것은 아니다. [64] 만약 견본의 신원이 확인되는

---

64) 인체실험이라는 맥락에서 고지된 동의를 결정하는 연방 법규는, "이러한 자료가 공공연히 이용되거나 피험자의 신원을 직접적으로나 신원증명자료를 통해서 확인할 수 없는 방법으로 연구자가 정보를 기록한다면", 병리나 진단 검체에 관한 연구에는 충분한 정보에 근거한 동의가 필요하지 않다고 규정하고 있다. 45 C.F.R. 46, 101(b)(4) (1991).

마찬가지로 일부 주의 인체실험법은 적출 부위에 관한 연구에까지 그 적용 범위를 확대하는 것 같지는 않다. 예를 들어, 버지니아 주에서는 "표준 의료업무과정에서 인간 피험자에게서 조직이나 체액을 제거하거나 회수한 뒤에 이를 배타적으로 이용하는 생물학 연구 수행에" 그러한 법을 적용하지 않는다. Va. Code Ann. 37, 1-234(I) (1990). 뉴욕 주의 법에서는 '의료업무과정에서 인간 피험자에게서 조직이나 체액을 제거하거나 회수한 뒤에 이를 배타적으로 이용하는 연구'를 인체 연구에서 배제한다고 규정하고 있다.

일부 연구자들은 환자의 검사가 시행된 뒤에 남겨진 혈액이나 소변은 충분한 정보에 근거한 환자의 동의를 요구하지 않고서도 이용할 수 있어야

경우라면 그 사람의 허락이 필요할 것이다. 그러나 연구자들은 신
생아 선별 검사 점적에 접근하기를 원하는 하나의 집단에 불과하
다. 법을 집행하는 공무원들에게도 이 점적은 관심의 대상이다. 한
사건에서 경찰은 어린 피살자의 신원을 확인하기 위해 신생아 선별
검사 연구소 한 곳과 접촉했다.

　미국 인간유전학회는 1990년에 DNA 은행과 DNA 데이터 은행
에 관한 성명을 발표했다.[65] ASGH는 규정된 DNA 분석을 위해 견
본을 얻으려는 목적을 미리 밝힐 것을 권고했다.

　차후 다른 목적으로 DNA 견본이나 프로파일에 대해 접근하는 것은 ①
법원이 정보공개를 명할 경우, ② 데이터가 익명으로 연구될 경우, ③ 견
본이 추출된 개인이 서면 승인을 제공할 경우에만 허용되어야 한다. 대
체로 정보가 축적된 목적과는 상관없이 의료기록에 허용된 최소한의 비

한다고 주장한다. 그러나 조직은 생각처럼 간단하지 않다. 환자의 혈액을
대상으로 은밀히 행해진 연구는 환자에게 피해를 줄 수 있는 정보를 유발
할 수도 있다. PKU 검사를 하고 남은 혈액과 낭포성 섬유증 양성반응이
나온 검사를 받은 혈액으로 낭포성 섬유증 검사가 진행되고 있었다면, 그
검사가 얼마나 신뢰할 수 있는지에 따라 유아의 부모에게 정보를 제공해야
한다는 주장도 있을 수 있다. 그러나 만일 그 결과가 최종적으로 양성이
아님이 판명되면, 가족들은 불필요한 우려로 피해를 입게 될지도 모른다.
　성인의 잔여 혈액에 대한 연구와 관련하여, 만일 환자에게 낙인을 찍을
가능성이 있는 질병(AIDS)이나 고용을 비롯한 개인의 다른 기회에 영향을
미치는 질병(헌팅턴 무도병)에 대한 검사가 진행되고 있을 때 비밀유지가
지켜지지 않는다면, 그 환자에 미치는 위험성이 아주 높아, 검사 수행 전
에 개인의 동의를 요청하지 않는 것은 비윤리적일 수도 있다.

65) ASHG Ad Hoc Committee on Individual Identification by DNA Anal-
　　ysis, "Individual Identification by DNA Analysis: Points to Consider",
　　Am J Hum Genet 46(1990) : 631-634.

밀유지에서 이러한 정보는 용인되어야 한다. (66)

비밀유지

비밀유지는 환자의 병이 적절히 치료될 수 있도록 환자와 의사 간의
원활한 정보 흐름을 돕기 위해 의도된 것이다. 비밀이 보호되지 않
으면 아픈 사람이 먼저 의료서비스를 찾으려 하지 않을 수 있으므로,
비밀보호는 공중보건 문제로도 정당화된다. 법적 문제로서 비밀유
지는 일반적으로 의사와 환자 관계에서 보호된다. 그러나 유전자 검
사가 항상 의사와 환자의 관계에서만 일어나는 것은 아니다. 비의료
분야 과학자들이 검사를 수행할 수도 있으며, 아니면 고용 상황에서
검진이 발생할 수도 있다. 게다가 비밀유지에 대한 우려가 제기되는
것은 검사결과만이 아니다. 차후 사용을 위해 견본 자체가 (DNA 은
행이나 가족 연계 연구에) 저장될 수도 있다.

　유전정보는 여타 의료정보와는 다르다. 잠재적 질병이나 환자에
미치는 그 밖의 위험은 물론이고 환자의 자식과 친척들에게 잠재적
위험이 될 수 있는 정보까지 노출하기 때문이다. 유전학자들이 비
밀유지원칙을 위반하고 친척들에게 위험을 공개하여 제삼자를 위해
로부터 보호하고자 한다는 사실은, 앞서 인용한 베르츠(Wertz)와
플레처(Fletcher)의 연구에서 입증되었다. 그 연구에서 조사한 유
전학자의 반수가 환자의 거부에 우선하여 친척들에게 정보를 공개
하겠다고 했다. 유전학자의 공개 요구는 그 정보가 친척들이 위해

---

66) *Id.* p. 632.

를 피할 수 있도록 도와줄 것이라는 생각에 바탕을 두고 있다.

그러나 이 연구에서, 질병 치료가 가능한 경우와 불가능한 경우 모두에서 거의 비슷한 숫자의 유전학자들이 치료 불가능한 경우에도 친척들에게 공개하겠다고 했는데(53%가 헌팅턴 무도병의 위험에 대해, 54%가 혈우병 A의 위험에 대해 친척에게 알리겠다고 밝혔다), 그 이유는 헌팅턴 무도병에 걸릴 위험이 있는 사람들 대부분은 자신들이 이 질병의 유전자 표지를 가지고 있는지 알아보기 위해 검사를 받지 않기 때문이다.[67]

어쩌면 유전학자들이 유전정보에 대한 친척들의 요구를 과대평가하여 오히려 친척들의 알지 않을 권리를 침해하고 있는지도 모른다. 설령 그 정보를 알아도 친척들이 사태를 해결하기 위해 할 수 있는 일이 전혀 없다는 점에서, 유전학자들이 놀랍지만 원치 않는 정보를 제공하는 것은 심리적 위해를 초래할 수도 있다.[68]

법률 분야에는 비밀유지의 예외 영역이 있다. 가령 환자가 신상을 확인한 개인에게 전염성 질환을 옮기거나 폭력을 행사할 수 있을 때처럼 확실한 경우에, 위해로부터 제삼자를 보호하기 위해, 의사는 비밀유지원칙을 파기할 수 있다.[69] 예를 들어, 길잡이가 되었던

---

67) Nancy Wexler, "The Tiresias Complex: Huntington's Disease as a Paradigm of Testing for Late-Onset Disorders", *FASEB Journal* 6 (1990): 2820-2825.

68) 다음 문헌을 보라. *Skillings v. Allen*, 143 Minn. 323, 173 NW 663 (1919); *Davis v. Rodman*, 147 Ark. 385, 227 S. W. 612(1921). 전파 가능한 질병에 대한 제삼자에 대한 경고 의무를 다룬 최근 사례는 다음을 보라. *Gammill v. U. S.*, 727 F2d 950(10th Cir. 1984).

69) *Tarasoff v. Regents of the University of California*, 131 Cal. Rptr. 14, 17

캘리포니아 소송에서 정신과 의사는 자신의 환자가 살해하려는 잠재적 피해자에게 경고할 의무가 있음을 발견했다.[70]

심각한 위해로부터 제삼자를 보호해야 한다는 원칙은 피고용자의 의학적 상태가 공중에게 위험을 초래한다면 고용주에게 공개를 허용하는 데 적용될 수 있다. 한 사례에서는 피고용자의 알코올에 대한 혈액 검사결과가 고용주에게 제출되었다.[71] 법원은 해당 주에 비밀유지를 정한 법이 없어서 정보공개로 기소될 수 없다고 판결했으며, 또한 원고가 여객 열차를 제어하는 기술자이기 때문에 공공정책의 측면에서 공개가 선호될 수 있다는 점을 지적했다.

의학유전학 분야에서 일하는 건강관리 전문가에게는 환자가 전염병으로 고통받는 의사나 잠재적 폭력성을 지닌 환자를 둔 정신요법사의 경우와 유사한 공개의무가 있다는 논변이 제기될 수 있다. 유전질환이 유전되는 특성으로 인해 연구, 상담, 진찰, 검사, 치료를 통해 개인의 유전 상태에 대한 지식을 얻은 보건전문가는, 환자뿐 아니라 그 배우자나 친척들은 물론이고 보험회사나 고용주 그리고 다른 사람들에게도 가치 있는 정보를 가지고 있는 경우가 많다. 그러나 보건전문가가 친척과 직업적 관계에 있지 않고 환자가 그 친척에게 해를 입히지 않으므로(폭력이나 전염병과는 달리) 경고할 의무는 없다는 반대 주장도 나올 수 있다.

비밀유지라는 기본 원칙 위반에 있어서 정보에 대한 제삼자의 주

Cal. App. 3d 425, 551 P 2d 334(1976).

70) *Id.*
71) *Collins v. Howard*, 156 F Supp. 322, 325(S. D. Ga. 1957)(dicta).

장은, 앞서 지적한 대로 잠재적 위해가 얼마나 심각한지, 공개만이 해를 피하는 최선의 방법인지, 그리고 공개에 따른 위험은 무엇인지를 평가하여 분석할 필요가 있다.

배우자에게 유전정보를 공개하는 문제

배우자의 유전자 검사로 상대에게 관심 있는 정보가 발생할 수 있다. 대부분 검사 받은 개인은 그 정보를 배우자와 공유할 것이다. 그렇지만 드물게, 정보가 공개되지 않아서 의료 제공자가 비밀유지 원칙을 어길지에 대한 여부를 결정해야 하는 상황이 생길 수 있다. 결혼한 개인이 심각한 퇴행성 질병에 대한 대립 유전자를 가지고 있는 것으로 진단되었을 때, 그 배우자는 아이를 낳을 것인지 결정하는 데 도움을 받기 위해 건강관리제공자가 그 정보를 자신과 공유할 의무가 있다고 주장할지 모른다. [72] 몇 차례의 법정 소송에서 배우자나 잠재적 배우자를 보호하기 위해 의사가 개인의 의료정보를 공개

---

[72] 일반적으로 이런 사람들은 자신의 배우자에게도 정보를 알려주기를 요청한다. Statement of J. Lejeune in B. Hihon, D. Callahan, M. Harrii, P Condliffe, B. Berkeley eds., *Ethical Issues in Human Genetics*: *Genetic Counseling and the Use of Genetic Knowledge*, Fogarty International Proceedings, no. 13, 1973, p. 70. 마치오브다임스사가 후원한 전국여론조사에서, 응답자의 71%가 출산 계획이 있는 여성을 담당한 의사가 검사를 통해 그 여성의 아이가 심각하거나 치명적인 유전질환을 물려받을 수도 있는 가능성을 발견할 경우, 그 의사는 남편에게 알릴 의무가 있다고 답했다. March of Dimes Birth Defects Foundation, *Genetic Testing and Gene Therapy National Survey Findings*, September 1992, p. 7. 그러나 일부의 경우에는 배우자에게 개인적 유전정보를 공개하는 것을 그 개인이 원하거나 원하지 않을 수도 있다.

하는 것을 허용한 판결이 이루어졌다.[73] 전염 가능한 질병의 정보 공개를 허용하는 소송들이 이러한 접근방식의 기초를 마련해 주었다.[74]

성병이나 AIDS를 공개하는 경우, 공중보건과 복지를 위해 비밀 유지원칙을 파기하고 배우자나 연인에게 사실을 알리는 것이 필요하며, 전염 위험이 높은 심각한 위험에 처해 있는 제삼자에 대한 경고도 필수적이라는 주장이 제기된다.

유전질환은 배우자에게 전염되지 않으므로 정보를 공개할 정당한 이유가 없다는 반대 주장이 나올 수 있다. 그러나 배우자는 자신의 잠재적 아이를 위험으로부터 보호하고 싶기 때문에 유전정보에 높은 관심을 가질 수 있다. 한 청년이 후일 헌팅턴 무도병으로 고통받게 된다는 사실을 아는 의사의 경우를 생각해 보자. 그 아내는 자신과 남편이 아이를 갖게 되면 아이가 이 질환을 물려받을 확률이 50%이므로, 그 정보에 대해 적어도 일부에 대한 권리를 주장할 것이다. 마찬가지로 배우자는 상대 배우자가 열성 결함 단일 유전자에 대한 보인자인지에 관한 알 권리를 주장할지도 모른다. 출산을 할 것인지 선택하는 데 이러한 정보가 그 배우자에게 매우 중요하기 때문이다.

결혼 상태에서 유전적 위험에 대한 정보가 문제시되는 다른 사례는 산전 검사이다. 태아가 상염색체 열성장애라는 사실이 발견될

---

[73] *Berry v. Moensch*, 8 Utah 2d 191, 331 P. 2d 814(1958) ; *Curry v. Corn*, 52 Misc. 2d 1035, 277 N Y. S. 2d 470(1966) (결혼 기간에 부부는 상대에게 부부 관계로 발생할 수 있는 질병이 있는지 알 권리가 있다.)

[74] 다음을 보라. *Simonsen v. Swenson*, 104 Neb. 224. 177 NW 831(1920).

수도 있는데, 이는 부모 모두가 특정 유전자를 전달할 경우에만 발생한다. 만약 산전 진단과정에서 산모가 유전자 보인자이지만 남편은 아니라는 사실을 알게 되면, 건강관리 전문가는 남편이 아기의 생부가 아닐 가능성이 거의 확실하다는 것을 아는 셈이다. 이때 전문가는 남편에게 잘못 귀속된 부권(父權)에 대해 조언할 의무 또는 최소한의 권리가 있으며, 그럴 경우에 이 남편은 자신이 갖게 될 장래의 아이가 특정 질병을 가질 위험에 처하지 않는다는 사실을 알게 될 것이라는 주장도 나올 수 있다.

반대로, 미래의 출산 계획과 확실히 관련되더라도 환자의 유전적 위험에 대한 정보를 알 권리를 배우자에게 허용해서는 안 된다는 주장이 있을 수 있다.[75] 이것은 출산 결정권을 개인의 권리로 보는 입장이다.[76] 미 연방 대법원은 여성이 남편의 동의 없이도 낙태할 수 있으며, 이러한 낙태가 설령 남편의 출산 계획에 지장을 주더라도 가능하다고 판결했다.[77]

최근 미 연방 대법원은 부인이 낙태를 계획한다는 사실을 통보 받을 권리조차 남편에게는 없다고 판결했다.[78] 법원은, 그럴 경우,

---

[75] 출산 전 검사를 통해 친아버지가 아니라는 사실이 밝혀진 경우 남편은, 장래 출산 계획과 무관하게, 그 아기에 대한 경제적 지원을 원하지 않을 수 있으므로 자신이 아내가 가진 아기의 친아버지가 아니라는 정보가 당장 재정적 함의를 가진다고 주장할 수 있다. 그러나 결혼 중에 태어난 아이는 남편의 아이이며, 설사 유전자 검사를 통해 아이의 생물학적 아버지가 아니라는 사실이 밝혀지더라도, 주의 부권 법률은 아이의 부양을 요구하는 것을 지지하고 있다. 이러한 소송의 배후 논리는 가족 통합에 대한 사회적 관심이다.

[76] *Eisenstadt v. Baird*, 405 U. S. 438 (1972).

[77] *Planned Parenthood v. Danforth*, 428 U. S. 52 (1976).

남편이 폭력이나 경제적 지원 철회 협박 또는 심리적 압박으로 반발할 수도 있다는 점에 우려를 표명했다.[79] 이와 유사한 반발이 잘못 귀속된 부권에 대한 정보로 인해 발생할 수 있다. 특히 검사의 1차 목적이 부권 정보를 얻는 것이 아니기 때문에 그러한 반발이 일어날 수 있다.

친척에게 유전정보를 공개하는 문제

환자와 혈연관계에 있는 사람들은 건강관리 제공자에게 비밀공개를 요청하는 측면에서, 배우자들보다 더 설득력 있는 주장을 제기할 수 있다. 이들은 유전적 위험에 관한 정보나 유전자 검사 이용가능성이 자신들의 장래 건강관리와 연관될 수 있다고 주장할 수 있다.[80]

친척이 유전적 결함을 가지고 있고 이 결함이 그들에게 심각한 위험을 초래할 가능성이 높을 때, 그리고 공개가 심각한 피해를 예방하는 데 (가령, 치료를 가능하게 하거나 해로운 환경적 자극을 피하도록 그 사람에게 경고하는 방식으로) 필요하다고 믿을 만한 이유가 있을 때, 그 사실을 알려야 한다는 가장 강력한 근거가 성립한다.

---

78) *Planned Parenthood v. Casey*, 505 U.S. 833, 112 S. Ct. 2791(1992).
79) *Id.*
80) 환자가 심각한 상염색체 열성장애 유전자 보인자라면, 그의 친척들이 같은 장애가 있는 아이를 가질 위험이 있음을 알지 못해 피해를 입을 것이라고 주장할 수 있다. 그러나 이 경우, 배우자의 경우와 마찬가지로, 장래 자손에 미칠 위험가능성이 너무 먼 미래의 일이기에 비밀공개가 인정되지 않을 수 있다.

악성 고열증은 일반 마취에 치명적인 반응을 일으키는 상염색체 우성 유전질환이다. 이 경우 가족에게 신속히 경고해야만 생명을 구할 수 있으며, 특히 골절된 아이의 뼈를 접골하는 것과 같은 작은 수술로도 사망할 수 있는 상황에서 목숨을 구할 수 있다.

그러나 환자가 친척에게 알리기를 원하지 않는다면, 건강관리제 공자나 상담자가 환자의 거부에 우선하여 친척에게 알릴 수 있는지에 관한 문제들이 제기된다. '의학과 생물의학 및 행동연구에서의 윤리적 문제 연구를 위한 대통령 직속 위원회'(1983) 는 다음의 경우에만 공개를 권고했다. ① 자발적 공개를 이끌어 내려는 합리적 시도가 성공하지 못했을 경우, ② 신원확인이 가능한 친척에게 심각한 (치료를 할 수 없거나 치명적인) 피해를 미칠 가능성이 높은 경우, ③ 정보공개가 친척에게 미치는 피해를 막을 것이라고 믿는 이유가 있을 경우, ④ 공개가 친척의 진단이나 치료에 필요한 정보로 제한될 경우이다. 81)

친척에게 정보를 공개해야 하는 좀더 설득력 있는 상황에서도 건강관리 제공자는 친척과 전문적 관계에 있지 않다. 유전정보를 제공할 의무와 관련된 앞의 법률 사건들에는 모두 정보를 받을 사람과 직업적 관계에 있는 건강관리 제공자가 포함되어 있다. 전염병 소송이 잠재적 위험에 대해 알지 못하는 사람들에게 경고했던 전례를 제공하더라도, 82) 유전질환은 전염병과는 상당한 차이가 있다.

---

81) The President's Commission for the Study of Ethical Problems in Medicine and Biomedical and Behavioral Research, *Screening and Counseling for Genetic Conditions* 6 (1983).

82) 다음 문헌을 보라. *Simonsen v. Swenson*, 104 Neb. 224, 177 NW 831

건강관리 전문가가 친척과 접촉할 수 있다는 유일한 주장은, 환자의 진단을 통해 건강관리 전문가가 이 친척이 유전질환에 감염된 일반 집단보다 더 위험하다고 믿을 만한 이유가 있는 경우이다. 질병의 치료가능성이나 예방가능성이 높으면, 많은 의학적 유전학자들은 환자의 공개 반대를 기각하고 친척에게 사실을 통지할 것이다. 의사에게 친척을 선별하는 특별한 의무를 부과할 법적 의무가 없을지라도, 그 사실을 알지 못하는 친척이 중증이거나 생명을 위협하고, 치료 가능한 질병의 위험에 처해 있다는 사실을 안다면, 비밀유지원칙에 대한 드문 예외를 인정할 수도 있다.

제삼자가 유전정보를 원하는 경우의 비밀유지와 차별

많은 기관이 사람들의 유전정보에 관해 알고 싶어 한다. 보험회사, 고용주, 은행가, 주택금융회사, 교육대출 책임자, 의료서비스 제공자와 기타 사람들은 개인의 장래 건강상태에 대해 알고 싶어한다. 이미 많은 사람이 자신들의 유전자형에 근거하여 보험이나 고용, 대출을 거부당했다. 유전자 검사를 통해 정보를 얻거나 다른 방법으로(예, 친척의 병원기록의 부주의한 공개나 아이의 의료서비스 비용지급 공개) 정보를 얻은 경우, 모두 이러한 차별이 발생한다.[83]

미래에 제삼자가 유전정보 접근을 원하거나 유전자 검사를 의무

(1920).

83) 예를 들어, 어떤 사건에서 한 여성은 아버지의 의료기록이 보험회사에 공개되어 신체장애보험을 거부당하였다.

화하기를 바랄 수 있다. 양육권 소송에서 한쪽 배우자가 상대의 유전적 프로파일 때문에, 가령 심각하고 치료 불가능한 만기 발병 장애 유전자를 가지고 있으므로, 상대 배우자가 양육권을 가져서는 안된다고 주장할 수도 있다. 전문대학(의과대학이나 법과대학)은 그러한 장애를 가진 사람은 업무 기간이 짧을 것이라는 이론으로 이들의 입학을 거부할 수도 있다.

오늘날 개인건강보험을 운영하는 보험회사들은 가입 허용여부를 결정하고 특별 보험증권의 요금을 책정하는 데 의료정보를 이용하고 있다. 기술평가국에 따르면, 매년 약 16만 4천 명의 신청자가 개인건강보험 가입을 거부당하고 있다고 한다. [84] 상당수의 미국인 (85~90%)들이 개인보험보다는 직장보험에 가입해 있고, 그중 약 68%는[85] 고용에 기초한 직장보험으로 보장받고 있다.

일반적으로 건강보험이 대기업의 정책으로 이루어지지는 않지만, 때로는 의료정보가 다른 맥락으로 사람들에게 불리하게 이용되는 경우가 있다. 본인이 의학적 문제를 가지고 있거나 가족에게 문제가 있는 경우, 고용주가 피고용자나 피고용자의 가족을 돌보는 데 드는 비용 지급으로 보험할증금이 늘어나는 것을 원하지 않기 때문에 당사자의 고용을 거부했다.

그 외에도 자가보험을 운영하는 고용주는 기존 피고용자를 돌보는 데 드는 비용을 지급하지 않기 위해서 자체적인 보험제도로 보상

---

84) Office of Technology Assessment, U. S. Congress, *Medical Testing and Health Insurance* 73(1988).

85) S. Rep. 100-360, 100th Cong., 1st Sess. 20(1988).

범위를 제한하는 걸 선택할지도 모른다. 한 대형 항공사는 이미 새로운 피고용자에 대해 이전의 조건들에 대한 보상범위를 영구 배제했다. [86] 다른 고용주들은 피고용자에게 특정 질환이 있는 것으로 진단되면 보험 혜택을 줄였다.

맥건과 H. A. H. 뮤직사의 소송에서 소송인은 고용주가 제공하는 상업보험에 들었는데, 이 보험은 최대 백만 달러의 의료혜택을 보장했다. [87] 그러나 피고용자가 AIDS로 진단받자 고용주는 자가보험으로 변경하여, AIDS에 대해서는 5천 달러 제한을 설정한 반면, 다른 질환에 대해서는 최고 한도 백만 달러를 유지했다. 법원은 자가보험을 든 고용주가 이런 식으로 관련 제도를 변경할 수 있다고 판결했다. 이것은 전체 기업 중 최소한 65%, 그리고 피고용자가 5천 명 이상인 기업 중 82%가 자가보험에 가입했다는 사실을 고려할 때 불길한 결정이다. [88]

미 연방 대법원은 이 사건을 심리하지 않고 하급 법원의 판결을 그대로 인정했다. 따라서 고용주의 자가보험에 든 피고용자들은 전혀 보험에 들지 않은 것과 매한가지의 위태로운 처지에 있는 것이다.

많은 피고용자가 '보험 적용범위'을 구입하기 위해 상당한 금액을 지급하

---

86) Report of Committee on Employer-Based Health Benefits, citing Seeman (1993).

87) *McCann v. H. & H. Music Co.*, 946 F2d 401(5th Cir. 1991), *cert. denied sub nom. Greenberg v. H. & H. Music Company*, 506 U. S. 179 112 S. Ct. 1556(1992).

88) Eric Zicklin, "More Employers Self-Insure Their Medical Plans, Survey Finds", *Business and Health*, April 1992, p. 74.

고 있고, 이들 중 상당수가 이러한 적용범위를 믿고, 다른 보험 상품을 구매하고 있음에도 불구하고 이들 중에 자가보험 체계의 명확한 본질을 이해하는 사람은 거의 없다는 점을 고려하면 전체 체계가 사기에 가깝다. 89)

열악한 의료보험으로 인해 많은 사람이 직장을 갖는다는 점을 감안할 때, 이것은 심각한 문제이다. 90) 보도에 의하면, 평등고용추진위원회(Equal Employment Opportunity Commission: EEOC)는 AIDS에 걸린 피고용자를 위해 내는 건강보험 지급금에 상한선을 설정하려는 기업들의 관행에 맞서기 위해, 미국 장애인법(Americans with Disabilities Act: ADA) 91) * 적용을 시도하고 있다고 한다. 92)

날로 증가하는 유전질환에 관한 확인뿐 아니라 유전자 검사의 등장으로, 다른 의료정보와 마찬가지로 유전정보 역시 건강보험에서 의료보험의 기초로 사용될 수 있게 되었다. 한 연구에 따르면, 이에 수반되는 위험은 "인간유전체 지도를 그리면서 가능해진 유전자 검사로 인해 과거에 비해 사보험 가입을 거부당하는 개인이 점차 늘어나는 사태가 빚어질 수 있다는" 것이다. 93) 더구나 유전자 검사가 신

89) Mark Rothstein, "The Use of Genetic Information in Health and Life Insurance", in *Molecular Genetic Medicine*, Ted Friedman ed. (New York: Academic Press, 1993).

90) 미국인 반 이상은 건강보험을 제공하지 않는 취업을 받아들이지 않을 것이다.

91) "EEOC Said Ready to Fast Track Complaints of Insurance Caps under Title 1 of the ADA", *AIDS Policy and Law*, October 2, 1992, p. 1.

* 〔역주〕 1990년에 제정되었으며, 장애인에게 동등한 기회를 부여하고 독립적인 생활, 경제적 자생을 보장할 필요에서 입법되었다.

92) N. Kass, "Insurance for the Insurers", *Hastings Center Report*, November December 1992, p. 611.

청자의 유전정보를 알아내는 데 반드시 필요한 것은 아니다. 보험 회사는 이미 가족력과 진단검사(예, 콜레스테롤 수치)를 통해 의료 보험가입 신청자의 유전정보를 입수하고 있다.

다른 출처의 유전정보에 대해서 우려하듯이 동 위원회는 이에 대해서도 상당히 우려하고 있다. 일반적으로 보험회사들은 의료보험을 운영하는 동안 유전자 검사를 하지 않거나 요구하지 않지만, 가입자가 유전자 검사로 정보를 얻게 되면 보험회사들이 그 결과에 대해 알려고 할 수 있다. 때문에 사람들이 이 검사를 꺼릴 수도 있다. 따라서 오히려 의료보험의 존재가 사람들이 필요한 의료서비스를 피하게 만드는 결과를 가져올 수 있다.

> 사람들이 건강보험 이용으로 장차 보험가입 자격을 박탈당할 것을 우려 한다면, 필요한 서비스의 이용을 제한하고 보험급여를 청구하지 않거나 보험회사의 주의를 끌지 않는 진단을 기록해 달라고 의사에게 강요할지 도 모른다. 두 번째, 세 번째와 같은 행동은 건강관리 연구와 모니터링에 이용되는 데이터베이스에 오류를 더하게 된다. [94]

미 의회 산하의 기술평가국(OTA)이 시행한 보험회사 조사로 보험회사들이 의료보험에서 유전정보가 차지하는 중요성을 알고 있는 것으로 밝혀졌다. OTA는 블루크로스(Blue Cross)사와 블루실드 (Blue Shield)사, 그리고 대규모 건강관리회사 등 사보험회사들을 조사했는데, 이들 회사는 개인보험과 의료보험에 가입한 소집단에

---

93) OTA, 1992a, p. 80.
94) OTA, 1992b.

게 건강보험을 제공하고 있었다. 조사결과, 보험증권이 발행되기 전에 진단검사나 신체검사 요구를 비롯한 데이터가 보험업무 차원에서 수집되었다. 보험료 지급에 대한 일반 데이터 외에, 유전자 검사에 대한 일반적 태도에 대한 데이터까지 수집되었다.

대체로 보험회사들은 질병 위험이 높은 사람들을 확인하는 데 유전자 검사를 이용하는 것이 공정하다고 믿었다. 의료 관련 이사들 중 4분의 1을 조금 넘는 비율이 그러한 이용이 공정하다는 데 대해 의견을 달리 한다고 말했다. 응답 회사의 4분의 3은 "보험회사가 보험금을 정하는 데 유전정보를 어떻게 이용할지 결정할 선택권을 가져야 한다"고 답했다. 95)

보험회사들에 대한 OTA의 조사는 유전정보가 특수한 유형의 정보로 간주되지 않는다는 사실을 발견했다. 96) 보험회사가 보험가입 대상 여부와 요율 결정에서 중요시하는 것은 특별한 질병이며, 이 질병은 유전자에 기초한 것이 아니라고 OTA는 밝혔다. 그리고 대다수의 보험회사들은 미래에 특정 유전자 검사를 이용할 것으로 예상하지 않았다.

하지만 상업적 보험회사의 의료 이사들 대다수는 "보험회사가 질병 위험이 증가한 개인을 확인하는 데 유전자 검사를 이용하는 것은

---

95) 다음 문헌을 보라, P. R. Billings, M. A. Kohn, M. de Cuevas, J. Beckwith, J. S. Alper, M. R. Natowicz, "Discrimination as a Consequence of Genetic Testing", *Am J Hum Genet* 50(1992) : 476, 482.

96) U. S. Congress, Office of Technology Assessment, *Cystic Fibrosis and DNA Tests: Implications of Carrier Screening* (Washington, D. C. : U. S. Government Printing Office, 1992).

공정하다"는 말에 동의했다. 한 비교 조사에서 OTA는, 응답을 한 유전학 고문 중 14%가 유전자 검사의 결과로 건강보험을 가입하거나 유지하는 데 곤란을 겪은 고객들이 있다고 보고하였다고 밝혔다.

폴 빌링스(Paul Billings)와 동료들이 한 조사에서도, 97) 기술평가국의 조사98)와 마찬가지로 유전자형에 근거해서 건강보험가입을 거부당한 사람들의 특별 사례들이 드러났다. 이들 사례에는 유전질환에 양성 반응을 나타낸 사람의 보험이 취소되거나 '요율이 인상된' 경우도 포함되었는데, 99) 그 예로 알파 1 안티트립신과 같은 유전장애는 사전 병력으로 규정되어 치료비 지급에서 제외되었다. 또한 특수한 유전질환으로 인해 산과(産科) 보험에서 배제된 경우도 있었고, 100) 심각한 열성장애에 감염된 아이의 탄생으로 그 부모와 감염되지 않은 형제들이 보험가입을 할 수 없게 된 사례도 있었다. 101)

유전정보는 전통적인 보험 운영에 심각한 도전을 제기하고 있다. 전체 인구 기반으로는 위험을 예측할 수 있지만 개인 기반으로는 예측이 힘들다는 생각이 미국의 건강보험에 전제되어 있으며, 그래서 보험이 위험을 분산시키는 메커니즘이 된 것이다. 그런데 유전자 검사나 다른 수단으로 얻은 유전정보를 이용해서 보험회사들이 사람들의 실질적 미래의 건강 위험(예, 심각한 만기 발병 장애)을 알 수

---

97) 성인형 다낭성 신장질환, 헌팅턴 무도병, 신경섬유종증, 마판증후군, 다운 증후군, 파브리병이 포함된다.
98) 여기에는 균형 전좌가 포함되었다.
99) 이 질환은 낭포성 섬유증이었다
100) Kass, 1992.
101) *Id.* p. 10.

있다면, 위험 분산의 이점은 사라질 것이다. 그렇게 되면 그 개인은 장래 의료비와 동일한 금액을 부과 받거나 어떤 경우에는 터무니없이 비싼 보험료를 내게 될지도 모른다.

현재 유전정보에 기초한 의료보험의 운영이 대부분의 주에서 허용되고 있다. 그러나 유전자 검사의 확대는 의료보험에 심각한 도전을 제기하고 있다. 따라서 장차 의료보험이 모두 없어지는 대안적 보험방식으로 귀결될 수도 있다. 원래 건강보험은, 건강 위험이나 질병에 대한 개인요율이 아니라, 집단요율이라고 알려진 전체 사회의 건강 위험에 기초한 것이었다. 점차 보험회사들은 피고용자의 건강이 더 양호하고, 위험이 낮은 고용주들에게 더 낮은 요율을 적용하기 시작했고, '가장 양성인'(즉, 가장 낮은) 위험의 보험가입자를 끌어들이기 위한 보험회사들 간의 경쟁이 계속되었다. 그 결과, 일부 사람들이 영구히 보험에 가입할 수 없게 된 현재의 건강보험체계에 많은 문제를 야기했다. [102)

집단요율체계에서는 가입 신청자들이 개인의 건강 위험과 이상에 따라 요율이 부과되지 않기 때문에 유전자 검사결과를 이용할 여지가 없다. [103)

뉴욕 주의 로체스터 시는 성공적인 집단요율체계를 구축했다. 그 성공의 핵심 요소는 대규모 사업장 고용주들의 신념이었다. 이들은

---

102) Report of Institute of Medicine Committee on Employer-Based Health Benefits.
103) 이 계획에 대해서는 다음 문헌을 보라. Kass, 1992.

장기적으로 볼 때, 위험을 공유하고 집단 전략을 강조하는 체계에 참여하는 것이 분할되고 위험요율이 경쟁적인 건강보험시장에 맡기는 것보다 낮은 비용을 유지할 수 있다고 믿었다. [104] 메인 주와 뉴욕 주는 최근 건강보험회사들이 1993년의 집단요율로 복귀한 보험을 제공할 것을 요구하는 법안을 통과시켰다. [105] 유전자형에 기초한 차별에서 사람들을 보호하는 법률을 도입한 주도 여럿 있다. 그 외에도 수많은 차별금지 법률이 유전자형으로 인해 차별받는 사람들에게 구제책을 제공할 수 있을 것이다.

이들 법률의 상당수는 겸형 적혈구 빈혈증 검사와 관련된 1970년대 초의 재난에 대한 직접적인 대응이었다. 의무적으로 겸형 적혈구 빈혈증을 검사해야 한다는 법률이 채택되자, 일부 보험회사와 고용주들은 이 검사결과에 기초하여 보험가입 범위와 고용 기회를 결정하기 시작했다. 특히, 겸형 적혈구 빈혈증 보인자는 그런 형질의 보유로 인해 질병이나 사망 위험이 더 높다는 증거도 없이 취업을 거부당했고, 더 높은 보험요율을 부과 받았다. [106]

그 결과, 일부 주에서는 겸형 적혈구 빈혈증 환자를 보호하는 법안을 채택했다. 최소한 2개 주에서 겸형 적혈구 빈혈증이 있다는 이유만으로 생명보험이나[107] 신체장애보험 가입을[108] 거부당하거나

---

104) P. Reilly, *Genetics, Law, and Social Policy* (Cambridge: Harvard University Press, 1977), pp. 62-86.
105) Fla. Stat. Ann. f 626. 9706 (1) (West 1984); La. Rev. Stat. Ann. 22: 652. 1 (D) (West Supp. 1992).
106) 22 Fla. Stat. Ann. 1626. 9707 (1) (West 1984). La. Rev. Stat. Ann. 22: 652. 1 (D) (West Supp. 1992).
107) Fla. Stat. Ann. 626. 9706 (2) (West 1984) (life insurance). 626 9707

높은 할증료를 부과 받지 않도록109) 금하고 있다. 이와 마찬가지로 일부 주에서는 고용 조건으로 겸형 적혈구 빈혈증 검사를 강제하지 못하도록 금하고, 110) 이 형질을 가진 사람들을 고용에서 차별하는 행위를 금하며, 111) 이 형질이 있는 사람들에 대한 노조의 차별을 금하는112) 법안을 채택했다.

좀더 최근에는 일부 주에서 더 광범위한 법안이 채택되었다. 캘리포니아 주 법은 보인자 본인에게는 부작용이 없지만 자손에게 영향을 미칠 수 있는 유전자를 가진 사람들에 대해 보험회사들이 차별하는 것을 금하고 있다. 113) 위스콘신 주 법에서는114) 보험회사들이 가입 신청자들에게 유전질환이나 장애 여부 또는 특정 질병이나 장애에 대한 개인적 소인을 확인하기 위해서 DNA 검사를 받도록 요구하는 것이 금지돼 있다.

보험회사는 개인이 DNA 검사를 받은 적이 있는지 또는 그 검사 결과가 무엇이었는지에 대해 물을 수 없다. 또한 보험회사들이 보

---

(2) (West 1984) (disability insurance) ; La. Rev. Stat. Ann. 22 : 652. 1 (0) (West Supp. 1992) .

108) 이와 동일한 법이 플로리다 주 법률 3곳에 나타나 있다. Fla. Stat. Ann. 448. 076 (West 1981) ; i 228. 201 (West Supp. 1989) ; 163. 043 (West 1985) .

109) Fla. Stat. Ann. 1448. 075 (West 1981) ; N. C. Gen. Stat. 95-28. 1 (1989) ; La. Rev. Stat Ann. 23 : 1002 (West 1985) .

110) La. Rev. Stat. Ann. 23 : 1002 (C) (1) (West 1985) .

111) Cal. Ins. Code 10143 (West Supp. 1992) .

112) 1991 Wisc. Act 269, codified as Wisc. Stat. Ann. 1631. 89.

113) Council on Ethical and Judicial Affairs, "Use of Genetic Testing by Employers", *JAMA* 266 (1991) : 1827.

114) *Id.* p. 1828.

험요율이나 기타 조건을 결정하기 위해 DNA 검사결과를 이용하는 것도 금지돼 있다. 그러나 DNA 검사를 통해 얻은 것이 아닌 유전정보에 기초한 보험 차별은 법으로 금지돼 있지 않다.

고용 측면에서도 유전정보 이용에 대한 우려가 크다. 미국 의학협회 윤리사법위원회는 고용주가 직원들을 직장에서 쫓아내기 위해 유전자 검사를 시행하는 것은 부적절하다는 입장을 취했다. [115] 이 견해는 공공의 안전보호가 피고용자 의료검사의 중요한 이론적 근거라는 것을 인정하고 있다. 그러나 이 견해는 이렇게 명시한다.

"유전자 검사가 공공의 안전이라는 목적에 이용될 경우, 이 검사는 대체로 부정확할 뿐 아니라 불필요하다."

공공의 안전보호를 위한 더 효과적인 접근은 안전에 민감한 직업의 기능에 대한 노동자의 실질적 작업 능력을 일상적으로 검사하는 것이다. [116]

이 견해는 능력 검사가 더 적합하다고 지적한다. 왜냐하면 일반적인 능력 검사는 유전질환 인자는 가지고 있지만 증상이 전혀 나타나지 않는 사람들에 대한 차별을 야기하지 않으며, "거짓 음성 검사 결과나 검사 대상 질환이 아닌 다른 이유로 생긴 부적격으로 인해 유전자 검사로는 찾을 수 없는 부적격자를 작업 능력 검사가 찾아낼" 것이기 때문이다.

고용 측면에서 뉴저지 주 법은 "전형적이지 않은 혈연적 특성이나 유전 세포"에 기초한 고용 차별을 금하고 있다. 뉴욕 주 법은 겸형

---

115) *Id.* p. 1828.
116) N. J. Stat. Ann. 10-5-12(a)(West Supp. 1992).

적혈구 소인(素因), 테이-삭스병 소인, 쿨리 빈혈(베타탈라세미아) 소인에 기초한 유전적 차별이 금지되고 있다. 117) 오리건과 위스콘신, 아이오와 주에서는 훨씬 더 포괄적인 법률로써 고용 조건으로 유전자 검사를 실시하는 것을 금하고 있다. 118)

　연방 차원에서는 미국 장애인법(ADA) 이119) 유전자 차별에 대해 적절한 보호를 제공하는지가 여전히 미해결 문제이다. 신체장애자로 간주되어 법의 보호를 받는 사람에 대한 정의는 3가지이다. 현재 신체장애를 가지고 있는 사람들이 첫 번째 그룹을 이루고, 신체장애력이 있는 사람들이 두 번째 그룹, 그리고 신체장애가 될 특징이 있는 사람들이 세 번째 그룹을 형성한다. 두 번째 범주는 건강하지만 고용주에게 보험이나 건강관리에서 비싼 비용을 치르게 할 수 있는 유전질환을 가진 아이를 낳을 위험이 높다. 따라서 고용이 거부될 수 있는 유전질환 보인자들을 보호해야 한다. 신체장애의 특징이 있는 세 번째 범주 또한 유전적으로 유방암에 취약하여 질병의 위험이 높은 사람이나 헌팅턴 무도병과 같은 만기 발병 질환 유전자를 가진 사람을 보호해야 한다.

　인간유전체 계획의 윤리적·법적·사회적 함축(Ethical, Legal, and Social Implications: ELSI)에 관한 NIH-DOE 공동 실무 그룹은

---

117) N.Y. Civ. Rights Law 48(McKinney 1992).
118) 1992 Iowa Legis. Serv. 93(West); Or. Rev. Stat. 1659. 227(1991); 1991 Wis. Laws 117.
119) 104 Stat. 327(1991). For sections of the Americans with Disabilities Act relating to employment, see 42 U.S. C. A. 12101-12117(Supp. 1992).

이 법의 실행을 책임지는 평등고용추진위원회(EEOC)에 청원서를 제출했다. ELSI는 EEOC가 제의한 입법을 확대하여 유전자 검사 및 유전질환 또는 유전질환 소인과 관련된 보호조치를 포함할 것을 요청했다.

그러나 EEOC의 해석에 따르면, 이 법은 건강하지만 유전질환이 있는 아이를 출산할 위험이 25%로 고용이 거부될 수 있는 유전질환 보인자들은 보호하지 않는다고 한다. 또한 EEOC는 유전적 요인으로 질병 위험이 높은 사람이나 헌팅턴 무도병과 같은 만기 발병 질환 유전자를 가진 사람들을 장애가 있어서 이 법으로 보호를 받아야 하는 사람으로 보지 않는다. 그래서 신체장애의 정의를 "대부분의 일상 활동을 크게 제한하는 신체적·정신적 손상에 대한 유전적·의학적으로 확인된 잠재성이나 질병 소질"로까지 확대하는 법안이 도입되었다.[120]

ADA의 또 다른 한계는 고용주가 고용을 조건부로 제시한 뒤, 피고용자에게 특정 유형의 의료검사를 요구하는 것을 허용한다는 점이다. 이와 대조적으로 11개 주의 법은 이 검사를 관련 직종으로 제한하고 있다.[121]

---

120) L. Gostin and W. Roper, "Update: The Americans with Disabilities Act", *Health Affairs* 11, no. 3: 248-258.

121) Alaska Stat. 18. 80. 220(a) (1) (1991); Cal. Gov't. Code 1 12940 (d) (West Supp. 1991); Colo. Rev. Stat. 24-34-402(1) (d) (1988); Kan. Stat. Ann. 44-1009(a) (3) (Supp. 1991); Mich. Comp. Laws Ann. 37. 1206(2) (West 1985); Minn. Stat. Ann. 363. 02(I) (8) (i) (West Supp. 1991); Mo. Ann. Stat. 213. 055. 1(1) (3) (Vernon Supp. 1992); Ohio Rev. Code Ann. 4112. 02(E) (1) (Anderson 1991); 43 Pa.

유전자 검사에 개인의 특정 업무 수행능력을 판단하는 데 적합할 수 있는 극히 제한적인 조건들이 있을지도 모른다. 가령, 진행성 발작 장애가 있는 사람은 심각한 위해를 일으킬 수 있는 직종에서 배제될 수 있다. 잠재적 위해가 심각하고 그러한 위해를 피하는 데 검사가 가장 적합할 경우에만 그러한 가능성이 인정될 것이다. 그러나 위원회는 고용주들이 특정 질환의 유전자나 유전적 소질을 가지고 있는 것을 현재 증상을 나타내고 있는 것과 혼동할 수 있음을 우려했다.

인생 말기에 일을 할 수 없게 될 가능성이 있다고 해서 현재 그 일을 할 수 없다는 충분한 이론적 근거가 되지는 않는다. 그러므로 대부분의 상황에서는 유전자 검사보다는 증상에 대한 정기적 의료검진이 피고용자가 제삼자에게 심각하고 위험한 피해를 줄 것인지 결정하는 데 더 적합한 수단일 것이다. [122]

Cons. Stat. Ann. 955 (b) (I) (1991); R. I. Gen. Laws 28-5-7 (4) (A) (Supp. 1991); Utah Code Ann. 34-35-6 I (d) (Supp. 1991).

[122] Office of Technology Assessment (OTA), U. S. Congress, *Genetic Screening in the Workplace*, OTA-BA-456 (Washington, D. C.: U. S. Government Printing Office, 1990).

조사결과와 권고사항

포괄 원칙

위원회는 자율성과 프라이버시, 비밀유지 및 평등성을 철저히 보호할 것을 권고한다. 이 원칙들은 희귀한 사례와 다음 조건들이 충족되는 경우에만 적용이 배제될 수 있다.

① 이러한 행위는 심각한 위해로부터 다른 사람을 보호하는 것과 같은 특수한 경우에 자율성, 프라이버시, 비밀유지, 평등성의 가치보다 더 주요한 목표를 지향해야 한다.

② 그러한 목표를 실현할 가능성이 높아야 한다.

③ 이 원칙들을 위반하지 않고서는 목표를 실현할 수 있는 만족스러운 대안이 없어야 한다.

④ 원칙 침해 정도가 목표를 실현하는 데 필요한 최소한의 선이어야 한다.

위원회는 유전자 검사나 기타 유전자 서비스를 제공하는 기관의 제도적 구조와 관계없이 과학적 이점과 효능을 평가함은 물론이고 자율성과 프라이버시, 비밀유지와 평등성에 대한 적절한 보호가 제대로 되어 있는지를 확실히 하기 위해, 새로운 유전자 검사나 기타 유전자 서비스에 대한 사전 심의 메커니즘을 둘 것을 권고한다.

연구배경이 무엇이든 간에 연구검토의 통상적 기준이 적용되어야 한다. 특히, 기관윤리위원회는 학문적 연구센터와 주 공중위생국, 그리고 영리 기업들의 새로운 검사 및 서비스와 관련된 과학적·윤리적 문제를 심의해야 한다. 이러한 심의에는 비교적 규모가 큰 시험 연구뿐 아니라 미리 제안된 연구 이용도 포함되어야 한다. 모든 경우에서 심의 기구에는 각 분야 대표를 비롯해서, 가능하면 유전자 서비스 소비자들을 포함해, 기관 내부와 외부의 인사들이 포함되어야 한다. 임상 실행 환경에서는 전문 학회들이 연구를 심의하고 가이드라인을 발표하여 기관윤리위원회(IRB)가 제공하는 가이드라인을 보완하도록 독려해야 한다.

또한 위원회는 국립보건원 연구위험보호국이 어떻게 심의 기구들이 유전자 검사의 인간 피험자들에게 미치는 위험을 면밀히 조사할 것인지에 대한 가이드라인과 훈련을 제공하도록 권고한다. IRB는 유전학에 관한 지역자문단(제1장 참조)의 기술적 조언이 필요할 수도 있다. 국립유전자검사 자문위원회 및 유전자검사 실무그룹이 설립되기까지, 이 기구들은 IRB와 국립보건원(NIH) 연구위험보호국에 자문을 구해야 한다. 유전자 검사를 제공하는 모든 연구소는 1988년의 임상실험개선 수정법(Clinical Laboratory Improvement Amendments 1988: CLIA88)의 적용을 받으며, 동 위원회는 현재 사용 중인 모든 유전자 검사를 망라할 수 있도록 건강관리재정국이 해당 실험 검사의 기존 목록을 확대할 것을 권고한다.

일련의 검사에 추가되었지만 모든 영역에서 그 유효성이 확인되지 않은 새로운 검사가 임상 결정에 사용된다면, 이는 조사대상으로 보아야 한다. 위원회는 추가된 질병에 대한 새로운 검사가 기존 기술에 의존하는 것일지라도, 이 검사가 시행되는 대학이나 영리업체, 기타 환경에서 IRB의 승인을 얻을 것을 권고한다.

자율성

고지된 동의

위원회는 유전자 검사를 고려 중인 사람에게 고지된 동의를 받기 위해서는 그 사람에게 해당 검사의 위험과 혜택, 효능 및 대안에 관한 정보를 제공해야 한다고 권고한다. 또한 검사 받을 질병의 심각성, 잠재적 변이성, 그리고 치료가능성에 대한 정보, 검사가 양성일 경우 진행될 후속 결정(예, 낙태를 해야 할지 여부)에 대한 정보 등이 제공되어야 한다. 그 개인이나 검사를 제공하는 기관의 잠재적 이해갈등(예, 검사를 수행하는 연구소의 지분이나 소유권, 상담 및 특허 비용을 충당하기 위한 검사 변제 의존도)에 관한 정보도 공개되어야 한다. 고지된 동의를 얻는 데 전통적 메커니즘을 적용하기 어렵다고 해서 그것이 정보에 대한 환자의 자율성과 요구를 존중하지 않는 변명이 되어서는 안 된다.

　위원회는 유전자 검사를 받을 것인지를 결정하기 위해 환자가 무엇을 알기를 원하는지에 대한 연구를 수행할 것을 권고한다. 사람들은 질병의 이름과 그것이 작동하는 메커니즘에 대한 정보보다는 유전자 검사가 얼마나 확실히 질병을 예측하는지, 그 질병이 육체적 · 정신적 기능에 어떤 영향을 미치는지, 기존 치료 프로토콜이 얼마나 의무적이고 까다로우며 효과적인지 등에 대한 정보에 더 많은 관심을 가질 수 있다. 그리고 이 정보를 전달하는 여러 수단(예, 전문 유전학 고문, 1차 의료기관, 단일질병 상담사, 브로슈어, 비디오, 오디오 테이프, 컴퓨터 프로그램)의 장단점에 대한 연구도 필요하다. 또한 사람들은 검사 여부가 논의되고 있는 질병에 대한 지식으로 기인될 수도 있는 보험가입이나 고용가능성의 잠재적 상실 또는 사회적 결과들에 대해서도 알 필요가 있다.

다중 검사

유전물질의 단일 견본에 대해 ─ 흔히 자동화 기술을 이용해서 ─ 다중으로 유전자 검사를 시행하는 것을 다중 검사라고 한다. 위원회는 이러한 다중 검사에 앞서 고지된 동의를 얻을 것을 권고한다. 다중 검사에 포함된 여러 가지 검사의 성격과 검사 받을 질병의 성격 등 사전 권고사항에 기술된 정보를 검사에 앞서 사람들에게 제공하기 위해서는, 새로운 수단(컴퓨터 프로그램, 비디오테이프, 브로슈어와 같은 쌍방향 또는 그 밖의 유형의 매체들)이 개발되어야 한다. 건강관리제공자나 상담사는 사람들이 검사를 받을지에 관하여 충분한 설명을 듣고 결정할 수 있도록 질병의 범주에 관한 정보를 제공해야 한다.

위원회는 다중 검사 분야를 환자의 자율성 인정을 보장하는 방법을 개발하기 위해서 더 많은 연구가 필요한 분야로 간주한다. 어떤 정보가 어떻게 전달되어야 하는가를 정하는 것에 관해 동 위원회가 주창하는 더욱 일반적인 연구는, 서로 다른 특성을 가지고 있는 다수의 장애를 한꺼번에 검사할 수 있는 다중 검사의 독특한 경우를 다루는 추가 연구로 보완되어야 한다. 다중으로 할 경우에 고지된 동의와 교육, 상담에 필요한 요구가 비슷한 검사끼리 같이 제공되도록 검사를 그룹별로 묶어야 한다. 특정 유형의 검사만이 다중으로 진행되어야 하며, 특히 치료를 할 수 없는 치명적 질병(예, 헌팅턴 무도병)에 대한 검사는 개별로만 제공되어야 한다.

또한 위원회는 다중 검사에서, 검사가 제공하는 정보 유형에 기초해, 어떤 검사를 같은 그룹으로 분류할 것인지 결정하기 위한 연구를 수행할 것을 권고한다. 치료를 할 수 없는 장애의 검사가, 치료가 가능하거나 치료나 특정 환경 자극의 기피로 예방이 가능한 장애에 대한 검사와 함께 다중으로 이루어져서는 안 된다고 동 위원회는 굳게 믿고 있다.

자발성

위원회는 자발성이 모든 유전자 검사 프로그램의 초석이 되어야 한다는 것을 재차 확인한다. 성인의 유전자 검사를 비롯하여 주 정부가 후원하는 의무적 공중보건 프로그램과 임상 환경에서 동의를 받지 않고 이루어지는 환자의 유전자 검사에 대해, 동 위원회는 어떤 정당성도 찾지 못했다.

어린이의 진단과 검사

위원회는 신생아 선별 검사가 자발적으로 이루어 질 것을 권고한다. 의무적인 진단 결정에는 의무적 검사 없이는 치료 가능한 질병이 있는 신생아가 효과적인 치료(예, PKU나 선천성 갑상선기능 부전증에서)를 실시하기 좋은 적기에 검사를 받지 못한다는 증거가 반드시 필요하다. 위원회는 이 권고와 자발성 선호의 근거를, 자발성 원칙을 방해하지 않고서도 어린이의 이익이 실현될 수 있음을 보여 주는 기존의 의무적 프로그램과 자발적 프로그램에 대한 연구에서 나온 증거에 두고 있다. 그동안 자발적 프로그램은 의무적 프로그램과 같은 정도이거나 더 훌륭한 서비스를 제공했다. 대다수의 신생아가 검사를 받도록 보장하기 위해 의무적 신생아 선별 검사가 필요하다는 증거가 없듯이, 자율성이 인정되면 심각한 피해가 나타날 것이라는 증거도 없다.

위원회는 검사 받는 특정 유아에게 당장에 확실한 혜택이 없을 경우에는, 주 정부의 프로그램에서 신생아 선별 검사가 시행되어서는 안 된다고 권고한다. 특히, 유아의 사전 증상 확인과 조기 개입이 결과에 아무런 차이를 주지 못하는 경우, 필요한 효과적 치료를 이용할 수 없는 경우, 질병이 치료 불가능해서 단지 환자의 (유아의) 장래 재생산 계획을 돕기 위한 정보를 제공하려는 목적으로 검사를 시행하는 경우에는 검사를 수행되어서는 안 된다. 위원회는 신생아 선별 검사를 실시하는 주들이 주 프로그램에서 질병이 있는 것으로 발견된 사람의 치료를 치료비 지급 능력과 상관없이 보장하도록 책임질 것을 권고한다.

위원회는 임상 환경에서 일반적으로 어린이들의 병을 고치거나 예방하는 치료가 존재하고 조기 치료가 필요한 질병에 대해서만 검사를 하도록 권고한다. 유전자 보유인 상태, 치료 불가능한 어린이 질환, 조기 치료로 예방이 가능하거나 미리 조치가 강구될 수 없는 만기 발병 질환에 대해서는, 어린이를 대상으로 한 진단이 적합하지 않다.

특정 유형의 유전자 검사만이 어린이에게 적합하므로, 유전자 보유인 상태나 치료할 수 없는 어린이 질환 또는 만기 발병 질환에 대한 정보를 얻기 위한 검사는 어린이에게 제공되는 다중 검사에 포함되어서는 안 된다. 치료 개입의 혜택을 극대화하고, 당장 어린이에게 주어지는 혜택이 없는 경우에 어린이에 관한 유전정보가 발생할 가능성을 피하기 위해서는 유전질환 선별 검사와 검사가 필요한 적령기를 결정하는 연구가 수행되어야 한다.

위원회의 다수 위원들은 신생아와 기타 어린이의 유전자 보유인 상태에 관해, 부모가 아이의 보유 상태를 아는 것의 이점과 폐해에 대한 정보를 들은 후에만, 부모에게 알릴 것을 권고한다. 신생아에게 낙인이 찍힐 위험이 있으므로, 부모는 신생아 선별 검사에 대한 정보를 듣기 전에, 검사 전 정보를 제공받아야 한다. 부모들이 품을 수 있는 모든 의문에 답변이 가능한 규정이 만들어져야 한다. 이러한 의문들에 대한 답은 유전상담을 통해 가장 적절하게 주어질 것이다. 그러한 정보를 받을 것인지에 대한 부모의 결정은 항상 존중되어야 한다. 부모가 정보선택권을 고지받은 상태에서 정보를 거부하여 정보가 제공되지 않은 경우, 법원은 이러한 정책 분석과 위원회의 권고사항을 고려하여, 아이의 유전자 보인 상태가 공개되지 않았기 때문에 질병에 걸린 아이를 출산했다고 부모가 고소할 경우 그에 대한 책임을 묻는 판결을 내려서는 안 된다. 신생아의 유전자 보유인 상태에 대한 정보공개로 장래에 발생하게 될 폐해와 이점을 확인하기 위해서는 정보공개의 결과에 관한 연구가 필요하다.

후속 사용

위원회는 개인에게서 유전정보를 얻기 전에 (또는 유전자 검사용 견본을 얻기 전에) 개인(또는 미성년자의 경우, 부모) 정보나 견본이 구체적으로 어디에 사용되는지, 그리고 어떻게 얼마 동안 정보나 견본이 보관되는지, 그리고 누가 어떤 조건으로 그 정보나 견본에 접근할 수 있는지에 대해 알아야 한다고 권고한다.

또한 이들은 미래에 예상되는 견본 사용에 대한 정보를 알아야 하고, 그 사용에 대한 허락을 요청 받아야 하며, 현재로서는 예상할 수 없는 사용가능성이 나타날 경우에 어떤 절차를 밟을 것인지에 대해 알아야 한다. 개인은 견본이나 정보의 특정 사용에 대해 동의하거나 반대할 권리를 가져야 한다. 각 주의 신생아 선별 검사를 비롯하여 연구목적으로 견본을 익명으로 후속 사용하는 것은 허용될 수 있다. 이러한 익명 사용을 제외하고는 신생아의 피검물은 부모나 보호자의 고지된 동의 없이 추가 검사에 사용되어서는 안 된다.

유전자 검사 견본이 가족 연관 연구나 임상 목적으로 수집된 경우, 법 집행 목적으로 (시신 확인을 위한 목적은 제외) 사용되어서는 안 된다. 또한 법 집행 목적으로 견본이 수집된 경우, 건강보험 목적의 검사와 같은 비진료적 목적에 이용되어서는 안 된다.

비밀유지

배우자와 친척에 대한 공개

일반 원칙으로, 위원회는 환자가 적절한 유전정보를 배우자와 공유하여 격려를 받고 도움을 받아야 한다고 믿는다. 검사를 받은 개인이 자신의 유전적 상태를 배우자나 친척에게 알리고, 유전적 위험에 대해 친척에게 알리는 것을 도울 수 있는 메커니즘이 개발되어야 한다. 이 메커니즘에는 서면 자료, 상담 위탁 등이 포함될 것이다. 모든 점을 고려하여, 위원회는 건강관리제공자가 환자의 동의 없이 그의 배우자에게 그의 유전자 보인 상태에 대한 정보를 공개하지 말 것을 권고한다. 더욱이 잘못 설정된 부권에 대한 정보는 아이의 어머니에게는 공개해야 하지만, 그 배우자에게는 자진하여 공개해서는 안 된다.

제삼자에게 미칠 피해를 막기 위해 비밀유지를 파기할 수 있지만, 그런 경우에 예상되는 위해는 매우 크고 심각한 것으로 평가되었다.[123] 나중에 유전장애가 있는 아이를 임신할 가능성으로 인해 장래에 입을 수 있는 피해에 대한 배우자의 권리 주장은 비밀유지 위반의 충분한 근거가 되지 못한다. 위원회는 자신의 유전자 보인 상태에 대해 배우자를 속인 사례를 찾지 못했다. 더욱이 대부분 사람들은 자신의 유전적 위험을 배우자에게 밝히기 때문에 비밀유지 위반이 필수적인 경우는 극히 드물다. 위원회는 보인자의 친척들이

---

123) 다음 문헌을 보라. *Simonsen v. Swenson*, 104 Neb. 224. 177 N. W. 831(1920) ; *Tarasof v. the Regents of the University of California*, 131 Cal. Rptr. 14. 17 Cal. App. 3d 425, 551 R 2d 334(1976).

위험을 피하거나 치료를 받을 수 있도록 환자들이 친척들과 유전정보를 공유해야 한다고 믿는다.

건강관리제공자는 치료나 예방이 가능하거나 출산과 관련된 주요 의사결정을 포함한 유전적 조건에 관해 친척들과 정보를 공유하는 것의 이점에 대해 환자들과 논의해야 한다. 위원회는 환자의 거부에 우선하여 친척들에게 정보를 주는 것의 단점이, 앞에서 기술한 극히 드문 경우를 제외하고는, 일반적으로 장점보다 많다고 여긴다. 자발적 공개를 이끌어 내려는 시도가 실패해 친척에게 돌이킬 수 없거나 치명적인 피해를 줄 가능성이 높고, 정보공개가 피해를 예방하고, 그러한 공개가 친척의 진단이나 치료에 필요한 정보로만 제한되며 피해를 피할 여타의 합리적 방법이 없을 때에만 비밀유지를 위반하여 친척에게 유전적 위험을 알려야 한다고 위원회는 권고한다. 환자의 거부에 우선하여 공개가 시도될 경우, 환자나 윤리위원회에, 그리고 어쩌면 법정에서, 공개가 필요했으며 동 위원회의 기준에 부합했다는 충분한 증거를 제시할 책임은 공개를 원한 측에 부과되어야 한다.

만약 유전학자나 그 밖의 건강관리 전문가가 비밀유지를 위반해 배우자나 친척 또는 고용주와 같은 제삼자에게 정보를 공개할 수밖에 없는 사정이 있다면 그러한 사정은 검사 전에 미리 설명되어야 하며, 만약 환자가 원할 경우에는 비밀을 보호할 건강관리제공자에게 문의할 기회를 환자에게 주어야 한다.

위원회는 더 넓은 맥락에서 다음과 같은 사항을 권고한다.

· 개인의 특정 유전자 검사에서 얻은 유전정보는 물론이고 다른 방법으

로(예, 신체검사, 과거 치료 이력, 친척의 유전 상태) 얻은 유전정보를 포함하여 모든 형태의 유전정보는 비밀유지가 고려되어야 하며, 그 개인의 동의 없이 (법적 요구는 제외) 공개되어서는 안 된다.

• 건강관리전문가, 건강관리기관, 연구자, 고용주, 보험회사, 실험실 직원, 법 집행 공무원이 수집하거나 관리하는 유전정보를 포함하여 그 정보를 누가 얻고 관리하는지에 상관없이 유전정보의 비밀유지는 보호되어야 한다.

• 현행법이 비밀유지를 보장하지 못하는 경우에는 유전정보의 공개가 요구되지 않도록 법을 개정해야 한다.

위원회는 유전자 서비스를 제공하는 전문가들〔국립유전연구기관(NSGC)이나 유전학자, 의사와 간호사들〕의 윤리 규약에 자율성과 프라이버시 및 비밀유지를 보호하는 특별 조항을 넣을 것을 권고한다. 위원회는 검사결과의 비밀유지를 선도하는 원칙에 대한 NSGC의 성명을 지지한다.

NSGC는 유전자 검사결과에 관해서 개인의 비밀유지를 지지한다. 의료정보에, 특히 유전 상태의 검사결과에 누가 접근할 것인가를 결정하는 것은 개인의 권리이자 의무이다. [124]

또한 위원회는 1990년의 ASHG 성명에 담긴 DNA 은행과 DNA 데이터 은행에 관한 원칙을 지지한다.

비밀유지를 더욱 보호하기 위해 위원회는 다음 사항을 권고한다.

• 환자의 이름이 유전질환 명부에 제공되기 전에 환자의 동의를 얻어야

---

124) National Society of Genetic Counselors(NSGC), Guiding Principles, Perspectives on Genetic Counseling, October 1991.

하며 정보가 재공개되기 전에 그에 대한 동의를 얻어야 한다.

- 유전정보나 견본을 수령하고 관리하는 각 주체는, 필히 숙지해야 하는 사항으로 접근을 제한하는 절차를 포함하고, 보안절차와 안전장치의 감독을 책임지는 개인의 신원을 확인하며, 비밀유지의 관리 필요성과 관련된 직원에게 서면 정보를 제공하고, 비밀유지 위반 증거를 밝힌 직원을 처벌하지 않는 등, 비밀유지를 보호하기 위한 적절한 절차를 마련해야 한다.

- 개인에 대한 유전정보를 당사자가 아닌 다른 사람에게 공개하는 모든 주체는 유전정보 수령자가 비밀유지를 보호하기 위해 적절한 절차를 밟았는지에 관해 확인해야 한다.

- 유전정보를 수집하거나 관리하는 모든 주체는 이를 개인의 신원과 분리해야 하며, 그 대신에 익명의 대리인 증명서와 같은 형식을 통해 정보나 견본을 개인의 이름과 연계해야 한다.

- 개인은 자신의 의료기록의 특정 부분을 누가 이용할 수 있는가에 대한 통제권을 가져야 한다.

- 실험절차에 기초한 결과를 공개하지 않는다는 전반적인 결정이 이루어지고, 연구 피험자에게 참여에 앞서 그 제한에 대해 통보하는 유전자 검사 개발 기간인 초기 연구 단계를 제외하고는, 적절한 교육과 상담을 통해 개인이 자신의 유전정보에 접근하는 것이 허용되어야 한다.

보험 및 고용상의 차별

일반적으로, 위원회는 자율성, 프라이버시, 비밀유지, 평등성이라는 원칙이 유지되어야 하며 유전정보 공개와 유전자 검사수락이 강제되어서는 안 된다고 권고한다. 그러나 이러한 입장은 보험 및 고용의 현재 관행과 상충된다.

미국 인구의 반(약 1억 5,600만 명)이 어떤 종류이든 간에 생명보

험에 가입했지만, 125) 생명보험에 대한 의무 사정126) 에 유전정보를
이용하는 것은 유전정보를 건강보험에 이용하는 것과는 다른, 그보
다는 덜한 우려를 낳는다. 역사적으로 의료보험으로 계약된 보험이
생명보험보다 많다. 그동안 생명보험의 유전자 차별에 대한 불만이
제기되어 왔다. 127) 생명보험이 기본 권리라고 믿는 미국인이 거의
없다는 것은 분명하다. 이와 반대로 캐나다 '프라이버시 위원회'
(Privacy Commission)는 생명보험을 기본 권리로 간주하며 캐나다
인이 기본적 생명보험에서 유전자나 그 밖의 어떤 제한도 없이 최고
10만 달러까지 가입이 허용되어야 한다고 권고한다. 그보다 액수가
큰 생명보험계약은 유전정보 이용을 포함하여 여러 가지 생활 방식
과 건강 제한을 조건으로 삼을 수 있다. 128) 위원회의 다수 위원은,
한정된 금액의 생명보험을 건강이나 유전 상태와 상관없이 모든 사
람이 이용할 수 있어야 한다는 캐나다 위원회의 권고 정신에 동의하
고 있다. 그러나 건강보험이 훨씬 더 긴급한 윤리적 · 법적 · 사회적
문제라고 생각한다.

---

125) American Council on Life Insurance, *Life Insurance Fact Book* 19
    (1992).
126) 보험 사정자(그리고 사정 약관)에 의해 설문지나 신체검사 등으로 얻은 자
    료로 특정 개인이 보험에 가입할 수 있는지를 평가하는 것을 의무 사정이
    라고 한다. 의료보험의 기준인 보험회계지표는 대체로 보험회사마다 다르
    며, 보험계약 의사결정은 보험회사의 결정적인 사업상 의사결정으로 여겨
    져 '영업 비밀'로 간주된다.
127) Paul Billings, "Testimony before Human Resources and Intergovernmental
    Relations Subcommittee of the Committee on Government Operations",
    U. S. House of Representatives, 102d Congress, July 23, 1992.
128) Canadian Privacy Commission, *Genetic Testing and Privacy*.

위원회는 건강보험증권을 발행할 것인지 또는 보험금을 얼마로 할 것인지에 대한 의사결정에 유전적 위험을 비롯한 의료 위험을 고려하지 못하게 하는 법안이 채택되어야 한다고 권고한다. 건강보험은 중요한 사회적 선인 건강관리에 대한 접근을 규율한다는 점에서 다른 보험과는 크게 다르기 때문에, 위험을 기반으로 하는 건강보험은 없어져야 하며, 유전적 구조를 비롯하여 개인의 현재 건강 상태나 조건과 상관없이 모든 미국인이 건강관리수단에 대한 접근이 허용되어야 한다. 건강보험 개정안이 유전자 검사와 건강보험의 유전정보 이용에 미치는 결과를 정하기 위해서는 모든 개정안을 검토할 필요가 있다.

위원회는 맥건 소송으로 부각되었던 불공정 관행을 막을 것을 권고한다. 그러한 상황은 국회에서 3가지 방법으로 배제할 수 있다. 첫째, 종업원퇴직소득보장법(Employee Retirement Income Security Act: ERISA)의 반차별 조항인 510조를 수정하여 여러 가지 유형의 고용 관행을 금지할 수 있다. 예를 들어, 이 법은 다음 사항을 금지할 수 있다. ① 확실한 통고 기간 없는 보험급여 변경, ② 단일 의료 질환에 국한한 보험 대상 감소, ③ 이미 제출된 보험급여 청구 이후 보험급여 감소 등이다. 위원회는 최소한 이러한 관행을 불법으로 규정하는 수정법안을 채택할 것을 권고한다.

맥건 소송과 같은 상황을 법적으로 방지하는 두 번째 방법은 ERISA 우선매수 조항인 514조를 수정하는 것이다. ERISA의 우선권을(예, ERISA 조항이 주 보험법보다 우선하도록 허용) 제한하거나 완전히 폐지하도록 이 조항을 수정하여, 주 보험위원회가 영리보험의 보험급여를 규제하는 것과 같은 방법으로 주들이 자가보험을 운영하는 고용주의 보험급여를 규제할 수 있도록 허용하는 것이다. 주의 규율이 아무런 규율도 하지 않는 것을 선호하더라도, ERISA를 폐지하려던 주의 규율과 중복될 수 있다. 이런 이유로 위원회는 맥건 소송에서와 같은 유형의 관행을 연방 정부가 금지하는 것이 더 바람직하다고 믿는다.

자가보험 고용주가 피고용자 건강보험에서 차별을 없애는 세 번째 방법은 미국 장애인법(ADA)의 501조를 수정하는 것이다. ADA는 본질적으로 건강보험 문제에 대해 중립적이다. 사전 병력, 의료보험, 기타 보험 통계를 근거로 한 관행들에 관한 조항은 주 법률이 허용하는 정도에 따르면 ADA를 위반하고 있는 것은 아니다. 따라서 신체장애가 있는 개인을 차별하는 건강보험에서 차별을 금지하도록 ADA를 수정할 수 있다. 이렇게 ADA를 수정하면, 집단요율로 피고용자에 대한 동일한 보상범위(보상조건이 명확하지는 않더라도)를 명할 수 있다. 의회가 모든 고용주가 일괄적으로 건강보험을 제공하기를 원한다면, ADA를 개정하는 방식이 아니라 별도 입법이 필요하다는 바람직한 주장이 가능하다.

유전정보가 명확히 직종과 관련된 것이 아니라면, 장래의 고용주나 현 고용주 측에서 이를 수집할 수 없도록 하는 법안이 채택되어야 한다고 동 위원회는 권고한다. 때로는 피고용자가 특정 업무를 수행할 능력이 있는지 알아보기 위해 고용주가 피고용자에게 건강진단서를 제출하게 할 것이다. 개인이 고용주나 잠재적인 고용주에게 유전정보를 공개하는 데 동의할 경우, 공개를 하는 주체는 특정 정보를 공개하는 것이 아니라 개인이 그 일을 수행하는 데 적합한지에 대해 '예, 아니오'로만 답해야 한다고 위원회는 권고한다.

위원회는 EEOC가 ADA 조문이 만기 발병 장애 유전 프로파일을 가지고 있지만 아직 증상이 나타나지 않은 사람들, 자식에게 영향을 줄 수 있는 유전자 보인자들, 다인성 장애 위험가능성이 높다는 것을 가리키는 유전 프로파일을 가진 사람들에 대한 보호 제공을 승인할 것을 권고한다. 또한 위원회는 주 의회가 고용상의 유전적 차별로부터 사람들을 보호하는 법을 제정할 것을 권고한다. 그 외에도 위원회는 고용주가 요청할 수 있는 의료검진의 유형이나 수집할 수 있는 의료정보를 일과 관련된 것으로 제한하도록 ADA를 개정할(유사한 주 법안의 채택) 것을 권고한다.

궁극적으로는 유전학 분야에서 자율성과 프라이버시 및 비밀유지를 보호하고 유전자형에 근거한 적절치 못한 결정으로부터 사람들을 보호하려면, 다양한 주제에 관한 새로운 법이 필요할 수도 있다.[129] 증상이 나타나지 않은 개인과 그 자손의 건강 위험을 예측하는 유전학의 능력은 윤리적・사회적 영역에 숙제를 던지고 있다. 위원회는 유전자 검사시행과 유전자 검사결과의 운용을 위한 정책 개발을 주의 깊게 고려할 것을 권고한다.

---

129) Neil A. Holtzman and Mark A. Rothstein, "Invited Editorial: Eugenics and Genetic Discrimination", *50 Am J Hum Genet* (1992) : 457-459.

제25장

유전적 연관, 가족의 유대, 사회적 연대

유전 지식의 등장으로 인한 권리와 책임

로사먼드 로드스*

서 론

옛 속담에 "피는 물보다 진하다"는 말이 있다. 이 속담이 전하는 메시지는 혈연에 도덕적 중요성이 실려 있다는 뜻이다. 사려 깊은 사람은 이 조언을 받고 어떻게 행동해야 할지 궁금할 수도 있다. 그동안 유전적 유사성은 같은 핏줄에 공통된 특성을 지닌 무언가를 부여하여 서로에 대해 특별한 책임을 지는 것이라고 가정해왔다. 그래서 현대 유전학이 등장하기 전에는 가족관계의 핵심이 혈연(血緣)이라고 생각했는지도 모른다. 피에 대한 우리의 책임감은 얼마나

---

* 〔역주〕 Rosamond Rhodes. 마운트싸이나이(MountSinai) 의과대학 교수이자, 동 대학 생명윤리센터 소장을 맡고 있다.

진한가? 그에 비해 물에 대한 우리의 책임감은 얼마나 옅은가?

그러나 유전학 지식은 우리가 이 속담에서 끌어낸 의미를 복잡하게 만들었다. 살아 있는 모든 유기체가 공유하는 DNA는 전체의 80%이며, 원숭이와 인간의 DNA는 고작 2% 차이 날 뿐이며, 각 개인이 DNA상에서 차이가 나는 것은 고작 0.1% 이하라는 사실을 알기 때문에 혈연 개념은 한층 복잡해졌다. 우리는 어떤 사회적 연대가 두터운 사회적 책임감을 포괄하며, 또 그보다 덜한 책임을 요구하는지에 관해 알 필요가 있다. 유전적 유사성과 차이점에 대한 인식이 점차 또렷해지면서, 우리는 유전적 연결이 윤리적 의무에 어떤 관계를 가지는지에 대해 더 많은 것을 알 필요가 있다.

현재, 유전적 연관을 비롯해 가장 중요한 몇 가지 도덕적 쟁점은 유전 지식과 연관된다. 이 쟁점 중 일부는 환자나 고객, 사회집단에게 정보를 알리고 비밀유지를 준수하기 위한 유전학계의 책임과 관련 있다(Annas, 1993). 일부는 유전 지식과 관련해 아이를 위한 최선의 이익을 결정하는 특별한 사례와 관련 있다(The American Society of Human Genetics Board of Directors and The American College of Medical Genetics Board of Directors, 1995; Hoffmann and Wulfsberg, 1995; Wilfond, 1995). 일부는 개인의 의사결정과 임명, 고용, 보험에서 유전적 차별이라는 잠재적 문제가 있는 공적 영역에 유전 지식을 사용하는 것과 관련 있다(ASHG Ad Hoc Committee on Insurance Issues in Genetic Testing, 1995; Editorial, 1995; Gostin, 1994; Juengst, 1991; Hudson, 1995). 그 밖의 문제들은 유전 지식 자체에 관한 것이다. 검사가 극히 민감해지는 때는 언제이고, 그 결과는 언제 적절히 해석되며, 각 개인과 대규모 집단이 검사를 이용하기 전에 이 검사들은 예측가능성과 민감도 및 신뢰도의 어떤 기준에 부합되어야 하는가?(American Society of Clinical Oncology, 1996) 이런 문제들은 생명윤리학과 유전학 관련 문헌에서 이미 많은 주목을 받았다.

그런데 내가 다루려는 특정 유전 지식의 문제는 다른 측면에 주의를 환기한다. 나는 전문가나 기관이 각 개인에게 져야 할 책임 대신, 개인이 서로에게 어떤 책임을 져야 하는가의 문제를 제기할 것이다. 다시 말해, 나는 유전 지식에 대해 다른 쟁점들을 검토하려 한다.

개인이 집단유전학에 대해 사회가 가지고 있는 지식에 기여하지 않고, 가족의 유전력(遺傳歷)에 덧붙이지 않으면서, 그리고 자신과 자손의 유전정보를 발굴하지 않으면서, 자신만의 목표를 추구할 도덕적 권리가 있는지에 관해 관심이 있다. 이 문제는 다른 개인적 의사결정과 뚜렷이 구별되지 않는다. 이 논의의 핵심은 새로운 기술에 현혹되어 흐려질 수 있는 유사성을 입증하고, 전통적인 도덕적 틀의 관점에서 새로운 환경에 대한 우리의 사고를 구조화하는 방법을 제시하는 것이다.

새로운 유전 기술에도 불구하고 개인적 의사결정이라는 문제에 접근하기 위해서는 유전적 무지*에 대해 우리가 가정하는 권리와 프라이버시권의 연관성을 검토해야 할 것이다. 또한 다양한 사회적 연대가 왜 저마다 다른 영향력을 가지는지 그리고 왜 여기에 조금쯤

---

* 〔역주〕 이것은 개인이 유전정보에 대해 알지 않는 것을 뜻한다. 주로 자신이 질병과 연관된 유전자를 가졌는지에 대해 알지 않을 권리를 의미하기에 문맥에 따라 '알지 않을 권리'라는 말과 병용했다.

벅찬 의무가 부과되는지 고려할 필요가 있다.

　이 문제에 대한 분석이 유전 지식에 대한 전문가 및 기관의 책임이라는 주된 논의에 많은 함의를 가지는 것은 분명하다. 그렇지만 다른 논의를 위해 더는 확장하지 않겠다. 내가 찾아낸 쟁점들에 초점을 맞추기 위해 톰, 딕, 해리, 해리엇의 4가지 사례를 제시한다.

임상 사례

사례 1. 톰(Tom)

인간의 DNA에는 60억 개의 염기쌍이 있다. 평균적으로 유전자 하나에 약 2천 개의 염기쌍이 들어 있다. 대략 10만 개인 우리 유전자에는 약 2억 개의 DNA 염기쌍이 들어 있는 셈이다. DNA는 약자 ATCG로 지칭되는 '아데노신, 티민, 구아닌, 시토신'의 4개 염기사슬로 이루어진 이중나선 분자이다. 유전암호는 이러한 염기 3개의 배열인 뉴클레오티드 트리플렛이 전달한다. DNA의 유전자 배열 중 일부만이 우리가 인식하는 특성과 연관된다.

　그러나 헌팅턴 무도병력이 있는 가족들을 연구하면서 유전학자들은 40개 혹은 그 이상의 CAG 반복서열로 이 질병의 발병자를 식별할 수 있다는 것을 알아냈다. 적은 수의 특징적인 반복서열이 식별가능한 특성, 즉 표현형(*phenotype*)과 연관되지 않아도, 그 수가 확대된 반복서열은 이러한 성인성 만기발병 퇴행성 신경계 장애와 관련된다. 부모에게 이 질병이 있으면, 자식에게 유전될 가능성은

50%이다. 그리고 이 유전표지가 유전되고, 유전 받은 사람이 다른 원인으로 조기 사망하지 않는다면 결국 헌팅턴 무도병에 걸리게 될 것이다.

그동안 헌팅턴 무도병에 대한 집단 연구는 이루어지지 않았다. 일반 집단을 연구하지 않고서는 긴 CAG 반복서열을 가진 개인이 있는지 그리고 이 질병의 가족력이 없는 개인이 있는지 아무도 알 수 없다. 유전자 청사진 기술이 우리의 수중에 들어오면서, 긴 CAG 반복서열의 표현형 함의에 대한 집단 정보가 그것을 가진 사람들에게는 중요할 수 있다는 것을 쉽게 상상할 수 있게 되었다.

톰의 가족에게는 헌팅턴 무도병력이 없다. 연구자들이 헌팅턴 무도병의 유전 현상에 관해 더 많은 것을 알기 위해 집단 연구를 수행하려면, 톰이 연구 피험자를 자원하여 유전물질 추출을 위해 뺨에 소독약을 묻히는 걸 허용해야 할까? 과연 톰은 동료들에게 이런 빚을 지고 있는가? 톰은 자신에게 걱정거리를 안겨줄 자신에 대한 지식을 알게 되는 것을 꺼렸다. 이러한 거리낌이 참여 거부를 정당화할 수 있는가?

사례 2. 딕(Dick)

딕은 결합조직의 유전장애인 마르판 증후군 진단을 받았다. 이 증후군을 가진 사람은 키가 매우 크고 전형적으로 심장과 눈에 결함이 있다. 딕의 사촌인 마르타(Martha)는 키가 크지만 마르판 증후군이 있는지는 명확하지 않다. 마르타는 마르판 증후군이 우성 유전질환이기 때문에, 만약 자신에게 마르판 증후군을 유발하는 돌연변이가 있다면, 이 장애를 가진 아이를 낳을 가능성이 50%라는 것을 알고 있었다.

마르타 부부는 아이를 원했지만, 이러한 문제를 가진 아이를 가지는 것은 피하고 싶어서 유전학 상담사에게 상담했다. 상담사는 마르판 증후군의 유전자 위치가 완전히 알려졌고 클로닝되었지만, 가족마다 특정한 가족성 돌연변이가 있다고 설명했다. 마르타 가족의 DNA에서 특정 돌연변이를 찾으려면 많은 비용이 드는 장기간의 과정을 요한다. 더 나은 대안은 마르판 증후군 돌연변이와 이웃하는 유전자에서 이 가족의 변이에 대한 공통 유전 패턴을 찾는 연관성 연구일 것이다.

염색체상에서 서로 가까운 유전자는 함께 유전되는 경향이 있다. 유전학자들은 가까운 친척에게서 유전자 견본을 수집하여 관련 유전자의 패턴을 비교함으로써 가족의 패턴을 확인해 유전적 결함과 관련지을 수 있다. 그렇다면 미래의 태아가 확인된 유전 패턴을 가질 수 있는지 검사할 수 있다.

마르타의 모친은 평균 신장이었고 그 여동생도 마찬가지였다. 그러나 자동차 사고로 사망한 부친과 남동생은 모두 키가 컸다. 마르타의 삼촌 헨리(Henry)는 연관성 연구를 위해 혈액견본을 제공하는 데 동의했다. 또한 마르타는 헨리 삼촌의 아들인 딕에게 연관성 연구에 참여해 달라고 요청했다. 과연 딕에게는 검사를 허락해야 하는 도덕적 책임이 있는가?

사례 3. 해리(Harry)

3년간의 신체적 퇴화와 고통 끝에 해리의 부친은 49세에 헌팅턴 무도병으로 사망했다. 부친이 진단을 받자 직계가족 모두 유전상담 회의에 참가하도록 제안받았다. 당시 22세였던 해리는 기저핵(*basal ganglia*)*의 퇴행성 질환인 이 병이 육체적·정신적 불구를 야기하고, 자신이 이 병에 걸릴 가능성이 50%라는 것을 알게 되었다.

CAG 반복서열의 수가 감염된 남성의 자손에게서 증가하는 경향이 있고, 더 많은 수의 CAG 반복서열은 이 병의 조기 발병을 의미하는 것이므로 해리가 이 유전자형을 유전 받았다면 부친보다 빠른 시기에 발병할 수 있을 것이다. 유전표지 검사를 받은 해리의 형은 감염되지 않은 것으로 나왔지만 해리는 알고 싶지 않은 사실을 알려 주는 이 검사를 거부했다.

이후 해리는 샐리와 사랑에 빠졌다. 이들은 결혼하여 가족이 되고 싶어한다. 과연 해리에게는 자신이 긴 CAG 반복서열을 가지고 있는지 알지 않을 권리가 있는가?

사례 4. 해리엇(Harriette)

해리엇의 언니가 낳은 아이는 테이-삭스병으로 고통받다 짧은 생을 마감했다. 해리엇의 가족과 남편은 테이-삭스병 보인자의 상당수

---

* 〔역주〕 대뇌반구의 중심 깊숙한 부위에 자리 잡은 큰 핵의 집단으로 수의운동 조절, 눈의 움직임 등 여러 기능과 연관된다.

를 차지하는 것으로 알려진 집단의 일원이다. 해리엇은 아이를 원했고, 테이-삭스병이 열성 유전질환이라는 것을 알고 있었다. 해리엇은 자신과 남편이 검사를 받으면 자신들이 가질 아이가 이 병을 발병하게 될 것인지 알 수 있다는 것을 알고 있었다.

그녀와 남편은 논의 끝에 검사를 받지 않기로 했다. 해리엇은 자신의 선택에 영향을 줄 정보를 알고 싶지 않다고 했다. 그녀는 자신에게 닥치는 것은 무엇이든 그대로 받아들이기로 결심했다.

해리엇에게는 사실을 모른 채 행동할 권리가 있는가? 그녀가 아이에 대해 이러한 위험을 무릅쓰는 것이 도덕적으로 용인될 수 있는가? 만약 문제의 유전자를 가진 아이밖에 낳을 수 없다면, 아이를 가지는 것은 그녀에게 도덕적 권리인가?

자율성 존중을 토대로 한 유전적 무지에 대한 권리

유전학계의 여러 학회와 유전 지식 문제를 주제로 삼는 대부분의 필자는 비지시적(*nondirective*)* 이거나 가치중립적 상담정책을 포용했다.[1] 역사적으로 볼 때, 이처럼 명료한 방침은 정치적·경제적

---

* 〔역주〕 정신요법이나 카운슬링 등에서 내담자에게 직접 지시를 하지 않고, 자발적으로 장애를 극복하도록 유도하는 방법.

[1] 예를 들어, 다음 문헌을 보라.
Ad Hoc Committee on Genetic Counseling, 1975; Andrew et al., 1993; Kessler, 1992; Fine, 1993; Gervais, 1993; Kopinsky, 1992; National Society Genetic Counselors, 1991; Singer, 1996; Sorenson, 1993; Wildfond and Baker, 1995; Yarborough et al., 1989.

・사회적 의제의 관점에서 지시되고 강요되었던 20세기 전반부의 우생학 운동과 오늘날의 유전학을 절연시키려는 도덕적 태도로 이해할 수 있다(Paul, 1995; Alien, 1986; Pernick, 1996).

철학적으로 비지시적 상담은 현대 생명윤리학에서 자율성 존중의 중심적 역할을 반영한 것이기도 하다. 적절하게도 유전학계는 '비지시적'이거나 가치중립적인 상담이 상담사나 의사들이 고객이나 환자가 유전자 검사를 받을지를 결정하도록 허용해야 한다는 함축적 견해에 동의했다.[2] 저작을 통해 공표하지는 않았지만, 그들이 그들만의 대화에서 환자의 알지 않을 권리에 대해 언급하게 된 것은 우연으로 보기 힘들다(Quaid, 1996; Shaw, 1987).

그리고 이 가상의 권리는 유전상담 윤리에 또 하나의 중요한 지침이 되었다. 강요받는 것에 대한 자연스러운 심리적 거부감, 미국의 개인적 자유에 대한 역사적 천명, 그리고 자율성 원칙에 대한 생명윤리학의 집착, 이 모두가 유전학계가 알지 않을 권리를 편안하게 받아들이는 이유를 설명한다. 그러나 이 논변에는 어떤 편향도 더해지지 않았다. 이 중요한 도덕적 가정은 지지받지 못하고 오도된 신앙의 철학적 비약을 나타내는지도 모른다.[3]

---

2) 이 주장은 제한된 의미가 있다. 이 논의의 주안점은 단지 유전정보와 유전적 유대가 윤리적 중요성을 가진다는 것을 인정하도록 촉구하는 것이다. 이것은 도덕적 고찰에서 고려될 필요가 있는 요인들이다. 사회 정책과 직업 정책을 규정하는 것은 이 글의 범주를 벗어난 것이다.
3) 여기에서도, 본인이나 후손에 대한 유전정보를 알지 않을 것을 선택하는 환자나 고객에게 정보를 알려야 한다는 주장이 뒤따르지는 않는다. 다음 주장은 '알지 않을 권리'가 환자나 고객에게는 없다는 것만을 보여 주는 아주 제한된 범주를 가진다. 정보를 원하지 않는 사람에게 정보를 강요하지 않는

권리와 의무

알지 않을 권리에 대해 좀더 충분한 논의를 시작하기 전에 그리고 중요한 용어에 대한 이해를 확실히 공유하기 위해, 잠시 본론에서 벗어나 철학자들이 권리와 의무를 어떻게 이해하는지에 관해 이야기하자.[4]

권리가 있다는 것은 어떤 일을 하거나 하지 않을 자유가 있다는 뜻인 반면, 의무가 있다는 것은 도덕적 자유가 없다는 뜻이다. 의무를 가지는 것은 어떤 일을 하는 데 도덕적으로 구속받거나 강요받거나 매이는 것이다. 권리는 의무와 상관관계에 있다고도 말한다.[5] 이는 권리와 의무가 동전의 양면처럼 어느 한쪽의 관점에서 기술될 수 있는 관계를 표현한다는 것을 뜻한다.

한 사람에게 권리가 있다면 다른 사람에게는 의무가 있으며, 누군가에게 의무가 있다면 다른 이에게는 권리가 있다. 예를 들어, 한 사람이 말할 권리가 있다면 다른 사람은 그 사람이 말하도록 허락할 의무나 책무가 있다. 한 사람이 침묵을 지켜야 한다면 다른 사람은 말하거나 말하지 않을 권리가 있다고 말함으로써 동일한 상황을 기술할 수 있다.

유전 지식의 사례에서 '권리'와 '의무'라는 용어의 사용은, 누군가가 유전적 무지에 대한 권리가 있다면 그 사람은 유전 지식을 추구

훌륭한 정책적 고려와 개인적 이유가 틀림없이 있을 것이다.
4) 이 논의의 목적을 위해 호펠드식의 구별을 할 필요는 없다.
5) 상호성을 지지하는 주장은 이 논의의 범주밖에 있다.

할 의무가 없으며, 누군가가 유전 지식을 추구할 책무가 있다면 그 사람은 자신이 유전적 사실을 알지 않을 권리가 없다는 것을 명확히 해준다. 더욱이 상관관계 모형을 이용하면, 유전 지식에 대한 인간관계의 의미를 올바로 이해할 수 있다.

누군가가 유전적 무지에 대한 권리가 있다면, 다른 사람은 그 사람에게 그러한 무지를 허용하고 그 사람이 알지 않을 권리를 선택하는 것을 존중할 책임이 있는 것이다. 누군가에게 유전정보에 대한 권리가 있다면, 다른 누군가는 그 정보를 제공할 책임이 있다. 한 사람이 유전 지식을 추구할 의무가 있다면, 다른 누군가는 그 정보를 알 권리가 있다.[6] 이러한 권리 의식을 염두에 둘 때, 우리는 자신의 유전정보에 관해 알지 않을 개인의 권리에 대한 분석으로 돌아갈 수 있다.[7]

---

[6] 고려라는 맥락이 권리나 책임의 경계를 결정한다.

[7] 다음부터는 '유전적 무지에 대한 권리'와 의미상 같은 표현으로 '알지 않을 권리'라는 말을 쓸 것이다. 나는 알지 않을 권리를 단지 모르는 채 내버려 둘 권리인 부정적 권리로 규정했는데, 호펠드(1919)는 이를 '특권'이라고 생각했다. 그러한 권리가 없다는 것을 보여 주는 것이, 모르기를 원하는 사람에게 알려야 할 의무가 누구에게나 있다는 것을 의미하지는 않는다. 이 주장을 입증하려면 추가적인 주장이 필요하다.

'알지 않을 권리'라는 구절의 사용 그리고 그것이 자율권에서 도출된 주장을 통해, 나는 그것이 특권으로 취급되어야 한다고 가정했다. 물론, 누군가는 유전적 무지에 대해 권리 '주장'이 있다고 주장할지도 모른다. 이 주장은 다른 사람에게 간섭하지 말아야 하는 강력한 의무를 부과할 것이다. 이 입장을 주장하려면 새롭고 전혀 다른 논변이 필요하다.

유전적 무지의 권리, 계속

'알지 않을 권리'라는 말을 들으면, 우리가 당연히 도전해야 할 주제로 생각되지 않는다. 이 말을 의료적 맥락에 적용하면 수용가능한 것처럼 들리기도 한다. 환자가 의사에게 이렇게 말하는 모습을 상상해 보자.

"당신이 무언가 끔찍한 사실을 알아냈다면, 당신이 해야 할 일을 해도 괜찮지만 나는 그것에 관해 알고 싶지 않다. 환자에게는 알지 않을 권리가 있다."

의사가 환자의 요청에 따르는 것을 정당화하는 모습은 그리 상상하기 어렵지 않다. 그러나 알지 않을 권리라는 것을 검토하기 시작하면, 그것이 일반적인 도덕적 사고와 완전히 상반된다는 것을 알아차리지 않을 수 없다. 이러한 모순으로 인해 우리는 알지 않을 권리의 도덕적 위상에 이의를 제기하게 된다.

상업 텔레비전은 눈가리개를 한 사람이 시운전을 하면서 승차감을 공정하게 평가하는 모습을 보여 준다. 이 운전자는 나중에 자신의 눈을 가린 채 운전하는 쪽을 선호할지도 모른다. 자기 앞에 있는 것을 보지 않으면 장애물을 고려할 필요가 없기 때문이다. 결정이 단순화되면, 그는 수많은 골칫거리로부터 자유로워진다.

우리가 이 사람의 동기에 대해 공감할 수는 있지만, 그럼에도 우리는 눈을 가리고 운전을 하는 것은 터무니없는 일이며, 일고의 가치도 없는 극단적 사례로, 도덕적으로 용인할 수 없다고 생각한다. 어디로 가는지 보지 못하면서 운전하는 것은 다른 사람의 재산과 생명을 위험에 처하게 한다. 그럴 권리가 있는 사람은 아무도 없다.

다시 말해, 운전하는 사람은 주변 환경에 주의를 기울여야 한다. 운전하고 있을 때 자신이 처한 상황을 알아야 한다면, 운전을 할 때 무지를 선택할 권리가 없는 것이다.[8]

이것이 주의 태만을 벌하는 법을 뒷받침하는 논거이다. 사람들이 자신의 행동이나 소유물을 비롯해 위험의 여지가 있는 환경들로 초래될 위험에 대해 몰랐다고 거짓 없이 주장하더라도, 여전히 그 결과로 발생한 위험에 대해 책임이 있다. 알아야 할 책무가 있으므로 책임이 있는 것이다. 따라서 그들에게 알지 않을 권리란 없다.

18세기 철학자 임마누엘 칸트는 우리가 자율성 존중의 윤리적 중요성을 높이 평가하는 가장 정평 있는 근거이다.[9] 얼핏 보면 자율성에 대한 공격처럼 보이는 것을 지지하기 위해 그의 글에 의거하는 것은 적절하고도 분별 있는 조치이다. 칸트의 짧은 글에서 우리는 정보를 받지 않을 권리에 반대하는 주장의 일반적 형태를 찾을 수 있다. 내가 염두에 두고 있는 글은 1797년에 발표된 "선의의 동기로 거짓말을 할 가상 권리에 대하여"이다(Kant, 1967: 361-365).

여기서 칸트는 살인을 계획한 누군가가 당신 집에 그가 노리는 희

---

8) 이것은 특정 의무를 자발적으로 떠맡는 예이다. 이 비교의 요점은 명백한 도덕적 책임이 그러한 의무에서 나오고 이를 고려한 모형이 있다는 걸 보여 주는 것이다.

9) 자율성에 대한 그 밖의 비칸트적 개념은 특히 생명윤리에 관한 글에서 확실한 호소력을 가진다. 이 용어에 대한 적절하거나 적합한 분석에 관하여 논쟁은 하지 않겠다. 다만 내 입장의 핵심은 고지받을 권리를 뒷받침할 수 있는 자율성 개념은 그 반대 주장의 근거가 될 수 없다는 것이다.

　나아가 이 논문의 목적 중 하나가 새로운 기술을 포함한 생명윤리 문제가 전통적인 윤리철학의 도구로 논의될 수 있다는 걸 보여 주는 것이므로, 칸트 철학의 자율성 개념에 따르기로 했다.

생자인 당신 친구가 있는지 묻고, 당신은 그전에 친구가 집으로 들어가는 것을 목격한 상황에 대해 상술하고 있다.

논쟁의 여지가 있는 이 글을 읽으면, 칸트는 비록 선의(善意)라 해도 살인자에게 하는 거짓말을 정당화할 수 없다고 주장한다. 왜냐하면 당신이 모르는 사이에 그 집에서 이미 떠났을지 모를 예정된 희생자에게 당신의 거짓말이 이익이 될지, 해가 될지 알 수 없기 때문이다. 다른 한편, 여러분은 거짓말이 정직에 대한 우리의 일반적 신뢰를 위태롭게 하고 그것이 '일반적으로 사람들에게 나쁘다'는 것을 확실히 알 것이다(Kant, 362).

다시 말해 칸트의 주장에 따르면, 선의가 거짓말을 정당화한다고 믿는 것은 잘못이다. 왜냐하면 선의의 우려가 거짓말하지 않는 것을 정당화하기 때문이다. 여러분이 그의 사례에서 칸트의 결론을 기꺼이 받아들일지와 무관하게 선의는 거짓말하지 않는 것의 근거이기 때문에, 선의가 거짓말을 정당화할 수 없다는 논변의 형식은 강력하다. 내가 볼 때, 이 논변을 유전적 무지에 대한 가상의 권리에 적용하면 실제로 훨씬 설득력이 있다.

자신에 대한 유전정보를 알지 않을 권리를 주장하는 사람들은 그 주장의 근거를 자율적 선택이 존중받을 권리에 두고 있다. 칸트의 모형에 따라, 나는 자율성 존중이 실제로는 유전 지식 추구의 책무라는 반대 결론에 도달하게 된다는 것을 주장하고자 한다.

미국 생명윤리운동의 활발한 역사를 통해 '자율성 존중원칙'은 생명윤리 주장의 초석이 되었다. 이 원칙은 비밀유지에 대한 강력한 약속, 연구에서 고지된 동의에 대한 지속적인 주장을 뒷받침하고 있으며, 진실 말하기와 환자의 자기결정권, 특히 치료를 보류하고 철회하는 결정에서 환자의 자기결정권에 대한 주장을 지지하고 있다. 자율성 존중은 다른 사람들이 스스로 고유의 가치와 관여를 투영하는 선택을 할 수 있음에 대한 인정을 수반한다. 이는 부분적으로는, 환자의 비밀을 존중해야 하는 모든 사람과 개인적 의료정보를 나누고 싶어 하지 않을 충분한 이유가 있을 수 있다는 것을 인식하기 때문이다. 그것은 사람을 대상으로 한 실험에 고지된 동의가 필요한 연구 규약에 관여할지에 대한 판단에 수많은 개인의 관여와 위험에 대한 개인의 태도가 영향을 미칠 수 있다는 것을 인식하기 때문이다. 그리고 환자들이 자신의 의료상태와 대안적 치료에 대한 정보를 알 필요가 있는 의학 치료에 대해 다른 선택을 할 충분한 이유가 있을 수 있기 때문이다(Pelias, 1991).

분명, 선택을 내리기 위해서는 정보를 가지는 것이 필수적으로 인식되어 왔다. 작은 정보만 있어도 정보가 없거나 다른 정보를 가지고 있을 때보다 개인의 선택을 바꾸고 다른 과정을 추구할 수 있다. 따라서 정보는 다른 사람들이 자신의 관점에서 선택할 수 있게 하기 때문에, 건강관리 제공자들은 환자와 관련된 정보를 사용할 수 있도록 해줄 윤리적 의무가 있다.

전형적인 의료적 맥락에서 정보를 제공하는 이유는 환자를 자율적 행위자로 가정하기 때문이다. 관련 정보가 없으면 환자는 자율적 선택을 할 수 없다. 개인이 자율적 행위자라는 나의 관점에서 (내 자율성을 제한하고 싶어 하는, 일부 의학 내부의 전문가나 의학 외부의 정책결정자의 관점과는 반대로) 관련 정보에 관해 모르는 채 있겠다고 선택하는 것은 무슨 일이 일어나든 운에 맡기겠다는 쪽을 선택하는 것이다. 즉, 자율성이 없는 길을 따라가는 것이다.

자율성이 나 자신의 길을 정하는 권리의 근거라면, 그것은 동시에 나 자신의 길을 결정하지 않는 근거가 될 수 없는 것이다. 자율성이 나의 알 권리를 정당화하면서 동시에 알지 않으려는 거부를 정당화할 수는 없다. 어쩌면 유전적 무지에 대한 주장으로 자율성을 양보하는 도덕적 의미를 내가 깨닫지 못하고 있는지도 모르겠지만, 여기에는 여러 가지 파생적인 문제들이 있다.

　칸트주의 관점에서 자율성은 도덕성이 내게 요구하는 것의 본질이다. 내 의무의 핵심 내용은 자기결정권이다. 달리 말하면, 나의 윤리적 책무는 나 자신을 다스리는 것, 즉 나 자신의 행동에 대해 공정한 통치자가 되는 것임을 이해할 필요가 있다. 나 자신에 대한 주권자로서 나는 나에 관한 주요한 유전적 사실을 알게 되는 데 대한 두려움을 비롯한 비이성적 감정에 흔들리지 않으면서 충분한 정보에 근거한 신중한 의사결정을 내릴 의무가 있다.

　내가 윤리적으로 자율적일 필요가 있다는 것을 인식하면, 나는 윤리적으로 사실을 알 필요가 있다는 것 역시 알아야 한다. 자율적 행동을 하려면, 이성적인 사람이 그 상황에서 알고자 하는 것에 대한 정보를 아는 것이 필요하기 때문이다. 따라서 만약 유전정보가 내 결정에 중요한 차이를 가져오고 온당한 노력으로 관련 정보를 얻을 수 있을 경우에 내가 할 수 있는 것을 알 책무가 내게 있다면, 나는 모르는 채로 있을 권리가 없다. 나 자신의 자율성 인식에 비추어 볼 때, 내게는 정보를 알아야 할 의무가 있다. 그리고 모르는 채로 있을 권리는 없다. 10)

---

10)　이러한 해명의 필요성은 랜스 스텔이 지적했다. 공정한 통치자라는 메타포

칸트의 또 다른 예로 유전적 무지의 요점을 다른 방식으로 설명할 수 있다. 《도덕의 형이상학을 위한 기초》(*Foundations of the Meta-physics of Morals*)에서 나온 이 예에서(Kant, 1959: 40), 칸트는 약속을 어길 생각을 하면서 약속을 하는 것은 비도덕적임을 증명한다.

칸트의 사례에서 어떤 사람이 돈이 필요하여 돈을 갚을 수 없다는 사실을 알면서도 갚기로 약속하고 돈을 빌린다. 이번에도 칸트는 지킬 생각 없이 약속한 것은 잘못이라는 것을 입증하기 위해 정합성 증명을 사용한다. 차용자는 자신에게 돈을 갚을 것을 보장하기 위해 약속이라는 관례에 의존하지만. 사람들이 자신의 약속을 이행하지 않는다면 다른 사람들이 미래에 하게 될 약속에 대해 아무도 믿지 않게 된다는 것이다.

넓은 관점에서 약속을 고찰할 때, 우리가 다른 사람에 대해 하는 모든 관여는 자신의 역할을 수행할 도덕적 책임이 수반되는 일종의 약속인 것이다. 누이가 업무상 출장을 간 동안에 내가 누이의 아이들을 돌보겠다고 한 말이 약속으로 간주되듯이, 운전하기 위해 운전석에 앉는 것이나 우정을 키우는 것도 마찬가지이다. 약속을 이러한 포괄적 관점에서 보면, 내가 조카들과 함께 시간을 보낼 마음이 없으면서 조카들을 돌보겠다고 말하는 것은 비도덕적이라는 것을 알 수 있다. 내가 눈을 크게 뜨고 전방을 주시할 마음이 없는 상태에서 차를 출발했다면, 나는 그 도로를 이용하는 다른 사람들을 비윤리적으로 대하는 것이다. 그리고 보답할 마음도 없으면서 친구가 베푼 우정으로 이익을 보았다면, 나는 친구에 대한 책임을 다하

를 도입하는 중요성은 리차드 엡스테인이 제시했다.

지 못하게 될 것이다. 이러한 칸트의 시각에서, 우리는 인간의 상호 작용은 보증(undertaking)으로 가득 차 있고, 그 보증은 암묵적으로 그것을 규정할 책임이 있는 사람들에게 이행할 것을 요구한다는 것을 알게 된다.

때로는 내가 쉽게 알 수 있는 작은 지식에 책임을 충족시킬 수 있는지가 달려 있기도 하다. 내가 그 의무를 다할 합리적 가능성이 있는지 확인하려는 시도도 하지 않은 채 그 의무를 떠맡는 것은 도덕적으로 비난받을 만하다. 내가 돈을 현금으로 빌려 놓고는 수표장 뒤에 있는 계좌도 확인하지 않은 채 빌린 돈을 수표로 갚는다면, 약속 기일에 채무를 갚지 못한 데 대해 비난받아 마땅할 것이다.

이는 동일한 추론이 유전 지식에 적용될 수 있다는 것을 인식하기 위한 작은 한 걸음이다. 다른 사람에 대해 의무를 다하는 것이 쉽게 얻을 수 있는 유전 지식에 달려 있다고 믿는다면, 스스로 책임질 수 있다는 것을 처음 알게 될 때까지 그 의무를 떠맡아서는 안 된다.

다른 사람이 내게 한 약속을 지킬 것을 신뢰하기 때문에, 나는 약속 이행이라는 제도를 지지할 필요가 있다. 내가 나를 신뢰할 이유를 다른 사람들에게 주었기 때문에 나 역시 내가 한 약속을 지켜야 한다. 내가 약속을 이행하기 전에 중대한 정보를 얻으려고 노력하지 않는다면, 필경 나는 지킬 수 없는 약속을 하게 될 것이다. 내가 정보를 받는 것을 꺼리지 않았다면, 약속을 깨뜨려 도덕적 규범을 어기는 상황에 처하지는 않았을 것이다.

톰, 딕, 해리, 해리엇

마찬가지로, 대안적 조치 중에서 선택해야 할 경우, 그리고 그 선택이 유전 지식에 달려 있을 경우, 자율성을 유지하려면 그 정보를 알아야 한다. 그리고 의무를 질 것인지 결정해야 하고, 그 결정이 부분적으로 유전 지식에 좌우될 경우, 우리에게는 그 정보를 추구할 도덕적 의무가 있다. 이러한 강한 결론에는 톰, 딕, 해리, 해리엇 사례에 대한 함축적 의미가 들어 있다.

이들 중 그 누구도 유전적 무지에 대한 권리를 주장할 수 없다. 유전적 무지에 대한 권리가 없기 때문에 톰은 집단 연구 참가를 거부하는 근거로 이를 이용할 수 없고, 딕은 사촌 마르타를 돕지 않을 이유로 이를 이용할 수 없다. 그리고 해리와 해리엇의 경우, 다른 사람에 대한 약속을 포함하는 중요한 의사결정을 내리려는 상황이었기에, 자신들에 관한 중요한 유전적 사실을 알아야 할 윤리적 의무가 있다는 주장에는 최소한 명백한 이유가 있다.

해리는 결혼하고 아버지가 되려 했지만 자신이 헌팅턴 무도병에 걸릴 가능성이 50%라는 사실을 알고 있었다. 결혼하고 아버지가 되는 것은 기본적으로 다른 사람에 대한 관여이기 때문에, 그에게는 미래의 아내와 아이에 대한 책임에 자신이 부응할 수 있는지 알아야 할 의무가 있었다. 유전자 검사를 여전히 거부하면서 한편으로는 자신이 헌팅턴 무도병에 걸릴지도 모른다고 걱정하며 자신의 의무에 대해 진지하게 생각하려고 애쓰고 있다면, 사실을 알았을 때 다른 의사결정을 내릴 수도 있다.

가령, 자신이 헌팅턴 무도병에 걸리지 않을 것이라는 사실을 알면, 해리는 호주에서 자신의 경력과 재능을 발전시킬 좋은 기회를 제공하는 일자리를 자유롭게 얻을 수 있게 된다.[11] 자신이 병에 걸리게 된다는 사실을 알게 되면, 그보다는 덜 유망한 일자리를 얻게 되겠지만, 샐리의 가족과 가까운 곳에 남을 수 있다. 그가 처한 상황에 대한 분별력 있는 시각을 통해, 우리는 다음과 같은 사실을 상상할 수 있다. 즉, 극단적으로 다른 두 시나리오에서, 그렇지 않았으면, 그가 잘못이라고 여긴 일을 저지를 수 있었다는 점을 고려하며 그가 무엇을 해야 할지 추측하려 노력했다는 것이다. 충분한 정보에 기초한 평가가 해리를 전혀 다른 결론에 도달하게 만들 수 있는 것이다.

해리엇은 어머니가 되는 것을 고려 중이다. 해리엇은 자신이 테이-삭스병이 있는 아이를 가질 가능성이 25%나 된다는 것을 알고 있다. 그녀와 남편은 검사를 받지 말자는 데 의견일치를 보았고, 해리엇은 자신들이 가지게 될 아이가 어떤 상태이든 기꺼이 책임지겠다고 했다. 해리엇과 남편 모두 문제의 형질을 갖고 있지 않거나 둘 중 한 명이라도 그 형질을 갖고 있지 않다면, 괜한 걱정을 하게 되는 셈이고, 실제 상황과는 맞지 않는 우려 속에서 선택을 고심하는 것이다. 반대로 이들이 유전자 검사를 받아 둘 다 문제의 유전자 보인자라는 사실을 알게 된다면, 그 사실을 기초로 출산에 대한 선택을 고려할 수 있을 것이다.

유전적 무지에 대해 추정된 권리를 분석하면서, 우리는 유전 지

---

11) 칸트는 우리가 우리 자신에 대한 의무, 가령 자신의 능력을 개발할 의무가 있다고 주장했다.

식의 권리와 책임을 분별하는 길로 들어서게 되었다. 우리가 두터운 사회적 연대에 대한 연구를 향해 한 걸음을 더 내딛는다면, 앞의 사례에 등장한 개인들이 다른 사람들에게 빚진 것에 대해 좀더 많이 이해할 수 있게 될 것이다.

사회적 연대

피는 중요하며 가족이 우선이라는 일반적 믿음을 상기할 필요가 있다. 미국 사회에서 메이플라워호의 후손이든, 아일랜드계든, 모르몬교도이든 간에 가족 간의 사회적 연대가 매우 중요하다는 점을 인정해야 한다. 그러나 우리의 유전자 구성에 대해 그리고 인류의 이익을 위해 유전 지식을 이용하는 방법에 대해 알기 위해 효모나 초파리, 생쥐를 이용하는 것은 우리가 그들과 공유하는 DNA 때문이라는 사실도 주목할 필요가 있다. 그들과 유전적 연관성을 공유한다는 데에는 중요한 의미가 있다. 그러나 우리가 공유하고 있는 DNA가 효모나 초파리 또는 생쥐에 대해 윤리적 의무나 도덕적 책임의 근거가 되는 것 같지는 않다.

　DNA를 공유한다는 사실은 혈연의 중요한 구성요소이고, 피는 도덕적 관계에서 중요한 의미를 가지는 것처럼 보인다. 그러나 DNA나 사회의 역사 어느 쪽도 우리가 서로에 대해 가지는 윤리적 책임을 충분히 설명해 주지는 못한다.

　DNA를 살펴보면서 우리는 모두가 서로 얼마나 닮았는지 그리고 각 개인이 얼마나 비슷한지를 깨닫게 되었다. 유전적 유사성이 우리의 도덕적 책임의 근거라면, 우리가 가장 큰 빚을 지고 있는 대상이 누구인지를 알듯, 유전자 지도를 통해 우리와 가장 유사한 형제자매와 DNA상에서 가장 거리가 먼 이방인을 확인할 수 있다.

그러나 누군가가 형제들에게 저마다 다른 정도의 책임감을 갖고 있다면, 그 원인을 유전적 일치의 정도 차이로 돌릴 수는 없을 것 같다. 좀더 그럴 듯한 이유는, 과거에 맺었던 관계의 친밀도나 의존도, 감정의 강도, 상호작용의 역사 또는 우리의 상대적 빈곤함이나 자금 등과 관련될 것이다. 그러나 이런 이유들은 사회적 관계이지, 도덕적 책임에 대한 특징으로 피나 유전자를 가리키는 것은 아니다. 더욱이 유전적으로 가장 가깝게 일치하는 이방인은 과거와는 관계가 없거나 상호작용을 한 역사가 없기 때문에, 다른 사람들에 비해 우리에게 도덕적 주장을 덜 제기하게 된다. 따라서 피만으로는 서로에 대한 도덕적 책임의 역사에 관해 알 수 없다. 도덕적 중요성을 가지면서 우리에게 서로에 대한 두터운 책임을 주는 연대에는 전형적인 사회적 구성요소가 포함되어 있다.

수많은 철학자가 인간관계에 대해 소박한 입장을 취하고 있고 우리가 모두에 대해 동일한 빚을 지고 있다고 주장할지라도, 12) 우리가 고찰하고 있는 사례들은 도덕적 책임에 대해 더 풍부한 설명이 필요함을 시사한다. 13) 사회적 연대의 복잡성을 좀더 들여다보려면,

---

12) 공리주의자인 제러미 벤담이 가장 적절한 예이다. 임마누엘 칸트와 존 롤스가 이 경우로 생각되어야 한다고 주장하는 사람이 많을 수 있다.

13) 버나드 거트(Bernard Gert)는 도덕적 판단에 대한 단순한 설명이 부적절함을 비슷한 관점에서 지적하며, 더 포괄적인 틀을 위해 아리스토텔레스(1996, p. 33)를 참조할 것을 권하고 있다.

윤리학의 역사로 되돌아갈 필요가 있다.

아리스토텔레스는 정의와 우정을 권리, 책임, 그리고 개인 간의 문제에 대한 약정으로 논한다. 아리스토텔레스와 그 밖의 사람들이 이 문제를 다룬 문헌을 보면, 이러한 특성들을 고려해야 할 이유가 사회적 상호작용에 필요하기 때문인지, 아니면 우리의 행동이 사람과 사람 간의 명분이라는 시험을 견뎌야 하는 분별력, 성찰적 승인 또는 직관력이 이러한 특성들을 고려할 것을 요구하기 때문인지 명확하지 않다. 윤리적 직관주의, 합리주의, 계약주의, 페미니즘이 관계의 특수성을 받아들인다는 사실은, 아리스토텔레스가 이러한 고찰에 대해 말하고자 한 것을 우리가 진지하게 검토해야 할 이유를 제공한다.

아리스토텔레스는 《니코마코스 윤리학》(*Nicomachean Ethics*)에서 우정(友情)에 관해 쓰면서 다음과 같이 주장했다.

> 자식에 대한 부모의 의무와 형제간의 의무는 같지 않다. 동지끼리의 의무나 동료 시민 간의 의무도 그러하고 여러 종류의 우정도 마찬가지다. 따라서 이러한 집단들에 대한 부당한 행동들 사이에도 차이가 있으며, 좀더 각별한 친구에게 부당한 행동을 하면 부당함은 더 커진다. 그 예로, 동료 시민보다 동지를 사취(詐取)하는 것이, 타인보다는 형제를 돕지 않는 것이, 다른 어떤 사람보다 아버지에게 상처를 입히는 것이 더 끔찍한 일이다 (Aristotle, viii. 9. pp. 207-208).

요약하면, 아리스토텔레스는 우리가 모든 사람에게 무언가를 빚지고 있고, 생물학적으로나 사회적으로 우리에게 더 가까운 사람들에게 더 많은 빚을 지고 있다는 입장을 취하고 있다. 아리스토텔레스에게 우정은 오늘날 우리가 형제애(兄弟愛)라고 부르는 것과 유사하다. 그는 다른 사람에 대한 우리의 행동에서 우정이라는 애정 어린 열정을 관계의 정도에 따라 다르게 표현하도록 정의가 우리를 구속한다고 주장한다.

그런 다음, 아리스토텔레스는 '그러한 (모든) 문제를 정확하게 결정하기 … 어렵다'는 것을 일깨운 뒤, 이렇게 설명한다.

> 매사 사람에게 동일한 선호를 주어서는 안 된다는 것은 매우 명백하다. 빌린 돈을 친구에게 주지 않고 채권자에게 갚아야 하듯이, 대개는 친구에게 의무를 주기보다 그가 베푼 은혜에 보답해야 한다. 그러나 아마 이것조차도 늘 옳은 것은 아니다. 가령, 몸값을 치르고 강도의 손아귀에서 풀려난 사람은 그 보답으로 자신의 몸값을 치러준 사람의 몸값을 주어야 하는가? … 아니면 아버지의 몸값을 치러야 하는가? 자신의 선호보다는 아버지를 석방해야 하는 것처럼 보인다(Aristotle, ix. 2. p. 223).

여기서 아리스토텔레스는 공정한 배분은 일련의 특성에 대한 평가에 달려 있다고 주장한다. 그는 관계의 역사가 고려되어야 하며, 관계의 역사는 사회적 관계보다도, 심지어 생물학적 관계보다도, 도덕적으로 더 큰 관련이 있을지도 모른다는 것을 인식하고 있다. 또한 다른 사람에 대한 우리의 의무에 우선순위를 매기는 데, 상황과 관계의 특수성이 중대한 차이를 가져올 수 있다고 주장한다.

아리스토텔레스는 독자들에게 '봉사를 행하는 것이 우정임'을 일깨우면서 우정(그의 우정이 모든 인간관계, 심지어 모르는 사람과의 관계까지 망라한다는 점을 상기해야 한다)에 대한 논의를 마무리했다(Aristotle, ix. 11. p. 246). 그는 계속해서 "우정은 동반자 관계이며,

자신에 대한 것은 친구에 대한 것이다"라고 말한다(Aristotle, ix. 12. p. 246). 황금률(黃金律)에 해당하는 이 마지막 표현은 우리에게 친구를 위해 행하고 자신의 한계 이상으로 친구를 도울 것을 가르치고 있다.

아리스토텔레스의 이 결론들을 모두 받아들이면, 앞의 사례들을 해결할 몇 가지 지침을 더 얻을 수 있다. 첫째로, 그 결론은 우리가 모든 사람에게 무언가를 빚지고 있다는 도덕적 태도를 말하고 있다. 둘째, 다른 사람들에 대한 우리의 의무를 평가할 때 우리가 비중을 두고 참작할 필요가 있는 분명한 고려사항들을 개괄하고 있다.

① 가족관계가 중요하다
② 사회적 관계가 중요하다
③ 관계의 역사가 중요하다
④ 관계와 상황의 특수성이 중요하다

이 지침을 손에 쥐고 다시 우리의 사례로 돌아와서 톰과 딕, 해리와 해리엇의 윤리적 의무를 확인하는 노력을 진전시킬 수 있는지 알아보자. 이러한 고려사항들은 도덕적 숙의에서 고려되어야 할 명백한 의무로 보아야 한다. 그러나 특정 사례와 관련된 다른 고려사항들이 이것들보다 비중이 클 수도 있다.

사례 토론

우리에게는 동료에 대한 의무가 있으므로 톰은 집단 연구에 참가할 책임이 있다. 톰이 요청받은 일은 거의 노력이 들지 않고, 그리 불편하지도 않으며, 육체적 위험도 없다. 그러나 이 연구로 얻는 정보는 다른 사람들의 안녕과 의사결정에 중대한 영향을 미칠 수 있다. 이 정보는 다른 사람들에게 중요한 가치가 있고, 우리는 형제들에게 봉사할 것을 도덕적으로 요청받고 있기에, 톰은 이 연구에 참가할 의무가 있다. [14]

마찬가지로 딕은 가계(家系) 연관연구에 혈액견본을 제공해야 한다. [15] 딕과 마르타의 가족관계가 타인과의 인연보다 가깝기 때문에, 타인의 요구를 무시하는 것보다는 마르타의 요구를 무시하는 것이 더 심한 일일 것이다. 마르판 증후군에 걸리지 않은 아이를 갖고 싶어 하는 마르타를 진심으로 걱정한다면, 딕은 협조해야 한다.

만약 딕이 자신의 사촌과 아주 가까운 평생 친구였거나 마르타가

---

14) 계약 논변 역시 톰에게 참여할 책무가 있다는 주장으로 결론 내릴 수 있다. 톰은, 어떤 대목에서, 자신이나 사랑하는 사람에게 집단 연구로만 알 수 있는 유전정보가 필요할 수 있다는 것을 쉽게 상상할 수 있을 것이다. 톰은 다른 사람들이 이 연구에 협조하기를 원하기 때문에 자신 또한 기꺼이 참가해야 한다. 이런 종류의 합리적 예측을 가정하면, 다른 사람들이 자기의 몫을 다하는 한, 톰도 집단 연구에 협조하는 데 암묵적으로 동의할 것이다. 이런 방식의 가설적인 상호 동의가 계약론 윤리학(contractarian ethics)의 토대이다. 이 모형은 인격적인 면대면 약속이나 개인의 확실한 관여를 요구하지 않는다. 단지, 비슷한 상황에 처한 합리적인 사람이 동의할 것이라는, 즉 그 일에 참여하기를 거부할 이유가 없다는 것만이 필요할 뿐이다.

15) 람포트(Lamport)가 이 입장을 취하고 있다(1987, pp. 307-314).

자신의 누이였다면, 그에게는 도움이 되기 위해 노력해야 할 더 강력한 도덕적 이유가 있을 것이다. 한편, 이 사촌들이 어린 시절에 거의 왕래가 없었거나 지난 10년 간 서로 말도 하지 않은 사이였다면, 책임감이 다소 줄어들지도 모른다.

딕에게 연관성 연구에 참여할 책임감을 느끼게 하는 것은 오직 마르타와의 혈연 때문이기에 딕의 사례는 특히 흥미롭다. 어느 누구도 마르타를 위해 그 일을 할 수 없으며, 딕을 대신할 수 있는 사람도 없다. 딕의 사례는, 우리가 도울 수 있다는 고유한 능력으로 책임감이 있는가 하면, 단지 생물학적 유대로 인한 책임도 있다는 것을 보여 준다. 그러므로 도덕성은 사회적으로 형성된 관계로만 이루어지는 것은 아니다. 입양이 또 다른 적절한 사례일 것이다.

생모가 아이에 대한 모든 사회적 권리와 의무를 저버리고 양부모가 대신 모든 것을 떠맡는 경우가 있을 수 있다. 그러나 생모는 자신의 생물학적 책임까지 전가할 수는 없다. 이러한 사실을 인식하면, 아이를 포기하고 입양시킬 때, 후일 아이의 인생에서 필요할 경우에 유전정보를 제공할 수 있도록 생모에게서 혈액견본을 수집할 필요성이 제기될 것이다.

우리는 유전 지식을 알아야 하는 해리의 책무와 관련된 일부 쟁점들을 이미 검토했다. 덧붙여 이야기하면, 해리는 샐리와의 '우정이 돈독해서' 샐리가 해리에게 특별한 요구를 할 수 있는 것이다. 이들의 사회적 관계가 서로를 동료로 대하는 상호 책임감을 갖게 한 것이다. 페미니스트 철학자 패트리샤 만(Patricia Mann)의 말을 빌리면, 이들에게는 서로의 "사회적 행위능력을 인정하고 지원할 상호 책임"이 있다. 만에 따르면 이러한 사회적 행위능력은 "동기, 책임,

인정이나 보상에 대한 기대"와 연관된다(Mann, 1994: 14). 해리의 경우에는 결혼 생활을 시작하려는 샐리의 동기를 인정하는 것, 결혼으로 인한 샐리에 대한 책임, 샐리가 기대하는 보상, 그리고 해리에게 헌팅턴 무도병이 발병할 경우, 이 모든 것에 미치는 영향 등이 포함된다.

샐리의 행위능력을 인정하는 것은 해리가 자신이 헌팅턴 무도병에 걸릴 가능성을 샐리에게 알리고, 진정한 동료로서 샐리의 결혼 및 출산에 관한 대안을 논의하며, 그들의 미래에 대해 샐리 스스로 어떤 선택을 하든 그녀의 행동을 지지할 필요가 있다는 것이다.[16]

미래에 태어날 아이에 대한 해리의 입장은 다른 우려를 제기한다. 해리가 아버지가 되기를 선택할 경우, 어떤 의무를 지게 되는가? 해리가 불구가 되고 아이가 성인이 되기 전에 사망할 경우, 해리가 자신의 의무를 다할 수 있는 방법은 있는가?

그리고 해리엇의 사례에서 가족의 유대라는 숨어 있는 쟁점에는 문제의 유전자를 가진 아이를 낳을 위험을 다른 가족구성원들에게 알리는 문제가 포함된다. 해리엇의 언니는 자신이 문제의 유전자를 보유한 아이를 가진 사실을 형제들에게 알려야 하는가? 가족과의 관계가 소원해 나라의 반대편에 살아도 말해야 하는가? 우리는 가족들이 비밀을 지킬 것이라는 사실을 안다. 그러나 유전자를 보유한 아이와 전 가족에게 미치는 질병의 영향이 너무 치명적이고 가족

---

16) 만약 샐리가 해리와의 관계 지속을 선택하여 헌팅턴 무도병과 관련된 자신의 유전적 상태를 알지 않으려는 것을 용인해야 한다면, 이들의 상황은 해리엇과 그 남편의 상황과 아주 흡사하게 될 것이다. 눈을 가린 채, 함께 운전하는 또 다른 사례를 갖게 되는 것이다.

관계에는 더 큰 도덕적 가중치가 작용하기 때문에, 그리고 우리는 타인뿐 아니라 가까운 친구의 계획에도 관심을 갖기 때문에, 해리엇의 언니가 형제들의 현재 사회적 관계와 상관없이 그 사실을 알려야 한다고 주장할 충분한 이유가 있는 것 같다.

그러나 이 경우, 가족의 유대와 연관해서 가장 골치 아픈 쟁점은 태어나지 않는 편이 나은 아이가 있는지에 달려 있다. 테이-삭스병에 걸린 아이는 출생 후 몇 달간은 정상처럼 보인다. 그러나 4~8개월이 되면 세포에 축적된 지방성 물질의 영향을 받기 시작한다. 아이는 눈과 귀가 멀게 되고 음식을 삼킬 수도 없게 된다. 근육이 위축되고 환경에 대한 반응이 저하되다가 근육퇴화가 진행되면서, 아이는 완전히 쇠약해져 통제할 수 없는 발작을 일으키게 된다. 결국 아이는 폐렴이나 감염증으로 대개 5~8세 사이에 사망한다. 부모가 낳을 권리가 없는 생명이 있을까?[17]

결 론

이 글에서 살펴본 사례들은 유전적 연관성, 가족의 유대, 그리고 사회적 연대에 대해 몇 가지 해명되지 않은 물음을 던져 주었다. 가장 어려운 사례에 직면하게 될 경우, 이러한 문제를 명확히 해결하기 어렵다는 아리스토텔레스의 경고를 상기하는 것이 유용할지도 모른

---

17) 다른 사람들도 이와 관련된 문제에 대해 검토했다. Alien 1986, 1986b; *Dietrich v. Inhabitants of Northampton*, 1884; Engelhardt, 1975; Kevles, 1985; Paul, 1995; Pernick, 1996; Shaw, 1987.

다. 어쩌면 우리는 때로 최악의 대안을 제거하고, 의견 차이의 여지를 허용했다는 데 만족해야 할지도 모른다.

우리가 고찰한 논변들은 얼마간 강력하고 놀라운 결론에 도달했다. 가장 분명한 결론은 유전적 무지에 대한 도덕적 권리가 있는 사람은 아무도 없다는 것이다. 그 다음으로 주목할 만한 결론은, 그러한 도덕적 책임은 혈연, 사회적 관계, 상호작용의 역사, 그리고 연관 상황과 개인의 특성을 포함해서 여러 가지 요인에 달려 있다는 것이다.

이 결론들은 유전 서비스를 고려할 필요가 있는 개인들에게는 강력하고 명백한 함의를 가진다. 또한 유전학자와 유전 상담사들이 환자나 고객들이 선택해야 할 권리가 무엇인지에 대해 확실한 입장을 견지할 훌륭한 근거를 제시하기 때문에, 이 결론은 매우 중요하다. 그러나 내 주장이 너무 멀리 나가, 비(非)지시적 상담에 대해 훌륭하게 조율된 유전학계의 관여를 무시해서는 안 된다는 점에 주의할 필요가 있다.

생생한 상상을 통해, 우리는 유전적 무지에 대한 반대론에도 불구하고, 이례적인 상황에서는 분별 있는 사람도 다른 선택을 할 충분한 이유가 있을 수 있다는 것을 충분히 알 수 있다.[18] 그 외에도

---

18) 자신의 행동을 자율적인 것으로 생각하는 높은 기준과 다른 사람의 자율성을 존중하기 위해 호소하는 아주 낮은 기준 사이에 중요한 차이가 있음을 주목할 필요가 있다. 다른 사람의 선택을 존중하는 데에는 이들의 결정이 자기제어에서 나온 것이라는 가정이 필요하다. 이러한 윤리적 태도는, 사람들이 스스로 받아들이고 있는 도덕적 규범에 따라 행동하고, 자신이 무엇을 할지 결정한 것에 대해 충분한 이유가 있다는 가정에서 사람을 대하게 한다. 그 반대에 대한 강력한 증거가 있어야만 우리는 이들이 앞을 내다보

우리는 사람들이 이상적으로 합리적이지 않으며, 특이한 심리적 사실들이 중요한 차이를 불러올 수 있다는 것을 알고 있다. 더욱이 비지시적 상담정책을 지속하면서 얻는 전반적인 결과가 사람들이 상담을 받도록 고무하는 대안보다 훨씬 가치 있을 수 있다. [19]

유전적 무지라는 가정된 권리에 반대하는 이 주장의 놀라운 결론은 그밖에도 중요한 의미가 있다. 유전학계가 새로운 유전 기술로 제기된 윤리적 문제를 공동의 노력으로 검토하는 것은 칭찬받을 만한 일이지만, 그에 대한 경고도 필요하다. 윤리학은 유추와 예증을 이용하기 때문에 전문용어의 주의 깊은 사용을 기반으로 신중한 논변과 분석을 할 필요가 있다.

단계마다 돌부리에 채일 수 있으며 실수는 쉽게 발생한다. 부적절한 유추로 시작하거나 전문용어를 잘못 사용하거나 관련 사항들에 대한 이해 없이 윤리적 분석을 했다고 주장할 경우, 잘못된 결론에 도달하기 십상이다. 자율성의 본질과 도덕적 힘에 대한 오해는 유전학계가 유전적 무지에 대해 잘못된 결론에 도달하게 했다. 그러한 오류는 다시 비지시적 상담에 대해 극단적인 태도를 보이게 했다.

는 결정을 할 정신적 능력이 있는지에 대해 의심할 자격이 주어진다. 이것이 바로 우리가 의료 행위에서 나타나는 현저한 불균형을 인정하는 이유이다. 가령, 추천된 치료를 수용하는 환자의 능력에 대해서는 거의 이의를 제기하지 않지만, 아주 유익한 치료를 환자가 거부하면 환자의 능력에 대한 아주 철저한 검토를 요구한다.

19) 겸형 적혈구 빈혈증에 대한 지시적 유전상담의 역사가 이를 잘 보여 준다. 지시적 접근은 아프리카계 미국인에게 극적인 영향을 줬다. 이 집단에는 이 형질 보인자가 포함될 가능성이 가장 크다. 지시적 상담이 이 집단 사이에서 유전자 검사에 대한 격렬한 반대를 불러일으킨 것으로 보인다.

이 이야기의 교훈은 우리 모두에게 한계가 있다는 것이다. 일부
는 우리 유전자에 있고 일부는 그렇지 않다. 그리고 골치 아픈 문제
에 열심히 귀 기울이는 사람은 아무도 없다.

■ 참고문헌

Ad Hoc Committee on Genetic Counseling (1975), "American Society
    of Human Genetics 'Genetic counseling'", *American Journal of
    Human Genetics*, 27: 240-242.
Allen, G. E. (1986a), "The eugenics record office at Cold Spring
    Harbor, 1910~1940: An essay in institutional history",
    Osiris, 2d ser., 2: 225-226.
_____ (1986b), "Eugenics and American social history, 1880-1950",
    Genome, 31: 885-889.
American Society of Clinical Oncology, (1996), "Statement of the
    American Society of Clinical Oncology: Genetic testing for
    cancer susceptibility", *Journal of Clinical Oncology* 14, 5:
    1730-1736.
American Society of Human Genetics Board of Directors and the
    American College of Medical Genetics Board of Directors
    (1995), "ASHG/ACMG report, points to consider: Ethical,
    legal, and psychosocial implications of genetic testing in chil-
    dren and adolescents", *American Journal of Human Genetics*,
    57: 1233-1241.
Annas, G. J. (1993), "Privacy rules for DNA databanks", JAMA 270:
    2346-2350.
_____ (1995), "Genetic prophecy and genetic privacy: Can we prevent
    the dream from becoming a nightmare?", *American Journal of
    Public Health*, 85, no. 9: 1196.

Andrew, L. B., Fullarton, J. E., Holtzman,, N. A., Motulsky, A. G. eds. (1993), *Assessing Genetic Risks: Implications for Health and Social Policy*, Washington, D. C.: Institute of Medicine/ National Academy Press.

Aristotle (1971), "*The Nicomachean Ethics of Aristotle*", Translated by Sir David Ross, London: Oxford University Press.

ASHG Ad Hoc Committee on Insurance Issues in Genetic Testing (1995), "Background statement: Genetic testing and insurance", *American Journal of Human Genetics*, 56: 327-331

Caplan, A. L. (1993), "Neutrality is not morality: The ethics of genetic counseling", In *Prescribing Our Future* edited by D. M. Bartels, B. S. LeRoy, A. L. Caplan, 149-165, N.Y.: Aldine De Gruyter.

Chadwick, R. F. (1993), "What counts as success in genetics counseling?", *Journal of Medical Ethics*, 19: 43-46.

Dietrich v. Inhabitants of Northampton (1884), 138 Mass. 14. 52 *Am Rep*, 242.

Engelhardt, H. T., Jr. (1975), "Ethical issues in aiding the death of young children", In *Beneficent Euthanasia* edited by M. Kohl. Buffalo, N.Y.: Prometheus.

Fine, B. (1993), "The evolution of nondirectiveness in genetic counseling and implications for the human genome project", In *Prescribing Our Future*, 101-118.

Gert, B. (1996), "Moral theory and the human genome project". In *Morality and the New Genetics* edited by Bernard Gert et al., 29-55, Sudbury, Mass.: Jones & Bartlett.

Gervais, K. G. (1993), "Objectivity, value neutrality, and nondirectiveness in genetic counseling", In *Prescribing Our Future*, 119-130.

Gostin, L. (1994), "Genetic discrimination: The use of genetically based diagnostic and prognostic tests by employers and insurers", In *Genes and Human Self-Knowledge: Historical and*

    Philosophical Reflections on Modern Genetics edited by R. F
    Weir, S. C. Lawrence, and E. Fales, 122-163, Iowa City:
    University of Iowa Press.

Hoffmann, D. E. and Wulfsberg, E. A. (1995), "Testing children for
    genetic predispositions: Is it in their best interest?", *Journal of
    Law, Medicine, and Ethics*, 23: 331-344.

Hohfeld, W. N. (1919), *Fundamental Legal Conceptions*, 35-64, New
    Haven: Yale University Press.

Hudson, K. L. et al. (1995), "Genetic discrimination and health in-
    surance: An urgent need for reform", *Science*, 270: 391-393.

Juengst, E. T. (1991), "Priorities in professional ethics and social
    policy for human genetics", *JAMA 266*, 13: 1835-1836.

Kant, I. (1959), *Foundations of the Metaphysics of Morals*, Translated
    by Lewis White Beck, New York: Library of Liberal Arts
    Press.

Kant, I. (1967), "On a supposed right to tell lies from benevolent
    motives", *Rosenkranz*, vol. 7: 295, *Anthologized in Kant's
    Critique of Practical Reason and Other Works on the Theory of
    Ethics*, 361-365, 6th ed., Translated by Thomas Kingsmill
    Abbott, London: Longman, Green.

Kessler, S. (1992), "Psychological aspects of genetic counseling:
    Thoughts on directiveness", *Journal of Genetic Counseling* 1, no.
    1: 9-17.

Kevles, D. J. (1985), *In the Name of Eugenics*, N.Y.: Alfred A.
    Knopf.

Kopinsky, S. M. (1992), "'Value-based directiveness' in genetic coun-
    seling", Letter to the editor, *Journal of Genetic Counseling* 1, 4:
    345-348.

Lamport, A. T. (1987), "Presymptomatic testing for Huntington
    chorea: Ethical and legal issues", *American Journal of Medical
    Genetics* 26: 307-314.

Mann, P. (1994), *Micro-Politics: Agency in a Postfeminist Era*, Minneapolis: University of Minnesota Press.

National Society of Genetic Counselors(1991), *Code of Ethics*.

Paul, D. (1995), *Controlling Human Heredity, 1865-Present*, New Jersey: Humanities.

Pelias, M. Z. (1991), "Duty to disclose in medical genetics: A legal perspective", *American Journal of Medical Genetics*, 39: 347-354.

Pernick, M. S. (1996), *The Black Stork*, New York: Oxford University Press.

Quaid, K. (1996), *The Scientific, Ethical, and Social Challenges of Contemporary Genetic Technology*, Tacoma, Wash. : NEH/NSF Institute/University of Puget Sound.

Shaw, M. W. (1987), "Testing for the Huntington gene: A right to know, a right not to know, or a duty to know", *American Journal of Medical Genetics*, 26: 243-246.

Singer, G. H. S. (1996), "Clarifying the duties and goals of genetic counselors: Implications for nondirectiveness", In *Morality and the New Genetics*, 125-145.

Sorenson, J. R. (1993), "Genetic counseling: Values that have mattered", In *Prescribing Our Future*, 3-14.

Wilfond, B. S. (1995), "Screening policy for cystic fibrosis: The role of evidence", *Hasings Center Report* 25, no. 3: S21-S23.

Wilfond, B. S. and Baker, D. (1995), "Genetic counseling, non-directiveness, and clients values: Is what clients say, what they mean?", *Journal of Clinical Ethics*, 6, 2:180-182.

Yarborough, M., Scott, J. A., and Dixon, L. K. (1989), "The role of beneficence in clinics genetics: Non-directive counseling reconsidered", *Theoretical Medicine*, 10: 139-149.

제26장

유전정보의 프라이버시와 통제 *

매디슨 파워스*

유전정보의 광범위한 수집, 저장, 그리고 전달이 이루어질 가능성이 높아지면서, 프라이버시를 둘러싸고 골치 아픈 문제들이 새롭게 등장하고 있다. 이러한 우려의 많은 부분은 앞으로 나타날 폭넓은 유전정보 이용 그리고 정보의 급격한 증가로 인해 사회적 낙인, 경제적·사회적 기회의 상실, 높은 가치를 인정받는 자유의 상실 등으로 귀결하게 될 두려움 등에서 그 뿌리를 찾을 수 있다. 유전정보가 이용될 가능성은 무수히 많고 다양하며, 잠재적 이익과 위해의

- 미국과학진흥협회의 허락으로 재수록하였다. 이 문헌의 출전은 다음과 같다. American Association for the Advancement of Science from J. Tisch and M. Powers eds., *The Genetic Frontier: Ethics Law and Policy* (Washington, D. C. : AAAS, 1993).
* [역주] Madison Powers. 철학박사 학위를 가진 변호사로 현재 조지타운대학의 철학과 교수이자 케네디 윤리연구소의 소장이자 선임 연구원.

여부가 맥락에 따라 달라지며, 프라이버시 보호와 증진을 위한 최선의 정책은 그러한 맥락 차이와 함수 관계를 가질 것이다.

이 장은 이러한 주제들을 해결하기 위한 하나의 철학적 접근이다.

이 글은 첫 부분에서 프라이버시 문제의 도덕적 분석을 위한 일반적 틀을 개괄한다. 프라이버시에 대한 모든 논의는 프라이버시 이론과 그 적용이 상당 부분 학문적 · 대중적 논쟁의 대상이라는 사실에서 비롯된다. 예를 들어, 비판론자들은 법적 원칙으로든 좀더 근원적으로든 실제 논쟁에서 논란이 되는 도덕적 쟁점을 이해하기 위한 일관된 철학적 범주로든, 프라이버시에 대해 의구심을 제기했다 (Parent, 1983).

다른 비판론자들은 개인의 프라이버시를 확보하기 위한 사회 정책과 법적 원칙들이 의학이나 과학연구를 저해할 수 있으며, 공동체의 건강을 보호하기 위한 폭넓은 전략의 실행을 방해하고, 개인의 권리에 대한 맹목적인 집착이 다른 사람을 위해의 위험에 몰아넣을 때 그들을 보호하기 위해 행동을 취해야 할 개인의 책임에 대한 중요성을 간과하는 것이라고 주장했다(Black, 1992).

이러한 반대에 비추어 볼 때, 프라이버시에 대한 어떤 논의도 그 의미와 도덕적 중요성에 대한 예비적인 고려 없이는 진행될 수 없다. 따라서 프라이버시에 대한 정의, 그것을 도덕적으로 의미 있게 만드는 내재한 이해관계, 그리고 그러한 이해관계가 프라이버시권*과

---

* 〔역주〕 19세기에 미국에서 처음 시작된 개념이라고 할 수 있다. 처음에는 공중질서와 미풍양속을 해치지 않는 한도에서 개인이 누릴 수 있는 프라이버시를 타인이 이욕이나 호기심 또는 악의를 동기로 부당하게 침해했을 경우 피해자가 손해를 배상받거나 금지명령상의 구제를 받을 수 있는 권리라

어떻게 연관되는지를 살펴볼 것이다.

두 번째 절은 이러한 분석틀을 공공정책 개발에서 유전정보를 다루는 방법에 대한 논의에 적용한다. 여기에서 3가지로 구별되는 프라이버스권의 중요성이 논의된다. 정보 자기결정권(*informational self determination*)이라 불리는 두 가지 프라이버시권(權)은 정보 통제에서 개인의 이해관계를 반영한다.

첫째는 어떤 정보가 생성되는가의 문제이고, 둘째는 어떤 정보를 다른 사람에게 공개할 것인가의 문제이다. 세 번째 종류의 프라이버시권은 개인에게 부여된 어떤 자유권이나 통제권에도 준거하지 않는다. 대신, 그것은 프라이버시 상실을 막기 위해 정부에 대항할 권리를 발생시킨다. 또한 그 권리는 정보에 대한 개인의 통제 실행을 통한 프라이버시 보호가 비효율적이거나 실행할 수 없거나 바람직하지 않을 경우, 일차적인 중요성을 가진다. 마지막으로, 흔히 가장 중요하게 여겨지는 것은 사회경제적 제도가 개인정보에 대한 증대하는 접근의 해로운 결과를, 여러 측면에서, 줄이도록 조직돼 있다는 주장을 제기한다.

는 '불법행위'의 법률적 개념에서 비롯되었다.

그러나 이 글에서도 언급되는 새뮤얼 워런과 루이스 브랜다이스의 논문〔"개인의 사생활 권리"(The Right to Privacy)〕이후 자신의 정보에 대한 통제권이라는 적극적 개념으로 점차 확장되었다. 과학기술과 관련해 유전학과 생명공학이 발전하면서 유전자, 생명공학과 관련된 프라이버시권이 쟁점으로 부상했다.

프라이버시: 도덕적 분석을 위한 틀

프라이버시에 대한 여러 가지 정의

프라이버시에 대한 일부 정의는 포괄 범위가 넓어 우리 목적에 맞지 않는다. 워런과 브랜다이스의 정의가 그런 예로 알려졌다. 프라이버시에 대한 그들의 관점은 방해받지 않을 권리로 묘사된다(Warren and Brandeis, 1890). 그러나 평자들이 지적했듯, 누군가를 내버려 둘 수 없는 여러 경우가 있으며(예를 들어, 누군가를 야구공으로 맞추는 것처럼) 그 대부분은 프라이버시 상실과 관련이 없다(Thomson, 1984).

다른 프라이버시 이론가들은 프라이버시를 그 사람의 다른 측면에 대한 제한된 접근의 조건으로 정의했다(Alien, 1987). 어떤 사람의 특정한 측면에 대한 접근이 증가할 때, 프라이버시가 상실되었다고 말한다. 개인이 경험하는 특수한 종류의 프라이버시 상실은 그 사람의 특수한 측면에 더 많은 접근이 이루어지는지에 달려 있다. 예를 들어, 제한된 접근이라는 정의는 그 사람의 다음과 같은 측면 중에서 하나 또는 그 이상에 접근이 이루어질 때 프라이버시 상실로 간주한다.

개인정보(정보 프라이버시), 그 사람의 신체(신체 프라이버시), 특정인에 대한 물리적 근접[고독이나 격리(Gavison, 1984)], 특정인이 타인과 맺는 관계(관계 프라이버시), 어떤 사람의 의사결정 범위[결정 프라이버시(Tribe, 1978)] 등이 그것이다.

프라이버시에 대한 다차원적 정의나 프라이버시의 형태로서 한 사람의 한 측면 이상에 대한 접근 불가능성을 고려하는 정의는 많은 논쟁을 초래하는 대상이다(Schoeman, 1984). 그러나 이 장은 일차적으로 정보 프라이버시에 초점을 맞춘다. 정보 프라이버시는 개인의 육체적·정신적 조건이나 생물학적·유전적 구성, 심리 상태, 성벽, 습관, 그리고 행동 등의 정보에 접근이 제한된 조건 또는 사태로 이해할 수 있다.

이러한 정의의 여러 가지 함의는, 프라이버시 가치에 대한 일부 부수적인 가정들과 함께, 처음부터 주목되어야 한다.

첫째, 프라이버시는 항상 정도의 문제이며, 그 보호에 대한 우려는 늘 완전한 프라이버시란 불가능하다는 인식에 의해 완화될 수밖에 없다.

둘째, 프라이버시는 단지 사태를 기술할 뿐이다. 그리고 이 기술은 도덕적으로 중립적이다. 프라이버시나 그 상실은 좋은 것, 나쁜 것 또는 무관심의 대상으로 간주될 수 있다. 그 도덕적 중요성은, 만약 그런 것이 있다면, 도처에 있다. 따라서 프라이버시는 도덕적 사고의 근본적 범주로 간주되지 않는다. 그 가치는 정보에 대한 제한된 접근의 조건이 있을 때, 증진되거나 보호될 수 있는 내재된 이해관계로부터 파생하는 것이다.

셋째, 프라이버시가 도덕적으로 문제가 되는 한에서, 일부 사례에서 가장 문제가 되는 것은 특정 종류의 바람직한 결과, 즉 정보에 대한 접근이 제한되는 것이다. 그것은 그 개인이 자신의 개인정보에 대한 계속되는 통제로 획득되었는지와 무관하게 바람직하다.

다른 사례에서 가장 문제가 되는 것은 정보접근에 대해 그 개인이 통제력을 유지하고 행사하는지의 여부이다. 설령 다른 사회적 조건에서 일어날 수 있는 그렇지 않은 경우보다 더 많은 프라이버시 손실로 귀결된다 하더라도, 이러한 통제력의 행사와 유지는 중요하다.

넷째, 학자들이 제기한 프라이버시의 정의는 타인뿐 아니라 자신의 정보접근에 대한 제한까지 포함한다. 따라서 개인이 과거에 알지 못했던 자신의 정보에 접근하게 될 경우도 프라이버시 침해에 해당한다.

다섯째, 프라이버시 침해는 개인정보에 대한 접근제한이 유지될 것이라는 합당한 기대가 있는 경우에만 도덕적으로 유의미한 사건이다.

내재하는 이해관계들

개인정보에 대한 접근이 제한되어야 한다는 합당한 기대의 근거를 형성하는 것은 어떠한 고려사항인가? 만약 프라이버시가 도덕적 사고의 근본적 범주로 간주되지 않고, 그 가치가 전적으로 일부 내재하는 이해관계들에서 파생한 것으로 간주될 경우, 이 물음은 긴급성을 더하게 된다. 이 물음에 답하기 위한 한 가지 두드러진 접근방식은 왜 프라이버시가 모든 사례에서 문제가 되는지를 설명하는 하나의 이해관계를 밝히기 위해 노력한다(Reiman, 1976). 여러 프라이버시 이론가들에 의해 많은 가능성이 제기되었다.

첫째, 개인의 복지나 삶에 대한 기대는 그 사람에게 정신적·사회적·경제적으로 나쁜 결과를 가져올 수 있는, 특정 정보에 대한 타인의 접근을 제한할 수 있는지에 달려 있다.

둘째, 타인의 심대한 간섭 없이 개인적 선택을 할 수 있는 능력은 개인적 판단에 부당한 영향을 줄 수 있는 사람에 의한 정보접근으로 손상될 수 있다(Benn, 1971).

셋째, 정보에 대한 선택적 공유가 종종 깊은 개인적 관여를 사람들이 공유하는 그 밖의 다양한 개인적 관계와 구분하는 본질적 요소인 경우, 특정인의 개인정보에 대한 접근은 다른 사람과 밀접한 관계를 형성할 능력을 저해할 수 있다(Fried, 1968).

넷째, 어떤 정보에 접근할지에 대한 개인적 결정에 대한 침입은 개인적 자아상(自我像)과 심적 안정감을 유지할 수 있는 능력에 영향을 줄 가능성이 있다(Reiman, 1976).

다섯 번째, 극히 민감한 개인정보 유포는 감정적 비탄, 사회적 낙인, 기능 장애, 자존감과 타인의 존경 상실 등으로 귀결할 수 있다.

넓은 범위의 사례 중에서 아무리 중요한 하나의 이해관계가 있다고 하더라도, 모든 사례에서 프라이버시가 갖는 도덕적 중요성을 하나의 내재적 이해관계로 환원할 수 있다고 주장할 설득력 있는 근거는 없다. 좀더 그럴듯한 가설은 도덕적으로 중요한 이해관계는 하나가 아니라 여럿이라는 것이다. 그리고 흔히 프라이버시 보호에 대한 우려를 정당화하는 이해관계의 클러스터(집단) 또는 무리가 있는 것으로 가정한다.

유전학이라는 맥락에서 프라이버시의 중요성에 대해 고려할 때 프라이버시 클러스터(privacy cluster) 이론은 더 힘을 받는다. 유전정보에 대한 접근은 위에서 확인했던 각각의 이해관계에 부정적 영향을 준다. 많은 경우, 이러한 정보에 대한 접근은 사회적·심리적·경제적 복지에 위험을 초래할 수 있으며, 자율권 행사와 개인적 관계 발전을 위협할 수 있다.

유전정보의 본질

위협받는 이해관계의 클러스터에 초점을 맞추게 되면 다음과 같은 물음에 직접적인 관심을 기울이게 된다. 유전자 검사와 선별 검사에서 얻은 정보는 다른 의학정보와 질적으로 차이가 있는가? 유전정보의 본질이나 그 잠재적 이용에는 다른 의학정보보다 더 프라이버시를 보호해야 할 만한 무언가가 있는가?

다른 정보와 달리 유전정보를 차별화하는 특성들로 흔히 다음과 같은 요소들이 거론된다.

① 유전학은 다른 의학검사나 평가보다 개인에 대해 훨씬 많은 개인정보를 밝혀낸다.
② 유전검사는 개인의 의학적 미래에 대한 상세한 예견을 드러낼 수 있는, 흔히 환영받지 못하는, 가능성을 제공한다.
③ 유전자 이상은 일반적으로 그 사람의 평생 동안 영향을 미친다. 따라서 유전정보에 대한 지식은 다른 의학정보에 대한 지식보다 개인에게 더 큰 영향을 줄 수 있다.
④ 유전정보의 폭로는 심대한 재정적·감정적·사회적인 악영향을 줄 수 있다.
⑤ DNA 견본에 대한 분석은 검사나 견본 수집에 대해 처음에 동의했던 시점에서 숙고할 수 없었던 정보를 미래에 폭로할 수 있다.
⑥ 유전정보는 특정 경우에 오해되거나 부정확하게 해석될 가능성이 있다. 이 경우, 다른 개인적·환경적 요인들이 개인의 건강이라는 결과에 영향을 주는 데 비해, 유전정보는 집단 전체에 그 가능성의 부담을 준다.
⑦ 유전의 가족 패턴에 대한 유전검사나 연구는 개인뿐 아니라 다른 가족

구성원에 대한 정보도 누출할 수 있다.

이러한 주장에서 일상적으로 수집되는 다른 의학정보와 유전정보를 구분할 충분한 근거를 제공하는 것은 없다.

그 밖의 많은 의학검사와 일상적인 의학적 병력은 개인의 있음직한 의학적 미래와 다른 가족구성원에 대해 많은 정보를 드러낸다. 유전학 외의 많은 정보원에서 수집된 정보는 사회적·경제적으로 부정적인 결과를 가져올 수 있으며, 잘못 해석되거나 오해될 수도 있다. 그 밖의 의학검사는 평생 동안 개인의 삶에 영향을 줄 수 있는 질병을 폭로할 수 있으며 미래 연구자와 의사들이 피실험자나 환자로부터, 처음 검사했던 시점에는 관찰되지 않았던, 사실들을 알아낼 수도 있다.

그러나 이 모든 고려를 종합하면, 과학지식의 성장에 수반되는 더 큰 우려의 집합이 있으며, 유전학이 이러한 사실을 환기하는 가장 두드러진 사례 중 하나에 불과하다는 것을 알 수 있다. 개인 프라이버시에 대한 우려를 증폭시키는 것처럼 보이는 것은 개인의 많은 유전정보를 포괄적·체계적·효율적으로 수집할 가능성이 점차 높아진다는 점이다. 그에 따라, 설령 이 특정 형태의 유전정보에 뚜렷한 특이점이 없더라도, 유전정보의 프라이버시에 대한 우려는 높아져야 한다.

프라이버시권(權)의 토대

지금까지는 일반적으로 정보 프라이버시 그리고 특수하게 유전정보의 프라이버시를 대상으로 한 이해관계와 그 도덕적 중요성을 탐구하는 관점에서 논의가 진행되었다. 그러나 프라이버시에 대한 논쟁은 일반적으로 프라이버시권(權)의 측면에서 전개되며, 이러한 권리 언어의 수사적 기능은 그것이 증진된 프라이버시 보호를 위한 요구를 강조하는 방식에 있다. 따라서 도덕적으로 중요한 이해관계와 프라이버시권의 관계를 — 수사적인 것과 별도로 — 상세히 밝힐 필요가 있다.

첫째, 만약 프라이버시의 도덕적 중요성이 문제시되는 내재한 이해관계의 클러스터에 있다면, 특정 맥락에서 이러한 이해관계의 도덕적 중요성은 프라이버시 침해로 인한 위해의 종류에 따라 달라질 것이다. 이러한 위해(危害)는 다양한 요인에 따라 달라진다. 그런 요인에는 자신이 처한 경제적·사회적 조건에서 각 개인이 갖는 취약성, 공동체 내에서 다른 사람들과 관계를 맺는 개인의 능력에 작용하는 편견이나 장애의 존재 유무, 그리고 개인의 존엄이나 자기존중감을 형성하는 문화적 전통과 관습 등이 포함된다.

둘째, 권리가 반드시 무조건적이라고 보아서는 안 된다. 권리란 특정 임무를 타인에게 부과하는 것을 정당화할 만큼 중요한 이해관계의 일반화를 표상한다(Raz, 1986). 그러나 오늘날 프라이버시권과 그에 수반되는 의무는, 특정 맥락에서 개인의 이해관계의 정책적 성격, 그 이해관계에 대한 구체적 위협, 그것을 보호하기 위해 적용가능한 대안들, 그리고 각 대안이 문제시되는 이해관계를 충분히 다룰 수 있는 정도 등과 상관관계를 가진다.

셋째, 보호할 만큼 중요한 정보 프라이버시의 특정한 종류가 저마다 다를 수 있지만, 사람의 취약성이라는 지속적인 사실은 프라이버시의 가치를 지속적으로 유지할 것이다. 그러나 과학, 기술, 그리고 문화의 발전이 사람의 취약성이 처한 맥락을 변화시키는 정도에 따라, 접근에서 보호받아야 하는 정보와 필요한 보호의 종류는 바뀌게 될 것이다.

넷째, 프라이버시권에 대한 관여가 절대적 권리에 대한 관여를 수반하는 것은 아니다. 많은 사례에서, 어떤 정보에 대한 접근이 제한되어야 한다는 합리적 기대는 없다. 접근제한에 대한 합리적 제한이 있는 경우에도, 공개를 선호하는 대항 근거가 존재할 수 있다.

알란 웨스틴이 이 책에서 '프라이버시 근본주의'라고 불렀던 입장이 채택되어야 하는지, 그리고 '프라이버시 프래그머티즘'이라고 불렀던 입장은 언제 받아들여져야 하는지 결정하는 것은 어려운 일이다(Westin, 1993). 전자의 입장은 다른 사회적 목표들을 희생하더라도 프라이버시를 보호해야 한다는 강한 입장을 나타내고, 후자는 경우에 따라 협상을 할 수 있다는 입장이다.

유전자 프라이버시와 관련해서 도덕적으로 수용가능한 공공정책은, 서로 경합하는 당면한 이해관계들 간에 이루어지는 균형에 따라, 근본주의와 프래그머티즘이라는 두 관점의 요소들이 통합되는 혼합된 전략일 것이다. 일부 경우에는 프라이버시 근본주의가 채택돼야 하며, 따라서 정보 프라이버시에 대한 엄격한 권리의 존재가 인정되어야 한다. 개인이 자신에 대한 어떤 정보가 자신이나 타인에게 알려지는 것에 대해 절대적인 거부권을 행사할 수 있다는 합리적 기대를 가질 경우는 상대적으로 적겠지만, 권리의 측면에서 정보 프라이버시를 주장하는 논점은 좀더 온건하다. 그것은 정보 프라이버시가 도덕적으로 중요한 다양한 이해관계의 존재를 투영하기 때문에, 주장된 모든 침해가 정당화되기 위해서는 그에 반하는 실질적인 문턱인 여러 가정(假定)을 극복해야 한다는 주장이다.

유전정보에 대한 프라이버시권 적용

정보에 대한 자기결정권

흔히 유전정보 프라이버스 보호의 근거로 자율성(*autonomy*), 즉 개인이 자신의 운명을 통제할 수 있는 능력을 거론한다. 자율성 이익과 연관된 권리들은 자유권, 즉 개인이 타인의 간섭을 받지 않고 자유롭게 선택하고 결정할 권리로 분류된다. 유전정보의 맥락에서, 이 자유권에는 개인이 지극히 사적인 정보에 대한 접근을 통제할 권리가 포함된다. 대부분의 경우, 정보에 대한 자기통제력의 중요성은 더 일반적인 자율성 이익의 보호에 대한 깊은 관심을 반영한다. 예를 들어, 정보의 자기결정권은 정보에 대한 통제력 상실이 그 밖의 중요한 삶의 선택을 내릴 능력이나 자유의 상실로 귀결할 우려가 있는 경우에 특히 중요하다.

　자율성(自律性) 이익은 독일 법원이 '정보 자기결정권'이라 불렀던 것의 여러 종류로 이해될 수 있는 두 가지 권리의 중요한 토대를 제공한다(Flaherty, 1989). 이 권리는 두 가지 방식으로 행사될 수 있다. 즉, 개인은 어떤 정보가 수집되고 생성되는지 통제할 권리를 주장할 수 있거나, 이후 정보가 공개되는 양상을 통제할 권리를 행사할 수 있다. 후자에는 후속적 정보공개의 목적, 정보를 받는 사람의 신원 등이 포함될 수 있다.

생성되는 정보에 대한 통제

정보 자기결정권의 일부는 자율적 행위자로서 개인이나 타인이 스스로에 대해 무엇을 알게 될지 (최소한 어느 정도까지) 결정할 자격이 있다는 가정에 근거한다. 그러나 정보이용을 통제하거나 정보수용자의 신원을 통제할 권리는 자율성을 확보하기에 불충분할 수 있다. 일부 경우, 타인의 부당한 개입에서 자유롭게 삶에 대한 중요한 결정을 내릴 유일한 (또는 가장) 효율적인 방법은 일부 정보의 최초 생산이나 생성에 대한 통제력 행사를 통해서만 가능하다.

유전정보의 생성에 대해 통제력을 행사할 권리가 중요한 의미를 갖는 한 가지 예로 사회적 · 경제적 위험의 산정을 들 수 있다. 일부 경우, 개인은 자신이 스스로의 유전적 조성에 대한 정보를 알게 됨으로써 얻을 수 있는 의학적 혜택과 그 밖의 이익에 대해 그로 인해 발생할 수 있는 여러 가지 의학적 · 비의학적 위험을 저울질하기를 원한다는 주장을 설득력 있게 제기할 수 있다. 사회적 낙인(stigma)이 찍히거나 보험이나 고용에서 손해를 볼 실질적 위험이 있는 경우 그리고 검사결과를 안다고 해도 적용가능한 의학적 처치가 없는 경우에는, 개인이 검사의 혜택과 그로 인해 발생하는 정보를 원하지 않거나 부적절한 공개로 발생할 수 있는 위험을 능가하지 않는다고 합리적으로 결론짓는 것은 합당하다(Faden et al., 1991).

부가적으로, 어떤 정보가 생성될 것인지에 대한 통제권은 유전정보를 수집하고 저장하는 사람들의 도덕적 의무에 대해 함의를 가진다. 개인의 자율성과 정보의 자기결정권에 대한 적절한 존중은 보건 전문가들에게, 원하지 않는 공개의 경제적·사회적 위험을 논하며, 검사를 위한 고지된 동의 과정에서 법률적으로 그리고 그 밖의 프라이버시 보호를 필수적 부분으로 정확하고 현실적으로 제기할 의무를 부과한다(Powers, 1991).

개인이 스스로 경중을 평가하길 원할 수 있는 두 번째 위험은, 앞으로 과학이 더욱 발전하면서, 생성된 예측 정보가 부정확하다는 사실이 밝혀질 수 있다는 것이다.

새로운 유전표지를 발견했다는 보고는 점차 일상사가 되고 있지만, 질병에 대한 특정 소인(素因)과 연관된 유전자를 식별했다는 보고 중 일부는 거짓이나 오류로 판명될 수 있다.

한 가지 위험은 유전적 소인에 대한 일부 표지에 대해 단기적으로 과학적 합의가 있을 수 있지만, 검사를 받고 딱지가 붙은(*labeling*) * 사람들이 엄청난 피해를 당한 후에야 그 표지가 충분한 근거가 없다는 사실이 밝혀질 수 있다는 점이다. 잘못된 딱지 붙이기에는 고용이나 보험에서의 부당한 차별, 감정적 스트레스 또는 위험을 줄이기 위해 의학적 권고에 따라 잘못 처방된 행동을 취하도록 가해지는 압력 등을 들 수 있다. 가령 암의 위험을 줄이기 위해 고안된 예방적 유방절제술이나 자궁절제술 등이 후자의 사례에 해당한다. 이런 문제들은 검사를 통해 얻을 수 있다고 주장되는 이익을 개인이 가늠하

---

* 〔역주〕 낙인과 딱지 붙이기는 비슷한 의미로 사용되어 정확한 구별이 어렵지만, 이 글에서 'stigma'는 사회적 측면에서 부적격자라는 낙인을 찍는 행위라는 의미로 사용되었고, 'label'은 개인적으로 환자라는 딱지를 붙인다는 의미로 사용되었다.

도록 남겨두어야 하는 사항이다.

세 번째 위험에는 흔히 '알지 않을 권리'라 부르는 것이 포함된다 (Shaw, 1987).

정보 프라이버시에 대한 강조점은 특정 정보가 그 정보에 관해 알기를 원하지 않는 개인에게 알려지지 않도록 하는 것이다. 그 대상은 타인뿐 아니라 자신도 포함된다. 이것이 프라이버시권에 속하는 이유는 접근제한에 대한 합당한 기대를 가지는 개인에게 가장 중요한 측면 중 하나이기 때문이다. 이러한 기대의 타당성은 특정 종류에 대한 정보의 극단적 민감성에 대한 고려와 그러한 정보가 심대한 심리적 피해를 주거나 자율성 행사를 방해할 가능성과 밀접하게 연관되어, 최소한의 자율성이 요구되는 모든 개념에 의해 지지된다.

이러한 고려는 어떤 정보가 생성되는가의 결정에서 숙고해야 할 위험에 어떤 종류가 있는지를 지적한다. 자주 거론되는 헌팅턴 무도병이 좋은 예이다. 누구든 그 사실을 앎으로써 미래를 설계하는 데 도움을 받는 혜택과 심리적 부담, 만성 불안증, 그리고 몸이 쇠약해진 노년의 발병 가능성을 예상할 때 받을 수 있는 감정적 스트레스 등의 부정적 측면을 스스로 가늠하기를 원할 수 있다.

그 밖의 사례들은 실수로 빚어질 수 있는 위험과 심각한 심리적 부작용 가능성 간의 밀접한 관계를 잘 보여 준다. 하나의 사례는 보인자 검사에 사용되는 것과 같은 특정 검사의 민감성과 관련된다. 집단 검사를 통해 '위험'으로 분류된 부부에게 딱지가 잘못 붙을 실질적 위험이 있다면, 그들에게 불필요하게 불안감을 고조시키거나 재생산 계획에 부당하게 간섭하는 결과를 낳을 수 있다. 비슷하게 ― 전혀 발병하지 않거나 약간의 증상을 일으키는 정도의 ― 질병과 연관된 유전 소인(素因)에 대한 정보를 알게 됨으로써 심리적인 위해를 입을 수 있는 위험은 개인 스스로 판단을 내려야 할 종류에 포함된다.

정보의 생성-연구의 맥락에서

정보 자기결정권에 대한 강한 주장이 썩 지지받지 못하는 것처럼 보이는 다른 사례들이 있다. 유전자 등록(registry)으로 만들어지는 가계에 대한 연구(pedigree study)에서 프라이버시 보호의 특수한 문제들이 발생한다. 이러한 등록은 연구자들이 해당 질환의 자연적인 역사와 유전 패턴에 대해 더 많은 것을 알 수 있도록 하기 위해 설계된다.

상염색체 우성 질병(가령, 헌팅턴 무도병, 다낭성 신장질환 등) 증후 또는 징후의 유전적 소인이 있는 것으로 판명된 환자들이 모집되어 유전자 등록부에 참여할 수 있다. 이때 각 참가자들은 해당 질병을 가질 수 있거나 그럴 위험이 있는, 가족의 다른 구성원들의 이름을 포함하여 상세하게 의학적 기록과 가족력을 제공하게 된다. 연구자들은 한 가족에게서 나타나는 유전 패턴을 연구할 수 있게 해주는 가계도(家系圖)를 개발하기 위해 이 정보를 사용한다. 일반적으로 개인의 병력(病歷) 뿐 아니라 가족력 그리고 특정한 인구통계학적 정보까지도 이러한 등록부에 포함된다.

등록부에 포함할 대상의 일차적 원천은 건강관리 제공자가 보낸 사람들일 것이고, 그들도 고지된 동의를 거친 후에야 등록부에 기록되겠지만, 등록부는 질병이 발생한 가족의 다른 구성원들에 대한 정보를 포함할 가능성이 있다. 일반적으로, 개인은 자신의 이름과 병력 외에도 가족구성원에 대한 부수적인 데이터와 이름을 등록부에 포함시키는 데 동의한다. 따라서 비참여자에 대한 주요 정보가 당사자가 거부할 기회도 없이 발생하는 셈이다.

그렇다면 이러한 상황에서 비참여자에게 생성되는 정보에 대한 절대적 통제권을 주어야 하는가? 그 답은 여러 가지 고려사항에 달려 있다.

첫번째, 만약 비참여자를 포함할 경우 자신이 위험한 상태이거나 발병했다는 사실을 알게 될 심각한 위험을 포함한다면, 생성되는 정보를 통제할 권리에 대한 논거는 강화될 것이다.

그러나 대부분 이러한 사항은 최소한의 중요성을 가질 뿐이다. 대개 이런 사람들은 다른 가족구성원들의 경험을 통해 자신이 위험한 상태임을 이미 알고 있을 가능성이 높다. 예를 들어, 상염색체 우성 질병은 남성과 여성에게 같은 빈도로 유전되며, 발병한 개인의 발병-위험이 있는 자식에게 병이 유전될 확률은 50%이다. 이 경우, 자신의 질병이나 발병 위험에 대해서 새롭거나 원하지 않는 정보를 알게 될 위험의 가능성은 크지 않을 것이다.

또한 등록부의 비밀보호 기능이 극히 형편없이 설계되지 않는 한, 비참여자나 다른 사람들이 심리적·사회적·경제적 해를 야기할 수 있는 정보에 접근할 위험은 상대적으로 적다. 연구자들은 원하지 않는 공개로 부정적 결과를 초래할 위험보다 일상적 의학기록에 있는 의학정보를 통해 침해될 가능성이 상대적으로 높은 프라이버시를 보장하기 위해 여러 가지 단계의 조치를 취할 수 있다.

첫째, 연구자는 그들의 허락 없이 다른 가족구성원에 대한 데이터를 참여자에게 공개하는 것을 거부해야 한다.

둘째, 연구자는 모든 환자관리기록과 등록부에 수집된 데이터를 분리하여, 고용주나 보험업자가 기록에 접근해서 보험이나 고용에서 불이익을 당하는 사람이 없도록 해야 한다. 등록부에서 얻은 모든 데이터는 가능한 공개를 통해 영향을 받을 수 있는 사람의 고지된 동의가 있을 때에만 의학기록에 포함되어야 한다.

셋째, 이러한 등록부는 관련된 목적이 없는 사람이 접근할 수 없도록 보호되어야 한다. 이것은 공중위생국이 제공하는 연구나 알코올 중독과 남용, 약물 중독, 정신병, 그리고 그 밖의 보건 연구와 연관돼 연방의 지원을 받지 않는 연구에 대해 비밀취급인가를 발급하는 방식으로 달성 가능하다. [1] 그 효과는, 이러한 정보를 연구 외의 목적을 위해 알아야 할 필요를 주장할 수 있는, 법률 집행 공무원을 포함해서 다른 사람들의 접근으로부터 지키는 것이다. 이러한 증명은 현재 공중위생국에 의해 직접 지원받지 않는 연구에는 적용되지 않지만, 이 제도가 제공하는 보호는 그런 연구까지 포괄해야 한다.

---

1) PHS 법안 301조(d)에 의거해서, 비밀취급증명은 다음 기관들을 통해 적용될 수 있다. 알코올 남용과 중독에 대한 연구는 다음 기관을 접촉하라. National Institute on Alcohol Abuse and Alcoholism, 14-C-20 Parklawn Building, 5600 Fishers Lane, Rockville, MD 20857; 약물 남용에 대한 연구는 다음 기관을 접촉하라. National Institute on Drug Abuse 10-42 Parklawn Building(위와 동일한 주소임). 정신건강 연구에 대해서는 다음 기관을 접촉하라. National Institute of Mental Health, 9-97 Parklawn Building. 그리고 그 밖의 보건 연구 영역은 다음 기관을 접촉하라. Office of Health Planning and Evaluation, PHS, 740G Humphrey Building, U.S. Department of Health and Human Services, Washington, D. C. 20201.

이러한 보호조치가 채택되면, 어떤 정보가 생성되는지 통제할 수 있는 비참여자의 권리는 적지 않게 약화된다. 적절한 안전장치가 적소에 마련되어 있는 연구 맥락에서는, 프라이버시 근본주의 관점보다는 프라이버시 프래그머티즘의 관점이 옳다는 꽤 설득력 있는 주장들이 있다.

그러나 연구 행위와 의학적 서비스를 제공하는 기관들 사이에 격리벽(隔離壁)을 설치하는 데 들어가는 상당한 비용을 인정해야 한다. 이 비용은 공공선(公共善)을 위해 가치 있는 과학연구를 수행해야 한다는 요구와 개인의 프라이버시 보호라는 요구 사이에서 합당한 균형을 이룰 때 정당화된다.

공개에 대한 통제

정보 자기결정권의 두 번째 형태는 후속 공개를 통제하는 과정에서 나타나는 이해관계와 관련된다. 이 권리는 정보가 생성되고, 구체적 목표를 위해 지정된 사람에게만 공개되면, 개인이 그 정보와 관련해서 일어나는 일을 통제하는 데 지속적인 이해관계를 가진다는 것이다.

이것은, 특히 의학정보에 대해 대부분의 법률에 결여된, 프라이버시와 비밀보호의 중요한 요소이다(Powers, 1991). 정보를 받는 수용자의 신원, 그 정보의 용도, 그리고 추후 공개가 이루어지는 기간 등에 대한 통제는 최초 공개에 대한 동의가 이루어진 후에 빈번히 상실된다.

유전자의 맥락에서 이러한 종류의 우려를 보여 주는 한 가지 예는

DNA 데이터뱅크와 데이터베이스의 이용과 관련된다. 대부분의 과학연구자들이 DNA 데이터뱅크를, 헌팅턴 무도병 연구 명부(Huntington's Disease Research Roster)와 인디애나대학 DNA 데이터뱅크의 경우처럼, 특정 유전자 등록부와 연결되어 수립된 것으로 생각하는 것이 보통이지만, DNA 데이터뱅크가 무엇인지에 관한 명확한 정의는 수립되어 있지 않다. 데이터뱅크는 상업, 군사, 법률 집행 또는 그 밖의 다양한 목적으로 수립될 수 있다.

상대적으로 적은 수의 혈액 샘플의 저장소처럼 단순한 것도 프라이버시 보호를 위한 절차가 마련되지 않으면 큰 해를 입을 가능성이 있다. 최근에 특정 신생아 선별 검사 프로그램〔예를 들어, 구트리 카드(Guthrie Cards)*〕과 결합하여 수집된 혈액 샘플 저장소는 과거에 상상하지 못했던 새로운 목적으로 데이터뱅크를 설립할 근거가 될 수 있다.

요약하면, 필터페이퍼상의 모든 혈액 샘플 수집물은 ― 잘 보존되면, 식별가능한 개인과 연관되거나 추적가능한 방식으로 조직될 수 있는 ― 프라이버시에 엄청난 영향을 미치는 데이터뱅크로 변환될 수 있다.

데이터뱅크 개념의 모호함으로 인해 발생할 수 있는 중요한 문제는, 유전물질이 처음에 획득된 목적과 무관하게, 유전물질의 모든 저장소가 다른 목적을 위해 정보를 얻을 수 있는 매력적인 원천이 될 수 있다는 점이다.

---

* 〔역주〕PKU에 대한 신생아 선별 검사를 위해 사용되는 카드로, 1962년 이 검사법을 처음 개발한 구트리 박사의 이름을 따서 이렇게 불린다.

그럼에도 가장 심각한 문제는 특정 종류의 DNA 데이터뱅크에 의해 야기된다. 구체적인 과학적 목표를 위해 설립된 학문적 데이터뱅크와 달리, 일부 대규모 데이터뱅크가 포함할 수 있는 정보는 훨씬 더 포괄적이고, 목표나 목적이 덜 분명하게 정의되며, 대량으로 개발될 수 있다. 기결수의 혈액 샘플을 받는 한 전국규모 계획은 연구 외 목적으로 생성된 데이터뱅크의 문제가 무엇인지 잘 보여 준다 (De Gorgey, 1990).

이 계획에 따르면, 유죄판결을 받은 모든 중죄인에게 혈액 샘플을 채취해서 숫자 번호표를 붙인다. 두 번째 파일에는 개인 식별 정보, 교도소 의학검사 정보, 판결문 등이 있다. 세 번째 파일에는 실제 혈액 샘플의 바코드나 디지털화된 형태의 표시가 포함된다. 네 번째 파일은 모든 바코드가 포함된 통합 데이터베이스이다. 대부분의 경우 누군가가 의학검사에서 혈액 샘플을 제공할 때, 그 사람은 자신이 검사에 동의했던 정보의 특정 비트가 획득되어 예상된 종류의 정보가 공개될 것으로 기대할 것이다.

그러나 혈액 샘플에 ― 그리고 그 속에 무엇이 들어 있는가에 따라, 바코드 속에 ― 들어 있는 DNA 정보량은 개인이 동의하지 않았고, 예상할 수도 없었던 새로운 정보를 발견할 손쉬운 원천을 제공한다. 따라서 DNA 샘플 소유자는 처음에 수집을 정당화하기 위해 제시한 목표 범위를 크게 벗어나는 추가 정보를 조사할 수 있는 능력을 가지게 된다.

정보 자기결정권을 진지하게 받아들인다면, 채택할 수 있는 공공정책의 한 선택지는 최초 계획에 포함되지 않았지만 계획될 수 있는 모든 재공개에 대해서 구체적인 동의를 요구하는 것이다. 교도소나 감옥에서 데이터뱅크를 구축하려는 모든 노력에 반대하는 강한 논변들도 있지만, 최소한, 개인은 새로운 목적을 위한 추후 정보공개를 통제할 권리를 가져야 한다.

연구 맥락에서의 공개 문제

다중 목적이나 대규모 데이터베이스가 프라이버시를 가장 심각하게 위협할 가능성이 있다고 주장되지만, 그밖에도 연구 데이터베이스에서 나타나는 몇 가지 프라이버시 문제가 있다. 예를 들어, 학문적 유전자 데이터뱅크는 법률 집행처럼 연구와 무관한 이유로 정보를 필요로 하는 사람들에게 매력적인 정보원이다.

그러나 이러한 주장은 배격되어야 한다. 법률 집행 관계자들의 의학과 연구 데이터에 대한 즉각적인 접근은 제도적 역할과 목적을 분간하지 못하는 것으로 용납될 수 없다. 건강관리 제공자와 연구자들이 사회적 중요성이 제기될 수 있는 다른 목표들을, 그러한 요구들이 아무리 커도, 실현할 의무가 있다는 식의 기대를 품어서는 안 된다. 보건관리자와 의학연구자들에게 법률 집행기관의 기능을 떠맡으라는 요구는 건강관리 및 의학연구기관들이 자신의 일차적 사명을 완수할 수 있는 능력을 손상한다. 사회제도 사이에서 도덕적 분업 필요성을 인정하는 사회적 합의가 없다면, 중요한 사회제도들이 그 기능을 효율적으로 수행하는 데 필요한 진정성과 독립성 유지를 기대하기 힘들다.

그러나 보건과 관련된 목적의 추가 접근을 제한해야 한다는 주장은 그보다 설득력이 떨어진다. 특히 성가신 문제는 역학(疫學) 연구자의 요구와 프라이버시 보호를 위한 피검사자의 요구 사이에서 어떻게 균형을 맞출 것인가이다. 역학 연구를 위해 개인 데이터에 접근하도록 개별화된 동의를 받는 것이 적절한지를 둘러싼 논쟁은 특히 유럽 국가들 사이에서 매우 치열하게 벌어졌다.

유럽 데이터보호 위원회는 보고서 초안을 발표했고, 이미 일부 국가들이 비준했다. 이 보고서 초안은 정보를 획득하는 개인마다 명시된 서면 동의서를 받지 않고는 건강이나 성생활에 대한 데이터, 민족이나 인종적 기원을 밝히는 데이터에 접근하거나 처리하지 못하도록 막고 있다.

비평가들은 이러한 지시가 "역학 자체를 소멸시킬" 것이라고 주장한다(Editorial, 1992). 이것은 정보의 자기결정이라는 절대적 권리가 지역의 암 등록부에 개인 데이터를 전달하지 못하게 방해하고, 이미 사망했거나 추적이 불가능한 사람들의 데이터 사용을 배제하며, 건강 기록에 대한 사후 연구를 불가능하게 할 수 있다는 것이다(Knox, 1992).

이러한 불평 중 일부가 과장되었더라도, 개인화되고 명시적인 동의 요구보다는 과학 발전에 덜 파괴적인 프라이버시 보호조치를 선호하는 편이 더 합리적인 것처럼 보인다.

다시 한 번, 가계 연구의 맥락에서 프라이버시권을 고려해 보자. 그동안, 엄격한 프라이버시 보호장치가 적절히 마련되었는지 확인할 필요가 있는, 이러한 등록부에 자신이 포함되는 데 대해 개인이 절대적인 거부권을 행사할 수 있어야 한다는 입장이 제기되어 왔다. 부분적으로 이러한 논변은 등록부와 데이터베이스가, 방금 우리가 살펴보았던, 좀더 일반적인 종류의 데이터뱅크와 구분이 가능하다는 주장을 전제로 삼는다. 연구용이 아닌 데이터뱅크에서, 개인은 충분히 보호받지 못해 원치 않는 공개가 이루어질 가능성이 높다.

덧붙여, 유전자 등록부는 그것이 만들어진 제한적 목적의 측면에서, 기관윤리위원회의 엄격한 평가를 받기 힘든 다른 보호라는 측면에서, 무관한 목적의 조사로부터 개인을 차폐할 수 있는 비밀취급증명의 사용에서, 그리고, 희망적인 요소이지만, 그것을 위해 등록부가 만들어진 특정 유전질병과 연관된 특정 종류의 프라이버시 위험의 특수한 민감성의 측면에서 차이가 난다.

연구용과 비연구용 등록부와 데이터뱅크가 앞에서 서술한 방식에서 차이가 난다고 해도, 피조사자들이 다른 연구자들에 대한 추후 공개에 대해 일정한 통제권을 행사할 권리를 가져야 하는 몇 가지 상황이 있다. 최소한, 참여자들은 다른 연구자들에 대한 공개와 그들의 발견에 대한 후속 발표로 빚어지는 위험의 종류를 적절히 고지한 동의절차의 혜택을 받아야 한다. 나아가 정보의 새로운 이용이 처음에 동의한 목적과 다르거나 그 목적을 넘어설 경우, 연구자에 대한 공개에 명시적 동의를 요구하는 것은 합당하게 보인다. 일부 연구목적의 공개에 대한 동의로 모든 연구목적의 공개가 가능하리라는 가정은 지나친 것이다.

개인의 이름을 밝히지 않는 역학조사 대부분의 사례에서, 다른 연구자들에 대한 공개로 피해가 발생할 위험은 적다. 그러나 유전자 등록부에서 참여자와 비참여자를 구분하는 것은 타당하다. 비참여자가 자기 질병의 데이터 포괄에 거부권을 갖지 못하면, 제도적 프라이버시 보호가 개인 식별이 가능한 데이터에 접근하는 외부 연구자에게까지 확장될 필요가 있다. 등록부에 포함된 사람들의 이름을 다른 연구자와 공유할 때, 원하지 않는 공개의 부가적 위험은 크게 증가한다.

기관의 직접적인 감시나 통제 없이 누군가에게 데이터가 제공되기 전에, 기관윤리위원회 위원들이 포괄적이고 상세한 프라이버시 보호계획을 승인할 필요가 있다. 비참여자가 포함될 경우, 그 정도로 엄격한 보호조치가 정당화될 수 있다.

가계 연구와 익명성 보호

데이터 자체가 가족의 가계도일 경우에는, 그 공개는 문제시된다 (Powers, 1993). 여기에서 발생하는 위험은 이러한 데이터를 발간할 경우 각 가족구성원의 신원을 추측할 수 있다는 점이다. 추측에 의한 신원확인 위험은 데이터 공개가 피조사자가 모집된 지리적 지역을 반영하거나 상대적으로 회귀한 질병을 다루는 경우에 증가할 수 있다.

이 문제에 대한 한 가지 접근방식은 가계도 데이터의 출간에 대한 구체적 동의를 요구하는 것이다. 가족구성원들은 원하지 않는 추측 신원확인이 일어날 가능성을 평가하기 위해 개인적으로 제출된 자료를 검토할 기회를 갖게 된다. 그에 비해, 좀더 실용적인 접근방식에 대한 주장은 개인이 동록부에 포함되는 것을 방해하여 불완전해진 가족 가계도에 기반을 둔 연구는 가계도 연구의 과학적 유용성을 저해한다는 것이다.

그러나 이러한 데이터의 출간이, 고지된 동의를 받지 않은 (그리고 자신의 이름이 등록부에 포함되는 것을 막을 기회를 갖지 못했을 가능성이 있는) 비참여자의 신원을 드러낼 가능성이 있다는 사실은 좀더 엄격한 접근방식을 지지하는 강력한 반박 논변을 제공한다.

학술지에 보고된 데이터가 사진이나 사례 보고서인 경우, 추측 신원확인을 막기 위한 기준을 검토함으로써 이 문제에 대한 추가적 인 지침 마련을 기대할 수 있다. 국제 의학저널편집자위원회의 성 명은 이러한 맥락에서 통용되는 규범들에 대해 얼마간의 통찰력을 제공한다(International Committee, 1991). 사진의 경우, 마스킹 〔*masking*(가령, 피조사자의 얼굴을 모두 가리는 방식)〕이* 육체적인 신원확인을 막는 데 적합할 것이다. 사례 보고서는 더 많은 문제를 포함한다. 보고서는 추측을 통한 특정인의 신원확인 가능성이 훨씬 풍부하고, 상세한 데이터를 제공한다. 익명성이 위협당할 실질적 인 가능성이 남아있는 경우, 가이드라인은 구체적으로 고지된 동의 를 하고, 동의를 얻었다는 사실을 논문에 명시할 것을 권장한다.

이러한 논거는 가계 연구의 출간을 둘러싼 주제와 관련해서 특히 의미가 있다. 흔히 가계 연구는 추측의 기반이 되는 정보가 많고 잠 재적으로 영향을 받을 수 있는 사람들이 더 많다는 점에서 익명성을 손상할 우려가 크다. 범위를 확장해서, 동일 기준을 가계 연구의 출 간에 적용하도록 요구하는 편이 적절할 것이다. 따라서 고지된 동의 를 얻는 실질적 문제가 있더라도, 피해를 입을 우려가 있는 모든 사 람으로부터 구체적으로 고지된 동의를 얻는다는 강한 가정에서 시 작하는 편이 합당하며, 이는 의학 저널 편집인과 연구자들 사이에서

---

* 〔역주〕컬러사진에 물리화학적인 방법으로 색채를 수정하는 방법으로, 여기 에서는 신원확인을 할 수 없도록 얼굴을 가리는 것을 뜻한다.

이미 수립된 프라이버시 규범들에도 합치되는 것으로 보인다.

출간 여부와 무관하게 모든 결정에는 다음과 같은 고려에 대한 특별한 주의가 기울여져야 할 것이다.

① 익명성이 훼손될 우려가 클수록, 개인의 동의는 더욱 중요해진다.

② 예상할 수 있는 위해의 크기에는 차이가 있다. 예를 들어, 어떤 문제는 특히 민감할 수 있으며, 예견되는 위해도 더 클 수 있다. 가령 양극성 정서장애와 같은 정신질환이 확산된 가족에 대한 연구가 이런 예에 해당한다.

③ 예상되는 사회적 이익에도 차이가 있다. 과학지식의 성장에 대한 기여가 높을 경우, 명시적 동의가 없는 출간에 대한 주장이 강화된다.

④ 낙인이나 편견이 특정 질병과 관련 있는 경우, 잘못된 '딱지 붙이기'나 발병하지 않은 가족구성원들이 다른 사람들로부터 실제보다 더 위험하게 인식되거나 그 병에 걸린 것으로 간주될 가능성에 대한 우려가 특히 중요하다.

⑤ 등록부에 포함하는 데 고지된 동의를 받지 않은 경우나, 더 중요하게, 일부가 참여를 명시적으로 거부한 경우, 완성된 형태로 데이터를 출간하는 것에 반대하는 문턱값이 높아진다.

그렇다면 추측에 의한 신원확인의 위험이 높고 모든 가족구성원에게 고지된 동의를 받을 가능성이 낮을 경우, 어떤 대안이 가능할까? 두 가지 분명한 가능성이 있다.

첫째, 가족 수를 삭제하거나 출생 순서나 성(性)을 바꾸는 방식으로 데이터를 섞고 위장하는 결정이 내려질 수 있다. 그러나 데이터가 물리적으로 변화하는 정도에 따라, 이 방법은 연구 실행에서 받아들여질 수 없을 수 있다. 그것은 과학적 진실성이라는 이유에서뿐 아니라, 공개 여부에 대한 최초 결정에 필수적인 위험-편익 분석의 근거를 손상하기 때문이다. 과학적 타당성과 다른 사람들이 결과를 평가하고 재연할 가능성을 손상하는 것은 출간의 근거를 제공했던 예상되는 이익을 손상한다(Nylenna, 1991).

두 번째 대안은 대리인이나 가상의 가계를 사용하여 결과를 발표하는 것이다. 이 경우 실제 연구자에 대한 조사를 제한하기 위한 보호장치로 원자료의 저널 발표가 유보된다. 이러한 주장은 다양한 기호논리학적 어려움을 야기하지만, 전문가 동료들과의 커뮤니케이션에 대한 새로운 접근방식을 모색하는 쪽이 원본 형태로 출간하는 것보다 나을 것이다.

타인의 보호를 위해 공개되는 정보

제삼자를 위해(危害)로부터 보호하려는 목적으로 그들에게 유전정보를 공개하는 문제는 가장 복잡한 주제 중 하나이다. 많은 사람이 자신을 보호하기 위해 특정인에 대한 유전정보를 알아야 할 정당한 요구를 주장한다. 배우자나 그 밖의 생식 파트너들이 생식 결정에 영향을 미칠 수 있는 정보를 알아야 할 필요성을 주장할 수 있다(Wertz and Fletcher, 1991). 피고용자 단체나 노동조합이 함께 공유하는 직업적 위험을 평가하고 동료 노동자들을 보호하기 위해 관련 정보를 알아야 할 필요성을 주장할 수 있다(Andrews, 1991).

고용주와 서비스 소비자들은 특정 종류의 직업 수행 타당성이나 적합성을 평가하는 데 필요한 정보를 원할 수 있다. 가령 여객기 조종사가 운동능력 쇠약이나 헌팅턴 무도병 초기 단계로 판정될 경우 업무 수행에 지장이 있는지에 대한 판단이 그런 경우에 속한다.

그러나 부정적 영향을 줄 수 있는 잠재적 이해관계가 모두 유전정보 공개를 정당화하는 것은 아니다. 사법 체계가 아직 이러한 문제를 해결하지 못했지만, 그 주장의 결과를 예측하기는 아직 이르다(Robertson, 1992).

'의학, 생의학 및 행동연구에서 윤리적 문제 연구를 위한 대통령위원회'(President's Commission for the Study of Ethical Problems in Medicine and Biomedical and Behavioral Research, 1983)의 권고는 이러한 주제의 윤리적·법적 분석에 모두 관련된다. 이 보고서의 저자들은 다음과 같은 4가지 조건이 충족될 경우 환자의 비밀보다 타인의 보호를 우선시할 수 있다고 주장한다.

① 자발적인 동의를 얻으려는 모든 합리적 시도가 좌절된 경우
② 해당 정보가 공개되지 않을 경우, 위해가 발생할 가능성이 매우 높고, 공개된 정보가 그 위해를 피하는 데 실질적으로 사용될 경우
③ 구체적으로 식별가능한 개인에게 미칠 수 있는 해가 심각할 경우
④ 진단이나 문제의 질병 처치에 필요한 유전정보가 공개될 때에만 적절한 사전예방이 취해질 수 있을 경우

이러한 기준을 유전자에 적용할 때 고려해야 할 중요한 문제들이 여럿 있다. 예를 들어, 유전정보를 공개하는 데 실패함으로써 해가 발생할 위험과 물리적 위해의 급박한 위험에 처한 제삼자에게 정신병적 정보를 공개하는 데 실패하여 발생하는 위험 또는 HIV(면역결

핍바이러스)에 감염된 환자의 섹스 파트너에게 그 사실을 공개하는 데 실패해서 발생하는 위험 등을 어떻게 비교할 것인가?

헌팅턴 무도병 진단을 받은 사람이 같은 질병의 위험에 처한 친척들에게 진단결과를 밝힐 것을 거부하거나 그 결과를 친척의 아이들에게 전달하는 과정에서 발생하는 갈등을 어떻게 분석할 것인가?

항공기 조종사의 사례처럼, 신체적 무능력 문제가 해결될 수 있는 미래의 전망은? 의학연구자들에게 요구되는 책임은 의사들의 그것과는 다른 것인가?(Applebaum and Rosenbaum, 1989)

특정인에 대한 의학연구자와 건강관리 제공자들의 책임은 공중 일반에 대한 책임보다 엄중한가?

조종사 사례에서처럼 공중 전체가 아니라 구체적으로 신원을 알 수 있는 개인들에게 위해가 미칠 수 있다는 것은 얼마나 중요한가?

대부분의 사례에서, 유전정보의 결여로 해를 입을 수 있는 사람들은 개인적으로, 정신병이나 HIV(면역결핍바이러스) 감염이 공개되는 사례와 동일한 방식으로, 위험에 처하지 않는다. 이들 사례에 사용된 모델이 유전적 맥락에서 적절하다는 확신을 가지는 사람은 없을 것이다.

이에 덧붙여 다음과 같은 물음들이 제기될 수 있다.

유전자의 맥락에서 다음 세대에 주는 잠재적 위해에 대해 다른 사람들이 합리적으로 취할 수 있는, 스스로 다른 검사 형식을 시작하는 것을 포함해서, 추가 단계들은 있는가?

나아가 다음 세대에 대한 위해와 별개로, 흔히 현재의 친척들에게 미치는 해를 피하기 위해 취할 수 있는 것은 아무 것도 없다. 설령 그렇다 해도, 자신을 보호하기 위해 단계를 밟을 수 있는지를 고려하는 것은 중요하다.

많은 것이 요구되고 책임 있는 직업 수행의 적합성과 무능력을 알아내는 현재의 절차가 공중(公衆)을 보호하기에 부적절한 여객기 조종사와 같은 사례에서, 그것을 가려낼 책임이 건강 전문가들에게 부과되는 것이 정당한가?

이런 종류의 의문이 해결될 때까지, 특히 환자 관리 및 상담과 관련되지 않은 연구자들이 늘어나는 추세에서, 유전학 영역에서 보호의 법적 책임을 확장하는 작업은 조심히 진행하는 편이 권장된다.

덧붙여서, 의사-환자 관계의 신뢰와 프라이버시를 지키는 것이 무척 중요하기 때문에 우리는 통상적인 비밀유지 규칙에 대한 예외 조항들을, 예방이 덜 침입적인 방식으로 달성될 수 없다는 확실한 입증이 없는, 새로운 맥락으로 성급히 확장해서는 안 될 것이다.

통제가 가장 중요한 요소가 아닌 경우

개인이 다른 사람이나 자신도 접근할 수 없는 정보에 이해관계를 가질 수 있다. 그러나 이런 경우, 정보접근에 대한 개인적 통제라는 수단이 충분한 도움이 되지 않을 수 있다. 여기에서 요점은 프라이버시를 보호하려는 타인들의 노력이, 그렇지 않을 경우, 자신의 통제를 통해 스스로 달성할 수 있는 프라이버시 보호의 적절한 대체물이 될 수 있다는 것이 아니다.

오히려 핵심은, 일부의 경우, 다른 사람들이 그를 위해 행동하는 편이 나을 수 있다는 것이다. 이러한 상황이 있다는 것은, 자유권 외에, 개인의 프라이버시 이익의 증진과 보호가 타인에 의해 특정 위해로부터 보호받을 권리를 정당화하는 사례들이 있다는 것을 시사한다. 두 종류의 예가 그 점을 보여 준다.

첫째, 어떤 사람의 유전자 검사를 통해 다른 사람에 대한 정보가 누출될 때, 개인의 통제로는 유전자 프라이버시 침해를 보호하는 데 충분치 않다.

이런 경우에 해당되는 예는 많다. 낭포성 섬유증의 유전자 보인자 검사는 형제자매도 낭포성 섬유증 보인자라는 정보를 폭로한다. 헌팅턴 무도병에 유전 연관 연구를 적용할 경우, 다른 가족구성원들에 대한 연구결과를 낳는다.

문제의 핵심은, 제삼자가 특정인의 유전정보를 다른 사람으로부터 얻을 수 있을 때, 각 개인이 자신의 유전정보를 통제할 자유권(自由權)만으로는 프라이버시 보호에 충분하지 않다는 것이다. 따라서 개인의 프라이버시는, 각자 자신의 정보에 대한 통제를 행사하는, 개인적 자유권 체계를 통해 확보될 수 없다. 즉, 가족구성원들의 딜레마가 문제의 핵심이다.

가족구성원의 딜레마를 해결할 수 있는 방법은 무엇인가? 한 가지 가능성은 통제권을 집단적 권리, 즉 개인이 아니라 집단에 부여된 권리로 간주하는 것이다. 그렇게 되면, 특정 검사로 영향을 받을 수 있는 모든 사람이 동의하지 않는 한, 개인에 대한 어떤 검사도 금할 수 있다. 그 결과는, 개인적 권리의 구도에서는 불가능했던 방식으로, 제삼자에 의한 접근을 금하는 프라이버시 보호 체계일 것이다.

일부 유전검사는 그 실시를 위해 최소한 다른 가족구성원들의 얼마간의 협동을 요구하지만, 집단 권리의 접근방식에는 몇 가지 심각한 결함이 있다. 그중 하나는 검사를 받기로 한 (또는 유전 연관이나 가계 연구에 참여하기로 한) 결정으로 영향을 받는 모든 사람의 영역을 설정하는 문제이다. 좀더 심각한 문제는 그 접근방식이 일부 사람들에게 검사를 통해 얻을 수 있는 이득을 부당하게 앗아 갈 수 있다는 점이다.

낭포성 섬유증 검사를 받은 개인은 그 정보를 이용해서 아이를 낳을 것인지 결정하는 데 사용할 수 있다. 그리고 헌팅턴 무도병의 소인(素因)에 대한 검사를 받은 사람들은 획득한 정보를 그 밖의 중요한 인생 설계에 이용할 수 있다. 따라서 다른 가족구성원의 프라이버시를 보호하기 위해, 한 구성원의 이익을 빼앗는 것을 정당화하기는 어려울 것이다.

한 가지 대안에는 제삼자(가령, 고용주나 보험업자)가 친척의 의학 파일이나 그 밖의 건강 데이터 기록을 통해 특정 개인에 대한 정보에 접근하지 못하도록 보호받을 권리가 포함된다.

간단히 말하면, 합리적으로 선호되는 전략은 자신의 선택과 행동으로 스스로의 이익을 보호할 수 없는 사람들을 대신해 프라이버시를 보호해 줄 수 있는 우월한 지위에 있는 사람들이 행동할 권리가 포함된 권리들의 체계이다. 대개 이 권리는 개인이나 비정부기구들이 보장할 수 없는 종류의 보호를 위해 정부에 맞설 수 있는 권리가 될 것이다.

개인의 유전정보 통제로 프라이버시가 충분히 보호될 수 없는 두 번째 예는 자유권 접근방식의 또 하나의 부적절함에 초점을 맞춘다.

이 사례들에서, 개인은 합리적으로 자신의 유전정보 공개를 금하는 지시된 종류의 규제를 선호할 것이다. 그 결과, 그들은 프라이버시에 대한 자신들의 권리를 자발적으로 포기할 수 없다. 즉, '윤리

시즈 전략'이다. 이 이름이 유래한 신화 속의 인물과 마찬가지로, 현재의 선택으로 미래에 선택할 자유를 포기하는 결과를 빚는 것은 합리적일 수 있다(Elster, 1979).

율리시즈 전략 채택의 근거는 건강보험 시장에서 찾아볼 수 있다. 개인에게 보험업자나 고용주에게 어떤 정보를 줄 것인지 결정할 자유를 부여하는 자유권 체계는 프라이버시 보호에 적합하지 않은 접근방식일 수 있다. 개인이 협상력에서 평등성을 결여할 경우, 협상 실패로 유전정보가 공개되어 보험에 가입하지 못하거나 직장을 얻지 못하게 되었을 때, 이러한 정보에 대한 개인적 통제의 자유를 배제하는 제도적 규제를 선호하는 편이 합리적이다.

정보를 통제하지 않으면서 프라이버시 보호가 가장 중요한 사례들은 그 수가 소수임에도 불구하고, 포괄적인 유전자 프라이버시 보호전략의 가장 중요한 요소 중 하나이다. 타인(흔히, 정부 규제)에 의해 자신의 프라이버시 이익을 보호받을 권리는 프라이버시에 대한 자유권의 한계를 반영한다. 최근 유전학에서 이루어진 발전은 개인의 정보 통제에 대한 의존이 불가능하거나 온당하지 않은 이유를 잘 보여 준다.

부정적 결과의 완화

권리와 관련된 한 가지 역설적 특징은 권리가 많은 체계보다 권리가 적은 체계를 선호하는 편이 더 합리적일 수 있다는 점이다. 이러한 역설(逆說)이 발생하는 까닭은 정보 통제권이 개인의 이익을 위협해도 도덕적 중요성을 가지기 때문이다. 따라서 그러한 이익을 위협하는 조건을 제거하면, 권리 체계의 중요성이 떨어진다. 권리의 역설은 유전학에서 프라이버시권(權)의 필요성에 대한 논변에서 중요한 함의를 가진다.

더 큰 프라이버시 보호를 추구하는 대부분의 동기는 특정한 사회적·경제적 조건에서 우리의 이익에 대한 위협의 본질에 대한 가정을 기반으로 예측된다. 예를 들어, 보험업자(그리고 보험에 가입한 고용주)는 건강보험시장의 개혁이 법으로 시행되면, 개인정보에 접근하려는 유인동기가 약해질 수 있다. 건강보험 비용과 가입자격 요건이 더는 개인의 의료상태나 피보험자 풀의 위험-기반 성격에 의존하지 않게 되면, 프라이버시를 둘러싼 우려의 중요한 한 원인이 사라질 것이다.

그러나 정보공개의 부정적 결과를 제거하여 프라이버시 우려를 완화하려는 모든 시도가 명백하게 분배정의(分配正義)에 근본적 문제를 제기한다는 사실을 지적할 필요가 있다. 다른 사람의 이익이나 사회적 목표와 경합하는 프라이버시의 상대적 비중에 대한 모든 논의는 암묵적으로 공정한 분배에 대한 관점을 어느 정도 포함한다. 상대적으로 덜 시급한 프라이버시 보호를 위해 마련된 정책 선택지들에 대한 고려는 프라이버시권에 대한 논의가 분배 정의라는 어려운 문제와 분리될 수 없음을 분명히 한다.

정책 함의와 결론

유전정보가 날로 늘어나는 상황에서, 프라이버시 보호 필요성에 대한 성찰은 몇 가지 부수적인 정책 질문을 낳는다. 유전정보와 연관해 비밀과 프라이버시 보호를 위한 특수한 정책 및 특별법을 마련해야 하는가? 아니면 의학정보를 관장하는 기존 법률로도 충분한가?

별도의 유전정보 정책이 부적절한 3가지 근거가 있다.

첫째, 유전자 검사가 일상적인 의학적 실행으로 통합되고 있다는 점에서, 그 정보는 모든 의학기록의 일부가 될 것이고, 따라서 현재 의학기록을 볼 수 있는 광범위한 청중들에게 공개될 것이다.

둘째, 모든 의학적 처치에서 발생한 혈액 샘플은 DNA 정보를 생성할 수 있으므로, 데이터뱅크를 정의하거나 그것을 다른 의학적 실행과 분리해서 규제하려는 모든 주장은 큰 어려움을 겪을 수밖에 없다.

셋째, 공공정책은 어떤 종류의 정보를 사적 비밀로 보호할 것인지에 대한 결정을, 가능한 정도까지, 개인에게 맡겨야 한다. 따라서 의학과 보건 관련 정보를 일괄적으로 보호할 수 있는 법률이 필요하며, 어떤 종류의 정보가 다른 사람들에게 가장 중요한지 가정해서는 안 된다.

가계 연구와 유전자 데이터뱅크에 대해 얼마간의 특수한 규칙이 필요할 수 있지만, 점차 유전정보가 일상적인 의학기록에 통합될 가능성이 높아지면서 현재의 의료 프라이버시 보호 전반의 적합성을 평가할 필요성이 제기된다.

포괄적 평가는 이 논의의 범위를 넘어서는 것이지만, 언급해야 할 3 가지의 중요한 문제 영역이 있다(Powers, 1991).

첫째, 규제의 문제이다.

현행 법률에는 여러 빈틈이 있다. 비밀을 유지할 법적 의무가 없는 개인과 기관이 너무 많다. 게다가 비밀을 엄수해야 할 법적 책임이 있는 개인이나 기관의 경우에도, 환자 관리와 직접 관련이 없는 온갖 이유로 수많은 개인과 기관에게, 너무 자주, 정보공개를 요청받을 수 있다.

둘째, 법적 구제의 문제이다.

프라이버시 침해에 대해 효과적인 민사 소송을 하기에는 방해물이 많다. 흔히 그 영향을 받는 사람들에 대한 지식 없이 침해가 발생한다. 법률소송에는, 재정적으로나 감정적인 측면에서, 많은 비용이 들어간다. 처음 문제의 발단이 누군가의 허락 없이 극히 사적이고 민감한 정보가 공개되어 손해가 발생한 것인 한, 법률소송은 비생산적이다. 더구나 성공적인 민사소송 수행을 위해서는 공개된 재판정에서 그 정보를 드러내야 한다. 형사소송은 그보다 훨씬 더 비효율적일 수 있다. 성공적인 형사소송을 위해서는, 민사의 경우보다 높은 입증 책임을 져야 하며, 일부 경우 피고는 힘 있는 개인이나 기관을 소추하기 싫어하는 검사를 만날 수도 있다.

원하지 않는 공개로 해로운 결과를 보상하기 위한 차별소송은, 비밀 침해에 대한 민사소송이 문제가 많은 것과 같은 이유에서, 비효율적일 수 있다. 차별소송에도 비슷한 입증의 문제가 있으며, 범죄 의도가 그 소송의 쟁점인 경우에는 특히 그러하다. 특히 밝혀지지 않은 차별로 인한 잠재적 이익이 소수의 성공적 법률소송의 위험보다 클 경우, 이러한 소송은 효율적 억제력을 제공하지 못할 수 있다.

세 번째는 재판 관할권 문제이다.

의학정보는 다양한 법률을 가지고 있는 여러 주에서 수집되고, 저장되며, 분석된다. 한 주에서 의학적 검사에 대해 동의를 얻어도 (그 주의 법률에 따라) 비슷한 법적 보호를, 그 정보가 최종적으로 도달하는, 다른 주에서 얻을 수 있다는 아무런 보장도 없다.

  프라이버시와 비밀보호에 대한 최신 정책들은 부적절한 공개를 막고, 법률이 공개를 막지 못할 경우 부정적 결과를 보상하기 위해 마련되었다. 지금까지 개괄한 프라이버시 이해관계는 미국 법률에서 전통적으로 인식된 것과는 사뭇 다른 공공정책이 필요함을 시사한다. 일부 사례에서는 정보 생성이나 흐름에 대한 개인의 통제가 늘어나야 한다는 요구가 있고, 다른 경우에는, 현재 인정되는 추세인, 알 권리에 대한 정책보다 더 엄격하게 정보 공유를 제한해야 한다는 요구가 있으며, 정보 유포로 인해 발생하는 예측가능한 부정적 결과를 제거해야 한다는 요구도 있다.

  유전자 지식의 발전으로 개인의 프라이버시에 대해 제기된 도전들은 의학과 그 밖의 보건 관련 정보 일반의 측면에서 공공정책을 재고할 좋은 기회를 제공한다.

■ 참고문헌

Allen, A. (1987), *Uneasy Access: Privacy for Women in a Free Society*, Totowa, N. J. : Rowman & Allenheld.
Andrews, L. (1991), "Confidentiality of Genetic Information in the Workplace", *American Journal of Law and Medicine*, 17: 75-108.
Applebaum, P. and Rosenbaum, A. (1989), "Tarasof and the Researcher: Does the Duty to Protect Apply in the Research Setting?", *American Psychologist*, 44: 885-894.
Benn, S. (1971), "Privacy, Freedom, and Respect for Persons", In J.

Pennock and J. Chapman eds., *Nomos XIII: Privacy*, New York: Atherton.

Black, D. (1992), "Personal Health Records", *Journal of Medical Ethics*, 18: 5-6.

De Gorgey, A. (1990), "The Advent of DNA Databanks: Implications for Informational Privacy", *American Journal of Law and Medicine*, 16: 381-398.

Elster, J. (1979), *Ulysses and the Sirens*, Cambridge: Cambridge University Press.

Faden, R., Gelier, G., and Powers, M. (1991), "HIV Infection, Pregnant Women, and Newborns: A Policy Proposal for Information and Testing", In R. Faden, G. Geller, and M. Powers eds., *AIDS, Women and the Next Generation*, New York: Oxford University Press.

Flaherty, D. H. (1989), *Protecting Privacy in Surveillance Societies*, Chapel Hill: University of North Carolina Press.

Fried, C. (1968), "Privacy: A Rational Context", *Yale Law Journal*, 77: 475-493.

Gavison, R. (1984), "Privacy and the Limits of Law", In F. Schoeman ed., *Philosophical Dimensions of Privacy*, Cambridge: Cambridge University Press.

International Committee of Medical Journal Editors(1991), "Statement from the International Committee of Medical Journal Editors", *Journal of the American Medical Association*, 265: 2697-2698.

Knox, E. J. (1992), "Confidential Medical Records and Epidemiological Research: Wrongheaded European Directive on the Way", *British Medical Journal*, 304: 727-728.

Parent, W. A. (1983), "Recent Work on the Concept of Privacy", *American Philosophical Quarterly*, 20: 343.

Powers, M. (1991), "Legal Protections of Confidential Medical Information and the Need for Anti-Discrimination Laws", In R. Faden, G. Geller, and M. Powers eds., *AIDS, Women*, and the Next Generation, 221-255, New York: Oxford University Press.

_____ (1993), "Publication-Related Risks to Privacy: The Ethical Implications of Pedigree Studies", In *IRB: A Review of Human Subjects Research.*

President's Commission for the Study of Ethical Problems in Medicine and Biomedical and Behavioral Research (1983), *Screening and Counseling for Genetic Conditions*, Washington, D. C.: The Commission.

_____ (1992), "Protecting Individuals; Preserving Data" editorial, *Lancet*, 339: 3.

Raz, J. (1986), *The Morality of Freedom*, Oxford: Oxford University Press.

Reiman, J. (1976), "Privacy, Intimacy, and Personhood", *Philosophy and Public Affairs*, 6: 26-44.

Riis, P. and Nylenna, M. (1991), "Patients Have a Right to Anonymity in Medical Publication", *Journal of the American Medical Association*, 265: 2720.

Robertson, J. (1992), "Legal Issues in Genetic Testing", In American Association for the Advancement of Science, *The Genome, Ethics, and the Law: Issues in Genetic Testing*, 79-110, AAAS Publication no. 92-115, Washington, D. C.: American Association for the Advancement of Science.

Schoeman, F. (1984), "Privacy: Philosophical Dimensions of the Literature", In E Schoeman ed., *Philosophical Dimensions of Privacy: An Anthology*, Cambridge: Cambridge University Press.

Shaw, M. (1987), "Testing for Huntington's Disease: A Right to Know, a Right Not to Know, or a Duty to Know?", *American Journal of Medical Genetics*, 26: 243-246.

Thomson, J. (1984), "The Right to Privacy", In *Philosophical Dimensions of Privacy*, Thbe, L., 1978, American Constitutional Law. Mineola, N.Y.: Foundation Press.

Warren, S. and L. Brandeis. (1990), "The Right to Privacy", *Harvard Law Review*, 4: 193-220.

Wertz, D. and Fletcher, J. (1991), "Privacy and Disclosure in Medical Genetics Examined in an Ethics of Care", *Bioethics*, 5: 212-232.

제27장

체세포 유전자 치료의 윤리 •

리로이 월터스 · 줄리 팔머*

과학적 쟁점들

ADA 결핍증에 대한 유전자 치료

1990년 9월 14일 공식적으로 인가된 최초의 인간 체세포 유전자 치료실험이 시작되었다. 이 실험에서 네 살배기 여아에게 기능하지 않는 유전자 대신 기능하는 대응물이 사전에 삽입된 자신의 세포를

- 옥스퍼드대학 출판부의 허락을 얻어 다음 글을 재수록하였다. Leroy Walters and Julie Palmer, *The Ethics of Human Gene Therapy* (1996).
- * [역주] Leroy Walters. 조지타운대학의 철학과 교수이자 케네디 윤리연구소 선임연구원으로, 주요 관심분야는 배아 줄기세포, 형질전환 등이다.
  Julie Palmer. 보스턴대학 공중보건학과 역학교수로, 연구분야는 암 역학, 심장혈관 질환 역학이다.

받을 예정이었다. 같은 해 12월부터, 그리고 1991년 7월에 실험의
첫 단계가 끝날 때까지, 신문의 머리기사들은 이 실험의 성공 소식
에 열광적인 박수갈채를 보냈다.[1]

　성공적인 유전자 치료실험의 대상은 ADA 결핍이라 불리는 희귀
한 유전병을 앓고 있던 아이들이었다. ADA 결핍은 골수 줄기세포
속에서 발현한 유전자의 기능부전으로 발생한다. 이 줄기세포는 여
러 종류의 혈액세포로 분화한다. 그중에는 감염증과 싸우는 T와 B
세포(백혈구 세포의 여러 변종)도 포함된다. 이들 세포 속에 있는
ADA 유전자의 기능부전이 정상일 때, '디옥시아데노신'이라 불리는
화합물을 대사하는 효소인 아데노신 탈아미노효소의 기능적인 버전
들을 생성하지 못한다. ADA가 없으면, 독성 수준의 디옥시아데노
신이 축적된다. 이러한 조성에서 가장 큰 피해를 입는 것은 T 세포이
다. 감염증과 싸우는 이 중요한 세포들이 황폐화되면, 환자는 건강
한 사람이라면 쉽게 이겨낼 수 있는 감염증에 희생되고 만다.

　결국 이 희귀한 질병에 걸린 환자들은 일치하는 골수 기증자를 찾
지 못하면 감염으로 대부분 목숨을 잃고 만다.[2] 그런데 불행히도,

---

1) Larry Thompson, "Human Gene Therapy Test Working", *Washington Post*, December 16, 1990, A6; Natalie Angier, "Doctors Have Success Treating a Blood Disease by Altering Genes", *New York Times*, July 28, 1991, p. 120.

2) 재조합 DNA 자문위원회 인간유전자 치료 소위원회(Human Gene Therapy Subcommittee on the Recombinant DNA Advisory Committee)에 제출된 실험 프로토콜. 제목은 다음과 같다. "Treatment of Severe Combined Immunodeficiency Disease(SCID) due to Adenosine Deaminase(ADA) Deficiency with Autologous Lymphocytes Transduced with a Human ADA Gene", pp. 2-3.

자신과 일치하는 기증자를 찾을 수 있는 환자는 전체 중 30%에 불과하다.[3] ADA 결핍증 환자는 대개 2살이 되기 전에 목숨을 잃는다.[4]

ADA 결핍증은 여러 가지 이유로 유전자 치료의 최초 후보로 적합했다. 첫째, 연구자들은 오래전부터 작은 수준의 ADA 생성만으로 ADA 결핍증 환자를 치료하기에 충분할 것이라고 확신했다. 따라서 그들은 이 요법을 시험하기 위해 높은 발현 수준을 얻을 필요가 없었다. 덧붙여서, ADA 유전자는 상대적으로 단순한 조절만을 필요로 한다. 그러므로 적절한 ADA 유전자를 발현하도록 하는 일이 다른 유전자에 비해 덜 복잡했다.

가장 중요한 것은 제대로 작동하는 ADA 유전자로 무장한 T 세포가 인체에 선택적 이익을 가질 수 있으며, 교정되지 않은 ADA 결핍 T 세포가 소멸되는 동안, 지속적으로 증식하는 것이다.[5] 실제로, 연구결과에 따르는, ADA 유전자가 가해진 사람의 T 세포가, 결함을 가진 ADA 유전자를 가진 세포가 빠른 속도로 죽는 동안, 실험실 쥐의 혈류 속에서 수개월 동안 살아남았다는 사실이 밝혀졌다. 쥐를 대상으로 한 실험은 삽입된 기능 ADA 유전자를 포함한 T 세포가 ADA 결핍증 환자의 몸속에서 번성할 가능성이 높다는 증거를 보여 주었다.[6]

---

3) *Ibid*, p. 3.
4) Eve K. Nichols, *Human Gene Therapy* (Cambridge : Harvard University Press, 1988), p. 217.
5) Response to Points to Consider for ADA Deficiency Protocol, 15.
6) Thomas D. Gelehrter and Francis S. Collins, *Principles of Medical Genetics* (Baltimore : Williams & Wilkins, 1990), 295; Natalie Angier, "New Genetic Treatment Given Vote of Confidence", *New York Times*,

부가적으로, 쥐와 원숭이를 이용한, 그 밖의 많은 포유류 실험은 T 세포가 시험관 내에서 성공적으로 성장하고, 유전적으로 변화할 수 있으며, 면역 세포로 적절하게 기능하게 될 동물의 체내로 재도입할 수 있다는 사실을 입증해 주었다. [7] 처음에 연구자들은 기능하는 ADA 유전자를, 그 유전자가 무기한으로 지속될 것으로 기대되는, 골수 줄기세포 속에 삽입할 것을 원했지만, 최근까지도 연구자들은 실험실에서 줄기세포를 분리시킬(*purify*) 수 없었다. 그럼에도 불구하고, 동물로부터 얻은 T 세포의 결과는 사람을 대상으로 한 유전자 치료실험을 보장하기에 충분할 정도로 훌륭했다. [8]

국립보건원의 앤더슨(W. French Anderson), 블래즈(R. Michael Blaese), 컬버(Kenneth W. Culver), 로젠버그(Steven Rosenberg) 박사가 이끄는 연구팀은 이러한 포괄적이고, 사전예비적인 동물실험결과와 합치하는 최초의 인간 유전자 치료실험을 설계했다.

사람을 대상으로 한 유전자 치료가 진행되는 동안, 의사들은 각

June 3, 1990, p. 125.

[7] Response to Points to Consider, 13(22).

[8] W. French Anderson, "Prospects for Human Gene Therapy", *Science* 226(1984) : 402; John E. Dick, "Retrovirus-Mediated Gene Transfer into Hematopbietic Stem Cells", *Annals of the New York Academy of Sciences* 507(1987) : 242-251. 사람에 대한 ADA 유전자 치료실험이 성공을 거둔 후, 미국 특허 및 상표국(U. S. Patent and Trademark Office) 은 스탠퍼드대학 분자생물학자 어빙 와이스먼과 생명공학 회사인 시스테믹스에서의 그의 동료들에게 줄기세포를 분리하는 과정과 분리된 줄기세포 자체에 대한 특허를 부여했다. 다음 문헌을 보라. Beverly Merz, "Researchers Find Stem Cell: Clinical Possibilities Touted", *American Medical News*, November 25, 1991, p. 2.

각의 ADA 결핍증 환자들로부터 혈액을 채취했다. 연구팀은 실험실에서 이 혈액 샘플로부터 T 세포를 분리, 시험관 내에서 T 세포를 성장시켰다. 그런 다음 그들은 제대로 기능하는 ADA 유전자를 형질도입이라는 과정을 이용하여 T 세포 안에 삽입했다. 이 과정에서 '레트로바이러스'라 불리는 유전공학으로 처리된 RNA 바이러스가 유전자를 T 세포 속으로 날라 주었다(레트로바이러스와 형질도입 모두 나중에 설명할 것이다). 마지막으로, 의사들은 환자들에게 자신들의 변화된 T 세포를 다시 주입했다. 실험 첫 단계인 수개월 동안 각 환자는 대략 6용량의 형질도입된 세포를 받았다. [9]

유전자 치료와 함께, 이 환자들은 그 자체가 일종의 ADA 효소인 '폴리에틸렌글리콜'(PEG-ADA) *라는 약을 복용했다. PEG-ADA는 과거에 어느 정도 효과가 입증되었지만, 환자들이 다시 충분한 면역 기능을 회복할 만큼 효과적이지는 않았다. PEG-ADA는 세포 외부의 디옥시아데노신 수준을 감소할 수는 있지만, T 세포에까지 들어가지는 못한다. 따라서 PEG-ADA 치료만으로는 환자의 T 세포가 불능상태로 남게 된다. 연구자들은 유전자 치료가 T 세포 자체를 교정하고, 세포 내 디옥시아데노신 수준을 낮출 수 있기를 희망했다. [10]

이러한 첫 번째 유전자 치료에 대한 최초의 과학적 보고는 1995년 10월 〈사이언스〉에 발표되었다. [11] 2명의 어린 환자는 PEG-ADA

---

9) Angier, "Doctors Have Success"(note 1); experimental protocol(note 2), p. 24(59).

*   〔역주〕 아데노신 디아미나아제 결핍의 효소보충요법으로 사용되는 의약품.

10) Response to Points to Consider(note 5), 12(21).

를 계속 주입받았지만, 용량은 절반 이하로 줄었다. [12] 실험실에서 이루어진 면역체계 기능 측정에서, 두 환자 모두 1990년 말과 1991년 초에 유전자 치료를 처음 시작한 이래 상태가 호전되었다. 실제로 2명 중 어린 환자의 T 세포는 정상 이하 수준(약 500개)에서 정상범위(1,200~1,800개)로 상승했고, 혈액 속의 효소 ADA 수준도 정상적인 ADA 유전자와 기능하지 않는 유전자를 하나씩 가진 이형접합자의 50% 수준으로 올라갔다.

연구자들은 더 어린 환자의 혈류에 들어 있는 T 세포의 약 절반이 ADA 유전자를 가지고 있을 것으로 추정했다. [13] 그에 비해 나이가 많은 환자는 ADA 수준이 훨씬 낮아, 혈류 속에 있는 T 세포의 0.1~1.0%에만 ADA 유전자가 들어 있었다. [14]

두 환자의 실험실 수치보다 더 중요한 것은 유전자 치료와 PEG-ADA가 일상생활에 미치는 효과이다. 연구자는 임상적 발전을 다음과 같이 요약했다.

유전자 치료가 이 환자들의 임상적 안녕에 미치는 효과는 양으로 측정하기가 훨씬 어렵다.

4세까지 집에 있으면서 상대적으로 고립되었던 환자 1(나이가 더 어린 환자)은 실험을 시작한 지 1년 후에 공립 유치원에 등록했고, 감염증

---

11) R. Michael Blaese et al., "T Lymphocyte Directed Gene Therapy for ADA SCID: Initial Trial Results after 4 Years", *Science* 270(1995): 475-480; October 20, 1995.

12) *Ibid*, p. 479.

13) *Ibid*, pp. 475-476.

14) *Ibid*, p. 477.

때문에 학교나 급우들 또는 형제를 그리워하지 않았다. 이 여자아이는 키와 몸무게가 정상으로 성장했고, 부모도 아이를 정상으로 간주했다.

환자 2는 PEG-ADA 치료만을 받을 때에는 정상적으로 초등학교에 다녔고, 임상적으로 좋은 상태를 유지했다. 수년 동안 반복적으로 나타났던 만성 정맥두염은 실험이 시작된 지 수개월 만에 깨끗이 사라졌다.[15]

미국의 ADA 연구 보고가 실린 〈사이언스〉지에 ADA 결핍증을 앓는 2명의 어린아이를 대상으로 유전자 치료를 실시한 이탈리아 연구자들의 보고도 함께 게재되었다. 이탈리아 연구팀을 이끈 사람은 밀라노에 있는 H. S. 라파엘 과학연구소의 보디그넌(Claudio Bordignon)이다. 이탈리아 환자들은 모두 2살 때부터 PEG-ADA 효소 치료를 시작했지만, PEG-ADA만으로는 전부 '실패'했다 — 즉, 그들의 면역체계는 그들을 감염으로부터 적절히 방어하지 못했다.[16] 이탈리아 팀의 연구에서, 두 환자 모두 유전자 변형된 T 세포와 유전자 변형된 골수세포를 받았으며, PEG-ADA 지원은 계속되었다. 환자 1(당시 5세)에 대한 유전자 치료가 시작된 지 3년 후, 그

15) *Ibid*, p. 478. 미국에서 이루어진 이 최초의 유전자 치료에 대한 좀더 상세한 설명은 다음 문헌을 보라. Larry Thompson, *Correcting the Code: Inventing the Genetic Cure for the Human Body* (New York: Simon & Schuster, 1994); Jeff Lyon and Peter Corner, *Altered Fates: Gene Therapy and the Retooling of Human Life* (New York: W W. Norton, 1995). 1995년에 체세포 유전자 치료연구 현황에 대한 훌륭한 조사 기사는 다음 기사를 보라. Ronald G. Crystal, "Transfer of Genes to Humans: Early Lessons and Obstacles to Success", *Science* 270(1995): 404-410; October 20, 1995.

16) Claudio Bordignon et al., "Gene Therapy in Peripheral Blood Lymphocytes and Bone Marrow for ADA-immunodeficient Patients", *Science* 270(1995): 470-475; October 20, 1995.

리고 환자 2(당시 4세)에게 유전자 치료를 시작한 지 21년 후에, 두 환자는 모두 임상적으로 잘 지내고 있었다.

이탈리아 연구자들은 유전자 변형된 T 세포가 아이의 혈류에 6～12개월 동안 남아 있다가 점차 죽어 없어졌지만, 유전자 변형 골수 전구세포가 만든 T 세포의 비율은 점차 증가했다고 보고했다.[17]

언론 매체들은, 신중한 낙관주의의 관점에서, 이들 두 팀의 유전자 치료연구를 반겼다. 예를 들어, 미국의 연구를 보도한 〈사이언스〉지의 머리기사는 다음과 같았다.

"유전자 치료 최초의 성공 주장. 그러나 아직도 의심은 남는다."[18]

이러한 의구심은 주로 당시까지 이루어졌던 두 차례 연구의 실패에서 기인했다. 첫째, 이해할 만한 이유로 연구자들은 PEG-ADA와 (과거) 유전자 치료의 조합으로 효과를 얻은 아이들에게 PEG-ADA 투여를 중단하기를 꺼린다. 둘째, T 세포의 제거, 선택, 그리고 확장이라는 실험 단계들은 환자들에게 이로운 영향을 줄 수 있고, 덧붙여서 유전자 변형 그 자체에 이로운 결과를 낳을 수 있다. 계속되는 연구들이 이렇게 남은 문제들을 해결하는 데 도움을 줄 것이다.[19]

---

17) *Ibid*, pp. 473-474.

18) Gina Kolata, *New York Times*, October 20, 1995, A22.

19) 유전자 치료에 대해 〈사이언스〉에 두 편의 기사가 발표된 지 몇 주일 후, 블래즈-앤더슨 프로토콜의 신생아 연구는 3명의 신생아 치료의 초기 결과를 보고했다. 저자들에 따르면, 3명의 ADA 결핍 신생아의 제대혈에 있는 CD34+ 세포의 유전자 변형이 최초 치료 후 삽입된 유전자가 18개월 동안 골수와 말초 혈액의 백혈구 속에 지속하는 결과를 가져왔다고 한다. 또한 세 환자 모두, 용량은 줄었지만, PEG-ADA를 받았다. 그 논문이 출간되었

최초의 미국 유전자 치료연구의 주요 특징들

초기 연구를 위해 선택된 질병

1970년대와 1980년대 초에 걸쳐, 어떤 질병이 초기 유전자 치료 시도를 위한 최선의 표적인지 결정하기 위해 많은 토론이 벌어졌다. 예를 들어, 1977년에 분자생물학자 볼티모어(David Baltimore)는 겸형 적혈구 빈혈증을 증례로 삼은 유전자 치료 시나리오의 스케치를 발표했다.[20]

그러나 1980년대에 환자에게 단일 효소 결핍으로 발생하는 질병이 후보로 부상했다. 그 부분적인 이유는 유전자 치료와 관련된 유전자들이, 겸형 적혈구 빈혈증과 같은 헤모글로빈 질병 치료처럼, 정확하게 조절될 필요가 없기 때문일 것이다. 다시 말해, 설령 유전자가 환자의 몸이 요구하는 것보다 필요한 효소를 더 많이 생산해도, 새로운 유전자들이 환자의 몸에 삽입될 수 있으며, 그로 인해 환자가 해를 입지 않을 것이라는 뜻이다. 잉여 효소는 다른 폐기 물질과 비슷한 방식으로 환자 체내에서 배출될 것이다.

을 당시에는 유전자 변형의 어떤 임상효과도 기대되거나 관찰되지 않았다. 다음 문헌을 참고하라. Donald B Kohn et al., "Engraftment of Gene Modified Umbilical Cord Blood Cells in Neonates with Adenosine Deaminase Deficiency", *Nature Medicine* 1, no. 10: 1017-1023; October 1995.

20) David Baltimore, "Case Analysis 5. Genetic Engineering: The Future-Potential Uses", in National Academy of Sciences, *Research with Recombinant DNA: An Academy Forum*, March 7-9, 1977 (Washington, D. C.: The Academy, 1977), pp. 237-240.

선택된 타깃 세포

첫 유전자 치료연구가 이루어지기 전, 새로운 유전자가 삽입될 타깃 세포를 둘러싸고 많은 토론이 벌어졌다. 피부세포나 섬유아세포 (*fibroblasts*)*가 유전자 치료의 가능한 타깃으로 거론되곤 했다. 1987년 7월, 평가를 위해 제출된 장문의 연구제안서에서, 앤더슨과 그의 동료들은 골수세포가 최상의 타깃일 것이라고 주장했다.[21] 그러나 골수 채취는 제공자에게 고통을 수반하는 상대적으로 침입적인 과정이다. 골수를 얻으려면 커다란 바늘을 좌골에 꽂아야 한다.

앤더슨, 블래즈, 로젠버그, 컬버가 최고의 실질적 치료 프로토콜을 설계하기 위해 모였을 때, 그들은 백혈구 세포, 특히 T 세포를 더 나은 타깃으로 정했다. 세포 채취 과정에서 환자들이 입는 외상이 덜하고, 쥐를 대상으로 한 실험결과, ADA 유전자를 가진 T 세포가 유전자가 없는 세포에 비해 오랫동안 살아남았다는 사실이, 최소한, 시사점을 주었다.

연구가 계속되면서, 블래즈-앤더슨 팀은 T 세포와 밀접하게 연관된 다른 세포에 벡터(유전자를 전달하는 수송체)를 겨냥하기로 결정했다. 실제로 줄기세포는 여러 종류의 혈액세포를 생성하는 '부모'인 셈이다. 연구자들은 ADA 유전자를 이들 줄기세포 중 몇 개에라도 도입할 수 있다면, 이 부모 세포의 자식들 모두 이전에 없었던

---

* 〔역주〕결합조직세포의 하나로서 양단에 세포질 돌기를 가진 평평한 긴 세포로 평평한 난형의 소포상 핵을 가지고 있다.

21) W. French Anderson et al., *Human Gene Therapy: Preclinical Data Document* submitted to Human Gene Therapy Subcommittee, Recombinant DNA Advisory Committee, April 24, 1987.

유전자를 갖게 될 것으로 추측했다.

어린아이를 대상으로 한 실험에서, 블래즈와 그의 동료들은 2명의 여아 환자 중 한 명에게는 줄기세포 치료를 시도했지만, 뚜렷한 성공을 거두지 못했다. 신생아에 대한 동반 연구는 탯줄에서 유래한 줄기세포만을 변형했다.

최초의 유전자 치료에서 제안된 모든 타깃 세포가 생식세포가 아닌 체세포였다는 점을 지적하는 것이 중요하다. 이들 세포에 도입된 새로운 유전자들이 타깃을 벗어나 수용자의 난자나 정자로 '확산' 될 가능성이 없었다. 따라서 새로운 유전자는 실험적 처치를 받은 환자의 후손에게 전달되지 않을 것이다.

채택된 벡터

ADA 유전자 치료실험에는 환자의 몸에서 적출되어 시험관에서 자라난 세포의 유전자를 부가하는 과정에 포함되었다. 유전자는 '레트로바이러스'라 불리는 자연적으로 발생한 RNA 바이러스의 능숙한 조작으로 시험관 내에서 세포로 전달되었다. '레트로바이러스'라는 이름이 붙은 까닭은 세포 속으로 들어가는 과정에서, 이 바이러스가 RNA에서 DNA로 유전체를 전사하기 위해, 일종의 '역방향' 전사(傳寫)인, 역전사 효소라 불리는 효소를 이용하기 때문이다. [22] 이 재주 많은 바이러스는 숙주의 게놈으로 통합되어 들어갈

22) Robert C. King and William D. Stansfield, *A Dictionary of Genetics*, 4th ed. (New York: Oxford University Press, 1990), 276; Thomas D. Gelehrter and Francis S. Collins, *Principles of Medical Genetics* (Baltimore: Williams & Wilkins, 1990), p. 88.

능력이 있어, 숙주세포가 착각을 일으켜 이 바이러스를 자신의 DNA 일부처럼 다루게 만든다.

레트로바이러스는 증식해서 숙주세포를 파괴하여 엄청난 해를 입힐 수 있다. 실제로, 사람에게 AIDS를 일으키는 바이러스인 '면역결핍 바이러스'는 치명적인 레트로바이러스의 한 예이다. 그러나 유전공학으로 레트로바이러스에서 해로운 염기서열을 제거하고, 숙주 게놈으로 통합되어 들어갈 수 있게 하는 염기서열만을 보존할 수 있다.

제거된 염기서열을 세포에 전달하려는 유전자로 대체하는 방식으로, 연구자는 효율적으로 세포 속으로 들어가 유전자를 숙주의 염색체에 전달하는 레트로바이러스의 능력을 이용할 수 있다. 그 자체가 숙주의 생체기구를 조작하는 이들 바이러스를 활용하는 데에는 일종의 인과응보 성격도 있다.

레트로바이러스는 RNA와 단백질로 이루어져 있다. 완전히 조립된 레트로바이러스 묶음〔이것을 모든 바이러스에서 비리온(virion)* 이라 부른다〕은 RNA, 구조적 단백질, 그리고 역전사 효소의 동일한 2개의 가닥을 가진다. 이들 핵심 구성 성분은 모두 당단백(미량의 탄수화물을 포함하고 있는 단백질)으로 이루어진 외피 또는 막으로 둘러싸여 있다.[23] 이 외피는 바이러스가 세포에 달라붙고, 그 속으로 들어갈 수 있게 해주는 역할을 한다.

레트로바이러스 게놈(즉, 레트로바이러스에 들어 있는 유전정보의

---

* 〔역주〕 바이러스의 최소 단위로 핵산 분자와 단백질 분자로 이루어진다.
[23] King and Stansfield, *Dictionary*, p. 133.

전체 집합)은 3개의 유전자와 조절염기서열로 이루어진다. 24) 3개의 구조 유전자는 gag, pol, env이다.

gag는 전사 이후 쪼개져 최초로 발현한 산물에서 유래한 여러 가지 구조 단백질을 암호화한다. pol은 레트로바이러스와 그 밖의 효소들을 암호화한다. env는 외피인 당단백을 코딩한다.

긴 말단반복(Long Terminal Repeat: LTR) *이라 불리는 조절염기서열에는 RNA 합성, 전사 과정, 그리고 바이러스를 숙주 게놈에 결합하는 과정을 조절하는 데 중요한 역할을 하는 염기서열이 들어 있다. 25) 그밖에도 이 게놈은 프사이(psi)라 불리는 핵산의 염기서열을 포함한다. RNA 가닥을 바이러스로 포장하려면, 반드시 이 염기서열이 그 가닥에 있어야 한다.

레트로바이러스는 일반적인 수명 주기 덕분에 유전자를 세포 속으로 전달하기에 좋은 매체이다. 비리온이 숙주세포의 세포막 수용기와 결합하고, 레트로바이러스가 세포 속으로 들어가면, 그 뒤에

---

24) 여기에서 기술한 게놈 구조는 일차적으로 C형 백혈병 바이러스에 적용된다. 렌티바이러스(예를 들어, HIV)와 같은 다른 레트로바이러스는 게놈 구조가 더 복잡하다.

 * 〔역주〕 특정 서열의 양 말단에 반복적으로 존재하는 서열로서 일반적으로 레트로바이러스에서 발견된다. 게놈의 삽입과 전사 조절에 필요한 염기서열을 포함한다.

25) H. von Melchner and K. Hoffken, "Retrovirus Mediated Gene Transfer into Hemopoietic Cells", Blut 57, no. 1: 1-5; July 1988; D. A. William, "Gene Transfer and Prospects for Somatic Gene Therapy", *Hematology/Oncology Clinics of North America* 2(2): 277-287; June 1988; Dick, *op. cit.* (note 8); and Maxine Singer and Paul Berg, *Genes and Genomes: A Changing Perspective* (Mill Valley, Calif.: University Science Books, 1991), pp. 310-311.

당단백 외피가 남는다. 일단 세포 안으로 삽입되면, 레트로바이러스는 역전사 효소를 사용하여 자신의 단일가닥 RNA에서 단일가닥 상보 DNA(cDNA)를 전사한다.

숙주세포의 효소들은 바이러스의 cDNA와 숙주 DNA를 구별하지 못하며, cDNA를 주형으로 삼아 양쪽 끝에 LTR을 가진 이중가닥 DNA 분자를 합성한다. 이 DNA 분자는 숙주의 게놈으로 삽입되어, 프로바이러스(*provirus*)*가 된다. 프로바이러스는 숙주가 분열할 때, 숙주 게놈의 나머지 부분과 함께 딸세포로 전달된다. 이 생명주기의 다른 단계에서 레트로바이러스는 재생산될 수 있으며, 숙주 게놈과 별도로 재포장되어 다시 독성을 발현할 수 있다.[26]

분자생물학자들은 재조합 DNA 기술을 이용해서 레트로바이러스 게놈의 프로바이러스 DNA 형태를 획득하고, gag, pol, 그리고 env를 유전자 치료에 사용하려는 비(非) 바이러스성 유전자로 대체한다. 그들은 삽입에 필요한 LTR 서열을 보존한다. 그러나 gag, pol, env가 없으면 레트로바이러스는 전사 이후에 비리온으로 스스로를 포장할 수 없다. 그러나 연구자들은 남아있는 프사이 서열을 이용하여 이 재조합 레트로바이러스를 다시 포장할 수 있다. 그들은 변화된 프로바이러스 DNA로부터 RNA 게놈을 전사하고, gag, pol, env의 유전자 산물의 독립적인 원천을 공급한다.[27]

벡터로 사용하기 위해 레트로바이러스를 불능화하고 포장한 다

---

* 〔역주〕 숙주세포 내에 있으면서 세포에 해를 주지 않는 세포.

[26] Singer and Berg, *op. cit.*

[27] Singer and Berg, *op. cit.*

음, 연구자들은 이 바이러스를 이용하여 시험관 내에서 세포에 형질을 도입, 즉 삽입된 유전자를 수용자 세포에 전달한다. 벡터는 이세포 속으로 삽입되지만 스스로를 복제하지는 못한다. 삽입된 프로바이러스는, 세포 분열을 통해, 딸세포로 전달되어 부가된 유전자를 가진 전체 세포의 군체가 생성된다.[28]

 ADA 유전자 치료실험에서, ADA 유전자를 T 세포나 줄기세포에 전달하는 데 이 과정이 사용되었다. 그런 다음, 이 세포들이 환자에게 주입되었다.

기본전략으로서의 유전자 보강(gene addition)

중증복합면역결핍증(Severe Combined Immune Deficiency : SCID) 환자를 치료하려고 시도하는 유전자 치료연구는 가능한 한 많은 수의 T 세포나 줄기세포에 ADA 유전자의 기능을 하는 복사본을 삽입한다. 현재의 기술수준으로는, 벡터와 새로운 유전자를 모든 세포의 게놈으로 인위적으로 삽입할 수 있는 정도이다. 따라서 줄기세포와 딸세포의 후손을 제외하면, 삽입 지점이 모두 다를 수 있다.

 연구자들은 향후 진정한 의미의 유전자 교체나 수리를 달성할 수 있을 것으로 기대하지만, 지금까지 달성된 것은 유전자 보강이 최선이다.

기업의 관여

초기 유전자 치료연구에 사용된 레트로바이러스 벡터는 제네틱사

---

28) Singer and Berg, *op. cit.*

(GTI)라는 회사에서 개발한 것이다. 그러나 이 연구의 임상연구는 모두 국립보건원(NIH) 임상센터나 캘리포니아에 있는 병원들에서 진행되었다. 연구가 처음 시작된 1990년에 4명의 연구자들인 앤더슨, 블래즈, 컬버, 로젠버그는 NIH의 전임 연구원들이었다. 그 후 블래즈와 로젠버그는 NIH에 잔류했지만, 앤더슨과 컬버는 각기 서던 캘리포니아대학 교수와 온코팜(OncorPharm)사의 연구직으로 자리를 옮겼다. 초기 연구에 연구비를 지원한 기관은 주로 NIH였다. 제네틱사는 벡터를 개발하고 검정하는 데 많은 투자를 했다.[29]

1990년 이후 유전자 치료의 발전

승인된 프로토콜에 따라 최초의 유전자 치료 환자를 처치한 지 5년 후, 국립보건원(NIH) 재조합 DNA 자문위원회가 승인하거나 미국 식품의약품국이 심사 중인 프로토콜은 100개에 달한다. 이들 100개 연구의 대상 질병은 다음과 같다(숫자는 연구 횟수를 뜻한다).

다양한 종류의 암: 63(63%)
HIV 감염/에이즈: 12(12%)
유전병: 22(22%)
기타 질병: 3(3%)
류마티스성 관절염: 1
말초 동맥질환: 1
동맥협착증: 1

---

29) 제네틱사의 제임스 배런에게 받은 개인 서신, May 24, 1996.

'유전병' 항목은 다음과 같은 하위 질병들로 다시 세분할 수 있다 (숫자는 연구 횟수이다).

낭포성 섬유증: 12
고셰병(유형 1): 3
아데노신 탈아미노효소(ADA) 결핍으로 인한 중증복합면역결핍증: 1
가족성 과콜레스트롤혈증: 1
알파 1 안티트립신 결핍증: 1
판코니 빈혈: 1
헌터 증후군(경증): 1
만성육아종: 1
퓨린 뉴클레오시드 포스포릴라아제(PNP)의 결핍: 1

이후 유전자 치료에 대한 개괄적 설명

타깃 세포

앞에서 언급했듯이, 앤더슨과 그의 동료들은 처음에는 'T 세포'라 불리는 종류의 백혈구 세포에 아데노신 탈아미노효소에 관여하는 유전자 보강을 시도했다. 나중에 그들은 여성 환자 1명의 순환계와 3명의 신생아 환자의 탯줄에서 유래한 줄기세포에 유전자를 삽입했다. 다른 연구자들은 매우 다양한 체세포, 즉 생식세포가 아닌 세포들을 목표로 연구했다. 낭포성 섬유증과 연관된 많은 프로토콜은 폐 표피의 세포를 변형하려 시도했다. 다른 프로토콜은 간세포, 종양에 침투하는 백혈구 세포, 혈액세포, 그리고 암세포 등을 타깃으로 삼았다.

처음 100개의 유전자 치료연구 중 대략 3분의 2가 수용 환자의 체
외에서 세포를 다루었고, 그런 다음 여러 가지 수단을 통해 유전자
변형된 세포를 환자의 몸속에 삽입했다. 이 경우, 세포가 체외에서
(*ex vivo*) 처치되었다고 한다.

나머지 3분의 1의 프로토콜에서, 벡터와 유전자는 환자의 몸 밖
에서 결합되었지만, 환자의 몸 안에서 환자의 세포와 통합되었다.
예를 들어, 낭포성 섬유증 연구에서, 벡터 유전자 조합은 때로 에어
로졸 스프레이를 통해 폐 속으로 삽입되었다.

벡 터

예상할 수 있듯이, 경우에 따라 서로 다른 표적 세포에는 다른 벡터
가 필요하다. 초기 낭포성 섬유증 프로토콜에서 전통적인 레트로바
이러스 벡터에 첫 번째 변화가 일어났다. 이 연구자들은 처음에 인
플루엔자와 비슷한 호흡기 감염을 일으키는 바이러스인 아데노바이
러스(*adenovirus*)를 선택했다. 그런 다음, 수용자에게 질병을 일으
키거나 수용자 주변의 다른 사람들에게 감염증을 확산할 가능성을
줄이기 위해 이 바이러스를 순화시켰다. 다른 연구는 '아데노부속
바이러스', 즉 AAV(*adeno-associated virus*)를 사용했다.

일부 연구자들은 한사코 바이러스성 벡터를 사용하지 않고, 새로
운 유전자를 표적 세포에 삽입하기 위해 다른 방법을 사용했다. 가
장 많이 사용된 방법 중 하나는 새로운 DNA를 '리포솜'이라 불리는
지방질 구체로 감싸, 이 구체를 표적 세포 가까운 곳으로 주입하는
것이다.

연구자들은 현재까지 모든 상황에 적용되는 이상적인 벡터는 없

다는 데 대체로 동의한다. 사용가능한 벡터는 저마다 장단점을 가진다. 많은 실험실에서 새로운 벡터를 설계하고 있다. 그중 한 연구자인 콜린스(Francis Collins)는 미래에 사람의 인공 염색체를 만들 것을 제안하기까지 했다.[30] 만약 그 제안이 실현된다면, 이 합성 염색체는 이미 환자의 세포 속에 있는 46개의 염색체에 더해 자리를 잡게 될 것이고, 원래 46개에 들어 있는 모든 통제 메커니즘을 포함할 것이다.

유전자 보강

유전자 치료 프로토콜 2-100에서, 유전자 보강이 유일한 접근방식으로 계속되고 있다. 유전자 교체나 유전자 수리 방법은 사람을 대상으로 한 연구로 제안될 만큼 진전되지 않았다.

기업 참여

1990~1995년 사이에 사기업들이 두 가지 양식으로 점차 유전자 치료 분야에 관여하기 시작했다. 최초의 ADA 연구에서처럼, 상업기업들은 계속 벡터를 개발해 연구자들에게 제공했다. 처음 100개 연구 중, 약 3분의 2가 기업으로부터 벡터를 받았고, 나머지 3분의 1은 학문기관에서 확보했다. 또한 여러 기업이 인간 유전자 치료 시도, 특히 많은 수의 특허를 포함한 연구에 대한 후원자가 되었다. 이러한 기업 중에는 제네틱사, 젠자임(Genzyme), 바이아진(Viagene),

---

30) 인간 유전자 치료 투자에 대해 NIH 위원회에서 한 구두 보고, May 15, 1995.

그리고 바이칼(Vical) 등이 있다.

유전자 치료에 대한 기업 참여의 다른 양식은 간략하게만 언급하겠다. 1995년 3월, 국립보건원(NIH)은 체외 유전자 치료, 즉 환자의 몸 밖에서 인간세포를 변형하는 유전자 치료에 대한 포괄적 특허를 받았다. 31) 사전에 NIH는 이 특허가 승인되었을 때, 유전자 치료에 대하여 배타적으로 제네틱사에 실시권을 허가한다는 데 동의했다. 상용제품 개발을 위해 체외 유전자 변형법을 사용하려는 다른 기업이나 연구자는 제네틱사에서 재실시권*을 허락받아야 한다. 이 특허가 유전자 치료의 미래에 어떤 영향을 줄 것인지는 지켜볼 일이다.

후속연구에 대한 상세 정보

가족성 고(高)콜레스테롤 혈증(血症): 생체 내
가족성 고 콜레스테롤 혈증(Familial Hypercholesterolemia: FH)은 환자에게 콜레스테롤 수준이 매우 높게 나타나는 유전질환이다. 가장 심한 형태의 FH 환자는 콜레스테롤 농도가 건강한 사람의 4~5배까지 나타날 수 있다. 대부분의 FH 환자는 심장 발작으로 성인이

---

31) Michael Waldholz, "Genetic Therapy Wins Patent for Use of Gene Treatment", *Wall Street Journal*, March 22, 1995, B6; Teresa Riordan, "A Biotech Company Is Granted Broad Patent and Stock Jumps", *New York Times*, March 22, 1995, D1.

* 〔역주〕실시권자가 라이센서로부터 허락받은 실시 및 사용의 권리를 제삼자에게 허락하는 것을 재실시권이라고 한다. 이는 원칙적으로 원래 실시권자의 동의가 있어야 가능하다

되기 전에 사망한다. 32)

FH 환자의 비정상적으로 높은 콜레스테롤 수준은 혈류에서 저밀도지질단백질(LDL) 콜레스테롤을 붙잡아 제거하는 세포 수용체(*cellular receptor*)의 생산을 지시하는 데 관여하는 유전자가 제대로 기능하지 못하는 결과이다. 대개 간세포 표면에 있는 LDL 수용체의 도움을 받지 못하면, FH 환자는 혈류에서 LDL 콜레스테롤을 청소하지 못한다.

펜실베이니아대학 분자의학과 유전학 과장인 윌슨(James M. Wilson)은 처음에는 ADA 결핍증과 레쉬니한 증후군(Lesch-Nyhan syndrome)* 환자를 대상으로 연구를 시작했지만, 그 후 유명한 FH 환자인 스토미 존스(Stormy Jones)의 사례를 읽은 후 유전자 치료에 관심을 갖게 되었다. 이 환자는 간-심장 복합이식으로 치료를 받기 전에는 거의 사망에 이른 상태였다. 윌슨은 LDL 수용체 유전자를 FH 환자의 간세포에 삽입하는 방법을 고안한다면, 치료 (즉, 모든 FH 환자가 손에 넣을 수 없는 일치하는 간) 받을 수 있는 FH 환자가 늘어나고, 치료에 따르는 침습성을 줄일 수 있다는 (간 이식에는 면역억제가 필요하지만 유전자 치료는 그렇지 않다) 것을 깨달았다. 33)

윌슨의 유전자 치료실험은 와타나베 토끼(Watanabe Rabbit)**

32) Carol Ezzell, "Gene Therapy for Rare Cholesterol Disorder", *Science News* 140, no. 15: 230; October 12, 1991.

  * 〔역주〕 1964년 레쉬와 니한에 의해 처음으로 보고된 질환으로, HPRT 효소결핍으로 신경계, 신장, 그리고 류마티스성 이상 증상을 발현하는 특성의 선천적 퓨린 대사 장애 질환이다.

33) Names M. Wilson와의 면담, October 29, 1991.

를 대상으로 처음 성공적으로 검증되었다. 이 동물은 사람의 FH와 같은 질병을 앓고 있었다. 인체실험은 1992년 6월에 시작되었다. 여기에는 여러 단계가 포함되었다. 환자들은 수술을 받기 전에 마취되었다. 환자들의 간을 15~50%가량 제거하고 간문맥에 카테터를 설치해 혈액을 공급했다. 실험실에서 간세포를 분리, 시험관에서 배양했다. 48시간이 지난 후, 이 세포를 정상적으로 기능하는 LDL 수용체 유전자가 들어 있는 레트로바이러스 벡터에 노출했다. 노출은 12~18시간가량 지속되었다. 그런 다음 세포를 세척, 앞서 삽입했던 카테터를 통해 환자의 간에 다시 주입했다. 그리고 마지막으로 그것을 제거했다.[34]

FH 유전자 치료 프로토콜에 포함된 첫 번째 환자인 28세의 여성에게 치료를 한 지 18개월이 지난 다음, 윌슨과 그의 동료들은 환자의 LDL 수준이 현저하게 낮아졌으며, 연구가 "사람의 간을 대상으로 한 생체 외 유전자 치료의 실행가능성, 안전성, 그리고 잠재적 효능"을 입증했다고 보고하였다.

그러나 그들의 논문이 발간될 때까지, 환자의 향상된 LDL 수준이 향상된 임상 결과로 귀결할 수 있을지는 여전히 불투명했다. 연구자들은 최소한 환자의 관상동맥질환이 유전자 치료가 이루어진

** [역주] 태어날 때부터 고콜레스테롤 혈증을 갖고 있는 토끼.

34) 다음 사람들과의 면담. James M. Wilson, October 29, 1991; Mariann Grossman et al., "Successful ex vivo Gene Therapy Directed to Liver in a Patient with Familial Hypercholesterolemia", *Nature Genetics* 6, no. 4: 335-341; April 1994. 다음 문헌에 실린 평을 참조하라. *Nature Genetics* 7, no. 3: 349-350; July 1994.

이후 18개월 동안 진행되지 않았다는 사실에 만족했다. 또한 그들은 이 FH 유전자 치료가, 유전자 변형 세포의 반복된 관리가 필요한 ADA 유전자 치료 시도에 비해, 유전자 치료를 통해 '치료 최종 목표'를 안정적으로 수정한 첫 번째 사례에 해당한다고 선언했다. [35)]

앤더슨의 ADA 결핍 유전자 치료 사례와 마찬가지로, 윌슨의 FH 실험에도 생체 내 유전자 도입이 포함되며, 기능 유전자를 삽입하기 전에 환자의 몸에서 세포를 제거해야 한다. 윌슨은 유전자를 병에 넣어 배포해, 일반 의사들이 몸속으로 투입할 수 있게 될 때까지 유전자 치료가 실질적인 의학적 유용성을 얻기는 힘들다고 믿었다. 이러한 관점에서 윌슨은 대부분의 시간을 그가 '주입가능한 유전자'라고 부른 것을 개발하는 데 대부분의 시간을 할애했다. [36)]

FH와 간에서 발현하는 유전자에 대해 연구를 계속하고 있는 윌슨과 그의 동료인 코네티컷대학의 조지 Y. 우(George Y Wu)는 인공 DNA 바이러스를 개발했다. 그들이 만든 바이러스는, 간세포가 인식할 수 있는 단백질로 포장한, 기능하는 LDL 수용체 유전자를 포함하고 있다. 이 복합체를 와타나베 토끼의 귀 정맥에 주입한 후 몇 분이 지나면, 간세포가 혈류에서 단백질을 퍼 올려 DNA를 골라내게 된다. 와타나베 토끼의 콜레스테롤 수준은 떨어졌지만 일시적이었다. 그 이유는 주입된 유전자의 기능이 곧 저하되었기 때문이다.

윌슨과 그의 동료들은 간세포의 성장을 자극하여 유전자 주입 이

---

35) Grossman et al., *op. cit.*
36) 제임스 S. 윌슨과의 인터뷰, October 29, 1991.

후에 LDL 수용체 유전자의 활동을 연장하거나 영구화하는 전략을 추구했다. 세포 분화가 일어나는 동안 세포가 유전자를 받아들이도록 하면, 유전자가 숙주 게놈에 더 잘 삽입되고 안정적으로 발현하는 것으로 나타났다. [37]

여러 가지 제약 때문에, 윌슨의 주입가능한 유전자는 아직 인체 실험 단계에 도달하지는 못했다. 거기에는 주입된 유전자가 간세포가 아닌 다른 세포에 무작위로 결합해 부적절한 세포에 LDL이 발현될 위험도 포함된다. 그럼에도 불구하고, 좀더 완전해지면 체내 유전자 치료는 생체 내에서 세포로 유전자를 주입하는 방법을 이용하는 유전자 치료 전반에 많은 이익을 줄 것이다. 그렇게 되면 침입적 절차 없이 적절한 세포에 유전자를 배송할 수 있고, 제거되는 것보다 훨씬 많은 수의 세포에 도달하게 되어 질병의 증상을 좀더 완전히 교정할 수 있는 희망을 품게 한다. [38]

유전성 폐기종

유전성 폐기종(*hereditary emphysema*)은 '알파 1 안티트립신'이라는 효소를 암호화하는 유전자에 돌연변이가 일어나서 발생하는 폐 질환이다. 일반적으로 AAT는 폐 조직을 파괴할 수 있는 강력한 효소

37) 제임스 S. 윌슨과의 인터뷰, October 29, 1991. 윌슨 연구팀의 다음 보고서도 참조하라. Karen F Kozarsky et al., "In Vivo Correction of Low Density Lipoprotein Receptor Deficiency in the Watanabe Heritable Hyperlipidemic Rabbit with Recombinant Adenoviruses", *Journal of Biological Chemistry* 269, no. 18: 13695-13702; May 6, 1994.

38) *Ibid.*

인 호중구(好中球) 엘라스타제에 의한 손상으로부터 폐를 보호한다. 제대로 기능하는 AAT가 없으면, 사람의 폐는 쉽게 호중구 엘라스타제의 손쉬운 먹이가 된다. 진행성 호흡 장애와 수명 감소를 야기하는 이 질병에 대해 현재 사용되는 치료법은 효능이 있지만 그 비용이 매우 비싸다.

뉴욕 병원-코넬 의료센터의 크리스탈(Ronald G. Crystal)과 그의 동료들은 AAT 결핍증 치료에 이용할 수 있는 두 가지 유전자를 번갈아 실험했다. [39] 크리스탈은 초기 AAT 실험에서 AAT 유전자를 T세포에 삽입한 다음, T 세포를 쥐에게 주입했다. 그 후 면역체계를 활성화하도록 설계된 물질을 주입해서 T 세포를 증식했다. 크리스탈 연구팀은 환자에게도 변형된 T 세포를 똑같이 증식하고, 항체 분무주입법을 이용해 AAT 발현 T 세포를 AAT가 필요한 환자의 폐에 접근할 수 있을 것이라는 이론을 수립했다. [40]

좀더 최근 연구에서 크리스탈 연구팀은 AAT 유전자를 포함한 바이러스 벡터를 분무화하여 직접 쥐의 폐에 분무하는 실험을 했다.

39) Melissa A. Rosenfeld el al., "Adenovirus-Mediated Transfer of a Recombinant Alpha 1-Antitrypsin Gene to the Lung Epithelium in Vivo", *Science* 252(1991): 431-434; April 19, 1991; Richard C. Hubbard, "Anti Neutrophil Elastase Defenses of the Lower Respiratory Tract in Alpha 1 Antitrypsin Deficiency Directly Augmented with an Aerosol of Alpha I Antitrypsin", *Annals of Internal Medicine* 111, no. 3: 206-212; August 1, 1989; Ronald G. Crystal et al., "The Alpha 1-Antitrypsin Gene and Its Mutations: Clinical Consequences and Strategies for Therapy", *Chest* 95, no. 1(1989): 196-208; January 1989.
40) Hubbard et al., *op. cit.*; Crystal et al., "The Alpha 1-Antitrypsin Gene."

이 과정에서 그들은 기관지 안벽의 상피세포에 유전자를 주입했다.
6주가 지난 후에도 AAT 유전자는 여전히 쥐에게 남아 있었다. 이것
은 이 요법이 사람에게도 적용될 수 있다는 유망한 증거이다.

크리스탈 연구팀은 재조합 아데노바이러스를 사용했다. 아데노
바이러스는 여러 가지 점에서 유리하다. 이로운 측면으로, 이 바이
러스가 통상적으로 사람의 호흡기관 세포에 감염되고, 사람의 백신
바이러스로 안전성이 입증된 기록을 가지고 있다는 사실도 포함된
다.41)

낭포성 섬유증

유전자 치료는 또 하나의 흔한 유전성 폐 질환인 낭포성 섬유증에도
적용가능성을 보여 준다. 낭포성 섬유증은 가장 흔한 유전병 중 하
나이다.42) 낭포성 섬유증에 관여하는 유전자인 낭포성 섬유증 막
횡단 전도조절 유전자(CFTR)는 일반적으로 세포막을 가로질러 이
온(전하)을 전달하는 데 도움을 주는 단백질을 암호화한다. 이 유전

---

41) Rosenfeld et al., *op. cit.* ; Carol Ezzell, "Genetic Therapy : Just a Nasal
Spray Amy?" *Science News* 139, no. 16 : 246 ; April 20, 1991 ; Ronald
Kotulak, "Technique May light Emphysema", *Chicago Tribune*, April 19,
1991, sec. 1, p. 4 ; Andrew Skolnick, "Gene Replacement Therapy for
Hereditary Emphysema?" *JAMA* 262, no. 18(1989) ; November 10, 1989 ;
and Barbara J. Culliton, "Endothelial Cells to the Rescue", *Science* 246
(1989) : 750 ; November 10, 1989.

42) King and Stansfield, *op. cit.*, p. 82 ; Theodore Friedmann, *Gene Thera-
py : Fact and Fiction in Biology's New Approaches to Disease*(Cold Spring
Harbor, N.Y. : Banbury Center/Cold Spring Harbor Laboratory, 1993),
126 ; Ezzell, "Genetic Therapy."

자에 결함이 생기면 점액분비 세포가 충분한 양의 물을 얻지 못하게 된다. 그 결과, 이 세포가 진하고 끈적끈적한 점액을 분비해 폐와 그 밖의 기관들이 폐색되고, 박테리아가 번식해 생명을 위협하는 감염증에 이를 수 있다. 43)

분무화한 유전자를 직접 낭포성 섬유증 환자의 폐에 전달하는 방법은 비침습적이고 효율적인 요법임이 입증될 수도 있다. 44) 크리스탈을 포함한 여러 연구팀이, 낭포성 섬유증에 관여하는 결함 있는 유전자의 정상적인 복제를 전달하기 위해, 자연적으로 폐의 안벽 조직을 감염시키는 아데노바이러스를 사용한 실험으로 연구를 계속하고 있다.

다른 연구팀들은 이미 낭포성 섬유증 환자에게서 추출한 세포의 유전적 결함을 시험관에서 교정하는 데 성공했다. 45) 게다가, 연구자들은 아데노바이러스 벡터를 이용해 정상 CFTR 유전자를 낭포성 섬유증 환자의 코 상피조직에 전달하여, 아데노바이러스를 복제하거나 심각한 감염 반응을 일으키지 않고 결함이 있는 이온 통로를 바로잡았다. 46)

---

43) Ezzell, "Genetic Therapy"; Beverly Merz, "Gene Therapy Enters 'Second Generation'", *American Medical News*, December 22-29, 1989, pp. 3, 11.

44) P. L. Feigner and G. Rhodes, "Gene Therapeutics", *Nature* 349 (1991): 351-352; January 24, 1991.

45) Ezzell, "Genetic Therapy".

46) Joseph Zabner et al., "Adenovirus-Mediated Gene Transfer Transiently Corrects the Chloride Transport Defect in Nasal Epithelia of Patients with Cystic Fibrosis", *Cell* 75, no. 2: 207-216; October 22, 1993.

연구자들은 낭포성 섬유증 환자들을 유전자 치료하는 데 AAV를 벡터로 사용할 수 있을 것이다. AAV는 자연적으로 호흡기관과 위장관의 상피 세포를 감염시킨다. AAV는 용액 속에서 농도를 짙게 만들 수 있지만, 정상 형태로는 병원성이 아니다. 이 바이러스는 대개 구체적이고, 선호하는 염색체 위치에 삽입되어, 삽입 돌연변이 (insertional mutagenesis) 발생의 위험을 줄인다. 연구자들은 동물실험을 수행했고, CFTR 유전자 전달 방법으로 AAV 벡터의 유용성을 평가하기 위해 인체실험을 위한 프로토콜을 제출했다.

낭포성 섬유증 유전자 치료를 위해 현재 검토 중인 그 밖의 전달 체계에는 레트로바이러스 벡터, 리포솜, 그리고 수용체 매개 엔도시토시스(DNA를 특정 세포 수용체와 결합한 분자에 접착하여, 그곳에서 숙주세포가 받아들여 자기 것으로 만들게 하는 과정이 포함된 방법) 등이 포함된다. [47)]

1995년 말엽에 12개의 인간 유전자 치료 프로토콜이 승인을 얻기 위해 규제 당국에 제출되었고, 10개의 인체실험이 현재 진행 중이거나 완료되었다. 현재 진행 중인 모든 연구를 기반으로, 한 평자는 낭포성 섬유증에 대한 효율적인 유전자 치료가 1999년에는 가능할 것이라고 예측했다. [48)]

관상동맥질환

원인이 유전적이든 아니든, 관상동맥질환 환자들은 동맥 폐색물질

---

47) *Ibid.*
48) *Ibid.*

을 용해하는 단백질 암호화 유전자를 보강하여 도움을 받을 수 있을 것이다. 몇몇 연구팀이 동맥 내벽세포에 이러한 유전자를 보강하는 방법을 개발했다.

듀크대학 의료센터의 스웨인(Judith L. Swain)과 동료 연구자들은, 유전자가 들어 있는 용액을 전달하기 위해 카테터를 이용하는 방법으로, 여러 마리의 개의 넓적다리 동맥에 직접 유전자를 삽입하는 데 성공했다. 실험을 위해, 그들은 발광 효소 유전자를 이용했다. 이 유전자는 일반적으로 개똥벌레가 빛을 내는 데 관여하는 효소를 암호화한다. 며칠 후, 외과적으로 제거된 조직에서 발광 효소의 빛이 관찰되었고, 연구자들은 보강된 유전자가 동맥 세포에 들어갔을 뿐 아니라 작동하여 발현했다는 사실을 쉽게 확인할 수 있었다. [49)]

미시간 의대 소속의 나벨(Elizabeth Nabel), 플라우츠(Gregory Plautz), 게리 나벨(Gary Nabel)도 돼지의 동맥에서 다른 유전자를 이용해 비슷한 결과를 얻었다. 그들은 생체 내 기법과 생체 외 기법을 모두 사용해서 성공했다. 1989년에 나벨 팀은 내피 세포를 시험관에서 유전적으로 변화시킬 수 있고, 그런 다음 유카탄 미니돼지(Yucatan minipig)*의 동맥벽에 안정적으로 이식하여 재조합 유전자를 발현하게 된다는 사실을 입증했다. [50)]

49) Kathy A. Fackelmann, "Glowing Evidence of Gene Altered Arteries", *Science News* 139, no. 25(1991): 391; June 22, 1991.
  * 〔역주〕 멕시코와 북미에서 육종된 것으로 인체와 비슷해서 실험용으로 널리 사육된다.
50) Elizabeth G. Nabel et al., "Recombinant Gene Expression in Vivo

1990년 9월, 나벨 팀은 염색가능한 단백질을 암호화하는 표지 유전자를 가진 바이러스성 벡터를 돼지의 동맥에 직접 전달하기 위해 '2-풍선 카테터'*를 이용한 실험결과를 보고했다. 2개의 풍선이 양쪽에서 동맥을 막은 작은 공간에 벡터를 분출하여, 보호된 공간에 벡터를 담아두었고, 그곳에서 벡터는 동맥 내피 세포에 형질을 도입했다. 21주 후, 돼지의 동맥 세포는 염색가능한 유전자 산물을 생산했다.[51]

나벨 팀은 리포솜 핵산전달감염**을 이용해 비슷한 결과를 얻었다. 이 실험은, 형질도입이든 핵산전달감염이든 간에, 이 방법으로 재조합 DNA를 생체 내의 특정 위치에 전달할 수 있다는 것을 입증한 것이다.[52]

세포에 형질을 도입하거나 핵산전달감염을 적용하는 방법으로,

---

within Endothelial Cells of the Arterial Wall", *Science* 244 (1989) : 1342-1344; June 16, 1989. 다음 문헌도 보라 Culliton, *op. cit.* (note 41), p. 246.

* 〔역주〕 2개의 풍선이 달린 도관으로, 동맥 삽입 후 풍선을 부풀리거나 공기를 빼낼 수 있다.

51) Jerry E. Bishop, "Michigan Researchers Are Developing Method to Place Genes in Body Tissues", *Wall Street Journal*, September 14, 1990, B4; Elizabeth G. Nabel et al., "Site-Specific Gene Expression in Vivo by Direct Gene Transfer into the Arterial Wall", *Science* 249 (1990) : 1285-1288; September 14, 1990.

** 〔역주〕 진핵형질전환, 핵내주입 등으로 불리며, 관심의 대상이 되는 유전자를 세포에 삽입, 배양한 진핵세포의 유전자에 변형을 일으키는 방법이다. 일반적으로 세포에 일시적으로 구멍을 내서 외래 유전자가 들어갈 수 있게 한다. 리포솜 핵산전달감염은 세포막과 쉽게 결합하는 수송체인 리포솜을 이용해서 세포로 유전물질을 주입하는 방법이다.

52) Nabel el al., "Site-Specific Gene Expression", 1287.

연구자들은 언젠가 환자에게 표지 유전자뿐 아니라 색전 예방 단백질을 생성하는 유용한 유전자를 전달할 수 있게 되기를 희망하고 있다. 같은 기법이 동맥질환 외의 다른 질병 치료에도 사용될 수 있다. 가령, 기능 유전자를 동맥 내피 세포에 적용해 혈우병 환자의 혈액에 응고인자를 전달하거나 당뇨병 환자에게 인슐린을 분비하게 만드는 실현가능한 미래의 메커니즘이 될 수도 있다. 53)

암

암이란 '통제 불가능한 세포 성장이 특징인 질병들'을 총칭하는 이름이다. 54) 오늘날 미국에서 암은 여성 사망의 주요 원인이며, 이러한 추세가 지속되면 2000년에 미국 전체 인구의 주요 사망원인이 될 것이다. 55) 과학자들은 암의 여러 가지 환경적·유전적 요인을 밝혀냈다. 그중에는 담배(1차 원인)도 포함된다. 발암 요인의 상당 부분은 생활양식의 선택과 관련되기 때문에, 예방 연구는 암과의 전쟁에 중요하게 기여한다. 56) 암 처치에 대한 보완 연구는 다양한 종류의 이론을 발전시켰고, 그중에는 유전자 치료법도 포함된다. 이러한 모든 움직임에는 암세포의 파괴나 진행 억제를 위해 암세포를 표적으로 특정하려는 시도가 포함된다. 암 처치를 위한 유전자 치료

---

53) Culliton, *op. cit.* (note 41), p. 749. 다음 문헌도 보라. Leon Jaroff, "Giant Step for Gene Therapy", *Time*, September 24, 1990, 74-76, chart on p. 76.

54) King and Stansfield, *op. cit.* (note 22), p. 46.

55) Brian E. Henderson et al., "Toward the Primary Prevention of Cancer", *Science* 254 (1991) : 1131-1138; November 22, 1991.

56) *Ibid.*

에서 현재 50개 이상의 임상실험이 진행 중이다.

최초의 암 유전자 치료 제안이 실제 사람을 대상으로 한 첫 번째 유전자 치료의 하나로 (ADA 실험 직후에) 시도되었다. 국립암연구소 외과 과장이었던 로젠버그(Steven A. Rosenberg) 박사가 주도한 이 실험에는 종양을 파괴하는 물질을 전달하기 위해 암 환자 자신의 세포를 유전공학적으로 처리하려는 시도도 포함되었다. 로젠버그는 종양내침윤림프구(Tumor Infiltrating Lymphocytes: TILs)라 불리는 자연적으로 발생한 백혈구 세포를 치명적인 피부암인 악성 흑색종(*melanoma*) 환자에게서 제거했다.

TILs는 환자의 체내에서 성장하는 종양을 특정해서 찾아갈 수 있는 능력이 있다. 시험관에서 레트로바이러스 벡터를 이용해서, 로젠버그 연구팀은 TILs에 종양 괴사인자(Tumor Necrosis Factor: TNF)를 암호화하는 유전자를 삽입했다. TNF는 쥐의 몸 안에서 종양과 활발하게 맞서 싸운다는 것이 입증된 단백질이다. 그런 다음, 연구팀은 TILs을 환자의 몸속에 다시 주입했다. 그들은 유전공학적으로 처리된 TILs가 삽입된 TNF 유전자를 특정 악성 조직에 전달, 유전자가 TNF를 생성하도록 지시하고 환자의 종양을 파괴하기를 기대했다. 그러나 1991년 1월 29일에 시작된 인체실험은 1991년 7월까지도 결론이 내려지지 않았다.

당시 로젠버그와 동료들은 생체 내에서 안정적인 유전자 발현을 얻기 힘들었다고 보고했다. 로젠버그는 환자가 유전자 치료실험에서 효과를 얻었는지 판단하기에는 너무 이르다고 말했지만, 환자 중에서 실험으로 피해를 입은 사람은 아무도 없었다고 선언했다.[57)]

사람의 암을 대상으로 한, 두 번째 유전자 치료실험은 환자의 암세포에 유전적 변화를 일으켜 환자 자신의 면역체계가 종양을 공격하게 만드는 것이었다. 사람을 대상으로 한 이러한 계통의 연구는 대부분 존스홉킨스대학의 파돌(Drew Pardoll)의 훌륭한 연구에 기반을 둔다.

쥐를 대상으로 한 연구에서, 파돌과 그의 연구팀은 인터류킨 4(Interleukin-4)*라는 면역체계 화학물질을 쥐에게서 자연발생적으로 자라난 종양에서 제거한 신장 암세포에 삽입했다. 그들은 유전자를 넣은 종양 세포를 다시 쥐에게 삽입했고, 그 결과 쥐의 면역체계가 유전공학 종양 세포에 거부반응을 일으켜 종양을 파괴했을 뿐 아니라, 모(母) 종양에 대해 공격을 시작하여 파괴했다는 사실을 발견했다. 58)

나중에 로젠버그와 그의 동료 연구자들은 이 새로운 유전자 치료 방식을 사람의 암에 대해 실험했다. 이번에도 흑색종 환자가 그 대상이었다. 그들은 환자의 종양 세포를 떼어내 실험실의 배양기에서

---

57) Natalie Angier, "New Gene Therapy to Fight Cancer Passes First Human Test", *New York Times*, July 18, 1991, B7; Carol Ezzell, "Scientists Seek to Fight Cancer with Cancer", *Science News* 139(1991) : 326; March 25, 1991; and Peter Gorner, "Panel OKs Gene Fight vs. Cancer", *Chicago Tribune*, August 1, 1990, sec. 1, p. 5.

 * 〔역주〕림프구와 단핵 백혈구에서 생산, 분비돼 면역응답에 관여하는 물질의 총칭. 특히 인터류킨 4는 항원의 발현을 돕고, 항체의 생산을 촉진하는 작용으로 세포성 면역 억제 방향으로 면역계가 작용하게 하는 것으로 알려졌다.

58) Paul T. Golumbek et al., "Treatment of Established Renal Cancer by Tumor Cells Engineered to Secrete Interleukin", *Science* 254(1991) : 713-716; November 1, 1991; David Brown, "Cancer in Mice Is Cured by Gene Therapy", *Washington Post*, November 1, 1991, A22.

성장시킨 후, TNF나 '인터류킨 2'의 유전자를 삽입했다. '인터류킨 2'는 TNF와 마찬가지로 종양과 싸우는 면역체계 화학물질이다. 유전자를 넣은 세포를 환자에게 다시 주입한 후, 로젠버그 팀은 보강된 유전자를 포함한 종양 세포가 죽기 전에 면역체계 반응을 향상시킬 것을 기대했다.[59]

체내에서 종양 세포를 감염시키기 위해 리포솜을 사용한, 비슷한 인체실험이 1991년 10월에 제안되었다. 게리 나벨(미시간 주립대학)이 이끄는 연구팀은 암 환자의 종양에 HLA-B7 암호화 유전자를 포함하는 리포솜을 직접 주입하는 방법을 제안했다. HLA-B7은 조직거부반응을 활발하게 만드는 단백질이다. 나벨 연구팀은 종양 세포가 HLA-B7 유전자를 받아들여 발현시켜서, 환자의 면역체계가 종양세포를 외래 세포로 인식하기를 원했다.[60]

암 분자유전학의 기초 연구에서 세 번째 연구 흐름이 나타났다. 1980년대와 1990년대에 걸쳐, 정상적으로 제어된 세포의 성장이 2

---

59) Ezzell, "Scientists"; Michael Waldholz, "Gene Implants Destroy Cancer in Lab Rodents", *Wall Street Journal*, November 1, 1991, B 1.
　　로젠버그의 동료 중 일부는 암 유전자 치료실험의 2라운드가 아직 성급하고, 확고한 과학적 근거에 기초하지 않았다고 주장했다. 로젠버그는 자신의 연구를 "우리가 하고 있는 인간 대상 연구의 정당성을 확보하는 데 결정적이었다"고 평했던 드류 파돌은 TNF가 동물 대상 실험에서 암에 대한 향상된 면역반응을 촉매하는 데 효과적이지 못했다고 말했다(Waldholz, "Gene Implants"). 그러나 유전자 치료를 통해 환자의 면역체계를 자극하려 했던 이 첫 번째 시도가 성공하지 못했다 해도, 그 착상은 계속 유망하며 TNF에 관여하는 유전자가 아닌 다른 유전자를 사용한 연구가 이루어질 것이다.

60) Gary J. Nabel et al., "Immunotherapy of Malignancy by in Vivo Gene Transfer into Tmors", Human Gene Therapy Protocol, submitted October 1991.

228

개의 상반된 종류의 유전자에 의해 조절된다는 증거가 쌓였다. 그 중 한 유형인 세포 성장을 촉진하는 유전자는 '원(原)-종양유전자' (protooncogene)라 불린다. 이 유전자가 잘못되면 '암유전자'가 된다. 원-종양유전자의 특정 돌연변이가 이 유전자를 활성화해 암유전자로 바꾸고, 통제되지 않은 세포 성장을 일으킨다. 활성화된 암유전자는 항상 우성이며, 이형접합체 형태로 있을 때도 조절되지 않은 세포 성장을 촉발시킨다.[61]

이후 이루어진 연구에서, 반대되는 유전자가 밝혀졌다. 이 유전자는 '암억제 유전자'(tumor suppressor gene)라 불린다. 암억제 유전자를 비활성으로 만드는 유전자 돌연변이가 일어나면, 세포 성장을 통제하던 제한이 풀려 암세포가 무제한으로 성장하게 된다. 이런 돌연변이는 유전될 수 있지만, 대다수는 체세포 돌연변이로 나타난다.[62] 종양억제 유전자는 열성이다. 즉, 세포가 암이 되려면 2개의 대립 유전자가 돌연변이로 변성되어야 한다.[63] 암억제 유전자에 대해 점차 많은 사실이 알려지면서, 이들을 암 유전자 치료에 사용할 가능성에 대한 고찰과 연구가 이루어졌다.[64]

초기 연구결과는 유망했다. '망막모세포종'(retinoblastoma: RB)[*] 유전자는 유방암, 폐암, 전립선 암 등 여러 종류의 암에서 비활성

---

61) Robert A. Weinberg, "Tumor Suppressor Genes", *Science* 254(1991): 1138-1146; November 22, 1991.

62) Monica Hollslein et al., "p53 Mutations in Human Cancers", *Science* 253(1991): 49-53; July 5, 1991.

63) Weinberg, *op. cit.*

64) *Ibid*, 1145; Ruth Sager, "Tumor Suppressor Genes: The Puzzle and the Promise", *Science* 246(1989): 1406-1412; December 15, 1989.

화가 발견된 종양억제 단백질을 암호화한다. 샌디에이고 캘리포니아대학 북스테인(Robert Bookstein)과 그의 동료들은 기능하는 RB 유전자를 사람의 전립선 암세포에 넣으면 암 발생을 억제한다는 사실을 입증했다. 그들은 이 세포를 쥐에 이식하여 그 결과를 확인했다. 반면, 유전자를 넣지 않은 사람의 전립선 암세포는 쥐에서 즉각 암을 유발했다. 북스테인은 미래에 암세포에 기능하는 RB 유전자나 RB 단백질 산물을 주입하는 방법을 기반으로 한 암 치료법이 등장할 것으로 예상했다. [65]

암억제 유전자 p53에 관한 실험에서 얻은 결과는 더욱 희망적으로 보인다. 'p53 유전자'에서 일어난 돌연변이는 사람의 암에서 나타나는 유전적 변화 중에서 가장 흔히 관찰된다. [66] 다양한 p53 유전자 돌연변이가 대장암, 유방암, 림프종, 백혈병, 폐암, 그리고 식도암 등에서 발견되었다. [67] 그런데 놀랍게도, p53 유전자는 특정 돌연변이를 일으키면, 암유전자뿐 아니라 실패한 억제유전자처럼 작동하는 능력이 있다. 다시 말해, 때로 세포분화 억제자에서 촉진자로 그 기능이 전환되는 것이다. [68]

---

* 〔역주〕 망막모세포에서 유래하는 종양세포로 구성되는 악성 종양으로 5세 이하 어린이의 한쪽 또는 양쪽 눈에서 나타난다.

65) Robert Bookstein et al., "Suppression of Tumorigenicity of Human Prostate Carcinoma Cells by Replacing a Mutated RB Gene", Science 247 (1990) : 712-715; February 9, 1990; and Beverly Merz, "Use of Anti-Oncogenes Studied", *American Medical News*, February 23, 1990, p. 8.

66) Arnold J. Levine et al., "The p53 Tumour Suppressor Gene", *Nature* 351 (1991) : 453-456; June 6, 1991; Weinberg, *op. cit.*, p. 1143.

67) Hollstein et al., *op. cit.*

연구자들은 p53 유전자와 그 기능을 완전히 이해하지 못했지만, 최소한 하나의 흥미로운 모델을 제안했다. 정상적인 p53은 다른 분자들의 복합체와 일시적으로 결합해 기능하지만, p53의 특정 돌연변이는 너무 단단하게 결합해서 다른 분자들은 결합할 수 없게 만들어 정상적인 활동을 방해하고, 결국 세포가 부(負)의 성장 조절에 필요한 활성적인 복합체를 갖지 못하게 만든다.[69]

존스홉킨스 의대 보걸스틴(Bert Vogelstein) 연구팀은 사람의 정상 p53 유전자가 체외에서 사람의 결장직장암세포 성장을 억제할 수 있다는 것을 보여 주었다.[70] 템플대학의 다른 연구팀은 정상 p53 유전자가 체외에서 뇌암세포의 성장을 멈추게 할 수 있다는 것을 발견했다.[71] 후속연구를 통해, p53 돌연변이 결과 통제불능의 세포 성장을 일으킨 많은 환자의 생체 내에서 기능 p53 유전자를 사용해 암세포 성장을 중지시키는 메커니즘을 얻을 수 있기를 기대한다. 암억제 유전자 발현을 변형시키려는 목표로 최소한 4개의 인간 암 유전자 치료 제안서들이 규제기구에 제출되었고, 이 글을 쓰는 동안 여러 제안서들이 승인을 받았다.

국립보건원의 신경외과의사인 올드필드(Edward H. Oldfield)는

---

68) Levine et al., *op. cit.*; Weinberg et al., *op. cit.*, p. 1143.

69) Weinberg, *op. cit.*, p. 1143; Levine et al., *op. cit.*, p. 454.

70) Suzanne J. Baker et al., "Suppression of Human Colorectal Carcinoma Cell Growth by Wild-Type p53", *Science* 249(1990): 912-915; August 24, 1990.

71) Michael Waldholz, "Colon Cancer Growth Is Halted in Tests by Replacing Tumor Suppressor Genes", *Wall Street Journal*, August 24, 1990, B2.

치료가 어려운 악성 뇌암 환자들을 대상으로 실험을 시작했다. 유전자 치료 전략에는 뇌종양에 약제-감수성 유전자(*drug-sensitivity gene*)를 포함한 벡터를 만들도록 유전자를 변형시킨 세포를 주입하는 과정이 포함된다. 이 유전자가 종양 세포에 전달되어 간사이클로비르(*ganciclovir*: GCV) *에 대한 감수성을 부여한다. GCV는 정상조직에는 해롭지 않지만, 문제의 유전자를 발현하는 세포를 죽인다. [72]

다른 연구자들은 사람의 암에 대한 유전자 치료를 설계하는 과정에서 역이론(*inverse theory*)을 적용했다. 그들은 약에 대한 저항성을 가진 유전자를 피실험자의 정상 세포에 전달했다. 목적은 이들 정상세포를 화학치료의 영향에서 보호하기 위한 것이었다. [73]

또한 연구자들은 안티센스 유전자 치료라는 유전자 치료 전략을 사람을 대상으로 시험하고 있다. 안티센스 전략은 암 성장 촉진 유전자의 기능을 특정해서 차단하는 RNA 분자를 발현하는 벡터를 암 환자에게 주입하는 것이다. 안티센스 RNA 분자들은 목표 유전자가 전사한 유전정보의 상보적인 염기쌍을 묶어 그 유전자의 발현을 봉쇄한다. 연구자들은 안티센스 RNA를 발현시키는 벡터들이 환자

---

* 〔역주〕 항바이러스제로 세포바이러스로 인한 망막염 등 치료에 이용된다.
72) Edward H. Oldfield et al., "Gene Therapy for the Treatment of Brain Tumors Using Infra Tumoral Transduction with the Thymidine Kinase Gene and Intravenous Ganciclovir", *Human Gene Therapy* 4, no. 1: 39-69; February 1993.
73) Protocols 9306.044.9306-054.9306-054.9406-077, as listed in the June 1995 Data Management Report, Office of Recombinant DNA Activities, National Institutes of Health.

의 암세포의 성장과 확산을 멈추게 할 수 있을 것으로 기대한다. [74)

에이즈

에이즈는 여러 가지 측면에서 ADA 결핍증과 비슷한 체세포 유전질환이다. 에이즈는 HIV(인체 면역결핍바이러스)의 감염으로 나타난다. HIV에 감염된 환자는 면역체계가 손상되고 그 결과 감염이 증가하며 암이 발병할 위험이 높아진다. HIV 감염을 치료하기 위한 여러 가지 유전자 치료 전략이 동물을 모형으로 연구되고 있거나 인체 임상실험이 제출되었다.

이미 2세대 인체 임상실험에 진입한 한 전략은 1993년에 처음 제안되었다. 이 연구는 HIV에 감염된 사람들에게 HIV 외피 단백질을 암호화하는 유전자를 포함한 레트로바이러스 벡터를 주입하는 것이다. 과학자들은 이 벡터가 HIV 감염 환자들에게 면역반응을 촉발할 것으로 기대하고 있다. 구체적으로 그들의 몸이 바이러스에 감염된 세포를 표적으로 삼아 죽이는 T 세포를 생성할 것으로 기대한다. [75)

워싱턴대학의 그린버그(Philip Greenberg)와 그의 연구팀은 HIV 감염과 그와 연관된 암의 일종인 림프종 암에 대한 골수이식 치료를 위한 유전자 치료기법을 1991년 10월에 제안했다. 이 처치법은 먼저 환자의 T 세포의 일부를 채취한다. T 세포는 HIV 감염에 맞서 싸울 수 있는 특정한 능력을 가진다. 그런 다음 추출한 T 세포에,

---

74) Protocols 9409-084(Holt/Arteaga) and 9306-052(Ilan) abstracts.
75) Protocol 9306-048(Galpin/Casciato), non-technical and scientific abstracts(1993).

체외에서, 환자가 후일 특정한 약제에 노출되었을 때 T 세포가 자살(self-destruct) 하도록 유도하는 유전자(HyTK 유전자)를 도입한다. 그리고 의사들은 환자의 골수에 방사선을 쪼여 환자의 림프종과 HIV-감염 세포들을 모두 파괴한다. 그런 다음, 환자에게 유전공학으로 처리된 자신의 T 세포, 그리고 적합한 기증자로부터 이식한 골수를 이식한다.

연구자들은 이 T 세포가 환자의 새로운 골수가 HIV에 감염되지 않도록 도울 것으로 기대한다. 반대로 유전자 도입 T 세포가 환자에게 손상을 준다면, 환자에게 T 세포를 자살하게 만드는 약을 투여하게 된다. 또한 HyTK 유전자는 연구자들이 T 세포가 생체 내에서 살아남았는지 알 수 있게 해준다. [76]

이 전략은 유전자 치료라기보다는 세포 치료 영역으로 분류될 수 있을 것이다. 유전공학이 안전장치로 실질적인 기여를 하는 셈이다. 이 접근방식에 대한 임상실험은 1993년 2월에 시작되어 현재도 진행 중이다. [77]

또 다른, 가능성 있는, AIDS 유전자 치료는 HIV의 감염 메커니즘에서 기인한다. 먼저 HIV는 세포 표면의 특정 위치에 결합한다. 이 위치를 'CD-4 수용체'라고 하고, CD-4 유전자가 암호화한다.

---

76) Philip Greenberg et al. , "A Phase 1/11 Study of Cellular Adoptive Immunotherapy Using Genetically Modified CD8+HIV-Specific T Cells for HIV-Seropositive Patients Undergoing Allogeneic Bone Marrow Transplant", Human Gene Therapy Protocol, submitted October 1991.

77) W French Anderson, "Gene Therapy for AIDS", Human Gene Therapy 5, no. 2: 149-150; February 1994.

연구자들은, 유전공학적 방법으로 미끼 세포에 삽입한, CD-4 유전자를 환자에게 전달해서, 흔히 HIV가 침입하는 중요한 면역체계로부터 HIV를 꾀어내는 메커니즘을 찾게 되기를 바라고 있다. 78)

그 밖의 접근방식은 환자에게 HIV 감염에 맞서 싸우거나 HIV의 생명주기를 방해하는 능력을 증진시킬 수 있는 유전자를 생체 내에 도입하는 것이다. 외부 유전자 도입 세포(*transduced cell*)를 환자의 체내에 유입하면, 이 세포들이 환자의 혈류 속에 HIV에 직접 영향을 미치거나 환자의 저항력을 강화시키는 인자를 분비한다. 현재 HIV RNA나 HIV 단백질을 억제시켜 HIV의 생명주기를 방해하거나 HIV 감염세포를 직접 죽이도록 설계된 여러 가지 전략들이 시험 중이다. 79)

W. 프렌치 앤더슨은 이렇게 말했다.

"HIV는 매우 영리한 적입니다. 하나의 전략으로 HIV를 이길 가능성은 매우 희박합니다. 여러 종류의 공격을 동시에 또는 순차적으로 결합할 필요가 있을 것입니다."80)

---

78) John Carey, "Gene Therapy: Cells That Carry Messengers of Health", *Business Week*, May 28, 1990, 74; Leon Jaroff, "Giant Step for Gene Therapy", *Time*, September 24, 1990, p. 76.
79) Anderson, "Gene Therapy for AIDS".
80) *Ibid.*

미래에 등장할 그 밖의 질병 후보

헤모글로빈 질병

겸형 적혈구 빈혈증과 베타탈라세미아(*beta-thalassemia*)*는 사람의 헤모글로빈에서 나타나는 이상이 특징인 여러 가지 유전 질병에 속한다. 헤모글로빈은 피 속에서 산소를 운반하는 혈액의 구성 성분이다. 이 병에 걸린 사람들은 빈혈증의 심각한 증상에 시달리며, 위험한 지경에 빠지거나 심지어는 사망에 이르기도 한다.[81] 최초의 인체실험이 시작되기 훨씬 전인 유전자 치료 초기에 헤모글로빈 질병은 초기 유전자 치료 시도를 위한 좋은 후보로 간주되었다. 그러나 지식이 축적되면서, 베타탈라세미아나 겸형 적혈구 빈혈증과 같은 헤모글로빈 질병에 대한 유전자 치료가 힘들다는 사실이 명백해졌다. 그 까닭은 헤모글로빈 분자가 매우 복잡한 유전자 조절에 의존하기 때문이다.[82]

헤모글로빈 분자는 혈액세포 속에 반드시 들어 있어야 하는 여러 가지 아단위로 이루어지며, 이 요소들은 그 양이 미묘한 균형을 이루고 있다. 이 아단위는 서로 다른 여러 유전자들에 의해 생성되며, 이 유전자들은 2개의 다른 염색체에 무리지어 위치한다.[83] 건강한

---

* 〔역주〕헤모글로빈의 베타쇄의 합성 감소에 기인하는 것으로 동형 접합형은 헤모글로빈 A가 완전히 결손되고, 신생아기에 발병한다.

81) Friedmann, *Gene Therapy: Fact and Fiction* (note 42), 131-132; King and Stansfield, *op. cit.* (note 22), pp. 143, 291, 312.

82) Anderson, "Prospects for Human Gene Therapy" (note 8), p. 401.

83) King and Stansfield, *op. cit.* (note 22), p. 143.

인체가 이들 유전자의 발현을 조절한다는 것은 가히 기적과도 같다. 과학자들이 이 조절 작용을 이해하고 흉내 내기란 쉬운 일이 아니다. 하나의 보강된 유전자의 발현이 아단위들을 생성하는 다른 유전자와 동조되지 못하면, 그 결과로 나타나는 불균형으로 인해 질병의 상태가 된다.[84]

따라서, 일부 연구자들이 겸형 적혈구 빈혈증과 베타탈라세미아를 여전히 유전자 치료 후보로 간주하지만, 대부분의 연구자들은 유전자 치료의 초기 후보로 다른 질병을 선택했다. 생체 내에서 헤모글로빈 유전자를 발현하는 레트로바이러스 벡터를 포함하는 최근 연구결과들로 인해 헤모글로빈 질병 치료에 유전자 치료를 이용하려는 관심이 부활할 수도 있다.[85]

근이영양증

근이영양증은 진행성 근육기능 저하가 특징인 질병이다. 대개 손발과 같은 말단에서 시작해 다리를 거쳐 엉덩이, 호흡기 근육, 그리고 심장까지 진행된다. 이 잔인한 질병의 가장 일반적인 형태인 듀켄씨 근이영양증은 소년에게 가장 잘 나타난다. 이 질병은 디스트로

---

84) Theodore Friedmann, "Progress toward Human Gene Therapy", Science 244(1989) : 1275; June 16, 1989; David Suzuki and Peter Knudtson, *Genethics: The Clash between the New Genetics and Human Values* (Cambridge: Harvard University Press, 1989), p. 175.
85) Philippe Leboulch et al., "Mutagenesis of Retroviral Vectors Transducing Human Beta-Globin Gene and Beta-Globin Locus Control Region Derivatives Results in Stable Transmission of an Active Transcriptional Structure", *EMBO Journal* 13, no. 13(1994) : 3065-3076; July 1, 1994.

핀 유전자(*dystrophin gene*) *에서 나타나는 돌연변이, 대개는 결손(缺損)으로 인해 발생한다. 아직 알려지지 않은 이유로, 디스트로핀 단백질이 제대로 기능하지 않으면, 근육세포가 죽게 된다. DMD에 대한 유전자 치료의 핵심은 오류가 없는 디스트로핀 유전자의 복제를 DMD 환자의 근육세포에 전달하는 것이다.[86]

지금까지 알려진 사람의 유전자 중에서 가장 큰, 디스트로핀 유전자는 너무 커서 흔히 사용되는 바이러스성 벡터로는 세포에 수송할 수 없다.[87] 마찬가지로, 디스트로핀 단백질은 활성화된 상태로는 크고, 복잡하며, 세포에 직접 전달할 수 없다. 그럼에도 불구하고, 테네시대학에 재직했던 피터 로(Peter Law) 박사와[88] 동료 연구자들은 정상 기능의 디스트로핀 유전자를 환자의 세포에 간접적으로 전달하는 효율성이 입증된 세포이식(*cell-grafting*) 방법을 개

---

* 〔역주〕 X 염색체의 짧은 팔(Xp21. 2)에 있는 유전자이다. 이 유전자는 디스트로핀이라는 단백질의 생산에 관여한다.

86) Gina Kolata, "First Effort to Treat Muscular Dystrophy", *New York Times*, May 1991, B10; Peter Gorner, "Gene Injections to Fight Muscular Dystrophy", *Chicago Tribune*, April 26, 1991, sec. 1, p. 1; Feigner and Rhodes, *op. cit.* (note 44); Gina Kolata, "Why Gene Therapy Is Considered Scary but Cell Therapy Isn't", *New York Times*, September 16, 1990, E5. 다음 문헌도 참조하라. S. B. England et al., "Very Mild Muscular Dystrophy Associated with the Deletion of 46% of Dystrophin", *Nature* 343(1990): 180-182; January 11, 1990.

87) England et al., p. 180.

88) 로 박사는 그의 인간 실험이 시기상조라고 생각하는 의학계 일부 인사들의 저항에 부닥쳤다. 따라서 그는 근이영양증 협회 및 테네시대학과 관계를 단절하고, 독자적 연구기관인 세포치료 연구재단을 설립하고 그곳에서 IRB의 평가를 거친 후 자신의 실험을 수행했다.

발했다. 이 방법은 근육세포가 융합되어 단백질을 공유하는 특이한 능력의 이점을 활용하는 것이다.

쥐에게서 효과를 얻었고 현재 인체실험이 제안된 치료법에는 건강한 근육세포를 DMD 환자의 근육에 주입하는 방법이 포함된다. 건강한 세포는 환자의 아버지에게서 얻어 주입되기 전에 실험실 배양기에서 성장한다. 이 건강한 세포들이 환자의 근육에 정상 디스트로핀 유전자와 정상 디스트로핀 단백질을 생성하여 퇴행을 예방해주기를 기대한다. [89]

연구자들은 기능하는 디스트로핀 유전자를 직접 DMD 환자의 근육세포에 전달하려 할 수도 있다. 그러나 아직 아무도 디스트로핀 유전자를 몸의 모든 세포에 전달할 방법을 고안하지 못했다.

윤리적 주제들

첫 번째 물음. 이런 종류의 처치는 다른가?

1960년대 말엽에 시작된 윤리적 논란에서, 평자들은 인간 유전자 치료에 대한 이 방법이 때론 다른 치료적 개입과 질적으로 다르다고 가정하는 것처럼 보였다. 그러나 인간 유전자 치료에 대한 윤리적 논의가 진전되면서, 점차 체세포 유전자 치료는 현재 질병 치료기법의 자연적이고 논리적인 연장으로 간주되었다. 그렇다면 어떤 관

---

89) Kolata, "First Effort".

점이 옳은 것인가?

모든 것을 고려하면, 연장으로서의-유전자-치료(gene-therapy-as-extension)가 적절한 듯하다. 이 관점을 채택하는 데에는 여러 가지 이유가 있다. 첫째, 체세포 유전자 치료가 비생식 세포에만 영향을 주기 때문에 체세포 유전자 치료로 인한 유전적 변화가 환자의 자손에게 전달되지 않는다. 둘째, 일부 경우에 유전자 조작된 체세포 산물은 환자가 대안적 치료로 받아들일 수 있는 약물 치료와 비슷하다. 예를 들어, 현재 ADA 결핍증과 고셰병에 적용할 수 있는 효소 치료법이 있지만, 두 가지 효소 요법들은 비용이 많이 들고, 자주 투여해야 한다. 셋째, 현재 체세포 유전자 치료법에 사용 중인 일부 기법들은 특히 기관이나 조직 이식과 같은 그 밖의 의학적 개입에서 널리 사용되는 방법과 매우 흡사하다.

이 장의 앞부분에서 언급된 여러 가지 사례들은 최소한 체세포 치료에 대한 일부 접근방식들이 이식과 얼마나 유사한지 잘 보여 준다. ADA 결핍증 치료 프로토콜에서 일부 환자의 T 세포를 몸에서 제거한 후, 결손된 ADA 유전자를 삽입한다. 그런 다음 유전자 변형된 세포를 환자의 체내로 돌려보낸다. 몸속에서 이 세포는 결손 효소를 생성하기 시작한다. 초기 유전자 치료연구에 참여한 환자에게 자신과 일치하는 세포를 가진 건강한 자식이 있는 경우, 유전자 치료에 대한 대안적 방법은 골수이식이었다. 요컨대, 건강한 자식의 T 세포(좀 더 전문적으로, T 세포를 만드는 줄기세포)가 환자 자신의 ADA 결핍 T 세포를 대체하게 된다.

이 사례는 낭포성 섬유증과 비슷하다. 이 질병에 대한 처치에서 폐 이식이 점차 늘어나고 있다. 이식된 폐 속의 세포들은 낭포성 섬유증를 일으키는 유전적 결함이 없으며, 따라서 받는 이에게서 정상적으로 기능할 수 있다. 그러나 이러한 이식은 비용이 많이 들고, 매우 침입적인 과정이다. 또한 이식에 필요한 건강한 기관은 항상 부족하다. 그리고 일란성 쌍둥이를 제외하면, 이식된 기관이 받는 이의 유전자형과 정확하게 일치할 수 없기 때문에, 받는 이는 자신의 면역체계가 이식 기관을 외부 조직으로 인식하여 거부반응을 일으키지 않도록 무기한 약제를 복용해야 할 것이다. 많은 관찰자는 체세포 유전자 치료를 주요 기관의 이식에 비해 덜 침입적인 접근법으로 간주할 수 있다. 덧붙여, 유전자 변형이 환자 자신의 세포에서 일어나기 때문에, 세포가 외부 조직으로 인식되어 거부반응을 일으킨 확률도 훨씬 낮다.

유전자 치료연구를 둘러싼 주된 윤리적 문제들

사람을 대상으로 한 유전자 치료연구를 수행하려는 제안서에 대한 평가에서 다음과 같은 7가지 물음이 핵심이다.

① 치료하려는 질병이 무엇인가?
② 이 질병의 치료에 적용가능한 대안적 개입이 있는가?
③ 실험적 유전자 치료 절차에서 예상되거나 가능한 위해는 무엇인가?
④ 실험적 유전자 치료 절차에서 기대되거나 가능한 이익은 무엇인가?
⑤ 환자–실험대상을 선택하는 과정에서 공정을 기하기 위해 어떤 절차를 취해야 하는가?
⑥ 환자, 환자의 부모나 보호자에게 연구 참여에 대한 자발적으로 고지된 동의를 얻기 위해 취해야 할 절차는 무엇인가?

⑦ 환자의 프라이버시와 의학정보의 비밀을 어떻게 보호할 것인가?

종합하면, 질문 1~4는 유전자 치료 연구제안서가 제거해야 하는 최초의 장애물 또는 넘어야 할 첫 번째 문턱에 해당한다. 이 질문에 대한 만족스러운 답을 만족스럽게 얻지 못하면, 질문 5~7은 제기조차 불가능하게 된다. 그러나 처음 네 가지 질문이 충분히 해결되고, 제안된 연구의 위험-이익 비율이 적절한 것으로 간주되면, 질문 5~7이 두 번째 장애물로 남게 된다 ─ 이것은 예상되는 연구대상을 위한 중요한 절차적 보호 수단들이다.

치료하려는 질병이 무엇인가?
질문 1은 단순하지만 좀더 깊은 물음을 제기한다. 그것은 적절한 사람들에게 신체 이상으로 간주되는 질병 또는 질환의 이름에 대한 단순한 질문이다. 따라서 '낭포성 섬유증'은 첫 번째 질문에 대한 적절한 답이 될 수 있지만, '평균 키'는 그렇지 못할 것이다. 좀더 깊은 수준에서, 질문 1은 체세포 유전자 치료의 초기 후보로 선정된 질병이 고도로 실험적인 기법으로 치료할 만큼 충분히 중증이고 생명을 위협하는 수준인지를 묻는 것이다. 처음 100개의 질병 목록이 시사하듯이, 유전자 요법으로 치료 가능한 것으로 제안된 질병은 인간 생명의 질이나 지속성을 중대하게 손상하는 것이었다.

앞의 목록에 포함된 두 가지 질병이 생명을 위협하는 것으로 간주될 수 없다는 사실을 인정해야 한다. 류마티스성 관절염(*rheumatoid arthritis*)은 흔히 환자에게 심한 고통을 유발하는 만성 질환이다. 그러나 일반적으로 이 질병만으로 환자가 죽음에 이르지는 않는다.

242

마찬가지로, 예를 들어, 당뇨병 환자의 종아리나 발목에 나타나는 말초동맥질환으로 환자가 죽지는 않는다. 그러나 이 질병으로 수족을 잃을 수 있다. 즉, 충분한 산소를 공급받지 못해 팔다리가 썩는 것은 막기 위해 절단해야 하는 경우가 있다. 미래에는, 현재 치료불가능한 안과 질환을 치료하기 위한 새로운 접근방식을 통해 시력을 보존하기 위한, 유전자 치료 프로토콜이 제출될 수 있을 것이다.

철학자들은 건강과 질병의 정확한 정의에 대해 상당한 길이의 주장을 제기해왔다.[90] 분석을 위해 우리는 건강에 대해 '종-특유 기능'(species-typical functioning)이라는 표준적 정의를 채택했다.[91] 처음 100개의 유전자 치료 프로토콜에 의해 치료될 모든 질병이 건강, 즉 종-특유 기능이라는 생리학적 기준에서 중대한 일탈을 나타내며, 따라서 진정한 의미에서 질병이라는 것은 분명하다. 그렇지만 질병이라는 개념에 합리적인 제한이 있는가? 우리는 어디까지 이 개념을 확장할 수 있는가?

과거와 현재의 차별적인 사회 프로그램에서 예증되었던 극단적

---

90) 예를 들어, 다음 문헌을 보라. Arthur L. Caplan, H. Tristram Engelhardt Jr., and James J. McCartney eds., *Concepts of Health and Disease: Interdisciplinary Perspectives*(Reading, Mass. : Addison-Wesley, 1981); and H. Tristram Engelhardt Jr. and Kevin Wm. Wildes, "Health and Disease: IV. Philosophical Perspectives", in Warren T. Reich ed., *Encyclopedia of Bioethics*, rev. ed. (New York: Simon & Schuster, 1995), 2: 1101-1106.

91) Norman Daniels, *Just Health Care*(Cambridge: Cambridge University Press, 1985), pp. 26-32; Christopher Boorse, "Health as a Theoretical Concept", *Philosophy of Science* 44, no. 4: 542-573; December 1977; and Christopher Boorse, "On the Distinction between Disease and Illness", *Philosophy and Public Affairs* 5, no. 1: 49-68; Fall 1975.

인 사례들을 볼 때, 우리는 젠더, 민족 또는 피부색과 같은 인간 특성을 질병으로 간주하고 싶지 않을 것이다. 그러나 중증 정신질환은 우리 정의의 범위에 포괄될 것이다. 가벼운 비만이나 휘어진 코, 보통보다 큰 귀 등은 종-특유 기능에서 크게 일탈했다고 볼 수 없다. 그러나 수명을 단축시키는 중증 비만은 질병이라고 할 수 있다.

  이 모든 사례에서, 건강 상태는 종-특유 기능의 관점에서 평가되어야 하며, 그 상태가 그러한 기능을 손상하는 정도에 따라 판단되어야 할 것이다. 92)

이 질병의 치료에 적용가능한 대안적 개입이 있는가?

질문 2는 대체요법에 대해 묻는다. 만약 가능한 치료법이, 큰 부작용 없이 그리고 적절한 비용으로, 특정 질병의 가장 심각한 결과로부터 환자를 구할 수 있다면, 그 질병은 사람에 대한 유전자 치료의 초기 임상실험의 바람직한 후보가 아닐 것이다. 예를 들어, PKU는 신생아에 대한 간단한 혈액 검사로 밝혀낼 수 있는 유전병이다. 식이요법만으로도 이 질병으로 발생할 수 있는 뇌 손상을 충분히 예방할 수 있다. 따라서 PKU는 유전자 치료를 위한 초기 후보로 적절하지 않을 것이다. 마찬가지로, 당뇨병이 일으키는 해로운 결과는 대부분의 환자에게서 재조합 DNA 기법으로 생산된 인슐린의 사용으

---

92) 인간 유전자 치료에 대한 두 편의 유용한 토론은 다음과 같다. Norman Daniels, "The Genome Project, Individuals, and Just Health Care", in Timothy F Murphy and Marc A. Lappe eds., *Justice and the Human Genome Project* (Berkeley: University of California Press, 1994), 110-132; and Leonard M. Fleck, "Just Genetics: A Problem Agenda", pp. 133-152.

로 제어될 수 있다. 따라서 당뇨병도 유전자 치료연구의 대상으로
는 후순위에 해당한다.

대체요법이 충분히 효과적인지에 대한 결정은 늘 어렵다. 최초의
ADA 결핍 연구에 대한 평가과정에서, 골수이식은 유전적으로 일치
하는 형제를 가진 아이들에게 효율적인 치료법이며, ADA의 합성
형태가 ADA 결핍 환자에게 사용될 수 있다는 사실이 지적되었다.
합성 형태의 ADA는 소(牛)에서 만들어진 ADA에서 유래하며, 화
학적 PEG와 결합하거나 복합된다.

ADA 결핍증에 대한 유전 요법을 지지하는 사람들은 PEG-ADA
가 합성 화합물이 소에서 유래했기 때문에 외부 물질로 인식될 수 있
으므로 발생할 수 있는 적대 반응을 자극할 수 있다는 점을 지적한
다. 또한 그들은 대부분의 ADA 결핍 환자들이 PEG-ADA 치료로
혜택을 받고 있지만, 여전히 많은 감염증에 걸리기 쉬운 상태임을
제시했다. 게다가 연간 25만 달러라는 PEG-ADA의 값비싼 비용으
로 대부분의 가족들은 이 합성 치료법을 채택할 수 없다. 따라서 최
초의 ADA 유전자 치료 프로토콜 평가들은 유전적으로 일치하는 형
제자매 증여자가 없는 아이의 가족에게는 PEG-ADA 대체요법이 전
적으로 만족스럽지 않다는 최종 결론을 내렸다. 따라서 이 생명을
위협하는 소아질병의 치료를 위한 가능한 최선의 접근방식으로 유
전자 치료를 발전시킬 얼마간의 여지와 정당성이 있는 셈이다.

유전자 치료 분야가 성숙함에 따라, 효과적 대체요법이 없는 경
우에만 유전자 치료가 가능하다는 요구 조건은 완화될 필요가 있
다. 어떤 맥락에서는, 동일 질병에 대한 유전자 치료법과 대안적인
접근방식을 비교하는 잘 통제된 연구들이 필요할 것이다. 그러나

1990년의 시점에서 유전자 치료법이 새로운 접근이라는 점과 그 잠재적 이익 및 위해에 대한 불확실성을 고려하면, 최초의 유전자 치료 시도를 다른 대체요법이 없는 환자 집단에게 국한하는 것이 적절했다고 볼 수 있다.

실험적 유전자 치료 절차에서 예상되거나 가능한 위해는 무엇인가?
질문 3은 체세포 유전자 치료에서 예상되거나 가능한 위해에 대한 우려이다. 이 물음에 답하기 위해서, 연구자들은 자신들의 주장을 생체나 쥐와 원숭이 등 실험실 동물 모델에 대한 전 임상(*preclinical*) 연구에서 얻은 최선의 데이터를 기반으로 삼을 것을 요구받는다. 체세포 유전자 치료연구에 순화된 (전문적으로 말하면, 복제되지 않는) 바이러스를 벡터로 사용하는 것은 한 가지 중요한 안전 문제를 제기한다. 그것은 연구자들이 길들인 바이러스가 제거되었던 유전자를 다시 얻어 자신을 복제할 능력을 회복해서 환자를 감염시키지 않는다고 어떻게 확신할 수 있는지의 문제이다.

두 번째 종류의 안전 문제는 레트로바이러스 벡터가 '유도되지 않은 미사일'(*unguided missile*)이라는 특성을 가진다는 것이다. 이 장 앞부분에서 설명했듯이, 연구자들은 부가된 유전자와 표지를 가진 레트로바이러스 벡터가 목표 세포의 핵 속의 어느 위치에 '도달'할지 예측할 수 없다. 즉, 벡터가 세포 기능에 필수적인 유전자의 한가운데 삽입되어 세포 자체를 죽일 수도 있다. 좀더 진전된 우려는 레트로바이러스 벡터가 비활성의 종양유전자(암을 유발하는 유전자) 옆에 삽입되어 이 유전자의 활성화를 자극할 수 있다는 이론적 가능성에 대한 것이다. 그렇게 될 경우, 과거에 건강했던 세포가 무제한으로 분열하기 시작하거나 심지어는 특정 장소에서 암을 유발할 수 있다. 위험과 안전에 대한 이러한 우려 때문에, 연구자들은 자신들이 피대상자에게 제안했던 유전자 치료연구를, 가능한 한, 정확하게 복제하는 전 임상 동물연구 데이터 제출을 요구받고 있다.

실험적 유전자 치료 절차에서 기대되거나 가능한 이익은 무엇인가? 네 번째 질문은 세 번째 질문의 거울상에 해당한다. 이것은 연구자들에게 다시 한 번 전 임상연구 데이터 제공을 요구한다. 그러나 이 경우, 데이터는 인간 환자들이 유전자 치료연구에 참여함으로써 합당한 이익을 받을 수 있음을 제시해야 한다. 1990년대에 유전자 치료연구를 처음 승인했던 평가과정의 한 단계는 이 점이 얼마나 중요한지 잘 보여 준다. 블래즈와 앤더슨 박사는 RAC(재조합 DNA 자문위원회 ─ NIH가 1974년에 설립했다)에 쥐와 원숭이를 대상으로 한 장기간의 연구를 기반으로 안전에 대한 인상적인 데이터를 제출했다. 그러나 RAC 위원들은 ADA 결핍 T 세포의 유전자 변형이 인간 환자들에게 이로울 것이라는 확신을 얻을 수 없었다. T 세포가 빨리 죽거나 환자 자신의 ADA 결핍 T 세포에 의해 압도된다면 어떻게 되겠는가?

다행히도 이탈리아 밀라노에서 클라우디오 보디그넌이라는 연구자가 RAC에 쥐를 대상으로 한 자신의 연구결과를 알려 주었다. 그쥐는 ADA 결핍 환자를 괴롭힌 것과 비슷한 면역 결핍증을 앓고 있었다. 그는 이 동물을 통해 기능하는 ADA 유전자를 전달하는 사람의 T 세포가 ADA 결핍 T 세포보다 오랫동안 살아남는다는 사실을 입증할 수 있었다. 이것은 RAC가 찾고 있던 정보였다. 그리고 보디그년 박사의 보고는 블래즈-앤더슨의 연구 제안을 승인하는 데 도움을 주었다.

질문 3과 4, 즉 유전자 치료연구에서 예상되는 해와 이익 사이의 적절한 관계를 둘러싸고 많은 논쟁이 벌어졌다. 일부 연구자들은 유전자 치료연구가 환자를 악화시킬 가능성이 없다면 이익의 가능성이 아주 낮더라도 승인되어야 한다고 주장했다. 이 논거는 1992년 12월 전직 NIH 소장이었던 힐리(Bernadine Healy)의 유전자 치료 프로토콜에 대한, 논쟁의 여지가 있는, 승인의 근거가 되었다. 한 명의 암 환자를 치료하겠다는 이 제안서는 NIH RAC에 의해 표준 관점에 부합하지 않았다. 대부분의 전문가들의 견해에 따르면, 말기암이었던 환자에게 이익이 될 가능성은 거의 없었다. 그럼에도 힐리 박사는 '온정적 사용'(*compassionate use*)을 근거로 해당 프로토콜을 승인했다. 93)

1992년 말 이후, RAC는 유전자 치료연구에서 필수적인 위해-이익 비율에 대해 후속 논의를 했다. 위원회의 다수는 다음과 같은 견해를 채택했다. 유전자 치료 프로토콜이 질문 3에 대해 만족스러운 답을 (위해에 대해) 준다고 해도, 이 프로토콜에 참여하도록 초청된 환자들에게 최소한 낮은 확률이라도 이익을 줄 가능성이 있어야 하며, 반드시 훌륭한 과학적 설계로 초기 환자들에 대한 연구에서 수집한 정보가 후속 참여 환자들과 유전자 치료연구분야 전체에 유용

---

93) 이 사례에 대한 논의는 다음 문헌을 보라. Larry Thompson, "Healy Approves an Unproven Treatment", *Science* 259(1993) : 172; January 8, 1993; and Larry Thompson, "Should Dying Patients Receive Untested Genetic Methods?" *Science* 259(1993) : 452; January 22, 1993.

해야 한다. 즉, 질문 4에 대한 만족스러운 답변도 반드시 있어야 한다는 것이다.

처음 네 가지 질문에 대해 만족스러운 답을 얻었다면, 연구자들은 첫 번째 장애물을 치우고 중요한 문턱을 넘은 것이다. 그들은 제안된 연구에서 예상되는 위해와 이익의 비율이 사람을 대상으로 한 연구 진행을 정당화할 만큼 충분히 긍정적이라는 것을 입증한 셈이다. 남은 세 가지 문제는 연구가 어떻게 진행될 것인지, 다시 말해 유전자 치료연구에 참여하도록 초대될 환자들에게 취해질 절차적 안전장치들을 개괄한다.

환자-실험대상을 선택하는 과정에서 공정을 기하기 위해
어떤 절차를 취해야 하는가?

다섯 번째 질문이자 첫 번째 절차적 문제는 어떻게 환자를 공정하게 선택할 것인가이다. 가족성 고(高)콜레스테롤 혈증이나 ADA 결핍증처럼 희귀 질병인 경우, 선택과정에서의 공정함은 상대적으로 문제가 되지 않는다. 증상이 너무 심해 참여가 힘든 경우를 제외하면, 이 질병을 가진 거의 모든 환자가 유전자 치료의 후보로 고려되며, 연구에 참여하도록 초대된다.

그러나 체세포 유전자 치료가 뇌암과 같은 좀더 일반적인 질병에 적용되기 시작하면, 선택과정은 좀더 어려워진다. 예를 들어, 뇌암에 대한 첫 번째 유전자 치료연구는 NIH의 올드필드와 컬버 박사가 주도했다. 그들의 제안서는 처음에 20명의 환자들에 대한 연구로 승인되었다. 연구를 시작한 첫해에, 그들의 연구실로 환자와 그들의 가족 및 친구, 그리고 심지어는 주지사와 의원들로부터 1천 건이상의 문의가 쇄도했다. 따라서 많은 치료 후보들 중에서 누구를 선택할 것인지 결정하기 위해, 가령 선착순과 같이, 공정한 절차를 정하는 것은 매우 중요하다.

처음 100개의 유전자 치료 프로토콜을 평가하는 과정에서, 실험 대상 선택의 공평성에 대한 두 가지 문제가 제기되었다.

첫 번째 문제는, 일부 어린이들이 이 질병을 가지고 어른이 될 때까지 생존한다는 것을 가정할 때, 초기 연구에 어린이를 포함시킬 것인지에 대한 것이었다. SCID를 대상으로 한 첫 번째 유전자 치료에 어린이가 포함되었다. 가장 큰 이유는 지금까지 이 질병을 가진 아이들 중에서 10대가 끝날 때까지 생존한 경우가 거의 없었기 때문이었다.

그러나 가족성 고 콜레스테롤 혈증의 일부 환자들, 그리고 낭포성 섬유증 환자들 중에서도 30세까지 생존하는 예가 점차 증가했다. 임상실험 초기 단계에 어린이를 포함시키는 문제에 대해 두 가지 윤리적 관점이 대립된다. 1970년대 미국에서 수립된 고전적 입장은 어린이들이 임상실험의 잠재적 위험에 노출되기 전에 먼저 어른을 대상으로 시험이 끝나야 한다는 것이다.[94] 1980년대와 1990년대의 수정주의 입장은 임상실험 참여자들을 신중하게 관찰해야 하며, 대개 우리 사회에서 그들이 효과가 있을 수 있는 새로운 치료법에 접근할 수 있는 첫 번째 대상이라는 것이었다. 따라서 여성이

---

94) 예를 들어, 다음과 같은 문헌들이 있다. Jay Katz, with Alexander Morgan Capron and Eleanor Swift Glass, *Experimentation with Human Beings: The Authority of the Investigator, Subject, Professions, and State in the Human Experimentation Process*(New York: Russell Sage Foundation, 1972).

든 소수 민족 집단이든 어린이든 간에 특정 개인 집단이 임상실험에 시기적절하게 참여해서 얻을 수 있는 잠재적 이익에서 배제되어서는 안 된다는 것이다. 95)

두 번째 질문은 앞에서 언급되었던 대체요법과 밀접하게 관련된다. 이미 1987년에, '전 임상 데이터 자료'를 검토하는 과정에서, 유전자 치료를 막바지에 몰아 적용하는 최후 수단 요법(*last ditch therapy*)으로 간주할 것인지를 둘러싸고 격렬한 논쟁이 벌어졌다. 유전자 치료의 초기 연구에서, 환자들은 대개 대체요법의 도움을 받지 못했거나 아예 다른 치료법이 존재하지 않았다. 이 분야가 점차 성숙해지고, 관련 연구자들이 유전자 치료의 안전성에 대해 (효력에 대해서는 아닐지라도) 더 큰 확신을 가지게 되면서, 이 질문은 점차 빈번하게 제기되었다.

"환자의 상태가 악화되는 것을 막을 좋은 기회가 더 많을, 질병과정의 좀더 이른 단계에 유전자 치료를 채택하지 않는 이유가 무엇인가?"

환자, 환자의 부모나 보호자에게 연구 참여에 대한
자발적으로 고지된 동의를 얻기 위해 취해야 할 절차는 무엇인가?
여섯 번째 질문이자, 다음 단계의 절차적 질문은 환자, 미성년인 경우에는 환자의 부모나 보호자로부터 자발적 고지된 동의(*informed*

---

95) 예를 들어, 다음 문헌을 보라. Anna C. Mastroianni, Ruth Faden, and Daniel Federman eds., *Women and Health Research: Ethical and Legal Issues of Including Women in Clinical Studies*, 2 vols. (Washington, D. C.: National Academy Press, 1994).

and voluntary consent) 를 확보하는 것이다. 잠재적인 환자-피실험자에게 그들의 질병이나 상태, 주요 대체요법, 그리고 연구에서 거쳐야 하는 정확한 절차에 대한 정보를 전달하는 것은 연구자들에게 늘 힘든 일이다. 사람의 유전자 치료와 같은 최첨단기술의 경우, 이러한 포괄적인 문제는 훨씬 더 어려워진다. 유전자 치료연구에서, 환자나 그들의 가족, 그리고 보호자는 재조합 DNA 연구가 어떻게 이루어지는지, 벡터가 어떻게 만들어지는지, 어떤 세포 유형이 목표인지, 유전자는 어떻게 세포에 주입되는지, 그리고 어떻게 세포에서 작동하는지에 대해 자주 짧은 강의를 요구하게 될 것이다.

특정한 유전자 치료연구의 경우, 짧은 강의 외에도 보조적인 모듈이 부가되어야 할 것이다. 예를 들어, SCID에 대한 유전자 치료의 경우, 환자나 가족 또는 보호자는 사람의 면역체계와 T 세포와 같은 구체적인 종류의 세포가 기능하는 방식에 대한 추가 정보를 요구할 것이다. 처음에는 이러한 교육 의무가 부담스럽게 생각될지 모르지만, 자발적 고지된 동의에 대한 질문은, 몇 장짜리 동의서 양식에 서명을 하는 일회적인 행동이 아니라, 연구자와 피실험자 간의 포괄적이고 지속적인 대화의 중요성을 강조하는 것이다.

질문 6에 대한 연구자들의 반응은 무척 다양했다. 일부 유전자 치료 제안서에는 환자에게 제안된 절차의 시점과 순서를 개괄하는 도표들을 비롯하여 상세한 정보가 포함되어 있다. 다른 동의서 양식들은 내용이 미흡하고 연구에 필요한 절차에 들어가는 비용을 누가 지급할 것인지나 환자들이 연구에 참여했다가 사고로 피해를 입었을 경우 후원기관들이 어떻게 처리할 것인지 등의 문제를 막연한 문구로 표현했다. 또한, 환자에게 유전자 요법 연구 참여를 요청할 때 동의 과정의 질을 모니터하기 위해 외부 참관자가 배석하지도 않았다.

확실하게 말할 수 있는 것은, RAC가 RAC 구성원들이 동의서 양식에 반드시 포함되어야 한다고 생각한 요점들, 그리고 동의서 양식 자체가 후원 기관의 피고용자가 아닌 동료들에 의해 공개 석상에서 평가되어야 한다는 요점에 대한 세부 지침을 연구자들에게 제공했다는 사실이다.

환자의 프라이버시와 의학정보의 비밀을 어떻게 보호할 것인가?

일곱 번째 질문이자 세 번째 절차적 질문은 프라이버시와 비밀보호에 대한 것이다. 이 질문에 관해서는 하나의 '정답'은 없다. 이 질문은 연구자들에게 유전자 치료연구에 참여하는 자신과 피실험자들이 언론이나 일반 대중의 질문에 어떻게 대처할 것인지 미리 생각해 보도록 촉구하는 것이다. 환자들이 치료에 대한 실험적인 접근방식에서 이익을 얻을 수 있는 '여지'를 위해, 치료 이후에 충분한 프라이버시와 휴식을 보장받는지가 특히 우려의 대상이다.

ADA 결핍증 프로토콜의 경우, 처음에 치료를 받은 2명의 젊은 여성은 어린이가 최초로 치료를 받은 후 2년이 지날 때까지 (1992년 9월까지) 비교적 익명을 유지했다. 그 후 1년이 조금 못 되어서, 두 아이의 얼굴, 이름, 그리고 사진이 〈타임〉지 기사에 실렸다. 96) 그에 비해 제대혈에서 추출한 줄기세포를 이용하는 다른 기법으로 (같은 프로토콜을 약간 변형해서) 태어나자마자 치료를 받았던 두 신생

---

96) Larry Thompson, "The First Kids with New Genes", *Time*, June 7, 1993, pp. 50-53. 97.

아의 부모들은 자신들의 이름과 사진, 신생아들의 이름과 사진을 거의 바로 공개하도록 허용했다.[97] 마찬가지로, 말초성 동맥질환을 대상으로 한 연구의 첫 번째 환자는 최초의 유전자를 전달받기도 전에 〈뉴욕 타임스〉 기자와 인터뷰를 했다.[98]

이 마지막 질문은 환자나 연구자들에게 특별한 행동을 처방하거나 금지하려는 것이 아니라 단지 유전자 치료연구에 관여하는 모든 당사자가 언론이나 방송매체를 다루는 전략에 대해, 미리 충분히 숙고해야 할 '고려의 지점들'에 해당한다. 실제로, 과거 여러 가지 생의학기술들이 처음 도입되었을 때 이른바 '언론매체 서커스'가 벌어졌다. 예를 들어, 최초의 심장 이식 수용자들, 인공심장을 시술받았던 바니 클라크, 개코원숭이의 심장을 이식받았던 베이비 페, 그리고 최초의 '시험관 아기'였던 루이스 브라운을 생각해 보라. 반면, 일반적으로 유전자 치료의 도입 과정은, 우리 견해로, 환자와 그 가족들을 좀더 존중했다.

유전자 치료에 대한 그 밖의 주요 질문들

'고려의 지점들'에 의해 유전자 치료에 대해 제기된 7가지 질문들에 덧붙여서, 미국과 다른 지역에서 유전자 치료를 수행하고 감시하기 위한 현행 체제와 관련된 중요한 문제들이 있다. 이 장의 나머지 부

---

97) Leon Jaroff, "Brave New Babies", *Time*, May 31, 1993, pp. 56-57, 98.

98) Gina Kolata, "Novel Bypass Method: A Dose of New Genes", *New York Times*, December 13, 1994.

분은 미국의 최초 100개 유전자 치료 프로토콜의 세부사항에서 한 발짝 벗어나 이 포괄적인 주제 중 일부를 조망하려는 시도이다.

유전자 치료는 환자들에게 너무 성급하게 시도되었는가?

첫 번째 질문은 유전자 치료에 대한 최초의 임상연구 이전에 세포 배양기나 동물을 대상으로 좀더 많은 실험실 연구가 선행되었어야 했는지에 관한 것이다. 현재의 실행에 대해, 일부 비평가들은 유전자를 세포에 전달하기 위해 가용한 벡터들이 상대적으로 원시적이라는 점을 지적한다. 다른 비평가들은 줄기세포가 어떻게 기능하는지, 변형될 수 있는지에 대한 기초 연구가 유전자 치료의 새로운 접근방식을 용이하게 해줄 수 있을 것이라고 주장한다. 비판의 세 번째 흐름은 연구자들이 NIH RAC의 평가를 받기 위해 제출한 몇 가지 프로토콜들은 탁월한 과학의 표본이었지만, 대부분의 프로토콜은 독창적이지 않으며, 만약 일반적인 NIH 연구비 신청 절차의 엄격한 기준에 따라 평가되었다면 NIH의 기금을 받을 수 없었을 것이라는 주장이다.

이러한 비판에 어떻게 대응할 것인가?

첫째, 사람을 대상으로 한 최초의 체세포 유전자 치료연구가 이루어지기까지 거의 20년에 걸쳐 대중 토론과 논쟁이 있었다. [99] 1990년에 승인된 최초의 프로토콜도, 거의 최종 단계에서, 1987년부터 1990년 초까지 논쟁을 거쳤다. 따라서 새로운 생의학 기법으로 유전

---

99) 초기 논의에 대해서는 다음 문헌을 보라. Michael Hamilton ed., *The New Genetics and the Future of Man* (Grand Rapids, Mich.: Eerdmans, 1972).

자 치료가 도입되는 과정은 그 밖의 중요한 기술들이 처음 이용되던 당시보다 — 예를 들어, 신생아를 대상으로 한 PKU 유전자 검사, 심장 이식, 시험관 수정 등 — 훨씬 신중하고 조심스러웠다.

둘째, 현재 발간된 증거가 부족하지만, 최소한 SCID 환자들에 대한 최초의 유전자 치료연구는 임상적인 이익을 시사한다. 그러나 처음 미국에서 이루어진 60~70차례의 유전자 치료연구에서 성공을 거둔 수준은 이 기법을 가장 강력하게 지지하는 사람에게조차 실망스러운 것이었다는 점을 인정해야 한다. 부분적으로, 이러한 실망 때문에, NIH 소장바머스(Harold Varmus)는 최근 전문가 위원회에게 NIH가 유전자 치료에 투자한 연구비를 평가하도록 요청했다. [100]

어떤 질병이 유전자 치료를 위한 가장 유망한 초기 후보인가?

우리는 이 장에서 미국의 100개 유전자 치료 프로토콜에 어떤 목표 질병이 있는지 살펴보았다. 프로토콜의 60% 이상이 암에 집중될 만큼 여러 종류의 암이 그토록 중요한가? 처음 100개의 연구 중에서 22개가 유전질환에 할당된 것은 수천 종류에 달하는 유전병을 감안할 때 적절한 배분인가? 연구의 12% 이하인 HIV 감염과 에이즈는 적당한가?

이런 질문들에 대한 답은, 수많은 자원 배분 문제들에 대한 답과

---

100) Eliot Marshall, "Gene Therapy's Growing Pains", Science 269(1995) : 1050-1055; August 25, 1995. 다음 기사도 참조하라. Gina Kolata, "In the Rush toward Gene Therapy, Some See a High Risk of Failure", New York Times, July 25, 1995, p. C3.

마찬가지로, 인간 지식과 판단을 그 극한에까지 밀고 나간다. 이 질문에 답하기 위한 하나의 접근방식은 다음과 같은 질문이다.

각각의 질병이 야기하는 조기 사망, 고통, 실직, 그리고 불구라는 측면에서 주는 고통은 무엇인가? 죽음, 영구 불구, 고통과 괴로움, 그리고 일시적인 불구를 비교하는 데 일련의 가치판단이 개입되지만, 이 질문에 대한 답은 최소한 보다 큰 질문에 대한 답에 하나의 차원을 제공한다.101) 그러나 특정 질병이 일으키는 고통은 전체 그림의 일부에 지나지 않는다. 거기에는 진정한 연구 기회도 있을 것이다. 즉, 질병에 대한 이해와 치료에서 충분한 진전이 이루어진다면, 다음 단계에서는 성공에 대해 합당한 희망을 가질 수 있을 것이다.

매우 희귀한 유전병인 SCID의 경우, 이 질병을 유전자 치료연구의 바람직한 초기 후보로 만들어 주는 하나의 특성은 그 질병이 조직적합 형제 공여자의 골수이식으로 치료되었다는 점이다. 따라서 연구자들은 이러한 공여자가 없는 아이의 질병을 치료해야 한다는 요구에서 좋은 선례를 만든 셈이다. 나아가, ADA 유전자는 실험실에서 분리되었고, 임상적 사용이 가능했다. 안전 문제와 연관해서 SCID의 또 하나의 특징은 그 유전자가 반드시 세심하게 조절될 필요가 없다는 점이었다. 스위치가 켜진 유전자에 의한 ADA의 과잉 생산은, 생각한 것처럼, 수용자 환자에게 해롭지 않다. 이런 이유

---

101) 이 논점에 대한 좀더 깊은 논의는 다음을 보라. Institute of Medicine, Division of Health Promotion and Disease Prevention, *New Vaccine Development*: *Establishing Priorities*, vol. 1, *Diseases of Importance in the United States*(Washington, D. C.: National Academy Press, 1985), chaps. 3-4.

들 때문에, SCID는 전국적으로 비교적 적은 질병이라는 부담을 가진 희귀 질병이기는 하지만, 유전자 치료의 초기 후보로는 훌륭한 것으로 보였다.

NIH 소장이 임명한 전문가 위원회는 향후 질병들 사이에 우선순위를 정하는 전체 전략에, 특히 한두 질병이 지금까지 과도한 관심을 받은 것으로 생각될 경우, 얼마간의 시사점을 줄 것이다. 반면 중앙집중화된 계획과 장기 전략에도 함정은 있을 수 있다. 유전자 치료에 유망한 질병의 초기 후보를 선택하는 과정에서, 그리고 그러한 질병의 실험적 치료에 대한 새로운 창조적 접근방식을 개발하는 과정에서 연구자들에게 상당한 범위의 선택을 허용하려면 많은 논의가 필요하다. 과학의 가장 흥미로운 측면 중 하나는 우연적 발견이라는 요인이다. 일견 무관한 분야들의 폭넓은 다양성 속에서 예견할 수 없는 이익과 함께, 어떤 과학자, 어떤 실험실, 어떤 주제, 그리고 어떤 접근방식이 다른 돌파구를 만들어낼 지 미리 알 수 있는 사람은 없다.

상업적 고려가 목표 질병의 선택을 어느 정도까지 이끄는가?
이 물음은 앞선 물음과 밀접하게 연관된다. 사기업의 체세포 유전자 치료 참여가 날로 증가하고 있다는 사실을 고려하면, 미국에서 발생하는 질병에 점점 초점이 맞추어졌다는 것은 그리 놀랄 일이 아니다. 환자 수의 측면에서, 현재까지 가장 큰 시도는 HIV 감염과 AIDS에 집중되었다. 앞에서도 언급했지만, 여러 종류의 암이 최초 100개의 프로토콜 중에서 거의 3분의 2를 차지했다. 그리고 유전병 중에서는, 백색인종 사이에서 가장 잘 나타나는 질병인, 낭포성 섬유증에 관심이 집중되었다.

상업기업들이 작은 시장보다는 큰 시장에 먼저 눈길을 돌린다는 것은 그리 놀랄 일이 아니다. 유전자 치료가 성공적 전략임이 입증되면, 그들은 언젠가 연구실과 많은 수의 환자들을 연결하는 다리를 제공할 것이다. 그러나 다른 한편, 환자 수가 너무 적어서 연구에 투자할 만한 동기를 제공하지 않는, 이른바, 방치된 희귀병(*orphan disease*)이 있다. 또한 미국의 보건관리 체계에는 이러한 일반적인 문제에 대한 쉬운 해법이 없다. 연구의 공공 투자가 해결책의 일부라는 데에는 의심의 여지가 없다. NIH 연구자와 연방기금을 지원받는 연구자들은 상대적으로 환자 수가 적은 질병을 목표로 선택할 수 있다. 그렇게 되면 다시 희귀병 치료의 성공이 좀더 일반적인 질병 치료에 도움이 될 단서를 제공한다. 그러나 희귀 질병에 대한 유전자 치료 문제를 해결하기 위한 가장 중요한 부분은 보건관리 체계에 근본적인 개혁이 이루어질 때까지 기다려야 한다는 것이다.

유전자 치료의 효력에 대한 전국적인 감독은 어떻게 이루어지는가? 사실상 미국의 모든 유전자 치료 제안서는 NIH에서 전국적인 공공 평가과정을 거친다. 식품의약품국과 새롭게 체결된 통합 평가과정으로, 새로운 주제를 제기한 제안서만이 연 4회의 RAC 회의에서 공개 평가를 받는다. 다른 제안서의 경우, 연구자에 대한 기본 정보, 프로토콜의 제목, 목표 세포, 벡터, 그리고 후원자가 공개된다. 환자가 겪는 모든 심각한 부작용도 연 4회의 RAC 회의에 보고된다. 게다가, 주기적인 간격으로 — 앞으로는 매년 — 미국의 사실상 모든 유전자 치료연구에 대한 공개 보고서가 수집되어 RAC 회의에 제출된다. 관심 있는 사람이면 누구나 이 보고서를 통해, 치료 효과를 제외하고, 진행 중이거나 이미 종료된 유전자 치료 임상실험에 관한 주요 사실들을 알 수 있다. 예를 들어, 얼마나 많은 환자들이 매회 임상실험에 등록했는지, 얼마나 많은 부작용이 발생했는지 알 수 있다. 연구결과가 발간된 경우, 출간물도 명기한다.

이 책의 저자 중 한 사람은 유전자 치료의 공개 평가과정에 밀접하게 관여해서 유전자 치료를 객관적으로 판정할 수 없다. 그러나 몇 가지의 코멘트는 무방할 것이다. 유전자 치료연구의 초기 단계에 있었던 공공 책무의 수준은 임상연구 역사상 유례가 없는 것이었다. 실제로, NIH RAC는 새로운 생의학기술인 유전자 치료에 대한 일종의 전국 연구윤리위원회(기관윤리위원회) 역할을 수행했다. 나아가, RAC 평가과정은 다른 나라들에 모델을 제공해 주었고, 많은 나라가 유전자 치료에 대해 독자적인 전국 평가위원회를 설립했다. 대부분의 경우, 다른 나라에 설립된 위원회들은 회의를 공개하지 않았지만, 위원들은 종종 RAC 회의에 참가했고, 때로는 RAC의 토의가 비공개 평가과정에서 그들에게 제출된 프로토콜을 평가하는 데 도움이 되었다고 보고했다.

미국의 일부 상업기업과 대학 연구자들은 이중 평가를 번거롭게 생각했고, FDA가 유전자 치료연구에 대한 유일한 평가기관이 되어야 한다는 캠페인을 벌였다. 그들은, 최초의 유전자 치료연구가 이루어졌던 1990년대 초에는 RAC가 필요했을지 모르지만, 이제 더는 효용성이 없다고 주장한다. 저자로서의 우리의 견해는 선택된 프로토콜에 대한 공개 평가와 유전자 치료 현황에 대한 정기 보고가 미국의 대중, 언론, 매체, 그리고 하원 의원들에게 여전히 중요하

다는 것이다. 우리 두 사람의 관점에서, 공개 평가와 정기적인 모니
터링은 공적 책무를 위해 필수적이다.

다른 나라에서 연구자들은 어느 정도로 유전자 치료연구에 관여하는가?
우리는 주로 미국의 유전자 치료에 초점을 두었다. 그것은 다른 어
느 나라보다도 많은 연구가 미국에서 시작되었기 때문이다. 그러나
영국, 프랑스, 네덜란드, 독일, 이탈리아, 일본, 그리고 중국 등에
서 유전자 치료가 진행 중이며, 기타 다른 나라에서도 이루어지고
있을 것이다. 대부분의 경우, 공개적으로 진행되어온 연구들은 미
국에서 진행된 연구와 유사할 것이다. 예를 들어, SCID는 여러 나
라에서 목표가 된 질병이었다. 비슷한 사례가 없는 연구는 중국의
혈우병 B*를 치료하려고 했던 중국의 프로토콜이다. [102]

체세포 유전자 치료는 장기적으로 얼마나 유용한가?
이 마지막 질문에 대한 솔직한 답변은 '어느 정도 확실하게 답하기
에는 너무 이르다'일 것이다. 유전자 치료에 대한 일부 비평가들은
이러한 접근방식의 미래가 그리 밝지 않다고 주장했다. 그들은 현

---

* 〔역주〕 출혈성 질환인 혈우병의 원인은 혈액응고인자의 유전자 결함으로
  알려졌다. 그중에서 결함이 있는 혈액응고인자의 종류에 따라 A와 B로 구
  분된다.
102) 미국 외 다른 나라들에서 진행된 연구에 대한 개괄은 〈인간유전자치료〉 최
  근호를 참조하라. 영국에서 진행된 유전자 치료에 대한 최근 보고서는 다
  음 문헌을 보라. United Kingdom, Health Departments, Gene Therapy
  Advisory Committee, *First Annual Report: November 1993-December
  1994* (London: Department of Health, January 1995).

행 기술을 사용하는 경우, 환자 1명당 한 해에 들어가는 유전자 치료의 비용은 대략 10만 달러이며, 모든 환자에게 재치료와 모니터링이 필요하다는 점을 지적한다. 또한 그들은 낭포성 섬유증 환자에 대한 약물치료와 같은 대체 치료법도 향상되고 있으며, 궁극적으로는 유전자 치료를 불필요하게 만들 수도 있다는, 매우 타당한, 주장을 제기한다.

유전자 치료가 유전공학 바이러스성 벡터를 수단으로 목표 세포에 유전자를 삽입할 수 있는 매우 특화된 실험실에서 반복된 처치를 요하는 한, 유전자 치료는 상대적으로 비싼 질병 치료법으로 남을 것이다. 이러한 조건에서, 인간 질병과의 전쟁에서 그 유용성은 극히 제한적이다. 그러나 최소한 유전자 치료 방식이 예방접종이나 항생물질처럼 일상적이고 널리 이용되는 방법이 될 가능성을 꿈꾸는 몽상가들도 있다. 가령 앤더슨은 '마법 탄환'이 '혈류 속으로 들어가 도움이 필요한 세포에 직접 치료 유전자를 전달하게 될 날'을 꿈꾼다.[103] 그의 말을 직접 인용해 보자.

"나는 1만개의 바이러스를 가지고 아프리카에 가서 겸형 적혈구 빈혈증을 치료하기 위해 유전자를 주입하고 싶다."[104]

103) Daniel Glick, "A Genetic Road Map", *Newsweek*, October 2, 1989, p. 46.
104) *Ibid*.

제28장

사람의 대물림 가능한 유전자 변형 *

과학적 · 윤리적 · 종교적 · 정책적 쟁점에 대한 평가

미국과학진흥협회 · 마크 S. 프랭켈 · 오드리 R. 채프먼*

서 문

이 보고서는 사람에게 통제된 대물림 가능한 유전적 변화를 유도하는 과학적 전망을 평가하고, 미래세대의 유전적 대물림을 변화시킬 기술 도입과 개발의 윤리적 · 종교적 · 사회적 함의를 탐구한다. 이 분석은 연구를 진행할 것인지, 지속한다면 어떻게 할 것인지에 대한 일련의 권고들로 이어진다. 이 보고서는 미국과학진흥협회(AAAS)

- 미국과학진흥협회의 허락으로 재수록하였다.
* 〔역주〕 American Association for the Advancement of Science(AAAS). 1848년 창립되어 미국 과학 진흥과 발전을 목표로 하는 민간과학단체이다. Mark S. Frankel. AAAS의 과학의 자유, 책임, 법 프로그램 책임자를 지냈다. 연구 주제는 전문직 윤리, 과학과 사회, 과학과 법 등이다.
Audrey R. Chapman. AAAS의 과학과 인권 프로그램 책임자를 지냈다. 생명윤리, 인권, 종교윤리 등의 주제로 많은 책을 썼다.

가 소집한 저명한 과학자, 윤리학자, 신학자, 그리고 정치분석가들로 이루어진 실행위원회의 숙의와 그 후 진행된 프로젝트 실무자들의 분석을 기반으로 했다.

인간유전체 프로젝트, 분자생물학의 진전, 새로운 생식기술 등이 박차를 가하면서 유전학 연구에 제공된 돌파구들은 유전적 개입을 통해 유전병, 특히 단일 유전자 이상 질병의 가능한 치료법에 접근할 수 있을지에 대한 우리의 이해를 한층 진전시켜 주었다. 현재 유전 요인이 있는 질병에 대한 의학적 치료법의 한계로 인해, 사람의 세포를 변화시켜 분자적 수준에서 질병을 치료하는 기법을 개발하려는 시도가 이루어졌다. 현재까지 유전자 치료와 연관된 대부분의 연구와 임상 자원들은 생식세포가 아닌 체세포를 목표로 하는 기법 개발에 투여되었다. 질병 치료나 제거를 위해 고안된 체세포 유전자 치료는 치료받는 개인에게만 영향을 주도록 설계된다. 아주 최근에, 연구자들은 유전자 치료를 통해 환자 건강을 향상시키는 데 확실한 성공을 거두었다고 선언했다. 이것은 그간의 오랜 연구가 비로소 결실을 맺는 암시인 것 같다.

최근 동물연구에서 이루어진 발전도 종내에는 우리가 미래 세대에 전달되는 유전자를 변형시킬 기술적 능력을 갖게 될 것이라는 가능성을 높이고 있다. 이 보고서는 개인이 자신의 후손에게 대물림하는 유전체를 변형시킬 수 있는 모든 생의학적 개입을 가리키는 대물림 가능한 유전자 변형(Inheritable Genetic Modification: IGM)이라는 개념을 사용한다. IGM의 한 형태는 발생 중인 생물의 난자나 정자로 발생하고 그 유전성 형질을 전달하는 생식세포를 다루는 것이다. 생식계열 치료의 또 하나의 형태는 생식세포(정자와 난자세

264

포) 또는 그것이 유래한 세포 형태를 변형시키는 것이다. 인공 염색체 삽입처럼 현재 개발 중인 다른 기술들도 후손에게 대물림 가능한 유전자 변화를 일으킬 수 있을 것이다.

또한 유전학 지식이 점차 늘어나면서, 질병을 치료하거나 제거하는 데 그치지 않고 정상인의 형질을, 좋은 건강을 유지하거나 회복하는 데 필요한 수준 이상으로, '향상'시키기 위한 유전적 개입에 대해 생각하는 것도 가능하게 되었다. 그런 사례로는 키나 지능을 높이고, 눈이나 머리카락 색깔과 같은 특성을 변화시키기 위한 노력을 들 수 있다. 이러한 개입은 체세포 유전자 변형이나 IGM 어느 쪽으로도 가능하다.

그렇다면 지지자들은 이 기술을 개발하고 적용하는 데 어떤 근거를 제공하는가? 이론상, 미래세대에 전달되는 유전자의 변형은 체세포 유전자 치료에 비해 여러 가지 이점이 있다. 대물림 가능 유전자 변형은 세대마다 체세포 치료를 반복하는 것보다 가족 내에 유전적 원인에 기반을 둔 일부 질병이 대물림되는 것을 방지할 수 있다. 일부 과학자와 윤리학자들은 생식계열 개입이 의학적으로 특정 질병군을 예방하는 데 필요하다고 주장한다. 왜냐하면 부모 양쪽이 모두 돌연변이를 가지는 경우처럼, 선별 검사나 선택 절차가 적용될 수 없는 상황이 있기 때문이다.

생식계열 개입은 사람의 발생에서 가장 초기 단계에 영향을 줄 수 있으므로 결함이 있는 유전자에 기인한 비가역적인 손상이 나타나기 전에 미리 예방할 가능성을 준다. 오랜 시간에 걸쳐, 생식계열 유전자 변형은 사람의 유전자 풀에서 대물림될 수 있는, 오늘날 많은 고통을 주는, 특정 유전성 질환의 발병을 줄이는 데 이용할 수 있다. 그에 비해, 체세포 유전자 치료는 병에 걸린 개인만을 치료하기 때문에, 같은 방식으로 질병 발생을 감소하는 데 이용할 수 없다.

그러나 대물림 가능한 유전적 작용에 적합한 과학적 절차를 개발하는 데에는 아직 해결되지 않은 심각한 기술적 장애물들이 있다. 이러한 개입이 치료받는 사람의 자손에게 전달될 수 있으므로, 이러한 절차가 안전하고 효과적이라는 확실한 과학적 증거가 요구될 것이다. 외부 물질을 더하는 기술의 경우, 사람의 생식계열 개입을 시작하기 전에, 먼저 분자와 동물연구를 기반으로 세대 간 안정성이 확인되어야 한다. 아직은 이러한 기준을 충족시킬 수 없으며, 언제 가능해질지도 예측할 수 없다.

또한 IGM은 철저한 토론과 평가가 필요한 심각한 윤리적·신학적·정책적 쟁점을 야기한다. 미래 세대에 전달되는 유전자를 변형시키려는 시도는 의학적 측면만이 아니라 사회적 혁명까지 불러일으킬 가능성이 있다. 이 기술이 우리에게 여러 새로운 방식으로 우리 아이들을 주조할 힘을 부여하기 때문이다. 이 기술은 오늘날 인간임(humanness)의 필수 요소로 간주되는 생물학적 특성과 인격적 특성들에 대한 엄청난 통제력을 우리에게 부여한다. 설령 이 방법을 진행시킬 기술적 능력이 있다 해도, 우리는 이 절차가 유전질환을 치료하기 위해 현재 개발 중인 다른 기술들에 대해 신학적·사회적·윤리적으로 수용가능한 대안을 제공하는지를 판단해야 한다. 과연 우리는 이 기술들을 평등하고, 정의롭고, 인간의 존엄성을 존중하는 방식으로 적용하는 데 필요한 지혜, 윤리적 관여, 그리고 공공정책을 가지고 있는가?

이러한 개입의 잠재적 크기 때문에 기술적 가능성에 대한 사회적 인식을 향상시키고, 그 이용의 함의를 신중하게 고려하며, 연구를 진전하기 전에 지속적인 대중 토론을 진행하기 위한 과정을 설계하는 것이 매우 중요하다. 충분한 정보에 기초한 대중 토론이 가능하려면 과학적 가능성과 위험뿐 아니라 이 기술이 야기하는 시급한 도덕적 우려들에 대한 이해가 필요하다. 복제양 돌리와 이후 다른 포유류의 복제에 이용된 체세포 핵이식기술의 적용을 통한 인간복제 가능성을 둘러싼 한바탕의 소동은 과학의 획기적 발전에 앞서 신기술의 과학적·윤리적·종교적·정책적 함의에 대한 진지한 검토가 얼마나 중요한지 강조했다. 로슬린 연구소의 포유류 복제 연구에 대한 언론 보도와 대중들의 반응은 과학적 발견이 실현되기 전에 일단 발표된 이후, 충분한 정보에 기초한, 감정에 치우치지 않는 대중 토론이 진행되기는 더 힘들다는 것을 보여 주었다.

과학자와 윤리학자들은 거의 30년 동안 대물림 가능한 사람의 유전적 개입과 연관된 과학적·윤리적 논의의 필요성에 대한 관심을 촉구해왔다. 이미 1972년에 몇 명의 과학자들이 미래의 체세포 유전자 치료가 목표 체세포뿐 아니라 생식세포까지 의도치 않게 변화시킬 수 있는 위험을 수반한다는 것을 경고했다. 1982년에 대통령위원회는 "후손에게 대물림 가능한 유전적 변화를 야기하는 모든 절차에 대해 특별히 엄격한 조사가 적용되어야 한다"고 선언했다.

그러나 오늘에 이르기까지, 이 주제에 대한 대중적 관심은 거의 지속되지 않았다. 과학은 빠른 속도로 발전하고 있지만, 윤리적·종교적·정책적 함의에 대한 이해는 보조를 맞추지 못했다. 일반적으로 우리 사회는 과학 발전에 대해 우리의 가치와 정책을 급하게 맞추기 위해 '허겁지겁 대응 양식'(reactionary mode)을 진행시키곤

한다. 그러나 과학 발전이 우리의 유전적 미래를 바꾸어 놓을 가능성과 관련된 심각한 쟁점들을 제기하기 때문에, 미리 계획을 수립하고, 과학을 계속 발전시킬 것인지, 발전시킨다면 어떻게 발전시킬 것인지를 결정하고, 엄격한 분석과 대중 논의를 통해 이 기술에 방향을 부여하는 것이 중요하다.

IGM에 대한 대중적 숙의를 촉진하기 위해 AAAS 내에 2개의 프로그램이 — 과학의 자유, 책무, 법 프로그램(Scientific Freedom, Responsibility and Law Program)과 과학, 윤리, 종교에 대한 대화 프로그램(Program of Dialogue on Science, Ethics, and Religion) — 대물림 가능한 유전자 변형과 연관된 과학적·윤리적·신학적·정책적 주제를 평가하기 위한 2년 6개월의 프로젝트를 공동으로 조직했다. 우리의 목적은, 가능하다면, 어떤 적용 유형을 장려하고, 어떤 안전장치를 마련해야 할 것인지에 대한 권고안을 마련하는 것이다.

1997년 9월 두 프로그램이 공동 주최한 인간생식계열 쟁점에 대한 포럼을 근거로, 이 프로젝트는 일련의 권고안을 개발하기 위해 과학자, 윤리학자, 신학자, 그리고 정책 분석가들로 이루어진 실행 그룹을 소집했다. 2개의 소그룹에서 많은 연구가 이루어졌고, 소그룹은 폭넓은 학제적 분야의 연구자들로 구성되었다. 첫 번째 소그룹은 다양한 종류의 인간생식계열 적용의 실행가능성, 관련 위험, 생식계열 연구와 인간 피실험자에 대한 적용의 한계, 그리고 동의 문제를 검토했다. 두 번째 소그룹은 IGM의 사회적·윤리적·신학적 함의를 고찰했다. 실행 그룹들은 함께 모여 그동안 이루어진 발견을 분명히 하고, 공공정책 권고안을 만들었다. 두 실행 그룹의 전체 위원 명단은 이 장 말미에 실려 있다.

주요 발견, 우려, 그리고 권고사항

실행그룹 위원들 대다수는 다음과 같은 발견, 우려, 그리고 권고안을 승인했다.

발견

- 실행 그룹은 현재 수준에서 IGM(유전성 유전자 변형)이 사람을 대상으로 안전하고 책임 있게 수행될 수 없다고 결론지었다. 현재의 체세포 유전자 도입 방법은, 돌연변이 유전자를 교정하거나 정상 유전자로 대체하는 것이 아니라 DNA를 세포에 부가하는 방법이기 때문에, 비효율적이고 신뢰하기 어렵다. 사람의 생식계열 유전자 치료는 안정성과 효능을 입증할 수 없기 때문에 부적절하다. 따라서 IGM에 대한 요구사항은 신뢰할 수 있는 유전자 교정이나 대체 기법을 개발하는 것이다.
- 현재의 유전자 부가 기술로는, 체세포 치료의 의도치 않은 생식계열 부작용의 결과로, 치료로 인해 발생하는 유전자 손상이 나타날 수 있다. 이러한 문제는 최소한 의도적인 생식계열 유전자 도입으로 발생할 수 있는 유전자 손상만큼이나 심각할 수 있다. 따라서 이미 사용 중이거나 계획되고 있는 체세포 치료에 수반되는 부작용에 대해 관심을 기울여야 할 것이다.
- 실행그룹은 남녀 커플에게 그 후손이 특정 유전질환을 가질 가능성을 최소화하기 위해 IGM에 대한 대안이 없는 몇 가지 시나리오를 확인했다. 체세포 유전자 도입의 향후 발전은 자손들을 치료할 수 있는 좀더 많은 선택지를 제공하게 될 것이다.
- 신학자들과 ― 주류 신교, 가톨릭, 그리고 유대교 전통의 ― 실행그룹에 속한 윤리학자들의 주도로, 그룹은 IGM에 대한 종교적·윤리적 평가가 기술의 본질, 인간 본성에 대한 그 영향, 안전성과 효능의 수준,

그리고 IGM이 치료와 향상 중에서 어떤 목적에 이용되는지에 따라 달라질 것이라고 결론지었다. IGM의 사회적 영향, 특히 사회 정의에 대한 함의와 관련된 윤리적 고려는 종교계의 태도를 형성하는 데 주된 역할을 할 것이다.

• 현재까지 사적 부문은 체세포 유전자 연구에 연구비를 지원하는 주도적 역할을 하면서, 상업적 이해관계가 연구자들의 연구행위와 연구방향 및 범위에 영향을 미치는 문제를 야기했다. IGM에 대한 연구와 적용이 계속되면, 이와 유사한 문제들이 표면에 부상할 가능성이 높다.

우려

• IGM이 미래 세대의 유전자 전달에 영향을 미칠 수 있다는 사실은 주된 윤리적 우려를 낳는다. IGM은 인간 개인에 대한 태도, 인간의 생식 본성, 그리고 부모 자식 관계 등을 변화시킬 수 있다. IGM은 불구를 가진 사람에 대한 편견을 악화시킬 수 있다. 건강관리에 대한 접근에 차별이 있는 사회에 IGM이 도입될 경우, 심각한 정의의 문제가 야기될 수 있으며, 새로운 불평등을 낳거나 기존의 불평등을 증폭할 수 있다.

• 향상을 목적으로 하는 IGM은 특히 문제가 있다. 사람의 형태나 기능을 향상시키기 위해 설계된 향상 적용(enhancement application)은 '가진 자'와 '갖지 못한 자' 사이의 간격을 전례가 없는 정도로 넓힐 수 있다. 개인의 유전된 게놈을 향상시키려는 노력은 인간생식을 상업화하고, 자신들의 유전체를 '교정'해서 '완벽한' 아기를 얻으려는 시도를 강화할 수 있다. 향상 적용의 일부 유형은 정상성(normality)에 해로운 개념들을 부과하는 결과로 이어질 수 있다. 딜레마는 치료 목적을 위해 개발된 IGM 기술들이 향상 적용에도 마찬가지로 적합할 수 있다는 사실이다. 따라서 IGM으로 질병이나 불구를 치료하려는 노력을 기울이는 과정에서 이러한 개입을 향상 목적을 위해 사용하는 상황은, 설령 이러한 이용이 윤리적으로 받아들여질 수 없는 것으로 간주되는 경

우에도, 피하기 힘들 것이다.

권고

- 전통적으로 생식세포 속의 유전자 도입으로 이해된 IGM(유전성 유전자 변형)을 진행할 것인지 결정하기 이전에라도, 공공기관은 IGM에 대한 연구개발을 감독하고 감시할 책임을 져야 한다. 이때 IGM은 한 개인이 자신의 자손에게 전달할 수 있는 유전자를 변형하기 위한 목적을 가진 모든 기술로 폭넓게 개념화되어야 한다. 실행 그룹이 정의한 IGM의 범위 내에 포괄되는 일부 개입은 우리가 필요하다고 생각하는 관리가 이루어지지 않는 상태에서 이미 진행되고 있다.
- IGM 진행에 대한 사회적 태도를 확인하기 위해, 그리고 이 기술의 미래에 대한 의사결정을 하기 위해, 의미 있는 과정을 개발하기 위해 포괄적인 대중 교육과 토론을 증진시키는 것이 중요하다. 이러한 노력은 관련된 과학에 대한 이해를 기반으로 알려져야 한다. 여기에는 IGM과 연관된 문화적·종교적·윤리적 우려에 대한 광범위한 논의가 포함되어야 하며, 이 논의는 가능한 한 공개적이고 포괄적으로 진행되어야 한다. 이 문제에 대한 국제적 협의는 장려되어야 할 것이다.
- IGM의 진행에 대한 사회적 의사결정을 내리기 위해서는 공공과 사적 부문 모두에서 IGM 적용을 규율할 권한을 가진 감시 메커니즘이 마련되어야 한다. 이러한 메커니즘은 공공 안전을 증진하고, IGM 사용에 대한 가이드라인을 개발하며, IGM과 관련된 정책 결정에서 적절한 대중 참여를 확보하고, 상업적 영향력과 이해충돌에 대한 우려를 다루는 데 중요한 의미를 가진다.
- 유전가능한 변형을 합리적으로 예상할 수 있는 체세포 유전자 도입에 관한 모든 프로토콜들은 장-단기 위험에 대한 평가나 적절한 대중 감시 없이 진행되어서는 안 된다.
- IGM이 진행되려면, 이러한 개입의 장-단기 위험과 이익을 평가할 수

단이 반드시 있어야 한다. 사회는 사람을 대상으로 한 임상실험이나 IGM 적용을 허용하기 전에 안전성, 효능, 그리고 도덕적 수용가능성 등에 대해 얼마나 많은 증거가 요구될 것인지 결정해야 한다.

- 현재 시점까지, IGM의 임상 개발을 지원하기 위한 공공 자금의 투자는 정당화되지 못하고 있다. 그러나 기초 연구는 분자와 세포 생물학, 그리고 생식계열 변형의 실행가능성과 효능과 연관된 동물연구분야에서 계속 진행되어야 한다.

- 후손에게 전달가능한 유전자 변화의 인체실험은 안전과 효능에 대한 기준을 만족시키는 기술이 개발될 때까지 시작되지 말아야 한다. 외부 유전물질을 부가하는 경우, 정확한 분자 변화나 바뀐 유전체에서 나타나는 변화는 분자적 확실성으로, 아마도 염기서열 수준에서, 그 밖의 다른 변화가 일어나지 않았다는 것을 입증해야 한다. 나아가, 느린 속도로 진행되는 유전적 손상과 치료로 인해 발생하는 유전자 결함을 미리 배제하려면, 계획된 변화의 기능적 영향을 수 세대에 걸쳐 규정할 필요가 있다. IGM의 시도가 정확한 돌연변이 교정을 포함하고 외부 물질의 부가가 없는 경우, 유전체 전체의 염기서열에서 의도된 유전적 변화만이 의도된 장소에 국한해서 일어났다는 사실이 입증되기 전에는 사람을 대상으로 한 실험이 시작되어서는 안 된다. 전체 유전체 염기서열 수준에서 기능적으로 정상인 유전체가 복원되었다는 사실이 입증되면, 여러 세대에 걸친 평가는 불필요하게 될 것이다.

- 공공 우선권과 감수성에 적절한 관심을 쏟으려면, IGM 연구와 적용의 미래에 시장의 힘이 미치는 영향은 세심하게 평가되어야 한다.

- 유전학 연구에 대한 상업적 이해관계의 점증하는 역할을 다루려면, 연구를 관장하는 기존의 이해충돌 가이드라인이 평가되고, 적절하게 개정되며, 한층 강화되어야 한다. 가이드라인은 상업적 IGM 벤처에 대한 재정적 이해관계가 어떤 경우에 기업이 지원하는 임상실험에 대한 연구자들의 직접적인 참여를 배제하는 근거로 작용하는지 구체적으로 명시해야 한다. 그리고 가이드라인은 조사자들이 고지된 동의 과정에

서 연구에 대한 모든 재정적 이해관계를 밝힐 것으로 요구해야 하며, 연구결과에 직접적인 재정적 이해관계를 가진 연구자들이 그 연구의 환자 선택, 고지된 동의 과정 또는 연구의 방향 결정에 참여하지 못하도록 막아야 한다.

- 실행위원회 위원명단

W. French Anderson, R. Michael Blease, Cynthia B. Cohen,
Ronald Cole-Turner, Robert Cook-Deegan, Kenneth W. Culver,
Troy Duster, Christopher Evans, John C. Fletcher,
Theodore Friedman, Eric T. Juengst,
Father Albert S. Moraczewski, Robert F. Murray Jr.,
Pilar N. Ossorio, Julie Gage Palmer, Erik Parens,
Bonnie Steinbock, Gladys B. White, Sondra Wheeler,
Laurie Zoloth

제29장

생식계열 유전공학과 도덕적 다양성 *
기독교 이후 세계의 도덕 논쟁

H. 트리스트램 엥겔하르트 2세*

서문: 복수의 인간 본성

생식계열 유전공학, 즉 후손에게 대물림될 수 있는 유전적 변화를 일으키는 공학에 대한 전망은 폭넓은 도덕적 · 대중적 정책 질문을 야기한다.[1] 가장 자극적인 물음 중 하나를 요약하면 다음과 같다.

- 케임브리지대학 출판사의 허락을 얻어 재수록하였다. 이 글의 출전은 다음과 같다. *Social Philosophy and Policy*, 13(2) : 47-62.

* [역주] H. Tristram Engelhardt Jr. 미국의 철학자로, 라이스대학 철학 교수이자 베일러 의대 명예교수.

1) 인간유전자계획의 도덕적 · 공공정책적 함의와 유전공학의 전망에 대해서는 많은 문헌이 나와 있다. 다음을 참조하라. ELSI Bibliography, Ethical, Legal, and Social Implications of the Human Genome Project(Washington, D. C. : U.S. Department of Energy, May 1993) ; and ELSI Bibliography, 1994 Supplement(Washington, D. C. : U.S. Department of

우리가 아는 인간 본성을 수용하기 위한 일반적인 세속적 용어로 명료화될 수 있는 도덕적 근거들이 있는가? 또는, 최소한 세속적인 도덕적 억제라는 측면에서, 우리가 정의하는 것처럼 우리의 이해관계를 더 잘 만족시킬 수 있도록 인간 본성을 재형성할 수 있겠는가?

이 물음은 다시 현재의 인간 본성이 비종교적 관점에서 이해될 수 있는 신성함과 비슷한 도덕적 지위를 가지는가에 대한 좀더 진전된 물음을 제기한다. 이 글은 일반적인 세속적·도덕적 관점에서 인간 본성에, 그로부터 세속적인 건강관리정책을 이끌어 낼,[2] 특별한 도덕적 지위나 신성함이 있다는 것을 입증할 수 없음을 전제로 삼을 것이다.

덧붙여서, 이 글에서 보여 주듯이, 타인에 대한 시혜나 인정을 근거로 인간 본성에 특수한 도덕적 지위나 신성함을 부여할 수 없다는 어려움을 극복할 수 없다. 인간 본성에 대한 종교적·문화적으로 규범적인 이해 없이는, 그리고 생식계열 유전공학의 이용가능성을 고려할 때, 우리의 본성을 개조할 수 있는 복수(複數)의 가능성이 있다. 생식계열 유전공학에 대해 세속적인 도덕적 제약이 실질적으로 적용될 수 없다는 사실은 인간 본성에 대해 세속적으로 복수의 가능성이 적법하다는 것을 보여 준다.

우리의 인간 본성을 개조할 수 있다는 가능성은 우리에게 지침을 줄 수 있는 일반적인 세속적·도덕적 구속이 거의 없다는 것을 폭로

Energy, September 1994).

2) H. Tristram Engelhardt Jr., "Human Nature Technologically Revisited", *Social Philosophy and Policy*, vol. 8, no. 1(Autumn 1990): 180-191.

한다. 역설적이게도, 우리가 우리의 인간 본성을 더 개량할 수 있게 될수록, 그에 대한 지침은 적어진다. 생식계열 유전공학을 통해 추구될 수 있는 인간 복지 개념이 하나가 아니라 여럿일 수 있다는 사실은 인간으로서의 우리의 자기이해에 도전을 제기한다. 인간의 자유를 고려한다면, 그리고 당연시되는 종교적·문화적·도덕적 구속이 없다면, 생식계열 유전공학의 가능성은 인간 본성의 복수의 가능성을 연다.

이 글에서, '인간 본성'이라는 말은 단지 육체 속에 있는 정신의 현현(顯現) 이상의 의미를 가진다. '인간 본성'이라는 개념은 사람을 동일성을 확인할 수 있는 이성적 동물종으로 구분하는 정신과 육체의 특수성을 분간하기 위해 이용된다. 이러한 '인간 본성'의 의미에서, 그리고 중요한 생식계열 유전공학을 고려할 때, 과거에도 그랬듯이〔예를 들어, 호모 네안데르탈인(Homo neanderthalensis) *의 경우처럼〕, 사람을 여러 인간종(人間種)으로 구분할 수 있게 될지도 모른다. 이 종의 식별은 타가수정 교배가 없다는 사실에서뿐 아니라 인간 복지의 다른 이상을 추구하면서 인간 본성이 바뀐 결과로 나타났을 실질적 차이를 준거로 삼아서도 이루어질 수 있다.

---

* 〔역주〕 오랜 기간 과학자들은 네안데르탈인을 사람에 속하는 하나의 독립된 종(種)으로 간주할지 아니면 호모 사피엔스에 속하는 아종(亞種)으로 간주할지를 두고 토론했다. 초기에는 별개의 종으로 보고 '호모 네안데르탈인'이라는 학명으로 나타냈지만, 20세기 중반 이후에는 호모 사피엔스의 아종인 '호모 사피엔스 네안데르탈인'으로 보는 시각이 우세해졌다. 하지만 최근에는 네안데르탈인의 미토콘드리아 DNA의 염기서열을 분석한 결과 네안데르탈인과 호모 사피엔스가 유전적으로 전혀 다른 특성을 보인다는 연구결과가 발표되면서 서로 다른 종으로 보아야 한다는 학설이 다시 유력해지고 있다.

나는 처음부터 사람이 자신의 본성을 실현하는 방식이 부분적으로 환경과 문화에 의해 늘 결정될 수 있다는 것을 인정한다. 그러나 동시에 환경과 문화에 의한 결정에 활용될 수 있는 유전물질이, 생식계열 유전공학에 의해 작동할 수 있다는 관점에서, 일차적으로 주어진다고 생각한다. 그런 다음, 중요한 유전자 재구성이 종 분화로 이어지게 될 것이다. 그 의미는 ① 인간 형태에서 중요한 차이를 낳고, ② 인간종 사이에서 교차 생식을 불가능하게 만든다는 것이다. 인간 본성의 변화에 대한 논의는, 다름 아니라, 우리의 유전자에 기반을 둔 강점과 약점의 현 구성을 바꾸는 것에 대한 논의이다. 모든 과학 혁신 중에서 생식계열 유전공학은 가장 급진적이고 근원적인 변화를 예고한다.

생식계열 유전자 개입의 전망에서 야기되는 우려들을 탐구하면서, 나는 향후 수십 년 이내에 생식계열 유전공학 분야에서 인간유전체를 크게 바꿀 만큼 중요한 진전이 이루어질 것이라고 가정하지는 않는다. 그보다, 나는 이러한 능력이 앞으로 수백 년에 걸쳐 실현될 것으로 가정한다. 불과 지난 200년 동안 해부학, 병리학, 심리학, 생화학, 미생물학 등이 의학의 임상적 실행의 기본이라는 의미에서 기초 과학이 되었다. 나는 앞으로 수백 년 동안 유전자 과학과 기술이 전통적인 기초 과학들에 열쇠를 제공해 줄 중요한 기초 과학으로 출현하게 될 것이라고 생각한다. 인간의 해부학과 심리학에 대한 중요한 유전적 재구성을 실행하는 데, 유전과학과 기술이 사용될 가능성이 높다.

우리는 앞으로 직면하게 될 도덕적 곤경에 대해 성찰할 수 있는 호사를 누리고 있다. 이 글은 앞으로 다룰 필요가 있게 된 쟁점 중 하나에 관해 탐구하게 될 것이다. 그것은 인간 본성의 개조에 대해 실질적 구속이 있는지, 아니면 단지 절차적 제약이 있는 것인지 하는 문제이다.

우리 자신의 기술로 어떻게 스스로를 개조할 것인지 결정한다는 의미에서 스스로를 자신의 대상으로 만들게 되는 상황에 처한 지금, 우리는 어떤 식으로 확고한 도덕적 제약이나 가이드라인을 마련할 수 있는가?

우리 자신의 본성에 관해 가장 혁명적인 기회에 직면하고 있는 지금, 그와 동시에 확실한 이정표를 갑자기 빼앗긴 것은 아닌가? 아니면 우리의 본성을 고칠 수 있다는 가능성 자체가 실질적인 제약이나 유용한 도덕적 방향을 확보할 가능성을 우리에게서 강탈해가는 것인가? 과연 우리는 만족할 만한 세속적 도덕규범을 발견할 수 있을 것인가? 아니면 우리에게 동의와 도덕적 다양성이 ─ 그 결과의 복수성이라는 가능성 ─ 남겨질 것인가?

인간성, 인본성, 그리고 규범적인 인간

그리스 로마 시대 이래로 가이우스 《법학제요》와 《유스티아누스 법전》과 같은 법전에서, 규범적 인간이라는 개념은 도덕성과 공공 정책에 관한 성찰을 유도했다. 나폴레옹은 괴테에 대해 "보라, 인간이다!"라고 평했다.[3] 그가 이 말을 한 까닭은 같은 종의 구성원임

---

3) Emil Ludwig, *Napoleon*, trans. Eden and Cedar Paul(New York:

을 밝히려는 것이 아니라 탁월한 인간이라는 특별한 개념을 확인하는 것이었다.

나폴레옹은 인간을 규범적으로 찬양해온 역사와는 다르게 '인간'(*homme*)이라는 말을 사용하고 있었다. 그리스 로마 사회에서, 많은 사람이 'philanthropia'라는 말을 같은 인간에 대한 박애라는 뜻보다 가장 훌륭한 인간적 특성들에 대한 확인으로 이해하려고 애썼다. 4) 이러한 관심은 후마니타스(*humanitas*)와 같은 계열의 파생어들과도 연관된다.

로마 철학자 키케로는 이러한 용어들을 대중화하고, 스투디움 후마니타티스(*studium humanitatis*)*와 같은 말과 연결했다. 5) 아주 친절함(*humanissime*), 친절함(*humanitas*), 품위 있음(*humanitas*), 인간성의 느낌(*sensus humanitatis*) 등의 다양한 용례를 통해, 키케로는 인간을 다른 동물들과 구분하는 관점에 가까워지고 있다.

문제가 되는 것은 단지 생물학적 특성에 대한 기술만이 아니라 인간이 품위있고 우아하게 행동하는 방식을 확인하는 것이다. A. D. 2세기 중엽에 아울루스 겔리우스(Aulus Gellius, 123?~165?)**는

Modern Library), p. 322.

4) 예를 들어, 다음 문헌을 보라. Werner Jaeger, *Humanism and Theology* (Milwaukee: Marquette University Press, 1943), 특히 87; 다음 문헌도 참조하라. Jaeger, *Paideia: The Idea of Greek Culture*, 3 vols. (Oxford: Oxford University Press, 1945).

* 〔역주〕 원래 인문주의를 의미하는 '휴머니즘'은 로마의 키케로가 사용한 '인간 연구'(Studia Humanitatis)에서 유래했다. 원래는 자유인을 위한 교육, 즉 사람됨을 배운다는 뜻이었고, 고대 그리스어와 라틴어, 시, 역사, 철학 등 '세속적'인 분야를 연구하는 문예 학술 활동을 총칭했다.

5) Franz Beckmann, *Humanitas*(Munster: Aschendorff, 1952).

고상함, 교육, 박식, 그리고 규범적인 인간성 등에 대한 다양한 관심을 한데 엮었다.

라틴어를 구사했고, 그 언어를 정확하게 사용했던 사람들은 '후마니타스'라는 말에 일반적으로 쓰이는 의미, 즉 그리스인들이 모든 사람에 대한 차별 없는 박애 정신과 호의를 뜻하면서 '필란트로피아'(*philanthropia*) 라고 불렀던 의미를 부여하지 않았다. 그들은 후마니타스를 그리스의 파이데이아(*paedeia*)의 힘이라는 뜻으로 썼다. 파이데이아는 우리가 '인문학의 교육과 훈련'(*eruditionem institutionemque in bonas artes*)이라고 부르는 것이다. 이것을 진정으로 갈망하고 추구하는 자는 가장 인간답게 되는 사람들이다. 이런 종류의 지식 추구와 그 지식에 의한 훈련이 모든 동물들 중에서 인간에게만 허용되며, 그 때문에 그것이 후마니타스, 즉 '인간성'이라고 일컬어진다. 6)

겔리우스는 감수성을 교육하고 품위를 갖추게 하는 문화적 · 지적 환경에 두드러진 관심을 나타냈지만, 라틴어로 '후마니타스'는 인간 본성으로부터 인간 품위의 우수함을 이끌어 내서 완전히 발현될 수 있다는 것을 뜻한다.

고대인들은 특정한 장점으로 표현될 수 있는 배경으로서의 인간 본성을 가정했고, 이러한 생각은 오늘날에까지 인문학으로 이어지고 있다. 르네상스 시대의 인문주의자들은 자신들이 진정한 인간을

** 〔역주〕 고대 로마의 수필가이다. 로마에서 태어나 문학을 배우고 법률을 직업으로 한 후에 아테네로 유학, 철학을 배운 것으로 추정된다.
6) *The Attic Nights of Aulus Gellus*, trans. John C. Roife(Cambridge: Harvard University Press, 1978), 2: 457.

양성하고 있다고 생각했다. 7)

이런 경향은 2차 인문주의가 시작된 19세기 초에 훔볼트(Wilhelm von Humboldt, 1767~1835)와 니트함머(Friedrich Niethammer, 1766~1848)와 같은 사상가들에게서도 나타났다. 8) 배빗(Irving Babbitt, 1865~1933)과 무어(Paul E. Moore, 1864~1937) 등의 신인문주의 사상가, 그리고 19세기 말과 20세기 전반부에 저술 활동을 한 루디거(Horst Rudiger, 1908~)나 예거(Werner Jaeger, 1888~1961)와 같은 3차 인문주의자들도 마찬가지이다. 이러한 시도는 인간을 구분하는 미덕이라는 특징의 강조를 보전하려는 것이었다. 9) 그동안, 무엇이 규범적으로 인간적인가와 연관된 일련의 관념들 주변에서 도덕적·미학적 관심들의 복합적인 집합이 표현되어온 셈이다. 10)

규범적으로 인간적인 것에 대한 이러한 성찰에는 일군의 미학적·도덕적 이상이 포함된다. 그리고 그 이상은 각기 특수한 감수성, 미학적 반응, 지성, 그리고 세계에 대한 대응 등을 전제로 삼는다. 고대에는 특수학 문화적 관점을 표준으로 인정함으로써 규범적 인

---

7) Paul O. Kristeller, *Renaissance Thought*(N.Y. : Harper & Row, 1961).

8) 다음 문헌을 보라. Friedrich Niethammer, *Der Streit des Philanthropinismus und Humanismus*(Jena : Frommann, 1801).

9) 다음 문헌을 보라. Norman Foerster ed., *Humanism and America*(New York : Farrar & Rinehart, 1930); Richard Newald, *Probleme und Gestalten des deutschen Humanismus*(Berlin : Walter de Gruyter, 1963); and Horst Rudiger, *Wesen und Wandlung des Humanismus*(Hamburg : Hoffmann and Campe, 1937).

10) H. Tristram Engelhardt Jr., *Bioethics and Secular Humanism : The Search for a Common Morality*(Philadelphia : Trinity Press International, 1991).

간에 대해 통일성을 부여할 수 있었다.

따라서 로마 경우, 후마니타스가 로마니타스(*romanitas*)*와 결부되는 데 문제가 없었다. 인간다운 인간은 로마인이었고, 이 개념은 야만인에 대립되는 것이었다.** 로마인으로 행동하는 사람은 인간다운 인간으로 행동하는 인간과 같다.[11] 이처럼 서로 연관된 이해는 손상 받지 않은 도덕적 실행과 전통의 집합에 배태되었다. 자연법에 대한 스토아 학파와 로마인의 성찰은 규범적으로 인간적이라는 개념과 연관된 가치들에 인간 본성이라는 이론적 근거를 제공했다. 그들에게 인간 본성은 존재했고, 함축된 가치를 지녔다.[12]

단일한 자연을 창조한 유일신에 대한 유대-기독교의 인정이 마지막 근거와 초점을 제공했다. 이러한 인정은 인간 본성과 신의 본성의 독특한 연결인 강생을 기독교가 인정하면서 더욱 강화되었다.[13]

---

* 〔역주〕로마를 로마답게 만들어 주는 특성을 뜻하며, 로마 문화라고도 볼 수 있다.

** 〔역주〕로마인은 '인간다운 인간'이라는 말을 사용했다. 이것은 '야만인 또는 이방인'이라는 말과 상대적인 의미에서 쓴 말이다. 여기에는, 이방인은 풍속습관이 다르고 문화적 교양이 낮은 야만인인 데 비해 자기들은 그리스로부터 이어받은 고전적 교양과 로마인으로부터 받은 덕을 갖춘 세련된 인간이라는 자부심이 담겨있다.

11) Martin Heidegger, "Brief über den Humanismus", in Heidegger, *Wegmarken* (Frankfurt/Main: Vittorio Klostermann, 1976), esp. 319f.

12) 그리스의 스토아학파 그리고 크리시포스(B. C. 279~206)와 키케로(B. C. 106~43) 같은 로마 사상가들은 실정법(*dikaion nomikon*)과 자연법(*dikaion physikon*)에 대한 그리스적 구분을 추구했다. 이러한 구별은 가이우스의 《법학제요》와 같은 로마법에 반영돼 있다. 다음 문헌을 보라. Francis de Zulueta, *The Institutes of Gaius*, 2 vols. (Oxford: Clarendon, 1976).

13) 나는 "Human Nature Technologically Revisited"(supra note 2)에서 자연의 인가라는 종교적 개념을 쓸모 있는 세속적·도덕적 개념으로 바꾸는 일

이러한 경향은 규범적으로 인간적이라는 것이 식별될 수 있고, 정책을 이끌어 낼 수 있으리라는 기대에 의해 강화되었다.

도덕과 정치 이론에서 주어진 것으로서의 인간 본성의 상실

생식계열 유전공학에 대한 전망과 후기 기독교* 세계에서, 이러한 기대에 대한 의문이 제기된다. 규범적으로 인간적이라는 개념은, 그것이 경향, 감수성, 그리고 지성의 특수성에 의존하는 한, 사람들이 인간 진화의 방향을 지시하고 조작할 수 있게 되면서, 이론상 생식계열 유전공학의 침입으로 바뀌기가 쉬워졌다. 실제로 인간유전체의 파악, 체세포 유전공학(후손에게 전달될 수 있는 유전자에 기반을 둔 변화)의 가능성 입증, 그리고 중대한 생식계열 유전공학의 가능성은 인간과 인간 본성 사이의 관계를 변화시킨다. 아직도 상대적으로 변할 수 없이 주어진 인간 본성은 인간이 인간 조건을 개조하는 결정적 지점에 도달할 것이다.

  신이 준 선물로 간주하든, 단지 자연발생적인 돌연변이, 임의 선

  이 얼마나 어려운 것인지 토로했다. 다음 문헌을 참조하라. Kurt Bayertz, *Sanctity of Life and Human Dignity*(Dordrecht: Kluwer, 1996).
* 〔역주〕탈(脫) 기독교라고도 하며, 맥락에 따라서 여러 가지 의미로 사용되지만 일반적으로 과거의 기독교적 규범과 원리들이 더는 일반적으로 통용되지 않고, 세속적 가치가 지배하면서 종교적 가치나 규범이 부수적 지위로 하락하는 현상을 포괄적으로 지칭할 때 사용된다.

택, 유전자 이동, 우주적 우연성, 그리고 생화학적 제약에 따른 결과로 이해하든, 지금까지 인간 본성은 인간 자유를 구속하는 것으로 간주되었다. 실제로, 그것은 도덕성, 정치이론, 그리고 생의학의 지향점으로 기여했다. 인간 본성의 특성은 자연법을 구분하고, 인간적 교감(그리고 그 한계)을 이해하며, 사람들의 경솔함에 대해 정부의 대응책을 마련하고, 정부 역할에 대한 기대의 틀을 짜는 출발점을 제공해왔다. 신이 부여했든 진화를 통해 생성된 것이든, 인간 본성은 무엇을 해야 하고 할 수 있는지에 대한 출발점을 줄 뿐 아니라, 무엇을 해서는 안 되고 할 수 없는지 주장할 수 있는 기반을 준다. 인간 본성은 우주의 일반적 특성보다 더 중심적인 자리로 간주되었다. 이 본성이 모든 인간 이해의 출발점을 이루기 때문이다.

인간 본성은 노화, 질병, 불구, 그리고 죽음과 관련된 기대의 토대를 제공한다. 그것은 인간의 능력과 한계에 대해 당연시되고, 정상적이고, 일반적으로 품는 기대의 기반이 된다. 그 본성은 인간이 특정한 고통을 자연스럽게 받아들이게 하고(예를 들어, 분만이나 이가 날 때의 고통), 특정 연령에서 (가령 90대 후반) 맞이하는 죽음을 수용할 만한 것으로 받아들인다.

인간 능력과 한계의 있음직한 영역은 사람과 환경, 그리고 다른 생물체 사이의 상호작용으로 결정된다. 특정 환경이나 생물 집합이 멸종(減種)의 위협을 받는지, 중간 정도인지, 좋은 상태인지는 환경이나 그 생물체의 특성만큼이나 인간의 특성에 좌지우지된다. 환경 속의 다양한 물질들에 대한 인간의 감수성은 이러한 물질을 오염 물질로 만든다. 사람이 결핵, 간염, AIDS에 걸릴 수 있는 상황은 이러한 현상과 관련된 유기체들을 감염 인자로 만든다. 우리가 인간 본성을 개조할 수 있다면, 환경과 그 밖의 생물들이 고려되는 방식 또한 변화시킬 수 있을 것이다. 그리고 우리는 정상적이거나 자연적인 것으로 간주되는 능력과 한계도 바꿀 수 있다.

이것은 후기산업 사회에서 사람들이 살아가는 복잡한 문화 환경에 적용되는 것만큼 좀더 물리적 관점으로 이해되는 환경에도 적용된다. 인간의 제도, 법률, 그리고 기대는 학습하고, 알고, 효율적으로 대응하는 인간 능력에 대한 기대라는 측면에서 대부분 틀이 만들어진다. 교육, 경찰, 복지 관련정책들은 사람들의 통상적 반응에 대한 기대에 의해 운용된다. 그러나 이러한 호소는 끊이지 않는 지시와 구속의 원천으로 인간 본성에 주어진다고 전제한다. 적응은 일차적으로 인간의 특성이 아니라 환경 변화를 지향한다. 구체적인 도덕적 우려에 대해 영속하는 내용을 제공했던 인간 본성 자체가 변화할 수 있다면, 모든 것이 달라진다.

어떤 식으로든 인간 본성을 스스로 개조하려면 분명 물리적·화학적·생물학적 한계가 있겠지만, 오늘날 인간 본성의 특정한 내용은 유전공학에 의해 상당한 변형에 노출되어 있다. 우주에서 가장 본질적인 장소인 ― 우리의 도덕성과 공공정책의 많은 부분이 그것을 토대로 수립된다는 점에서 ― 인간 본성이 조작과 변형 에너지의 초점이 되려 하고 있다.

신성함에서 우연한 일까지: 궁극적 방향성의 상실

우리가 유전적으로 인간 본성을 개조하게 될 때, 세속적 도덕성이 확고한 지침을 제공하거나 제약을 가할 수 있을지 결정하는 데 상당한 문화적 제약이 따를 가능성이 높다. 한때 광범위하게 인정되었던 신학적 서약에 문화적 힘이라는 세속적 사고가 알아차리지 못하지만 지속적으로 영향을 행사한다는 데 어려움이 있다.[14] 유대-기독교 종교에는, 인간유전체에 대한 개입을 주저하게 하는 실질적 근거가 있다. 결국, 일단 인간 본성이 신에 의해 창조되었음을 인정하면, 설령 진화에 의해 창조되었다고 해도, 인간 본성의 기본 설계는 신의 승인을 통해 근본적 지위를 가지는 것으로 인식될 수 있다. 실제로, 《창세기》 1장에서 강조하듯이 인간 본성의 선함은 신이 보증하기 때문에, 인간 본성의 기본 설계가 일종의 신성함이나 도덕적 지위를 가지는 것으로 인정될 수 있다.

나아가, 신이 인간이 되는 강림(降臨)의 중요성을 기독교인들이 인정한다는 것은 타락에서 구원된 인간 본성에 대한 신의 수락과 승인을 포함한다. 이렇게 되면, 규범적으로 인간적이라는 것은 예수로부터 인식될 수 있다. 즉, 예수를 통해 인간 본성이 신에게 통합됨으로써 확인되는 것이다. 유대 기독교 유산은 인간 본성에 대한 성찰에서 중심적인 형이상학적 닻을 폭로했다. 그것은 그 본성을 바꾸려 할 때 어디에서 제약을 찾아야 하는지 가리킨다.

---

14) 독자들은 다음과 같은 사실을 유의해야 한다. 저자는 이성이 표준적인 도덕적 내용을 제공하지 못하지만 계시(啓示)는 그것을 줄 수 있다고 믿는 정통 기독교도이다.

인간을 더는 신의 피조물로 인식하지 않는, 그 본성이 강림을 통해 신에 의해 주어지지 않는, 세속적 문화에서, 인간 본성은 우주의 중심이라는 자리를 잃는다. 이러한 상황은 이 세계를 더는 인간이 중심이 아닌 우주 속에 위치시킨 코페르니쿠스, 지오다노 브루노, 그리고 갈릴레오 갈릴레이에 의해 야기되었던 우주적 방향 상실보다 더 근원적이다.

다윈 이후, 기독교 이후의 세계관은 만물의 도덕적 중심에서 인간의 본성을 배제했다. 인간 본성은 생물학적이고 화학적인 힘의 결과, 우연과 확률이 되었고, 그 특수한 성격들은 더는 인간의 기술적 힘에 대해 도덕적 제약을 가할 권리도 없다. 아직도 종교계 밖에 인간 본성이 어떤 점에서 신성해야 한다는 견해로 번민하는 사람들이 있을 것이다. 그러나 신성하다는 의미는 신성함의 원천 없이는 분명히 표현될 수 없다. 세속적인 것이 내재하기 때문에, 초월적 목적이나 최우선의 가치에 대한 근거를 얻을 수 없다. 그 대신, 거기에는 급격하게 재구성되고 있는 인간 본성의 부적절함에 대한 막연한 직관(直觀)의 덩어리들이 있다. 기독교 이후의 세속적 사회에서, 이 모호한 직관들은 더는, 원래 그들에게 힘과 실체를 부여한, 전통 및 도덕적 실천과 함께 할 수 없다.

세속적인 도덕적 제약: 구체적 내용이 없는 일부 지침

가장 어려운 것은 특정한 도덕적 관점을 가정하지 않고는 도덕 논쟁을 도덕적으로 실질적 관점에서 (예를 들어, 형식적 모순을 지적하는 방식이 아니라) 해결할 수 없다는 점이다. 어떤 선택이 해(害)보다 이익을 극대화할 것인지 알려면, 먼저 우리는 여러 종류의 해와 이익을 비교할 수 있어야 한다. (즉, 자유가 주는 해와 이익, 평등에 따른 해와 이익 등) 선호 만족을 극대화하려면, 우리는 이성적 선호와 감정적 선호를 비교하는 방법뿐 아니라 시간에 따른 정확한 효과 감소율까지 알아야 한다.

답을 얻기 위해 가설적 선택이론이 호소력을 가지려면, 이미 선택자에게 여러 가지 도덕적 의미들 중 하나를 제공하거나 선에 대한 얇은 이론들*을 공급했어야 한다. 다시 말해, 실질적 의미에서 도덕적 논쟁을 해결하기를 원한다면, 기본적인 도덕적 전제나 근거〔가령, 지침이 되는 특정한 도덕적 의미, 선(善)에 대한 얇은 이론을 가정하는 방식 등〕에 대한 설명에 이미 동의했어야 한다. 도덕 논쟁을, 형식적이 아닌, 실질적으로 해결하려면 여러 가지 대안들 중에서 선택할 수 있는 실질적 지침이 필요하다. 합리적으로 도덕적 만족을 찾으려는 시도는 문제를 회피하거나 무한 회귀에 말려든다.

이러한 상황에서, 먼저 도덕적 논쟁의 중요한 주제에 대한 고려 없이는, 정의, 덕행 또는 인간 본성의 개조에 대한 제약 등에 대한 도덕적 논쟁을 견고한 논증으로 결정할 수 없다. 그러나 배경이 되는 도덕적 전체에 대한 합의 없이도, 관여된 모든 사람의 결정이나 동의에 의해 도덕적 논쟁을 해결할 수 있다. 이런 식으로 도덕 논쟁을 해결하는 방법은 특정한 도덕적 만족을 전제하거나 압도적인 합

* 〔역주〕존 롤스의 정의론은 개인주의를 기반으로 삼으며, 공동선을 추구하지 않는다. 이처럼 각자가 타인으로부터 방해받지 않으며 자신이 선을 추구하는 이론을 얇은 선 이론(Thin Theory of the Good)이라고 한다.

의에 의존하지 않을 것이다. 그보다는 관련된 사람들에게 권위를 부여하는 것을 기반으로 논쟁을 해결하려 것이다. 그 결과, 시장의 계약과 상거래가 도덕 논쟁 해결과 도덕적 권위부여의 패러다임 사례가 된다.

동의에 대한 호소는 종교적 계시나 특정한 개념-내용적 도덕관 (*content-full moral view*)의 수용을 전제하지 않는 도덕적으로 권위적 방식으로 논쟁을 해결하는 하나의 방식이 된다. 우리는, 애초값으로, 해결의 권위가 동의의 권위이고 해결의 문법이 그 가능성을 위해 오로지 동의를 통해서만 다른 사람들을 이용하는 것을 요구하는 곳에서 도덕 논쟁의 해결 가능성을 발견한다.

동의에 대한 호소는 그 자체로 가치 있는 것은 아니지만, 도덕적 논쟁 해결의 중요한 실천으로 필수적이다. 이 실천에 개입하는 사람들은 특정한 개념-내용적인 도덕적 전제에 대한 합의 없이 이루어지는 도덕 논쟁의 일반적인 세속적 · 도덕적 권위적 해결을 이해할 수 있다. 이 실천에 개입하지 않는 사람들은 공통된 도덕적 · 권위적 행동의 기반을 결여하고, 이런 의미에서 세속적이고 도덕적인 무법자가 될 것이다. 동의에 대한 호소는 세속적인 도덕적 가능성, 일종의 초월적 가능성의 폭로이다. 15)

인간으로서의 우리의 품성에 기초한 도덕적 제약에 대한 호소의 대용물로서, 합의나 허용에 대한 호소는 아무런 개념-내용적 지침을 제공하지 않는다. 선(善)이나 권리에 대한 특정 관점들의 통합

---

15) 이 논변은 다음 문헌에서 더 자세히 다루어진다. H. Tristram Engelhardt Jr., *The Foundations of Bioethics*, 2d ed. (New York: Oxford University Press, 1996), chaps. 1-4.

이 없는 동의는 단순한 허용, 즉 간신히 이룬 찬동이나 합의만을 포함할 뿐이다. 합의하는 당사자들에 대한 강압이 없는 단순한 합의가 아니라, 동의로부터 그 이상을 요구하는 것은 이익, 해, 그리고 적절한 행동에 대한 특정 관점이 끼어들게 허용하는 것이다. 그것은 자유로운 고지된 동의에 대한 다양한 법적 요구조건의 경우, 유전공학이 지금은 평범한 야생동물에 대한 생체 수단을 통해 가능한 것처럼 안전하고 확실하게 아이를 생산할 수 있게 될 것이고, 따라서 현재 수용되는 책임 있는 생식 기준을 충족시키게 될 것이라는 상상만으로도 충분하다.

그렇지만 이것이 악의적이거나 수용자가 혐오하리라고 예상할 수 있는 결과를 낳을 가능성이 있는 개입들을 도덕적으로 배제할 수 없다는 뜻은 아니다. 악의는 도덕성에 반하기 때문에 어떤 특정한 도덕적 만족도 일으키지 않으면서 도덕성을 위배한다. 아이를 악의적으로 생산하는 것은 — 즉, 생산되는 그것을 수용가능하다고 생각할지라도, 생산자가 부적절하다고 생각하는 상황에서 아이를 낳는 것 — 선(善)을 지향하는 도덕성에 반하는 행동이다. 덧붙여서, 선의 성격에 대해 얼마간의 실질적인 합의가 있다면, 선행의 문제에 대해 판단을 내릴 수 있다.

예를 들어, 우리는 다른 결과보다 분명히 더 나쁜, 생식계열 유전공학의 피할 수 없는 결과가 나타날 것을 예상할 수 있으며, 따라서 몇 가지 대안들을 바람직한 것으로 판단할 수 있다. 이러한 대안들의 비교는 더 나은 결과와 더 나쁜 결과, 선호할 만한 대안들과 덜 선호할 대안들의 비교를 허용할 만큼 충분한 공통성을 보여 주는 한에서 지침을 제공할 수 있다. [16]

인간 본성을 개조할 수 있는 실질적으로 다른 여러 가지 방법들이 가능해지면서 새로운 도덕적 도전이 제기되었다. 이러한 방법들은 서로 다른 선을 추구하는 것을 허용하기 때문에, 우리는 전혀 다른, 상호 배타적 이익들을 비교할 필요가 있다. 선에 대해 본질적으로 다른 관점들 사이에서 선택하는 도덕적으로 중립적인 방법이 없는 한(즉, 허용과 악의 없음에 의해 주어지는 제약 외에는), 인간 본성에 대한 어떤 급진적인 개량이 도덕적으로 허용할 수 없다고 결정하는 것은 불가능하다.

예를 들어, 유전공학으로 물속에서 호흡할 수 있게 하는 부레나 산소 농도가 낮은 환경에서 살 수 있는 폐를 만든다고 가정해 보자. 또한 늘 앉아지낼 수 있어서 오랫동안 두꺼운 철학서를 읽을 수 있고, 많은 양의 포트 와인을 들이켜도 건강에 나쁜 영향을 주지 않는 이상적 철학자를 유전적으로 설계할 수 있다고 가정하자. 유전공학은 단지 더 좋거나 나쁜 결과를 제공하는 것이 아니라 근본적으로 다른 생물학적·생리적 우수성을 실현하는 결과를 낳을 가능성이 매우 높다. 가장 새로운 도전을 낳는 것이 바로 이처럼 분기(分岐)하는 우수함의 실현 가능성이다. 유전공학은 무엇이 도덕적으로 적합한가에 대한 실질적 지침이 없는 상태에서 건강과 복지에 대한 서로 다른 이해의 추구를 허용한다.

앞에서 서술했듯이, 형식적 지침을 넘어 생식계열 유전공학에 대한 도덕적 지침과 제약을 확보할 수 없는 것 같다. 형식적 지침이란

16) 다음을 보라. Derek Parfit, *Reasons and Persons*(Oxford: Clarendon, 1984), esp. pp. 371-417.

다음과 같다. ① 동의 없이 실제 사람을 이용하지 않는다. ② 그들이 수용하지 않을 것으로 추정되는 방식으로, 미래세대에 반하는 행위를 하지 않는다. ③ 미래세대에게 불리한 악의적 의도로 행동하지 않는다. ④ 다른 조건들이 같고 공약가능한 선이 위태로운 상황에서는 선을 극대화하기 위해 시도한다.

몇몇 위험한 연구 수행이 이러한 조건들을 위반하여 분명히 배제될 수도 있다. 그러나 일반적인 세속적·도덕적 제약의 부재로 인해 폭넓은 선택 가능성이 우리에게 주어져 있다. 인간 본성을 개조할 수 있다는 전망에 직면하면서, 유전공학으로 인간 본성의 특성을 개조하고 진화의 방향을 정하는 전례를 찾기 힘든 프로젝트에 지침을 마련하기 위해 인간 본성에 대한 내용적이고(content-full), 규범적이며, 세속적인 이해를 찾기는 불가능하다*

실질적인 도덕적 지침을 모색하는 한, 우리는 그것이 제기된 관점에서 답이 주어질 수 없는 물음을 제기한다. 원칙적으로 인간 본성 개조의 도덕적 부적절함을 확인해 줄 수 있는, 인간유전체에 개입에 대한, 어떤 일반적인 세속적·도덕적 제약도 없다. 이러한 제약이 가능하려면, 다음과 같은 사항들을 입증해야 한다. ① 인간 게놈에 대한 개입은 어떤 의미에서 원칙적으로 비도덕적이다. ② 유전공학의 이용은 늘 이익보다 더 많은 손해를 야기할 것이다.

---

* 〔역주〕'내용적이고, 규범적이며, 세속적인 이해'에 대한 주장의 객관성을 입증하는 데에는 근원적 어려움이 있다. 특히 견고한 합리적 논변으로 도덕 논쟁을 해결하려면 근본적인 도덕적 전제, 도덕적 증거의 규칙들, 도덕적 유추의 규칙들, 그리고 누가 도덕 논쟁을 해결할 권위를 가지는가에 대한 규칙들을 공유해야 한다.

생식계열 유전자 개입이 원칙적으로 허용될 수 없다는 것을 입증하려면 인간유전체의 현 상태가 일반적인 세속적 관점에서 수립될 수 없는 신성함을 가지고 있음을 입증해야 한다. 허용과 악의 없음에 대한 도덕적 의무를 포함하지 않는 세속적·도덕적 우려는 어떻게 가장 타산적으로 해보다 이익을 극대화할 것인지에 대한 우려로 폭락한다. 심지어 유전공학 일반을 적용했을 때, 이익보다 해가 크다는 것을 입증하려 해도 유전적 개입으로 나타날 수 있는 유해한 결과와 유전공학을 (예를 들어, 치명적이고 악성인 신종 바이러스로부터 사람들을 보호할 수 있는) 적용하지 못해 발생할 수 있는 해로운 결과의 계량 불가능한 위험들을 비교해야만 한다. 계량 불가능한 결과들에 대한 이러한 우려는 기껏해야 서로를 상쇄시킨다. 즉, 이익과 해의 특정 순위는 이익과 해가 유전공학의 결과로 탄생하게 된 사람들에 의해 어떻게 인식될 것인지 고려되어야 한다. 이 모든 것은 특정한 인간 본성을 가지는 특정 집단의 특정인에 따라 달라진다.

유전공학: 여러 가지 가능성에 직면하다

생식계열 유전공학 사업을 일관된 도덕적 이해, 도덕적 실천의 집합, 그리고 도덕적 전통 속에 위치시켜 특정한 활동이 적절한 것으로 인식되고, 다른 활동은 금지되는 것으로 판단하기란 어려운 일이다. 서구의 도덕적 실천의 파산에 대한 맥킨타이어의 논변을 (즉, 도덕 논쟁을 일관되게 해결하려면 온전한 도덕적 이해와 실천을 공유해야 하고, 이러한 공통의 도덕적 이해는 서구에서 더는 불가능하다는 견해) 다르게 표현하면, 동의를 기반으로 행동해야 하고, 악의를 품지 말아야 하며, 선을 달성하려고 노력해야 한다는 요구 조건 이상으로, 인간 본성에 대한 개입 중에서 어떤 것이 적절하고 어떤 것이 적절하지 않은지를 이해할 수 있는 틀을 더는 곧바로 얻기 힘들다는 것이다.

선(善) 또는 인간 본성의 선에 대해 어떤 합의도 없기 때문에 실질적인 지침은 이미 상실되었다. 맥킨타이어가 주장했듯이,[17] 내용적 지침은 완전한 도덕적 실천과 전통을 요구한다. 완전한 종교적 또는 문화적 관점이 제공하는 것과 같은, 이러한 전통이 없다면 특정한 인간 능력을 향상시키거나 새로운 능력을 창조하는 것을 목표로 삼는 중대한 생식계열 유전공학에 개입하기를 꺼려하는 것은 기껏해야 금기(禁忌) 정도로 비칠 것이다.

인간 본성을 개조하고 재창조하는 것에 대한 일반적인 세속적·도덕적 제약을 정당화한다는 도전에 직면해서, 우리는 인간 본성과 연관하여 무엇이 도덕적으로 중요한 것인지, 그리고 진화를 이끄는 데 어떤 진화적 목표들이 개입되어야 하는지에 대한 여러 가지 이해와 마주치게 된다. 규범적으로 자연적인 것과 인간에게 적절한 목표에 대한 서로 경합하는 복수의 이해들에 직면하면서, 우리는 맥킨타이어의 말을 바꾸어서 어떤 인간 본성, 누구의 진화적 목적이 생식계열 유전공학을 이끌어야 하는가라고 물을 수 있다.

우리 자신의 목적에 맞추어 스스로를 재구축할 가능성에 마주쳤

---

17) 다음을 보라. Alasdair MacIntyre, *Whose Justice? Which Rationality?* (Notre Dame, Ind. : University of Notre Dame Press, 1988); MacIntyre, *After Virtue* (Notre Dame, Ind. : University of Notre Dame Press, 1981).

을 때, 그 목적을 정의하는 '우리'란 과연 누구인가? 어떤 목적이 규범적이어야 하는가? 일단 신학적 맥락에서 규범성이 상실되면, 인간 본성 설계의 규범적이고 단일한 성격 역시 상실된다. 도덕적 근거와 추론, 그리고 도덕적 전제의 얼개가 서로 다른 도덕 집단들은 마찬가지로 다른 목표에 찬성할 것이다.

질병, 건강, 그리고 인간 향상

다른 고려사항들도 있었지만, 국가 사회주의의 도덕적 잔학 행위로 인해 20세기에는 당연히 우생학(優生學)이 극도로 나쁜 평판을 얻었기 때문에, 질병 치료를 위한 의료적 개입과 기능을 향상시키기 위한 개입 사이에 선을 그으려는 시도가 있었다. 인간의 기능을 향상시키지 않으면서 오로지 질병 치료만 해야 한다는 확고한 도덕적 근거를 찾을 수 있다면, 어느 정도의 향상이 적절한지와 연관된 어려운 물음들에 대해 명확한 답변을 얻을 수 있을 것이다. 질병 치료를 목적으로 한 개입은 사람의 생식계열 유전공학을 통해 인간 본성을 어느 정도 개조하는 것이 적절한가라는 물음을 포함하지 않을 것이다. 개인의 연령과 성-적합한 종-전형적인 수준의 종-전형적인 기능을 회복시키는 것을 목표로 하는 경우, 체세포와 생식계열 유전공학이 상대적으로 문제가 되지 않는 것은 그 때문이다.

　여기에서 어려운 것은 왜 의학이 연령과 성-적합한 종-전형적인 수준의 종-전형적인 기능을 획득하는 데 실패하는 문제만을 다루도록 제한해야 하는지 그 이유를 이해하는 것이다. 왜냐하면 의학은 정규적으로 이처럼 제한적 조건들을 만족시키지 않는 불행한 사태들을 다루어왔기 때문이다. [18] 노안(老眼), 치아와 뼈의 쇠퇴, 70대 이후에 나타나는 당(糖) 불내성, 나이든 남성에서 나타나는 양성 전립성 비대증, 그리고 갱년기와 연관된 골다공증 등이 종-전형적인 기능과 의학이 정규적으로 그 치유력을 적용시키는 기능들의 수준에 해당하는 긴 목록의 일부이다. 실제로, 의학의 실질적 실행은 종-전형적인 것보다는 기능, 아름다움, 해부학적 형태, 받아들일 수 없는 수준의 고통이나 괴로움 또는 조기 사망으로 평가될 수 있는 것들과 직접적으로 관련된다.

전통적으로 의학은 고통과 괴로움을 고치는 데 관련되었을 뿐 아니라, 해부학, 생리학, 그리고 심리학의 제약으로 인해, 개인이 실현하기 힘들었던 목표를 달성하도록 돕는 데에도 관련되어왔다. [19]

이처럼 고충-지향적인(complaint-oriented) 의학의 성격은 실제로는 일상적이거나 통상적인 수준의 인간 기능, 고통, 품위, 그리고 기대 수명 등에 대한 호소로 강요되고 있다. 이러한 호소는 고충을 정당한 것으로 인정하지 않고, 사회적 기대를 억누르거나 의학적 개입을 통해 합리적으로 추구할 수 있는 것에 대한 함축적인 배경 이해의 집합이라는 관점에서 부족한 자원의 사용을 한정하는 데 기여한다.

'전형적인' 것이 무언인가에 대한 주문은 건강관리에 대한 요구를

---

18) 다음을 보라. Christopher Boorse, "Health as a Theoretical Concept", *Philosophy of Science* 44(1977) : 542-573.

19) 다음을 보라. Engelhardt, *Foundations of Bioethics*, chap. 5.

합법화하거나 정당화하는 데 이용된다. 90세 노인이 3층 계단을 뛰어오른 다음 숨이 차다고 고통을 호소한다면, 대부분 사람들은 90세에 세상을 떠난다는 사실을 생각하면 전혀 터무니없는 일이며, 그로서는 젊음의 힘을 기대한다는 것이 비합리적일 것이다. 20세와 같은 정도의 건강을 원하는 것은 성과 연령에서 종-전형적이지 않을 뿐 아니라 실제로 가능하지도 않다. 만약 그것이 가능해진다면, 연령에 대해 개인이 종-비전형적 기능 수준을 실현할 수 있게 하는 프로젝트가 타당해진다.

개인에 대한 의학적 기대는 통상적이고 일반적인 수준 내에 주어진다. 질병이라는 개념에는 타인으로부터 도움이나 처치를 받을 수 있다고 기대할 수 있는 것이 무엇인지, 그리고 살아가면서 운명으로 받아들여야 할 부분이 무엇인지에 대한 일련의 미묘하고 복잡한 평가가 주어진다.

질병의 개념과 처치에 대한 설명이 문화적으로 주어지면서, 의학의 역사에서 서로 상반되는 여러 경향이 있었음에도 불구하고, 그동안 특정한 문화에 따른 이해에 종속되지 않으면서 질병과 건강을 설명하려는 많은 노력이 경주되었다. 부분적으로, 이러한 시도에는 문화적 변덕스러움을 넘어설 수 있는 의학에 대한 설명을 정립하려는 노력이 기울여졌다. 종종 이러한 노력은 단순한 인간적 변덕에 대한 대응을 진정으로 신체적 질병을 치료하기 위한 개입과 구분하려는 관심과 결합되었다.[20] 건강관리에 대한 비용 억제와 의학

---

20) 다음을 보라. Edmund D. Pellegrino and David C. Thomasma, *A Philosophical Basis of Medical Practice* (New York: Oxford University Press, 1981); Pellegrino and Thomasma, *For the Patient's Good* (New

적 자원의 부족한 할당에 대한 관심이 출현하면서, 이러한 주장들은 의학에 투영된 단순한 욕망 충족과 관심을 촉구하는 진정한 의학적 요구를 구분하는 데 모아졌다.

목표는 진정 의학적인 (진짜 질병에 대응하는) 것과 그렇지 않은 (진짜 질병이 아닌 인간 조건의 여러 요소들에 대한 불만에 대응하는) 것 사이의 문화-독립적 경계를 찾는 것이다. 이러한 경계를 설정할 수 있다면, 의사들의 정력과 사회 자원을 진정한 의학적 요구에 부응하도록 사용하고, 치료에 전념하는 것이 무엇인가에 대한 확고한 경계 없이 건강관리 체계의 전망을 다루지 않을 수 있을 것이다.

지금까지 주된 전략은 종-전형적 기능의 종-전형적 수준으로부터의 일탈을 포함하는 사태로 질병을 규정하는 것이었다. 여기에 내재한 가정은 다음과 같은 것이었다. 만약 종-전형적 기능의 종-전형적 수준을 실현하는 데 대한 실패를 기반으로 의학적 요구를 판정할 수 있다면, 지나치게 포괄적일 수 있는, 의학의 목적에 대한 특정한 문화적 이해에 볼모로 잡히지 않으리라는 것이다. 우리는 언제 의학이 단순한 인간 욕망에 부응하기 위해 요청되는지 그리고 언제 진정한 인간 요구에 부응하기 위해 요청되는지 구분할 수 있을 것이다.[21]

또한 우리는 생식계열 유전공학의 적절한 이용에 대한 지침을 갖

York: Oxford University Press, 1988) ; and Leon Kass, "Regarding the End of Medicine and the Pursuit of Health", *Public Interest*, Summer 1975, pp. 11-42.

21) Norman Daniels, *Just Health Care* (New York: Cambridge University Press, 1985).

게 될 것이다. 우리는 진정한 질병의 성격, 그리고 이차적으로, 진정한 의학의 목적에 기반을 둔 생식계열 유전공학에 적용할 제약이 어떤 것인지 찾아낼 수 있을 것이다.

여기에 놓인 어려움은 전통적으로 의학이 치료로 다룬 상태들의 이질적 성격에 있다. 의학은 다음과 같은 조건들이 부재(不在)할 때 그에 대응한다. ① 통상적 인간 기능의 연령과 성에 따른 적절한 수준들, ② 거동에서 수용할 만한 아름다움(예를 들어, 통제불능의 규칙적 운동으로부터의 자유), ③ 수용할 만한 해부학적 형태, ④ 고통, 괴로움, 그리고 고뇌로부터의 수용 가능한 벗어남, ⑤ 조기 사망으로부터의 받아들일 만한 벗어남, 적절함, 수용 가능함(받아들일만함), 또는 시기상조 등에 대한 모든 설명은 특정 연령과 성에서 통상적으로 어떤 기대가 있는가에 달려 있다.

통상의 기준이 바뀌면, 분명한 경계선을 그으려는 희망도 사라진다. 덧붙여, 인간 형태와 기능의 다(多) 형태성을 인식하면, 특정한 거동, 형태, 기능의 수준, 그리고 고통으로부터의 벗어남 등을 종 규범의 맥락에서 종전형적인 것으로 특정하기도 어려워진다. 게다가, 중요한 점은 인간이 현재나 미래에 번성하길 원하는 다양한 생태학적 니치(niche, 지위)가 있는 한, 그리고 인간의 뛰어남이나 번성에 대해 서로 다른, 경합하는 개념이 있는 한, 인간이 건강이나 성공적 적응을 어떻게 적절히 이해해야 하는가에 대해 복수의 경쟁하는 개념이 있을 것이다.

질병, 건강, 그리고 성공적 적응과 같은 개념들을 검토하면 이러한 개념들과 다양한 도덕적·비도덕적 가치와 목표들 사이의 관계가 드러난다. 병에 걸린다고 해서, 생물학적·심리적 장애로 인해,

적절하다고 간주되는 일을 하지 못하거나 통상적 수명을 채우지 못하거나 거동에서 수용할 만한 아름다움을 유지하지 못하는 것은 아니다. 또는 그것은 부적절한 것으로 간주되는 고통이나 괴로움에 종속된다. 의학의 역사에서, 대부분, 문제들은 의학이 그것들을 다룰 수 있는 한에서만 의학적인 것으로 간주되었다.

어떤 문제를 의학적인 것으로 다루는 것은 그것을 생물학적·심리학적 인과 설명에 위치시키고, 의학이 치료적 혜택까지는 아닐지라도 예후(豫後)를 줄 수 있으리라고 기대하는 것이다. 또한 의학은 특별한 역할 기대를 (즉, 일반적으로 환자의 역할은, 그가 병에 걸렸다는 사실에 대해, 자신의 건강을 해칠 수 있는 알려진 일을 행했다는 사실에 대해 죄의식을 느낄지라도, 그가 병에 걸렸다는 죄를 용서한다. 환자의 역할은 환자를 특정한 사회적 임무로부터 면제하고, 환자에게 복지에 대한 특별한 권리를 부여한다. 또한 환자 역할은 의학 전문가들을 식별해서 그들에게 의학적 개입을 모색할 의무를 지운다) 가져온다. [22]

의학이라는 사회적 실행은 처벌이 아니라 예방, 치료, 그리고 보살핌을 지향하는 무엇이다. 따라서 법률과 같은 다른 사회적 실행과는 거리가 있다. 이미 수립된 인간의 기대와 한정된 의학적 자원을 고려하면, 종종 특정 연령대의 남녀에게 부적절한 것으로 받아들여지는 장애, 고통, 그리고 제약에 더 많은 에너지가 집중된다. 그러나 핵심적인 것은 실행가능성, 즉 제약이나 부담을 개선하는 데 들어가는 비용이다.

---

[22] Talcott Parsons, "Definitions of Health and Illness in the Light of American Values and Social Structure", in *Patients, Physicians, and Illness*, E. G. Jaco ed. (Glencoe, Ill.: Free Press, 1958), pp. 165-187.

이 분석은 진화의 결과들에서 질병과 여러 가지 경합하는, 건강의 적극적 개념들 사이에서 도덕적으로 유의미한 선(善)을 발견할 가능성의 기반을 침식하고 있다. 의학은 의학적 개입의 근거로 인정되는 고충의 집합을 향한다. 그러나 이러한 고충들은 특정한 가치 기대에 의존한다. 의학적으로 인식가능한 병, 질환, 불구, 손상, 이상, 그리고 문제들은 기능, 형태, 거동, 우아함, 고통으로부터 자유, 그리고 죽음의 위험 등의 특정하게 수용된 이상들을 만족시키는 데 실패한 곤란한 상황이며, 그 처치는 기존의 치료 역할 내에서 이해되는 무엇이다.[23] 이러한 이상과 기대가 바뀌면, 의학의 목표들 역시 바뀐다.

결 론

생식계열 유전공학은 아주 뛰어난 과학적 혁신의 사례가 될 전망을 가지고 있다. 그것은 인간이 그들의 환경에 적응하고, 성공적 사회 구조를 수립할 임무를 이해할 수 있는 다양한 방식을 변화시킬 수도 있다. 또한 무엇이 환경적 위협인지에 대한 우리의 우려를 바꾸어 놓을 수도 있다. 그것은 정부가 관여하기 위해 나설 수 있는 사회적 문제들의 범주를 변화시킬 수 있다. 그러나 이것은 생식계열 유전공학의 도덕적 함축의 극히 한 부분에 불과하다.

---

23) H. Tristram Engelhardt Jr., "Clinical Problems and the Concept of Disease", *Health Disease and Causal Explanations in Medicine*, L. Nordertelt and B. L. Lindhal ed. (Dordrecht : D. Reidel, 1984), pp. 27-41.

마찬가지로 중요한 것은 인간 복지와, 그것이 드러내는, 인간 본성의 개조 방식이 복수의 가능태를 가진다는 점이다. 이러한 복수성은 일반적인 세속적·도덕적 관점에서 인간 본성을 개조하는 어떤 방식이 우리의 미래를 결정할 것인지 알아낼 수 없는 우리의 무능함을 폭로한다. 따라서 생식계열 유전공학은 여러 가지 가능한 미래의 대안이 선택될 수 있는 인류를 서로 다른 복수의 사람 종(種)으로 분리시킬 가능성을 열어준다.

　　환경과 다른 사람에 대한 인간 대응의 성격이 근본적으로 변화될 가능성을 야기함으로써, 생식계열 유전공학은 일반적·세속적·도덕적 성찰이 제공할 수 있는 지침이 거의 없다는 것을 폭로한다. 어떤 도덕적 내용이 지침이나 규범이 되어야 하는지 합리적으로 발견하려는 모든 시도는 또다시 많은 물음을 일으키며 무한 회귀에 빠진다. 가장 중요한 세속적·도덕적 공공정책의 변화와 함께, 우리는 개인이 일반적·세속적·합리적으로 발견할 수 있는 내용적 규범들의 부재에서 개인이 정책을 만들어내야 하는 선택에 직면하고 있다는 것을 발견하게 된다.

제 6부

인간복제와 줄기세포 연구

복제 대 쌍둥이

문자 그대로 표현하면, 복제란 어떤 대상을 복사*하는 것이다. 우리는 이미 플라스미드와 박테리아로 DNA 단편의 복제를 만드는 방법을 살펴보았다. 인간복제란 어떤 개인을 하나 이상 복사하는 것을 뜻한다. 글자 뜻 그대로, 일란성 쌍둥이는 상대의 유전적 복사 또는 서로의 복제인 셈이다. 그들은 신체적으로 비슷하며, 유전적 조성도 동일하다. 일란성 쌍둥이는 아주 초기 단계의 배아가 분열해서 자궁벽에 착상된 2개의 배아로 분할되어 유전적으로 동일한 두 개체로 발생한 것이다. 이들은 하나의 염색체 세트를 가지고 있는 배아에서 발생했기 때문에 유전적으로 동일하다.

그러나 '복제양 돌리' 이후, 이론적으로 똑같은 개체는 쌍둥이를 제외하고는 존재할 수 없었다. 복제된 두 개체는 하나의 배아를 분할해서 발생하는 것이 아니라, 한 개체의 세포가 두 번째 개체를 만드는 데 이용된다. 가장 단순하게 설명하면, 하나의 세포에서 나온 DNA를 자체 DNA를 제거한 미수정란에 삽입하는 방식이다. 그런 다음 새로운 염색체 DNA를 포함하는 난자를 마치 새로 수정된 배아인 것처럼 속여 분열하게 만들어 태아를 발생시키고, 궁극적으로는 신생아가 태어나게 하는 것이다.

---

* 〔역주〕 복제는 clone, 복사는 copy, xerox를 각기 번역한 것이다. 복사는 흔히 복사기의 메타포를 가지기 때문에 말 그대로 완전히 동일한 대상을 만드는 것을 뜻하며, 주로 생물학적 복제가 가지는 다양한 측면을 강조하기 위해 비교적 관점에서 언급된다. 복제는 과학에서도 모호한 용어로, 여기에는 분자 복제, 세포질 복제, 배아 복제 또는 체세포 핵이식 등이 포함될 수 있다.

일란성 쌍둥이나 인간복제의 경우, 유전정보는 하나의 원천에서 — 즉, 한 개체의 배아나 세포를 분할하여 다른 개체를 만드는 방식으로 — 얻어진다. 그 유전정보가 같은 원천에서 나오기 때문에, 두 개체는 유전적으로 동일하다. 그런데 두 과정, 즉 쌍둥이가 탄생하는 것과 개체를 복제하는 것은 그 밖의 측면에서는 분명 크게 다르다. 일란성 쌍둥이는 같은 시간에 태어나기 때문에 함께 살아간다. 반면, 복제된 개체는 서로 시차를 두고 살아간다. 가령 돌리의 경우, 돌리의 '어미'는 하나의 세포가 돌리를 복제하는 데 사용되기 이전에 살았다. 복제된 두 개체는 쌍둥이 사이의 형제자매 관계가 아니라 일종의 부모 자식 간의 관계이다. 한 개체가 다른 개체보다 먼저 태어났기 때문이다.

그러나 복제 과정에 '부모 자식 관계'라는 말을 쓰지는 않는다. 그 이유는 다른 동물들이 아직 발생하지 않은 다른 배아에서 얻은 세포로부터 복제되었기 때문이다. 이렇게 되면 혼란스러운가? 복제라는 의미에서, 부모 자식이나 형제자매를 구분하기는 힘들다. 이 점이 인간복제가 윤리적·사회적 측면에서 많은 우려를 낳는 원천이다.

복제에서의 천성 대 양육

사회과학자들은 천성이냐 양육이냐를 둘러싸고 많은 논쟁을 벌였다. '천성 대 양육'은 다음과 같은 복잡한 물음들을 포괄적으로 제기하는 편리한 문구이다. 우리는 유전적 특질에 의해 완전히 규정되는가? 아니면 평생의 경험이나 형이상학적·영적 존재에 의해 규정되는가? 이 주제를 다룬 책은 이미 많기 때문에, 여기에서는 복제에 적용되는 특정 영역들만 다룰 것이다.

복제된 두 개체 사이의 유전자 염기서열은 본질적으로 같지만, 완전히 동일한 것은 아니다. 염색체 말단에 있는 DNA 염기서열, 즉 텔로미어(telomere)는 개체마다 그 길이가 다르며, 심지어는 같은 개체라도 세포마다 차이가 있다. 세포가 나이를 먹으면서 DNA 말단의 길이는 짧아진다. 이 부위의 염기서열은 단백질을 암호화하지 않기 때문에, 일반적으로 이 차이는 그리 주목을 끌지 못한다.

그러나 텔로미어(DNA 염기서열)는 하나의 세포가 몇 번이나 분열할 수 있는지, 즉 세포의 노화와 관계가 있다. 텔로미어가 길수록 세포는 오랫동안 분열하며 더 오래 산다. 반면 텔로미어가 짧은 세포는 결국 분열이 멎고 죽게 된다. 이 사실은 복제된 개체의 텔로미어에 대해 흥미로운 물음을 제기한다. 복제된 개체는 부모의 더 짧은 텔로미어를 받게 될 것인가? 아니면 텔로미어의 길이는 복제 과정에서 늘어나는 것인가? 일부 데이터는 텔로미어의 길이가 복제 과정에서 늘어난다고 시사했다. 따라서 최소한 노화 과정의 한 측면이 역전되는 것처럼 보인다.

분명한 것은, 유전학의 맥락에서, 삶의 경험이 그 개체가 형성되는 유형에 영향을 준다는 점이다. 우리는 살아가면서 많은 선택을 하고, 그 선택이 우리를 특정한 경로로 이끈다. 어쩌면 복제 인간은 공여자와 다른 길을 선택하게 될지도 모른다. 어떤 사람은 우리 유전자도 삶의 경험을 통해 '학습'한다고 말했다. 극단적인 상황을 통해, 이것을 예증할 수 있다. 가령 어떤 사람이 일광욕을 즐긴다고 하자. 그녀는 태양 빛 아래 오랜 시간 누워있을 것이다. 그 과정에서 자외선이 DNA의 화학물질이나 그 결합 중 일부를 변화시킬 수 있다. 자외선에 의한 비정상적 변화는 일반적으로 변화된 DNA를 수선하는 기능을 하는 세포 속의 정상 효소에 의해 교정된다.

그러나 이 특별한 효소를 암호화하는 이 여성의 유전자 염기서열이 조금 달라, 다른 사람들의 유전자처럼 효율적으로 작동하지 않는다고 가정해 보자. 약간의 돌연변이가 있는 이 효소는 자외선에 정상적으로 노출되어 일어난 대부분의 변화된 DNA를 수선할 수 있지만, 과도한 노출로 인한 DNA 변화의 잉여량을 교정할 수는 없을 것이다. 일광욕을 선택한 개인의 효소가 수선 과정을 지속할 수 없고, 이런 돌연변이들이 누적되기 시작하면 DNA 염기서열이 원래의 상태에서 약간의 변화를 일으키게 될 것이다. 그리고 다른 세포적 사건들이 누적되어 DNA 손상을 더욱 심각하게 만들면서 암이 발생한다.

이 여자가 성격이 맞지 않는 남자와 결혼해, 마약에 중독되고, 가지고 있던 돈을 모두 도박으로 날리는 바람에 암 치료 비용을 감당할 수 없게 되었다고 하자. 결국 그녀의 인생은 풍비박산이 되고, 자살로 불행한 삶을 마감하게 된다. 어떤 사람은 그녀가 자살을 하기 쉬운 유전적 경향을 가졌다고 말할지도 모르지만, DNA 수선 효소에서 나타난 작은 돌연변이보다는 그 밖의 요인들이 최종 결과에 더 많은 역할을 했다.

다른 한편, 그녀의 쌍둥이는 다른 선택을 통해 건강하고 행복한 삶을 누렸다고 하자. 여기에서 여러분은 문제의 핵심을 보았다. 우리는 어떤 물리적 특성에 대한 유전적 경향을 가질 수 있다. 그러나 우리가 내리는 선택이 우리의 유전자가 우리의 삶에 미치는 영향보다 훨씬 크다는 것은 분명하다. 우리의 의사결정과정까지도 유전자에 기반하고 있다고 주장하는 사람도 있을 수 있다. 그러나 그런 정도의 복잡한 이야기는 여기에서 하지 않을 것이다. 왜냐하면 솔직하게 말해서, 그 답은 이러한 모든 주제에 대해 입증되지 않았기 때문이다.

요점은 유전자가 같은 사람이라도 절대적으로 동일한 개인이 되지 않으며, 우리가 살아가면서 내리는 결정들이 우리가 어떤 사람이 되는지에 결정적 역할을 한다는 것이다.

'돌리'를 복제한 방법

복제동물을 만드는 과정은 대부분 제4부에서 설명했다. 따라서 여기에서는 그 과정을 간단히 개괄하는 정도로 그치겠다. 첫째, 암컷인 돌리의 경우에는 암양으로부터 미수정란을 얻는다(〈그림 22〉). 난자세포는 수정되기 직전의 상태이다. 과학자는 현미경을 이용해 바늘로 DNA를 뽑아내 난자의 염색체를 제거한다. 이 과정을 '탈핵' (脫核)이라고 한다. 즉, DNA에 들어 있는 유전물질을 제거하는 것이다. 이제 난자는 더는 자신의 DNA를 갖지 않는다.

돌리의 경우, 다른 동물에서 얻은 성체세포들이 공여자 세포 역할을 했고, 탈핵된 난자에 전이되었다. 난자세포는 성체세포보다 훨씬 크기 때문에, 미세수술 장비를 이용해서 공여세포를 탈핵된 난자에 옮겨 넣기는 상대적으로 쉽다. 전기펄스를 이용해 성체세포의 바깥쪽 껍질 또는 막을 난자의 막과 융합시키면, 공여세포의 염

〈그림 22〉 성체세포를 이용해 동물을 복제하는 단계

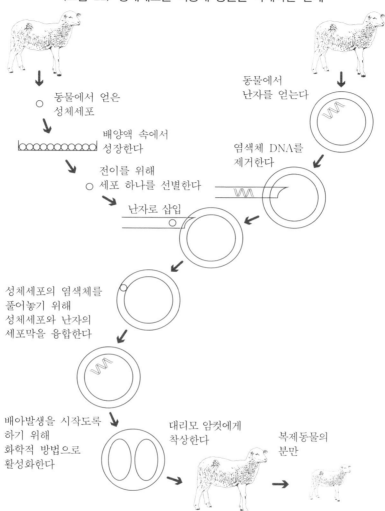

동물에서 얻은
성체세포

배양액 속에서
성장한다

전이를 위해
세포 하나를 선별한다

난자로 삽입

동물에서
난자를 얻는다

염색체 DNA를
제거한다

성체세포의 염색체를
풀어놓기 위해
성체세포와 난자의
세포막을 융합한다

배아발생을 시작도록
하기 위해
화학적 방법으로
활성화한다

대리모 암컷에게
착상한다

복제동물의
분만

색체 DNA가 난자 속으로 풀려나게 된다. 이러한 융합 과정에서 성체세포의 염색체 DNA가 난자 속으로 들어간다.

앞장에서 설명했던 배아 줄기세포의 경우와 마찬가지로, 다음 단계는 '활성화 과정'이다. 이 난자가 마치 수정된 것처럼 행동하도록 만들기 위해 약간의 화학물질과 전기펄스가 이용된다. 활성화 과정을 거치면, 난자는 성장해서 배아로 분열하기 시작한다. 마지막 단계는 이 배아를 가상임신한 암컷의 몸속에 넣어 주는 것이다. 이 동물에게는 적절한 호르몬을 투입하고, 정관을 절제한 수컷과 교미하게 해서, 수정을 위한 전제조건인 정자로 수태한 것은 아니지만, 생리적으로 마치 임신한 것처럼 행동하게 한다. 이 경우에는, 이 과정을 통해 활성화된 배아들이 가상임신한 암컷에게 주입된다. 이 단계에서, 모든 절차가 정상이고 세포 생리학이 예상처럼 작동한다면, 배아는 태아로 발생하고, 새끼가 태어나게 된다.

복제양 돌리의 탄생에 세간의 관심이 몰린 까닭은 복제 과정에 배아 줄기세포가 아니라 성체세포가 — 암양의 내피 유선세포 — 사용되었기 때문이다. 이것은 매우 놀라운 일이었다. 왜냐하면 성체의 이미 분화된 세포는 줄기세포로 '역분화'가 불가능하다는 것이 정설이었기 때문이다. 과거에 돌리와 비슷한 실험들이 성체세포를 사용해서 이루어진 적이 있었지만, 어떤 동물도 태어나지 못했다.

그렇다면 돌리 실험이 성공할 수 있었던 이유는 무엇인가? 성체세포에서 얻은 DNA가 어떻게 배아 줄기세포처럼 움직일 수 있었는가? 그 해결책은 비교적 간단하다. 성체세포들이 탈핵 난자에 전이되기 전에 세포 배양기 속에서 자라고 있을 때, 이 세포들은 특정 영양 물질을 공급받지 못해 강제로 휴지(休止) 상태에 들어가게 된다.

이 과정은 정상적 상태에서 배양액 속에 있는 세포에 공급하는 혈청을 거의 모두 제거하는 방식으로 진행된다. 혈청은 많은 영양물질을 제공하기 때문에, 혈청이 세포에서 제거되면 그 세포는 강제로 휴지 상태에 들어가며, 더는 성장이나 분열을 할 수 없게 된다.

그런데 과학계에서 아직 분명히 밝혀지지 않은 사실은 이 과정이 염색체 DNA를 분화의 초기 단계로 '재(再)프로그램'한다는 것이었다. 이 현상은 염색체에서 분리되거나 제거된 분화 단백질에 의해 일어날 가능성이 높았다. 재프로그램된 염색체 DNA를 핵이 제거된 난자에 주입하면, 미분화된 세포나 배아 줄기세포처럼 행동했다.

앞으로 연구를 통해 염색체 DNA의 재프로그래밍 과정의 복잡한 세부사항들이 밝혀질 것이다. 그러나 앞서 했던 간단한 설명은 여러분이 복제의 윤리적 주제들을 평가하는 데 도움이 될 것이다. 가령 돌리의 복제 과정에는 어미나 아비가 필요하지 않다. 즉, 정자와 난자세포가 결합하지 않는다는 뜻이다. 여기에는 오로지 성체세포만이 사용되었다.

돌리의 탄생은 포유류 최초의 무성(無性) 생식 사례였다. 인간복제의 가능성과 결부되어 심각한 윤리적 고려가 이루어지는 까닭은 거기에 가족이라는 핵(核)이 존재하지 않기 때문이다 — 즉, 전통적 의미의 부모가 없다.

또 다른 윤리적 고려는 돌리나 그 밖의 복제동물을 탄생시키는 과정의 낮은 성공률이다. 돌리 한 마리를 복제하기 위해 수백 개의 난자가 사용되었다. 이 숫자는 효율성이 높아지면서 점차 줄어들 수 있을 것이다. 그러나 많은 여성이 난자를 기증해야 하고, 많은 여성이 복제된 난자를 받기 위해 대기해야 하며, 그중에서 일부만이 아

314

기를 분만할 것이다.

새롭게 알려진 윤리적 문제는 많은 배아들이 발생과 관련된 문제로 인해 분만될 때까지 살아 있지 못하거나 태어나더라도 미묘하거나 심각한 기형을 안고 있다는 점이다.

게다가, 한 종의 복제가 성공했다는 사실이 곧바로 다른 종도 같은 프로토콜을 이용해 성공을 거둘 수 있음을 뜻하지는 않는다. 실제로 종에 따라서 복제의 프로토콜에는 차이가 있다. 현재, 성체세포를 이용한 토끼 복제는 아직 성공을 거두지 못하고 있다. 또한 많은 실험에도 불구하고, 영장류의 복제도 아직 실현되지 못했다. *

그렇다면 인간복제를 위해 얼마나 많은 실험이 요구될 것인가? 요약하면, 복제 과정은 절대-안전의 과정이 아니며, 특히 일반적으로 사람을 대상으로 한 임상실험에 적용되는 엄격한 기준에 비추어 볼 때 더욱 그러하다.

엄격한 생물학적 의미에서 말하자면, 복제된 동물은 정확한 복사가 아니다. 복제된 개체와 그 의사(疑似)-부모의 차이는 그 개체의 미토콘드리아 DNA에 있다. 세포 안에는 미토콘드리아라는 소기관이 있고, 그 단백질은 미토콘드리아 안에 있는 DNA로부터 생성된다. 이 단백질들은 핵 속에 있는 정규 염색체 DNA에서 만들어지지 않는다. 정상적 유성생식에서, 미토콘드리아 DNA는, 염색체 DNA처럼 부모 양쪽으로부터 받는 것이 아니라, 그중 한쪽으로부터만 전달된다. 복제 과정에서 미토콘드리아 DNA는 이론상 성체

---

* 〔역주〕 성체세포가 아닌 배아세포를 이용한 원숭이 복제는 1996년에 미국 오리건 영장류 센터에서 이루어졌다.

공여자 세포나 탈핵 난자 중 어느 쪽으로부터도 얻을 수 있다.

　그러나 실제 조사에 따르면, 미토콘드리아 DNA가 공여자 난자로부터만 전달되는 것처럼 보인다. 따라서 핵 DNA는 공여자 성체세포에서 오고, 미토콘드리아 DNA는 탈핵된 수용자 난자에서 온다. 그러나 이러한 미토콘드리아 DNA의 차이가 복제된 개체의 생물학적 또는 화학적 성질을 변화시키는지는 아직 알려지지 않았다.

인간복제

복제 과학, 특히 인간복제에 대해서는 여러 가지 기술적 문제들이 남아있다. 첫째, 인간복제가 기술적으로 가능한가? 많은 실험이 이루어지기 전에는 그 답을 얻을 수 없을 것이다. 그렇다면 우리는 자진해서 그러한 실험을 윤리적으로 정당화할 것인가? 태아나 탄생한 개체의 정신적·육체적 손상이 받아들일 수 없는 정도일까? 복제된 개체는 비정상적으로 나이가 들었을까? 모든 종류의 성체세포가 복제에 사용가능한가, 아니면 제한이 있는가? '천성 대 양육'이 개인의 특성에 어떤 역할을 할 것인가? 전통적 의미의 부모가 없다는 사실이 복제된 개인의 성장에 어떤 영향을 미칠 것인가? 인간복제에서 실제로 얻을 수 있는 입증가능한 이익은 무엇인가?

　이 절에서 상술하는 과학적 과정에 대한 이해가 독자들에게 복제의 윤리적 주제를 평가하는 데 도움을 줄 것이다.

줄기세포 연구

치료적 가치

제5부에서 다루었던 배아 줄기세포를 이용한 복제에 대한 논의가 독자들이 인간 질병치료에 줄기세포를 이용하는 과정에 내재한 쟁점들을 이해하는 데 도움을 줄 것이다. 줄기세포를 치료에 이용한다는 개념은 줄기세포가 몸의 다른 세포들, 즉 피부, 간, 췌장 또는 심장 세포 등이 될 수 있다는 가능성에 기반을 둔다. 예를 들어, 당뇨병은 췌장세포의 기능부전에서 기인한다. 파킨슨병은 뇌의 비정상적 기능, 간염은 간의 기능부전으로 나타난다.

따라서 줄기세포를 화학적으로 자극하면 원하는 세포 종류가 될 수 있고, 정상적 기능을 제공하기 위해 병든 기관의 조직으로 이식될 수 있다. 또는 병든 조직에 이식해서 주변의 세포들이 화학적인 신호를 보내 줄기세포에 적절한 세포 유형으로 분화하도록 자극하게 만드는 방법도 있다. 줄기세포의 이식이나 줄기세포에서 유래한 세포에 의해 정상 기능이 제공될 때, 질병의 증상이 완화되거나 호전될 것이다. 이러한 관점에서, 환자의 완치가 가능한지 그리고 증상의 경감이 환자들이 스트레스를 덜 받으면서, 보다 만족스러운 삶을 살아가는 데 도움을 줄 수 있는지를 이해하는 것은 중요하다.

배아 줄기세포 대 성체 줄기세포

이론상 줄기세포는 여러 원천에서 얻을 수 있다. 제5부에서 설명했

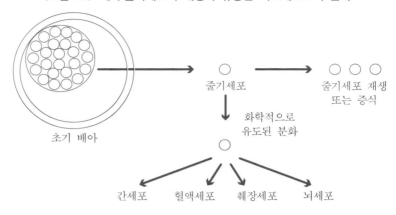

〈그림 23〉 배아 줄기세포의 재생과 유용한 치료세포로의 분화

줄기세포

초기 배아

화학적으로
유도된 분화

줄기세포 재생
또는 증식

간세포 혈액세포 췌장세포 뇌세포

듯이, 줄기세포는 초기 배아에서 얻을 수 있다(〈그림 23〉). 배아
줄기세포는 배아에서 추출하여 세포 배양액에서 성장시킨다. 치료
에 사용되는 경우, 화학적 자극으로 간, 혈액, 뇌 또는 췌장세포 등
원하는 세포로 분화를 개시하여 환자에게 이식할 수 있도록 준비를
하게 된다.

　줄기세포의 다른 원천은 배아가 아니라 성체이다(〈그림 24〉).
이 줄기세포는 모든 종류의 세포가 될 수 있는 능력과 분화할 수 있
는 세포 종류의 숫자에 제약이 있다. 최소한 개념적으로, 췌장 줄기
세포는 췌장에서, 그리고 간 줄기세포는 간에서 얻을 수 있지만, 저
자는 이러한 규칙에 예외가 있다고 믿는다. 장기에는 한 종류만이
아니라 다른 많은 종류의 세포들이 들어 있다. 따라서 간 줄기세포
는 이러한 여러 종류의 간세포가 될 수 있는 능력을 가지고 있다.

　과학자들은 수년 동안 혈액이 만들어지는 골수가 성체 줄기세포
를 얻을 수 있는 몇 안 되는 장소 중 하나라고 생각했다.

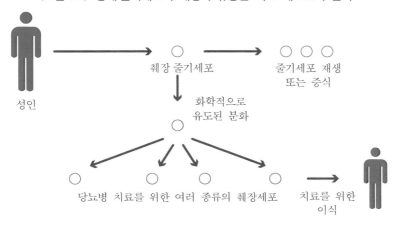
〈그림 24〉 성체 줄기세포의 재생과 유용한 치료 세포로의 분화

성체 줄기세포는 그밖에도 여러 기관에서 확인되었으며, 많은 사람은 인체 대부분의 기관에 성체 줄기세포가 있다고 생각한다. 개념적으로, 줄기세포는 당뇨병과 같은 췌장 질환을 치료하기 위해 췌장에서 얻을 수 있으며, 피부 줄기세포는 화상 환자를 치료하는 데 이용될 수 있다. 치료에 성체 줄기세포만을 사용하면 대부분의 윤리적 문제를 피할 수 있다. 그러나 아직 성체 줄기세포가 치료에 적절하게 이용될 수 있는지 확인할 수 있을 만큼 연구가 진전되지는 못한 상태이다.

줄기세포 연구의 윤리적 쟁점들은 배아 줄기세포의 이용에서 비롯된다. 생명우선론과 선택우선론*이 낙태 문제에서 줄기세포 연

---

* 〔역주〕 생명우선론이란 임신 중절 찬반양론에서 여성의 낙태에 반대하고 태아의 생명을 중요시하는 생각을 지지한다. 반대로 선택우선론이란 낙태에 관하여 임신 여성의 선택을 중요시하는 생각으로 여성의 선택권을 우선

구에까지 확장된 것은 분명하지만, 그밖에도 인간생식 생물학의 상업화(가령, 난자와 배아에 시장 가격이 매겨지는 상황)처럼 고려해야할 윤리적 주제들이 더 있다. 병에 걸린 아이를 가진 부모들은 자식을 치료하기 위해 더 많은 배아를 생산하기를 원할 것이다. 가장 큰 윤리적 우려는 그 병을 치료받는 사람으로부터 줄기세포를 생산하기 위해 인간복제 과정을 이용하는 것이다.

장기나 조직 이식의 가장 큰 문제는 면역거부 반응이다. 예를 들어, 공여자의 심장과 그 수령자가 면역학적으로 일치해 '적합성'을 확인받으면, 거부반응이 일어나거나 이식이 실패할 가능성은 낮아진다. 마찬가지로, 줄기세포도 그것을 받는 환자와 면역적으로 일치할 필요가 있다. 그러나 일치하는 경우에도, 거부반응이 일어날 위험은 있다. 면역억제제가 거부반응을 줄이기 위해 사용된다. 따라서 환자 자신으로부터 배아 줄기세포를 생성하는 복제 과정을 사용하는 것이 가장 이상적인 상황이다.

예를 들어, 어떤 사람이 당뇨병 치료를 받고 있다고 하자. 환자의 건강한 피부세포를 탈핵 난자에 도입시키는 데 사용할 수 있을 것이다(〈그림 22〉). 그 결과 배아에서 복제된 배아와 배아 줄기세포는 그 환자에게서 나온 것이기 때문에 다시 그 환자에게 이식하기에는 완전히 적합할 것이다. 이 배아 줄기세포는 신체 거부반응의 위험 없이 당뇨병 치료를 위해 췌장에 이식하는 데 사용할 수 있을 것이다. 이것은 과학적으로 이상적인 상황이지만, 이처럼 과학적으로 이상적인 시나리오에 배아 줄기세포 연구를 위한 배아 이용과 인간

하는 주장을 지지한다.

320

복제 이용을 둘러싼 윤리적 문제들이 모두 적용된다.

그렇다면 치료를 위해 배아 줄기세포를 전혀 이용하지 않는 것과 척수 손상, 뇌졸중, 파킨슨병 또는 심장병과 같은 소모성 질환을 치료하기 위해 배아 줄기세포와 클로닝 기술을 모두 사용하는 것 중 어느 쪽이 더 윤리적인 것인가?

윤리적 쟁점들

이 글을 쓰고 있는 동안에도 인간 줄기세포 연구를 둘러싸고 격렬한 논쟁이 벌어지고 있다. 줄기세포, 즉 사람의 모든 생리기능이 시작되는 세포는 궁극적으로 인체의 모든 세포가 될 수 있다. 만약 줄기세포를 추출해서 기관 조직으로 분화할 수 있다면, 이식을 위한 간, 췌장 또는 뇌 조직을 만들 수 있을 것이다. 잠재적으로, 이 치료법은 이식을 위한 조직의 원천으로 많은 생명을 살릴 가능성을 가지고 있다.

현재는 발생 초기 단계에서 배아(胚芽)를 추출해야 한다. 사람의 생명이 수정과 함께 시작된다고 믿는 사람들에게, 이러한 행위는 연구목적을 위해 인간 생명을 파괴하는 셈이다. 따라서 그들은 당연히 이러한 행위에 반대한다. 설령 배아 줄기세포 추출이 생명을 구하는 일이라는 것을 안다고 해도, 이것은 다른 사람의 생명을 위해 하나의 생명을 취하거나 또는 여러 사람을 살리기 위해 한 생명을 희생시키는 것이 된다. 모든 생명이 평등하다고 믿는 사람들, 그리고 공리주의 이론을 받아들이지 않는 사람들은 물론 이러한 관점을 배격한다.

줄기세포 연구의 비평가들은 배아를 사용하지 않으면서 똑같은 효과를 얻을 수 있는 매우 유망한 연구방법이 있다고 믿고 있다. 모든 신체 조직의 줄기세포는 이른바 다능성 세포*이다. 예를 들어, 모든 종류의 간세포나 췌장세포로 분화할 수 있는 다능성 간세포나 췌장세포가 있을 것이다. 가령 성인 공여자로부터 이러한 세포를 추출할 수 있다고 가정하자. 그렇다면 우리는, 연구를 위해 배아를 파괴하지 않으면서, 이 세포들을 이용해 필요한 장기 조직을 성장시킬 수 있을 것이다. 이것이 다음 장에 재수록한 연구윤리를 위한 미국 연합의 정책 방침서에서 개진된 관점이다(제34장 참조).

연합은 배아 줄기세포의 이용에 반대하고 많은 사람이 비도덕적이라고 간주하는 연구에 대한 모든 공적 지원을 거부했다. 나아가 그들은 이러한 초기 배아세포를 이용하는 것은 다능성 세포를 이용하는 것에 비해 지극히 비효율적일 가능성이 높다고 주장한다. 배아 줄기세포는 유용한 조직이 되기까지 여러 단계로 분화해야 한다. 반면 다능성 세포는 여러 단계를 거칠 필요가 없다.

줄기세포 연구를 지지하는 사람들은 배아가 생명체라는 반대자들의 가정을 부인한다. 줄기세포 연구에 대한 두 가지 접근방식이 갈라지는 곳이 바로 이 지점이다. '국가생명윤리 자문위원회'와 같은 일부 지지자들은 가장 초기 단계의 배아가 존중을 받고 양육될 가치가 있지만, 좀더 충분히 발생한 배아나 태아와 동일한 도덕적 지위

---

* 〔역주〕 배아 줄기세포는 배아와 비슷하게 뛰어난 분화능력을 지니긴 하지만 엄밀히 말해 생식세포의 분화능력과 완전히 같지는 않아 다능성줄기세포라고 부른다. 또한 성체 줄기세포의 경우 그보다 한정된 범위에서 세포 분화를 일으킬 잠재력을 지녔다는 뜻으로 다능성줄기세포라고 한다.

를 갖지는 않는다고 생각한다. 이러한 관점에서, 초기 배아는 연구 목적에 이용될 수 있다. 자문위원회의 관점에서, 낙태 클리닉에서 나온 배아는 이미 폐기된 것이기 때문에 줄기세포 연구에 이용될 수 있다.

비평가들은 이러한 연구가 낙태를 조장하거나 연구목적을 위한 낙태를 장려할 수 있다고 믿는다. 자문위원회는 연구를 위해 고의적으로 배아를 발생시키는 것을 지지하지는 않지만, 이미 낙태된 배아는 줄기세포 연구를 위해 채취될 수 있다고 생각한다.

그런데 이런 관점이 줄기세포 연구가 그만한 가치가 있는가라는 물음을 회피한다는 점에 주목할 필요가 있다. 줄기세포 연구가 도덕적이라면, 그로 인한 이득의 문제는 단순한 편익 분석의 대상인 것처럼 가정된다. 반면 비평가들은 배아가 생명인지에 대한 물음에 대한 답이 먼저 주어져야 한다고 주장한다. 그러나 연구를 지지하는 사람들은 이러한 주장에 흔들리지 않는다.

미국과학진흥협회(AAAS)의 보고서(제33장)는 배아의 도덕적 지위에 대한 비평가들의 입장을 배격한다. 그러나 이 단체는 공공정책의 문제로서, 줄기세포 채취가 낙태 문제와 분리되어야 한다는 점을 인정한다. 단지 줄기세포를 얻기 위해 배아가 낙태될 가능성은 없겠지만, 그렇다고 비평가들의 입장을 무시해도 된다는 뜻은 아니다. 그보다, 우리는 줄기세포 연구를 진행하는 과정에서 가능한 한 비평가들의 견해를 수용하기 위해 노력해야 할 것이다.

AAAS의 경우, 절충안으로 불임클리닉에 보관돼 있는 배아를 사용하는 입장을 채택하고 있다. '시험관 아기'를 만드는 과정에서, 배아는 실험실에서 생성되어 모체의 자궁에 이식된다. 이 때 여러 개의 배아가 만들어져 임신이 성공할 때까지 저장고에 보관된다. 수태가 성공적으로 이루어지면, 보관되어 있던 잉여 배아는 폐기된다.

AAAS는 잉여 배아 사용이 줄기세포 연구와 낙태 사이에 두 과정을 분리시키는 장벽을 칠 수 있는 방안이라고 믿고 있다. 여기에서 배아는 새로운 생명을 창조하는 과정의 필연적 귀결로 파괴될 것이다. 그들은, 이 방법으로, 줄기세포 연구를 촉진하면서, 생명의 가치를 지지할 수 있다고 주장한다.

AAAS 보고서는 고전적인 시험관 아기 시나리오인 시험관 수정과 자궁 착상의 도덕적 수용가능성을 가정했다. 이 과정이 곧 파괴될 배아의 생성을 포괄하기 때문에, 그들은 이 절차의 폭넓은 승인을 기반으로 널리 도덕적으로 수용가능한 틀 안에서 줄기세포 연구를 장려할 수 있는 방법이 있다고 주장한다.

제30장

인간복제 •

국가생명윤리 자문위원회의 보고와 권고사항

국가생명윤리 자문위원회

윤리적 고려사항들

체세포 핵이식을 통해 아이를 낳을 가능성이 대두하면서 폭넓은 우려가 제기되었다. 대부분은 그 결과로 태어날 아이에게 미칠 수 있는 위해에 대한 두려움으로 나타난다. 이 기술의 일부인 난자, 핵, 배아 조작으로 나타날 수 있는 물리적 위해, 그리고 개체성과 인격적 자율성의 의미가 손상되는 사태도 우려의 대상이다. 만약 부모가 자녀들의 성격을 과도하게 통제하거나 부모의 기대에 얼마나 잘 부응하는지에 따라 아이의 가치를 판단하고, 가족사랑의 전형이라 할 수 있는 개방성과 수용성을 침해하려는 유혹을 받는 경우, 자녀

• 국가생명윤리 자문위원회 허락을 얻어 재수록하였다.

양육과 가족생활의 품성이 떨어지는 문제에 대해서도 윤리적 우려가 제기된다.

체세포 핵이식 복제가 아이에게 물리적 위해를 입힐 위험으로 인해, 현재 이러한 실험을 금지하는 것이 정당하다는 데에는 사실상 모든 사람이 동의하고 있다. 아이가 구체적으로 입을 수 있는 위해에 대한 우려에 덧붙여, 사람들은 복제의 이러한 폭넓은 실행이 중요한 사회적 가치를 침식시킬 것이라는 우려를 빈번하게 표명한다. 다시 말해, 이러한 관행이 우생학의 한 형태에 문을 열어 주거나 마치 그들이 사람이 아닌 물질인 것처럼, 타인을 조작하도록 일부 사람들을 유혹하고, 인간 조건에 내재된 고유한 도덕적 경계를 뛰어넘을 수 있다는 것이다.

그런데 이러한 우려들에 대비되는 다른 중요한 사회적 가치들이 있다. 개인 선택의 보호, 과학연구의 자유와 프라이버시의 옹호, 그리고 새로운 생의학적인 획기적 발전의 격려 등이 그러한 것들이다. 체세포 핵이식 복제가 일부 사람들에게 인간복제의 수단을 나타낼 수 있듯이, 금지에 대한 사회적 이익이 이처럼 고도로 개인적 선택의 사적 성격을 유지하는 가치보다 중요하다는 것이 자명할 경우에만 그 선택에 제약이 가해져야 한다. 특히 체세포 핵이식을 통해 아이를 가지려고 시도하는, 명백히 논쟁의 여지가 있는 일부 사례들의 견지에서, 정책 수립의 윤리는 사회에 우리가 반영하려는 가치들과 개인적 선택의 자유, 그리고 우리가 제약하기를 주장하는 모든 권리 사이에서 균형을 유지해야 한다.

우리 위원회가 직면한 핵심적인 도전 중 하나는 체세포 핵이식을 이용해서 인간을 창조하는 것에 대한 것뿐만 아니라 이런 방법의 인간복제에 대한 폭넓은 직관적인 반대를 조사하고 밝혀내는 데 대한 수많은 도덕적·종교적 반대를 이해하는 것이었다. 이러한 도전에는 반대의 설득력과 정당성, 그리고 그에 대한 반론과 이 기술을 채택하려는 구체적이고 설득력 있는 사례들을 검토하기 위한 초기의 시도들이 포함된다.

복제를 반대하는 우려와 그 기술을 지지하는 견해 양자에 대해 그 타당성과 설득력을 검토해야 할 것이다. 이 장은 어떤 특정한 종교 전통에 얽매이지 않은 윤리적 원칙들에 초점을 맞출 것이다. 물론 이러한 폭넓은 원칙들이 많은 종교의 가르침 속에 들어 있을 수도 있지만 말이다.

어떤 도덕철학자나 종교 사상가도 '최고의' 도덕이론에 동의할 수 없다는 점에서 이 작업은 매우 어려워진다. 설령 단일한 이론이 있다고 하더라도, 그들은 실질적 적용에 대해서조차 동의할 수 없다. 예를 들어, 어떤 사람은 체세포 핵이식기술이 일상화되었을 때 개인과 사회에 미치게 될 특정 위험과 이익의 평가를 기반으로 자신의 주장을 제기한다. 다른 사람은 매우 폭넓은 권리들, 즉 개체성과 존엄성에 대한 아이의 권리 대 공여자가 자신의 핵으로 아이를 창조할 권리 또는 과학자가 연구를 할 권리 등에 대한 주장을 기초로 자신의 견해를 밝힌다. 그리고 도덕적 권리나 심지어 인권이 반드시 절대적인 것으로 이해될 필요가 없다고 해도, 이러한 권리를 침해하기로 하는 선택은 단순히 위해에 대한 이익의 저울질 이상을 요구한다.

체세포 핵이식 복제의 위험과 이익이 부분적으로는 충분히 이해되어 지금 당장 허용되어서는 안 된다는 결론을 뒷받침할 수 있지만, 서로 경합하는 권리와 이해관계 사이에서 균형을 맞추는 일은 논의와 진전을 위해 더 많은 시간을 필요로 한다. 이 장은 체세포 핵이식을 통해 아이를 창조하는 문제의 중대함에 대한 깊고 지속적인 성찰을 위한 출발점으로 기여할 수 있는 이러한 논변 중 일부를 개괄할 것이다.

복제와 관련해서 야기되는 주제들에 대한 이후 논의는 중요한 금지 조항에서 시작된다. 이런 방식으로 아이를 만드는 모든 연구나 임상실험은 배아의 창출을 포함하게 된다. 즉, 인간 체세포와 핵을 제거한 난자의 융합으로 인간배아가 만들어지고, 이 배아가 자궁에 착상되어 발생 후 달이 차면 아기로 탄생할 분명한 가능성이 있다.

배아 연구의 주제를 둘러싼 윤리적 우려에 대해, 배아의 착상이나 발생 문제가 아니더라도, 최근 미국에서 포괄적 분석과 심의가 이루어졌다(National Institutes of Health, 1994). 제 5장에서 서술했듯이, 인간배아 연구에 대한 연방 기금은 엄격히 제한된다. 그러나 연방 기금을 받지 않는 사적 부문에서 진행되는 인간배아 연구에 대해서는 거의 제약이 이루어지지 못하고 있다.

'돌리'를 통해 야기된 엄청난 가능성은 현존하는 (또는 과거에 존재했던) 사람과 유전적으로 동일한 새로운 개체, 즉 '지연된' 유전적 쌍둥이의 창조이다. 이 가능성은 그동안 인간복제에 대한 엄청난 대중적 우려의 원천이 되었다. 오로지 연구목적을 위한 배아 창출은 항상 심각한 윤리문제를 야기하지만, 배아를 만들기 위해 체세포 핵이식을 사용하는 것은 이 측면에서 전혀 새로운 쟁점을 낳지 않는다.

아기를 낳는 데 체세포 핵이식 방법을 사용하는 데에서 야기되는 독특하고 특징적인 윤리적 주제들은, 예를 들어, 심각한 안전에 대한 우려, 개인성, 가족의 진정성, 그리고 아이를 대상으로 취급하는 문제 등과 연관된다. 따라서 위원회는 배아를 생성하고 여성의 자궁에 착상시킨 다음 출산시킬 목적으로 이러한 기술을 사용하는 문제에 초점을 맞출 것이다. 또한 위원회는 이 특별한 사용의 분석을 공공과 사적 부문 양쪽에서 이루어지는 활동 모두에 확장할 것이다.

신체적 위해(危害)가능성

체세포 핵이식 복제에 대해서는 거의 누구나 동의할 수 있는 반대 근거가 있다. 제 2장에서 개괄했던 근거들을 토대로, 현재 이 기술을 사람에게 적용하려는 시도의 안전성에 대해서는 사실상 보편적인 우려가 있다. 이러한 방법으로 아이를 창조하는 데 찬성하는 강력한 논거가 있다고 해도, 그것은 의료윤리와 정치철학 모두에 걸친 하나의 근본 원리에 따라야만 할 것이다. 그것은 히포크라테스 선서에 나오듯이 '일차적으로 해를 주지 말라'(*first do no harm*)라는 악행 금지조항이다. 덧붙여서, 육체적·정신적 해를 입히지 말 것은 1946~1949년까지 뉘른베르크 강령*에서 연구를 위한 기준으로 수립되었다.

---

* 〔역주〕제 2차 세계대전 직후인 1946년 독일 뉘른베르크 전범 재판소는 독일군 지휘관, 의사, 보건 공무원 등이 과학연구라는 명목으로 전쟁 기간 살인, 고문 등 범죄행위를 저지른 데 대해 유죄를 선고했다. 판결 이유 중에는 피고들이 피실험자의 동의 없이 잔학한 인체실험을 수행한 내용이 포함되었다. 재판부는 이러한 문제의 재발을 막기 위해 판결 이전에 10개 항의 강령을 발표했다. 이 강령은 이후, 인간을 실험대상으로 삼는 과학연구에 대한 규율을 위한 노력에 중요한 기초가 되었다.

현 시점에서 체세포 핵이식 복제로 태어난 아기의 신체적 복지와 태아에 미치는 중대한 위험은 이 기술의 이로운 이용을 훨씬 능가하는 것으로 간주되었다.

'복제양 돌리'를 탄생시킨 기술이 277번의 시도 끝에 이루어진 한 차례의 성공이었다는 사실을 인식하는 것은 중요하다. 만약 사람을 대상으로 이러한 시도가 이루어졌다면, 난자 공여자의 호르몬 조작, 대리모에서 발생할 여러 차례의 유산, 그리고 최종적으로 태어난 아기에게서 나타날 수 있는 심각한 발생 과정의 비정상 등의 위험이 제기된다. 이러한 실험과 잠재적으로 위험한 기술을 정당화할 입증 책임은 실험을 수행할 사람들이 지게 될 것이다.

생의학과 임상 사례의 표준 관행은 이러한 예비적 연구를 기반으로, 그리고 여러 차례의 추가적인 동물연구 없이, 인간을 대상으로 의약품이나 장치를 사용하는 것을 절대 허용하지 않는다. 게다가, 그 위험이 혁신적 치료에서 발생하는 것이라면, 환자의 질병을 치료할 수 있는 전망이 있을 때에만 정당화가 가능하다. 그러나 이 경우에는 혁신에 의해 환자가 위험에 처하게 된다. 따라서 어떤 양심적 의사나 기관윤리위원회도, 현재 시점에서 체세포 핵이식기술을 사용해서 아이를 탄생시키려는 시도를 승인하지 않을 것이다. 이런 이유들 때문에, 이 시기에 체세포에서 나온 핵을 이식하는 방법으로 아이를 탄생시키려는 모든 시도에 대한 금지가 정당화되었다.

그러나 이 점에 대해서도 국가생명윤리 자문위원회(NBAC)는 일부 견해 차이를 지적했다. 예를 들어, 아이가 심각한 유전병에 걸릴 심각한 위험이 있는 — 또는 그 가능성이 확실한 — 경우에조차 부모들이 임신하거나 수태하여 아이를 낳는 것이 이미 허용되고 있다고 주장하는 사람도 있다. 다른 사람들이 생각하기에 이러한 행동이 도덕적으로 옳지 않다고 해도, 부모의 생식 자유에 대한 권리가 앞선다는 것이다. 체세포 핵이식과 연관된다고 생각되는 위험의 많은 부분들이 유전병과 관련된 위험보다 크지 않을 것이기 때문에, 일부 학자들은 이러한 복제가 다른 형태의 생식보다 더 큰 제약을 받아서는 안 된다고 주장한다(Brock, 1997).

새로운 실험적 임상 절차가 모두 그렇듯이, 사람을 대상으로 한 실험이 이루어지기 전까지는 정확히 어떤 위해가 있는지 결정할 수 없다. 법률학 교수인 로버트슨은 1997년 3월 13일에 열린 NBAC에서 이렇게 지적했다.

> 사람에게 (배아를 자궁에) 이식한 최초의 인간복제는 우리가 그것이 성공할지를 알기 전에 (일어날 것이다) ⋯ (따라서 일부 학자들은) 최초의 이식 ⋯ 결과적으로 아이를 탄생시키는 실험은 ⋯ 얼마간 비윤리적이라고 주장했다. ⋯ 왜냐하면 무엇이 잘못되고 있는지 알지 못하기 때문이다. 그리고 또 하나의 이유는 ⋯ 불구나 성장 장애를 겪을 수 있는 아이가 태어날 수 있기 때문이다. ⋯ (그러나) 그 결과로 태어나는 아기는 쟁점이 되는 과정이 없었다면 존재하지 않았을 것이다. 그리고 (만약) 그 의도가 사실상 아이를 탄생하게 하는 이로운 것이었다면 ⋯ (이것은) 그 (아이의) 이익을 위한 실험으로 분류되어야 하며, 따라서 인정되는 예외의 범주에 속하게 될 것이다. ⋯ 우리는 (실험대상을) 이롭게 할 의도로 이루어진 실험에 대해서는 아주 다른 규칙들의 집합을 가지고 있다(Robertson, 1997).

그러나 체세포 핵이식 복제실험이 그 결과로 태어나는 아이에게 이롭다는 주장은 수태되거나 태어나지 않는 것보다 세상에 나오는 것이 더 '이롭다'는 개념에 기반하고 있다. 이처럼 존재와 비존재를 비교하도록 강요하는 형이상학적 주장은 문제가 된다. 그것은 우리에게 알려지지 않은 것을 — 즉, 존재하지 않는 것 — 다른 무엇과 비교하도록 요구할 뿐 아니라, 그 논리적 극단을 취할 경우 터무니없는 결론에 도달할 수 있다. 예를 들어, 이 논변은 태어나지 않는 것에 비하면 어떤 고통이나 괴로움을 아이에게 주어도 된다는 주장까지 지지한다. 이러한 계열의 분석을 창안한 사람까지도 이러한 결론을 배격한다. *

덧붙여, 체세포 핵이식으로 탄생한 아이에게 신체적 위해를 입힐 실질적 위험은 사람을 대상으로 한 연구가 이루어지기 전에는 확실히 알 수 없는 것이 사실이다. 우리가 어떤 의학적 개입의 시도를 허용하기 전에 아무런 위험도 없다는 절대적 보장이 있어야 한다고 주장한다면, 그것은 불임에 대한 새로운 방법들을 포함해서, 새로운 치료적 개입의 도입을 완전히 중지시키지 않는 한 불가능할 것이다. 인간복제 시도를 '(아이의) 이익을 위한 실험'으로 간주해야 한다는 주장은 설득력이 없다.

---

* 〔역주〕 철학자 데릭 파핏은 무정체성(non-identity) 문제라 불리는 논변을 비판했다. 그는 복제로 태어나는 것이 여러 가지 문제가 있기는 하지만, 그렇다고 해서 그 결과로 태어나는 아이에게 모두 해롭지는 않다고 말한다. 즉, 태어나지 않는 것보다는 낫다는 것이다. 그는 이 논변이 건전하지 않다고 비판했다. 다른 생식법이 있다면 이러한 부담 없이 아이를 낳을 강력한 근거가 있다는 것이다.

복제와 개체성

복제와 관련해서, 신체적 위해 외에 정신적 위해에 대한 많은 우려가 있다. 가장 많이 언급되는 정신적 위해 중 하나는 고유성의 상실이다. 많은 사람은 핵이식 체세포 복제로 인해 인간 정체성과 개성에 심대한 문제가 야기되며, 그로 인해 우리가 우리 자신을 어떻게 규정하는지 재고하지 않을 수 없다고 주장한다. 1997년 3월 13일 NBAC에서 이루어진 증언에서 메일렌더(Gilbert Meilaender)는 개인뿐 아니라 부모의 관점에서도 유전적 고유성이 얼마나 중요한지 주장했다.

> 우리 아이들은 우리, 즉 부모로부터의 일종의 유전적 독립성에서 시작된다. 그들은 아버지나 어머니 그 누구도 복제하지 않는다. 이것이 우리가 궁극적으로 그들에게 부여해야 하는 독립성에 대한 촉구이고, 그들을 위해 준비해야 할 우리의 의무이다. 아이에게 주어야 할 선물로서 이러한 독립성의 의미를 이론상으로라도 상실한다면, 그것은 아이에게 바람직하지 않을 것이다(Meilaender, 1997).

유전적 쌍둥이를 창조한다는 개념은, 시간문제를 분리한다 해도, 대부분 사람들이 골칫거리와 매력적인 요소를 동시에 발견하는 체세포 핵이식 복제의 한 측면이다. 일란성 쌍둥이 현상은 지구 전역의 인간 문화에서, 그리고 역사를 통틀어 흥미를 끌었다(Schwartz, 1996).

왜 일란성 쌍둥이가 이처럼 매력적인지 이해하기는 어렵지 않다. 우리는 상식적 경험으로 쌍둥이가 성격이나 개성에서 얼마나 두드러진 차이를 가지는지 잘 알고 있다. 동시에, 육체와 개성이 사람의 직관 속에 뒤얽혀 있으므로, 관찰자들은 쌍둥이에게 같은 인격이 그들의 육신을 점하고 있으리라는 얼마간의 기대를 갖지 않을 수 없었다. 체세포 핵이식 복제의 가능성이 대두하면서 똑같은 신체가 여럿 있을 수 있고, 각각의 신체가 일반적인 경우보다 얼마간 덜 특징적이고, 덜 고유하며, 덜 자율적인 개성을 가질 수 있다는, 과학적으로 부정확하지만, 직관적 두려움이 나타났다.

그렇다면 고유한 정체성에 대한 도덕적 또는 인간적 권리가 있는 것인가? 만약 그렇다면, 이런 방식의 인간복제가 그 권리에 어긋나는 것인가? 이러한 체세포 핵이식 복제가 고유한 정체성에 대한 권리를 위배하려면, 그와 관련된 정체성의 의미는 유전적 정체성, 즉 반복되지 않는 고유한 게놈에 대한 권리가 되어야 할 것이다. 유전자가 같다고 해도, 두 사람은 ― 예를 들어, 동형접합 쌍둥이의 경우 ― 서로 다르며, 같지 않다. 따라서 각 개인을 질적으로 고유하고, 타인과 다르게 만드는 다양한 성질과 특징이 무엇인지 밝혀내야 한다.

다른 사람과 같은 게놈을 가지는 것이 고유한 질적 정체성을 훼손하는가? 이러한 계통의 연구에서 체세포 핵이식을 이용한 생식이 철학자 요나스가 '무지의 권리'라 불렀던 것 또는 누스바움이 '분리성'의 특성이라 불렀던 것을 위배하는가?(Jonas, 1974; Feinberg, 1980; Nussbaum, 1990)

요나스는 인간복제가 먼저 태어난 쌍둥이와 나중에 태어난 쌍둥이의 생명의 출발 사이에 상당한 시간적 간격이 있다는 점에서 자연적으로 태어난 동형접합 쌍둥이가 동시에 탄생하는 것과는 근본적으로 다르다고 주장했다. 같이 태어나는 쌍둥이는 동일한 유전자를 계승하면서 생명이 시작되지만, 그들 역시 같은 유전자를 공유하는 쌍둥이가 자신의 선택으로 자신의 삶을 살아가게 될 것이라는 사실을 모르는 채 동시에 그들의 삶 또는 일대기를 시작한다.

유전자가 그 사람의 미래를 어느 정도까지 결정하든 간에, 각각의 생명은 그 결정이 어떻게 이루어질지 모르는 상태에서 시작되며, 쌍둥이를 갖지 않은 개인처럼 미래를 자유롭게 선택할 수 있는 상태로 남게 된다. 이러한 계통의 추론에서, 한 사람의 게놈이 자신의 미래에 미치는 영향을 모르는 것은 자연발생적이며, 자유롭고, 진정한 삶과 자아의 구성을 위해 필수적이다.

요나스는 복제에 의해 늦게 태어난 쌍둥이는 그 또는 그녀가 자신에 대해 너무 많은 것을 알거나 안다고 믿는다고 주장한다. 이 세상에 이미 다른 사람, 즉 동일한 유전적 출발점에서 시작해, 나중에 태어난 쌍둥이의 미래에 해당하는 삶의 선택을 먼저 한, 다른 쌍둥이가 존재하기 때문이다. 그렇게 되면, 그 사람의 삶은 이미 다른 사람이 살아서 소진되었고, 그 운명은 이미 결정이 이루어졌으며, 나중에 태어난 쌍둥이는 자신의 고유한 자아를 창조하고 형성할 자발성을 상실하게 되는 셈이다. 그 사람은 자유롭게 자신의 고유한 미래를 창조할 인간적 가능성의 의미를 잃게 될 것이다. 요나스는 먼저 태어난 쌍둥이가 다른 쌍둥이의 운명을 이런 식으로 결정하려고 시도하는 것은 폭압적이라고 주장한다.

그리고 설령 한 사람의 유전자가 다른 사람의 운명을 결정한다는 조악한 유전자 결정론을 믿는 것이 잘못이라고 해도, 스스로 삶을 창조할 능력과 자유 경험에서 중요한 것은 그 사람이 자신의 미래가 열려 있고 미결정 상태이며, 따라서 여전히 삶의 대부분이 자신의 선택에 달려 있다고 생각하는 것이다.

요나스의 반대를 유전자 결정론이나 그러한 믿음을 가정하는 것으로 해석할 수도 있다. 나중에 태어난 쌍둥이는 그 또는 그녀의 앞선 쌍둥이의 발자국을 그대로 따라가도록 운명 지어진 것이 아니라는 데 동의할 수 있다. 그럼에도 불구하고, 앞선 쌍둥이의 삶은 나중에 태어난 쌍둥이를 계속 따라다니면서, 후자의 삶에 부당한 간섭을 할 것이며, 다른 이의 삶이 비난받지 않는 방식으로 살아가게 할 것이다.

다른 맥락에서, 그리고 그것을 인간복제에 적용하지 않으면서, 파인버그는 어린아이의 열린 미래에 대한 권리를 주장했다. 이것은 아이를 기르는 타인들이, 그렇지 않았으면, 그 아이가 자신의 삶을 구축해 나갔을 미래의 가능성을 막지 않을 것을 요구한다. 열린 미래에 대한 권리에 어긋나는 한 사례는 어린아이의 기초 교육조차 부인하는 경우이고, 다른 사례는 지연된 쌍둥이로 아이를 낳아 그 아이가 자신의 미래가 앞선 쌍둥이의 선택이나 그 아이가 살았던 삶에 의해 이미 결정되었다고 믿는 경우이다.

다른 한편, 이러한 모든 우려는 사변(思辨)에 그치지 않고 특정한 구체적인 문화적 가치에 직접 연결된다. 체세포 핵이식기술을 이용해 탄생한 개인은 자신들의 미래가 상대적으로 제약되었다고 믿을 수도 있고 그렇지 않을 수도 있다. 실제로 그들은 정반대의 생각을 가질 수도 있다. 덧붙여서, 지극히 정상적인 부모에게서 태어난 경우에도 그 아이의 행동이 원망스러운 제약을 받는 일이 비일비재하다. 게다가 파인버그의 주장은 이런 생각이 잘못된 것이거나 오류임이 입증될 수 있는 경우에는 적용되지 않는다.

따라서 체세포 핵이식 복제가 알지 않을 권리나 열린 미래에 대한 권리에 대해 갖는 함의를 평가하는 데에서의 어려움은, 설령 그 믿음이 명백히 오류이고 가장 조잡한 유전자 결정론에 의해 뒷받침된다 하더라도, 지연된 쌍둥이가 자신의 미래가 이미 결정되었다고 믿을 가능성이 있다고 해서 그 권리에 어긋나는가에 달려 있다. 나아가, 이 쌍둥이가 무엇을 믿게 될 것인지는 새롭게 출현하는 사실들과 과학자와 윤리학자들의 주장에 달려 있을 것이다.

복제와 가족

아이에게 미치는 위해 논변에 초점을 두지 않는 우려들 중에는 복제를 통제의 수단으로 이용하는 데 대한 일련의 우려가 있다. 예를 들어, 자신의 한정된 자아상이나 타인들이 강요하는 기대에 의해 그들의 삶의 선택이 제약을 받을 수 있는 사람들을 양산할 가능성에 대한 우려가 있다. 이처럼 자율성이 떨어지는 아이들의 이미지에서 복제된 병사들로 이루어진 군대를 창조하는 기술에 대한 잘못된 두려움이 발생한다. 이것은 병사들이 자신의 육체적 개체성이 위축되고, 그에 의해 정신적 자율성도 떨어지게 되리라는 우려이다.

마찬가지로, 이러한 자율성 위축에 대한 예상은 많은 사람이 바람직하거나 사악한 인물의 복제 가능성을 공상하게 만드는 우생학 논변의 근거를 제공한다. 이런 인물들에는 배우에서 다양한 유형의 독재자, 그리고 저명한 종교 지도자들에 이르기까지 다양하다. 더욱 문제를 복잡하게 만드는 것은 이처럼 유전자가 행동과 성격까지 완전히 결정할 수 있다는 오도된 믿음이 그러한 이미지를 증폭시켜 종내에는 사람들에게 말 잘 듣는 노동자, 열광적인 병사들, 뛰어난 음악가들, 그리고 고귀한 성인들을 만들어낼 수 있다는 상상을 하게 한다.

제2장에서 다루었듯이, 이러한 두려움은 인체 생물학과 심리학에 대한 총체적인 오해에서 비롯된 것이지만, 실제로 사람들 사이에서 나타나는 우려이기도 하다. 게다가, 똑같은 우려가 체세포 핵이식 복제를 아이 '낳기'가 아니라 아이 '제조'로 간주하는 데 내재하는 두려움에서도 분명히 드러난다. 복제를 통해, 복제된 개인의 모든 유전적 청사진은 인간 장인들에 의해 선택되고 결정된다. 카스의 말을 들어보자.

(이것은) 사람을 인간이 제작하는 또 하나의 물건으로 전락시키는 중요한 한 걸음이다. 여기에서 인간 본성은 자연 전체를 인간이 마음대로 사용할 수 있는 원료로 전환시키는 기술 프로젝트에 굴복하는 자연의 마지막 부분에 불과해진다. … 우리가 만든 모든 물건과 마찬가지로, 그것이 아무리 훌륭하다 해도, 기술공은 자신의 의지와 창조 행위로 제조물과 동등하지 않으며 그것을 초월하는 우월한 지위에 있다(Kass, 1997).

많은 사람에게, 이런 관계는 양육의 이상과 모순된다. 양육의 관점에서, 부모는 자신과 아이의 유사성뿐 아니라 차이까지 포용하며, 그들이 보살핌과 가르침으로 얻으려는 발전뿐 아니라 그들이 계획이나 예상한 적이 없는 뜻밖의 발전까지도 수용한다(Rothenberg, 1997).

물론, 부모는 이미 자식에 대해 엄청난 통제를 가하고 있다. 가령 피임, 탄생의 시점이나 공간에 대한 제어, 육체적·정신적 발전을 이끌어 내기 위한 체계적인 의료적·교육적 개입 등이 그것이다. 이러한 개입은 발생에 대한 통제의 스펙트럼을 따라 계속된다. 체세포 핵이식 복제가 아이의 발전에서 나타나는 중요한 한 측면, 즉 그 또는 그녀의 게놈을 사실상 완전히 통제할 가능성을 제공한다는 점에서 두려움을 느끼는 사람들도 있다. 설령 그것이 인간 발생의 일부분에 대한 제어라고 하더라도, 많은 사람이 경각심을 느끼고 규격에 맞추어 아이들을 제조한다는 연상을 일으키는 것은 바로 이러한 통제의 완벽함 때문이다.

사람들은 기대에 부응해 성장하지 못하는 아이를 받아들이지 못하는 수용 결핍, 그리고 부모 자식 사이에 있는 지배 관계 등을 바람직한 양육의 요소로 꼽히는 수용, 무조건적인 사랑, 그리고 열림 등의 특성과 근본적으로 배치되는 것으로 인식했다. 메일렌더는 NBAC에서 행한 증언에서 생식의 신비로움과 그것을 생산수단으로 바꾸려는 시도에 대한 두려움을 역설했다.

(다른 복제기술이) 어떻든 간에, 인간복제는 분명 이 도상에서 새롭고 결정적인 전환이 될 것이다. 확언컨대, 그것은 훨씬 더, 일종의 생산에 가까운 것이다. 유전자 제비뽑기의 신비, 즉 아버지나 어머니를 복제하는 것이 아니라 그 결합의 구현인 아이의 신비에 훨씬 덜 맡기는 것이다. 그리고 훨씬 더, 아이를 인간 의지의 산물로 이해하는 것이다(Meilaender, 1997).

또한 이러한 개입이 아이에게 미치게 될 영향에 대해서도 많은 의문이 제기된다. 그 아이는 보통 아이들이 부모에게 느끼는 것보다 핵 공여자로부터 덜 독립적이라는 느낌을 가지게 될까?

자신의 유전자 프로파일이 다른 시간에 다른 사람에게서 발생했다는 사실을 알게 되는 것이 그 아이에게 그의 특성이 눈이나 머리카락 색깔처럼 미리 결정되었다는 느낌을 주게 될까?

설령 그 아이가 핵 공여자로부터 완전히 독립되었다는 느낌을 가진다 해도, 다른 사람들이 그 아이를 공여자의 후계자나 복제로 간주하지는 않겠는가?

만약 그렇다면, 다른 사람들의 이러한 기대가 아이의 새롭게 창발 중인 자기 이해를 왜곡시키게 될 것인가?

마지막으로, 일부 복제 비평가들은 체세포 핵이식으로 탄생하는 아이의 법적·사회적 지위가 불확실할 수 있다는 점에 대해 우려한다. 아이의 유전적 정체성과 사회적 정체성 사이의 불일치가 가족의 안정성을 위협한다고 보는 사람들도 있다.

체세포 핵이식으로 탄생한 아이는 그 부모의 자식인가 형제인가? 조부모의 손자인가 자식인가? 이러한 관점에서 그 아이의 심리적·사회적 복지가 불안해지거나 심지어는 위태로워질 수 있다. 부모 역할의 모호성이 아이의 정체성을 해칠 수 있다. 또한 아이가 자신의 쌍둥이인 부모로부터 독립성을 얻기 힘들 수도 있다.

그렇지만 다른 사람들은 이러한 반대에 동의하지 않는다. 생식기술의 도움으로 탄생한 아이들도 유전자를 준 부모, 대리모, 그리고 길러준 부모 등과 복잡한 관계를 가질 수 있다는 것이다. 이러한 관점에 회의적 입장을 가진 사람들은, 아직 이 주제가 충분히 연구되지 않았지만, 가족 역할을 둘러싼 혼란이 생식기술로 태어난 아이에게 해롭다는 구체적 근거가 없다는 점을 지적한다.

중요한 사회적 가치에 대한 잠재적 위해

체세포 핵이식 복제에 대해 강력한 유보 입장을 취하는 사람들은 우리에게 체세포 핵이식을 통한 인간복제가 허용되고 널리 시행되는 세상에 대해 상상해볼 것을 요구한다. 이런 세상에서 우리는 어떤 종류의 사람, 부모, 그리고 아이들이 될 것인가?

반대자들은 이러한 개체 복제가 아이의 건강한 성장을 지지해주는 사회적 가치, 관습, 그리고 제도의 상호 연결된 그물망을 손상시킬 수 있다고 우려한다. 이러한 복제 기법의 사용은 아이들이 그 자체로 사랑받기보다는 부모들의 기대에 얼마나 잘 부합하는가에 따라 평가되는 바람직하지 않은 경향을 조장할 수 있다.

이러한 관점에서 가족과 양육을 볼 때, 이 관계의 핵심에는 사랑, 육성, 충실, 결속 등의 가치가 있다. 반면, 이러한 복제가 널리 행해지는 세상은, 비평가들의 주장에 따르면, 허식, 자기중심주의, 탐욕 등을 암묵적으로 승인할 수 있다. 비평가들의 관점에서, 우리들이 소중하게 여기는 가치들은 가능한 지켜져야 하며, 최소한 이러한 바람직하지 않은 변화들이 공공정책으로 조장되어서는 안 된다.

다른 한편, 이러한 반대를 받아들이지 않는 사람들이 있다. 첫째, 많은 평자들은 그동안 강하게 지켜온 도덕적 가치들이 쇠락하고 있다면, 거기에는 수많은 복잡다단한 이유들이 있을 수 있으며, 이런 식으로 복제를 금지하는 것으로는 해결될 수 없다고 지적한다. 나아가, 그들은 사람들이 그 문제점을 사회적으로 해결하면서 신기술에 적응할 수 있으며, 실제로 그렇게 하고 있다고 주장한다. 그들의 관점에서, 체세포 핵이식으로 태어난 아이는 다른 아이들과 마찬가지로 사랑받고 받아들여질 수 있으며, 가족 및 친척과의 관계를 혼란시키지 않을 수 있다.

그러나 대중이 보이는 강한 반발은, 어쨌든, 이러한 복제가 널리 시행될 경우 그 사회의 중요한 사회적 가치들이 손상될 수 있다는 깊은 우려를 반영한다. 1997년 3월 13일 위원회에서 증언한 생명윤리학자 레온 카스는 체세포 핵이식을 이용한 인간복제 가능성에 대해 폭넓게 제기되는 우려를 다음과 같이 요약했다.

인간복제가 불가피하다고 생각하는 사람은 거의 없다. 반면 거의 모든 사람이 그 오용과 남용 가능성을 예상한다. 그런 일이 벌어졌을 때, 우리가 할 수 있는 일이 전혀 없다는 사실이 많은 사람을 좌절감에 빠지게 하고 그 가능성을 혐오하게 만든다. … 그러나 … 중요한 사례들에서, 종종 불쾌감은 이 사태를 충분히 이해할 수 있는 이성의 힘을 넘어서는 깊은 지혜의 감정적 전달자이다(Kass, 1997). *

그러나 일부 사람들은 도덕적 직관을 기반으로 공공정책을 수립하는 데 대해 반론을 제기한다. 강한 불쾌감이 지혜의 소유자들에게서 나타날 수 있다는 것이 분명한 사실이라도, 그들이 단지 분별 없는 편견의 소유자들일 수도 있다는 것이다. 1997년 3월 14일 NBAC에서 행한 증언에서 생명윤리학자 매클린(Ruth Macklin) **

---

* 〔역주〕 레온 카스와 그의 주장에 대해서는 제 31 장을 참조하라.

은 이러한 기술을 이용한 출산이 해롭거나 최소한 잘못이라는 전제를 자명한 것으로 간주하는 경향성에 대해 문제를 제기했다.

> 직관이 신뢰할 만한 인식론적 방법이 되었던 적은 한 번도 없었다. 특히 사람들의 도덕적 직관은, 악명 높듯이, 천차만별이다. … 만약 복제 반대자들이 인간종의 존엄성에 대한 모욕으로 간주되는 것 이상의 위해를 밝혀낼 수 없다면, 그것은 과학연구와 그 응용에 장벽을 설치하기에는 박약한 근거이다(Macklin, 1997).

그럼에도 불구하고, 반대자들은 이러한 새로운 종류의 복제가 사람들이 도덕적 경계를 뛰어넘고, 인간의 통제를 벗어난 힘을 갖도록 유혹한다고 주장한다. 고대 그리스 문헌과 성경의 많은 해석은 인간의 도덕적 지위가 다른 생명형태와 신 사이에 있다고 강조한다. 특히, 인간은 자신을 자연에 대해 전능한 존재로 간주해서는 안 된다. 이러한 관점에서, 한계를 존중하는 것은 우주 속에서 인간의 온당한 위치를 존중하고, 그 기술이 비판적인 사회적·도덕적 관여를 무시하는 것을 허용하지 않는다. 이런 관점이 단일한 종교적 교의, 신에 대한 특정한 관점, 심지어 신에 대한 믿음에 대해서도 결부될 필요는 없다.

** 〔역주〕 뉴욕 브롱크스에 있는 앨버트 아인슈타인 의대의 생명윤리 교수. 돌리 발표 이후, 초기에는 복제는 '절대 안 된다'는 주장이 일반적이었지만, 차츰 왜 문제가 되는가라는 주장이 생명윤리학계에서도 제기되기 시작했다. 루스 매클린도 그런 생명윤리학자 중 한 사람이다. 그녀는 한 발표에서 "우리는 유전자가 아니기 때문에 인간복제는 인간 개개인의 고유한 정체성을 파괴하지 않는다"라고 강조했다.

그러나 이러한 반대는 흔히 종교적 형태로 표출된다. 예를 들어, 비평가들은 체세포 핵이식을 이용한 출산 능력이 우리에게 불멸을 추구하고, 신의 역할을 찬탈하며, 신의 명령을 거역하도록 유혹한다고 말한다.

다른 한편, 일부 평자들은, 특히 그 밖의 보조생식기술과 비교했을 때, 이러한 종류의 복제를 전혀 새롭거나 극단적인 것으로 보지 않는다. 로버트슨은 이렇게 말한다.

중요한 의미에서 복제는 지금까지 나타난 가장 급진적인 무엇이 아니다. 내 생각에, 훨씬 중요한 것은 신생아의 게놈을 실제로 변화시키거나 조작할 수 있는 능력일 것이다. 반면 복제는 게놈을 있는 그대로 취해 … 그것을 복제하는 것이다. … 주어진 게놈에 특정 유전자를 더하거나 빼서, 아이가 원래의 게놈을 받았을 경우와 다른 특성을 부여할 수 있는 능력에 비하면 복제는 훨씬 문제가 덜하다(Robertson, 1997).

마지막으로, 비평가들은 희박한 자원의 부적절한 이용에 의문을 제기했다. 체세포 핵이식을 통한 아이의 생성은 연구자와 임상의들의 기술을 포함해서, 좀더 시급한 사회적·의학적 요구에 쓰여야 할 소중한 자원을 복제로 돌리게 될 것이다. 특히 공공 자금이 투자된 경우에, 자원 배분에 대한 이러한 고려는 타당하다. 신학자인 더프(Nancy Duff)의 말을 들어보자.

인간복제 연구를 고려할 때, 우리는 반드시 제한된 자원에 대한 책임 있는 이용에 관해 살펴보아야 한다. … 다른 연구 계획들이 인간복제 연구보다 더 많은 사람에게 기여할 수 있는지 물어야 하며, 이러한 물음에 대한 답을 진지하게 고려해야 한다(Duff, 증언, 1997).

인간을 대상으로 다루는 문제

체세포 핵이식에 대한 일부 반대자들은 그 결과로 태어난 아이가 인간이 아니라 대상으로 다루어지는 사태를 우려한다. 이러한 우려는 복제가 아이를 '낳는' 것인지 '제조'하는 것인지 또는 이런 방법으로 태어난 아기가 충분히 독립적인 도덕적 행위자에 미치지 못하는 존재로 간주되는 것인지에 관한 논의의 토대를 이룬다. 요약하면, 성인의 체세포를 복제하는 방법으로 태어난 아이의 인간성이나 존엄성은 충분히 존중받지 못하게 되는가?

   이러한 논의를 파악하기 힘든 이유 중 하나는 '인격'과 같은 특정 용어가 저마다 다르게 이용되기 때문이다. 그러나 이처럼 다양한 관점에서 공통된 이해는 '인격'이 다른 사람의 욕망이나 기대에 따라 조작된 대상과는 다르다는 점이다. 법률학자 래딘(Margaret Radin)은 이렇게 말한다.

> 사람은 주체이고, 도덕적 행위자이며, 자율적이고 자치적이다. 대상은 비인간이며, 자치적인 도덕적 행위자로 간주되지 않는다. … 사람의 대상화란 대략 '칸트가 우리에게 행하지 않기를 원했을' 무엇을 의미한다.

   즉, 사람의 대상화는 사람을 그 또는 그녀의 바람이나 복지와 무관하게 외부적으로 부과된 기준에 따라 가치평가된 대상으로 다루고, 그 또는 그녀와 상호 존중의 관계를 맺기보다는 상대를 통제하는 것이다. 아주 단순화하면, 대상화는 아이를 대상, 즉 남자아이 또는 여자아이의 도덕적 능력을 존중할 만한 가치가 덜한 대상으로 다루는 것이다. 때로는 상품화를 대상화와 구분하여 사람을 상품으로 다루는 것에 대한 우려의 의미로 사용한다. 상품화는 사람을 교환, 구입 또는 시장에서 판매가 가능한 물건으로 다루는 것을 포함한다. 고의적으로 타인의 유전적 조성을 선택하는 것을 타인에 의한 조작의 형태로 보는 사람들에게, 체세포 핵이식 복제는 아이의 상품화나 대상화의 한 형태를 나타낸다.

한편 대상화가 현재 실행되고 있는 유전자 선별 검사나, 미래에 현실화될, 유전자 치료보다 더 위험하지 않다고 생각하는 사람도 있을 것이다. 이러한 절차는 특정 질환을 가진 아이를 낳는 것을 기피하거나 유전적 이상을 벌충하려는 목적을 가진다. 그러나 예를 들어, 이 기술이 페닐케톤 요증을 초기에 예방할 수 있는 수단을 제공하는 방식으로 아이에게 이로움을 줄 수 있다면, 아이에 대한 어떤 대상화도 나타나지 않는다.

이러한 복제가 아이 자신의 이익을 위해 수행되는 것이 아니라 핵 공여자의 허영심을 만족시키거나 골수 증여자가 없어 죽어가는 아이처럼 타인의 이익을 위해 이루어진다면, 이 방식으로 창조된 아이의 인격을 훼손하는 데, 또 한 걸음을 내딛는 것이라고 생각하는 사람도 있을 것이다.

반대자들은 체세포 핵이식으로 태어난 아이가 자신의 육체적 고유함이나 자신의 미래 또는 육체적 발생의 일부 측면을 둘러싼 신비감이 훼손되어 다른 사람들과 충분히 동등하게 간주되지 못하는 것을 마지막 모독으로 간주한다.

우생학적 우려들

인간 본성을 개량하려는 열망은 인류의 탄생만큼이나 오래되었다. 농업에서는 가축이나 식물의 특별한 계통을 육종하는 방식으로 이러한 열망이 표출되었다. 지난 100여 년 동안 진행된 유전학 분야의 발전과 함께, 이로운 유전형질의 선택이 — 태생이 좋은 사람이나 귀족을 뜻하는 그리스어 '유게네스'(eugenes)에서 유래한 우생학 (eugenics)이라 불리는 — 농업에서의 품종 선택과 마찬가지로 인류에게도 이로울 수 있으리라는 희망이 대두했다.

그러나 육종의 관행이 식물에서 동물, 그리고 인간으로 그 대상을 전환되는 것은 본질적 문제를 안고 있다. 먼저, 우생학의 제안은 여러 가지 의심스럽고 불쾌한 가정을 요구한다.

첫째, 모두는 아니라도 대다수의 사람들이 자신의 생식 행동을 우생학 계획에 맞추게 될 것이다. 생식의 자유를 높은 가치로 여기는 사회라면 강압 없이는 그런 결과를 얻지 못할 것이다.

둘째, 어떤 인간 형질이나 특성이 바람직한지 결정하는 수단이 있다고 전제한다. 그것은 오랫동안 인종차별 이데올로기와 연루되었던 선택적인 인간 우월성이라는 개념들에 기반하는 활동이다.

마찬가지로 중요한 것은, 우생학 프로그램에 의해 인류를 '개량하는' 전체 사업이 인간의 특성이나 형질을 결정하는 데 유전자가 수행하는 역할을 지나치게 단순화한다는 것이다. 유전자와 성공적이고 보상적인 인간의 삶과 연관된 복잡한 행동 특성 사이의 상관관계에 대해서는 거의 알려진 바가 없다. 나아가, 우리가 그런 사실을 거의 알지 못한다는 사실은 이러한 특성들이 대부분 많은 수의 유전자와 환경 사이의 복잡한 상호작용에서 기인한다는 것을 시사한다.

더 많은 우유를 생산하는 젖소나 더 부드러운 털을 가진 양의 육종은 가능할지 몰라도, 우월한 인간을 육종한다는 생각은, 설령 우월성의 척도를 세울 수 있다 해도, SF의 영역에 속할 따름이다. 그것은 그 척도를 수립하는 사람의 가치와 편견뿐 아니라 특별히 육종된 사람들이 직면하게 될, 그런 종류의 세계에 의해 좌우되는 무엇이다.

그럼에도 불구하고, 20세기 초에 많은 과학과 정치 지도자들이 우생학을 옹호했고, 우생학은 미국 대중들 사이에서도 상당한 인기를 누렸다. 그 위험이 분명해진 것은 나치에 의해 우생학이 기괴한 형식으로 이용된 이후의 일이었다. 이렇듯 끔찍한 역사를 가졌고, 유전자 선택이 가져올 것으로 예측된 결과에 매우 실질적인 제약이 가해졌음에도 불구하고, '개량'의 유혹은 일부 사람들의 마음속에 매우 실질적인 것으로 남아있었다. 어떤 면에서, 체세포 핵이식 방법을 통해 인간을 창조한다는 것은 우생학자들에게 과거 그 어느 때보다 강한 도구를 제공한다.

한 세대 전에 유전학자 물러(H. J. Muller)가 주장했던 '생식세포 선별'과 같은 선택적인 육종 프로그램의 경우(Kevles, 1995), 그 결과는 일상적인 '유전자 추첨', 즉 정자가 매번 난자를 수정시키면서 개체의 유전물질이 새로운 개체로 혼합되어 들어가는 과정에 따라 달라진다. 반면 클로닝은 최소한 세포핵 속에 있는 유전물질의 수준에서, 각각의 '자손'에서 복제될 바람직한 유전적 원형의 선택을 가능하게 할 것이다.

잘못된 과학적 가정에 근거하고, 그에 따라 낭비적이고 오도될

348

수 있다는 사실만으로 우생학적 복제 프로그램에 — 심지어는 자발적 프로그램까지도 — 반대할 만한 충분한 이유가 될지 모른다. 그러나 이러한 주장만으로는 집단의 유전적 특성을 특정 방향으로 몰아가려는 사람들을 단념시키기에는 불충분할 수 있다. 특정 유전자 집합이 다양한 방식으로 발현될 수 있으므로 복제가 (또는 그 밖의 모든 형태의 우생학적 선택이) 유전자들이 특정 표현형으로 나타나도록 보장하지 않는다는 것을 인정하지만, 그들은 여전히 특정 유전자가 다음 세대를 위해 다른 유전자들보다 더 나은 출발점을 제공한다고 주장할 것이다.

복제 과학을 이런 식으로 사용하려는 모든 사람에게 해줄 수 있는 대답은 인간 우생학 프로그램에 포함된 도덕적 문제들은 실행불가능성이라는 실질적 반대를 넘어서는 무엇이라는 것이다. 몇 가지 반대의 논거는, 이미 앞에서 다루었던, 체세포 핵이식 방법을 이용하려는 개인의 욕망과 관련된 논점들, 그리고 이러한 상황에서 태어난 아이가 대상화된 아이가 될 수 있으며, 그 자체가 목적인 모든 개인에게 부여해야 할 가치를 심각하게 훼손할 수 있으며, 원본에 해당하는 사람의 삶을 토대로 한 기대에 비추어 그 아이의 삶의 과정을 통제하려는 부적절한 노력들을 조장할 수 있다는 가능성 등이다.

여기에 덧붙여서, 우생학에서 제기되는 문제가 단지 개인의 행동이 아니라 집단 프로그램이기 때문에 특별히 야기되는 반대 논거들이 있다. 개인의 행동은 개별적으로 나타날 수 있으며, 흔히 그 이유는 알려지지 않았거나 심지어 알 수조차 없다. 반면 우생학 프로그램은 바람직한 사람과 쓸모없는 사람의 분류에 대한 교조(敎條)를 전파한다. 그것은 인류가 과거에 밟았던, 영원히 수치스러운 경

로이다. 그리고 그것은 복제 과학의 성과가 최소한의 형태로라도
지원해서는 안 될 경로이다.

개인의 자율성과 연구의 자유를 옹호하는 주장들

체세포 핵이식 방법을 통한 인간복제의 사회적 영향에 대한 이러한
우려의 반대편에 그 기술이 어떻게 사용될 것인지에 대한 개인의 선
택을 옹호하는 주장들이 있다. 이들 주장은 5개의 각기 다른 근거를
기반으로 삼는다. ① 개인의 자유를 지지하는 일반적 가정이 있다.
② 인간생식과 같은 특정 행동은 지극히 사적이기 때문에 모든 제약
으로부터 자유로워야 한다. ③ 사회 전체로써 우리는 과학 탐구의
자유에 제약을 가해서는 안 된다. ④ 체세포 핵이식 방법으로 아이
를 탄생시킬 강력한 이유들이 있다. 그렇지 않았다면 금지되어야
마땅했겠지만, 복제 반대를 넘어설 수 있는 강력한 이유들이 있다.
⑤ 이 기술의 사용에 대한 많은 반대는 대체로 사변적이거나 증거가
불충분하다.

개인의 자율성을 지지하는 가정들

개인의 자유를 지지하는 가정은, 우리가 공유하는 가장 중요한 가
치들 중 하나는 개인의 자율성에 대한 헌신이라는, 미국에서 이루
어진 합의에서 출발한다. 부분적으로, 이러한 헌신이 유지되는 까

닭은 만약 집단적 의사결정에 종속된다면 자신의 개인적 판단이 제약을 받을 것이라는 널리 공유되는 우려 때문이다. 개인적 선택이 일종의 개인적 만족인 한, 집합적 만족을 극대화시키는 수단은 가능한 한 많은 개인적 선택을 가능하게 만드는 것이다(Posner, 1992).

덧붙여서, 개인의 자율성이 그 자체로 가치 있는 것으로 고려되는 까닭은 많은 사람이 그것을 개인의 개체성과 개성의 가장 깊은 표현, 즉 자아의 가장 심오한 표현으로 간주하기 때문이다. 따라서 평자들은 개인의 자유에 대한 헌신은, 자신들이 그것을 원하고 그로 인해 타인에게 심대한 위해를 야기하지 않는다면, 개인이 체세포 핵이식 기술을 이용해 아이를 낳도록 허용할 것을 요구한다고 주장했다(Robertson, 1997; Macklin, 1997).

그러나 이러한 자유가 자명한 도덕적 권리가 되기에는 그 범위가 너무 넓다(Mill, 1859; Rhodes, 1995). 많은 사람이 지적하듯이, 이처럼 자율성에 고삐 풀린 우선권을 허용하는 것은 일부 또는 모든 조건에서 소중한 것으로 고수되어온 서로 경합하는 가치들의 가능성을 무시할 수 있다. 따라서 평등, 덕, 악행 금지, 그리고 자비의 원리는 자율성 원리와 우선권을 놓고 경합을 벌일 수 있다.

NBAC에서 이루어진 1997년 3월 13일 증언에서 신학자 카힐(Lisa Cahill)은 다음과 같이 주장했다.

(자율성에 대한) 과도한 초점은 왜 다른 가치들도 사회적으로 중요하고 수호해야 하는지, 그리고 자유롭게 선택된 특정 실천들이, 설령 다른 자유로운 행위자들에 대해 즉각적으로 정량화될 수 있거나 직접적 침해를

입히지 않더라도, 해로울 수 있다는 사실을 보지 못하게 방해할 수 있다. … 자율성을 개인적으로 선호하는 목표를 자유롭게 선택할 수 있다는 좁은 의미에 한정하는 것은 바람직한 사회를 만들기 위해 어떻게 해야 하는지, 그리고 그 목표를 위해 구체적으로 무엇을 해야 하는지 함께 논의할 수 있는 우리의 능력을 손상시킨다.

실제로, 법학자 글렌든(Mary Ann Glendon, 1991)과 사회학자 에치오니(Amitai Etzioni, 1990)와 같은 일부 분석자들은 개인적 자율성과 그 권리에 대한 수사가 책임감, 임무, 그리고 억제와 같은 상호관계적 가치들의 중요성을 가려왔다고 주장했다. 실제로, 개인의 자율성이라는 이상은 수사적으로 옹호되지만, 개인적으로든 공적으로든 타인에게 해를 주지 않는 경우에도, 종종 공동선을 위해 제약된다. 그러나 언제 다른 가치들이 개인적 자유보다 앞서야 하는가의 물음은 여전히 남는다.

《민주주의와 불일치》(Democracy and Disagreement, 1996)에서 정치학자 구트만(Amy Gutmann)과 톰슨(Dennis Thompson)은 언제 도덕적 논변들이 개인적 자유를 제약하도록 허용되어야 하는지에 대한 몇 가지 지침을 설정했다. 그중 일부는 다음과 같다.

① 가령 자연 법칙, 사회 협약 또는 근본적인 사회적 가치들에 어긋나기 때문에, 그것이 야기할 수 있는 구체적 위해가 무엇이든 상관없이 특정 행동이 잘못이라는 확고한 논변, ② 그 잘못이 공중의 관심을 받을 만큼 심대하고, 제약을 가하지 않을 경우 대중적 규율을 받기에 충분한 논변, ③ 이러한 규율이나 금지가 반대자들이 금지하려고 하는 행동보다 더 큰 위해를 일으키지 않는 논변 등이다.

생식 선택의 자유

앞에서 이루어진 사회적 가치들에 대한 논의는 구트만과 톰슨이 제기한 처음 두 조건을 충족시킬 수 있지만, 이 경우에 세 번째 조건은 좀 더 주의를 기울일 필요가 있다. 체세포 핵이식 복제 금지가 예방할 수 있는 것보다 더 큰 위해를 야기할 것인지를 판단하려면 그로 인해 제약되는 특정 종류의 선택이 무엇인지 검토해야 한다. 어떤 행동들은 집단 의사결정에서 특별한 보호를 받아야 한다는 주장이 있으며, 흔히 사람의 생식(生殖)이 그러한 예로 거론된다.

생식은 고도로 사적인 현상이며, 대부분 성교라는 친밀한 관계에서 시작되며 부모관계를 발생시킨다. 이 관계는 세계 속에서 한 사람의 위치를 재규정한다. 생식이 없다면 개인은 아이, 그리고 형제자매로 남을 것이다. 생식 또는 그에 대한 사회적 등가물인 입양을 통해, 한 사람은 부모가 되고 타인에 대한 책임을 안게 된다. 이 책임은 필연적으로 과거에 누렸던 개인적 자유 중 일부를 포기하도록 한다. 이러한 책임을 언제, 그리고 어떻게 맡고 자신의 삶의 경로를 변화시킬 것인지는 매우 개인적이고, 상상할 수 있는, 가장 중요한 결정에 해당한다.

체세포 핵이식 복제가 생식의 자유라는 권리로 포괄될 수 없다는 주장이 있을 수 있다. 왜냐하면 이 권리로 포괄되는 보조생식기술이 유성생식에 의한 생식 불능의 치료이지만, 체세포 핵이식 복제는 전혀 새로운 생식의 수단이기 때문이다. 실제로 비평가들은 그 기술을 급진적으로 새롭고, 생식이라기보다는 '인간 제조'에 가까운 수단으로 간주한다. 예를 들어, 그 무성생식적 성격은 일부 사람들에게 그것을 생식과 전혀 다른 무엇으로 간주하게 한다. 그들은 생식을 본질적으로 협동적이고 성적인 무엇으로 인식한다. 한 평자는 이렇게 지적했다.

> 여성의 계통은 전혀 남성을 필요로 하지 않고 이어갈 수 있으며, 한 여성이 자신의 난자와 DNA를 이용해 아이를 낳는 것이 가능하다. … 따라서 진정한 의미에서 편부모의 아이인 그 아이는 인류 역사에서 진짜 혁명이며, 그 또는 그녀의 출현은 매우 신중하게 평가되어야 할 것이다(Cahill, 1997).

다른 한편, 체세포 핵이식 복제가 유성생식과 다른 생식 수단이지만, 생식에 대한 개인의 관심을 충족시키는 수단이 될 수 있다. 일부 학자들은 그것이 생식 자유에 대한 도덕적 권리에 포괄되지 않는다면, 그 이유는 그것이 생식의 새로운 수단이기 때문이 아니라 인간 존엄성이나 고유성을 침해하는, 그 밖의 반대할 만한, 도덕적 특성들이 있기 때문이라고 주장한다.

체세포 핵이식 복제가 일종의 생식이라는 주장을 받아들인다 하더라도, 생식의 자유가 그 기술의 사용을 보호해야 하는가라는 문제는 여전히 남는다. 생식의 자유는, 가령 우리에게 친숙한 피임처럼, 생식하지 않을 권리뿐 아니라 생식의 권리도 포함한다. 일반적으로 그 권리에는 다양한 인공적 생식술의 사용이 포함된다. 가령, 시험관 수정, 정자나 난자의 공여 등이 그런 예에 속한다. 그러나 어떤 생식 수단의 사용을 허용해야 하는 근거는 그 수단이 특정 개인들이 자손을 낳기 위해 필수불가결할 때 가장 강력해진다.

체세포 핵이식 복제가 어떤 개인이 유전적으로 관련된 아이를 낳을 수 있는 유일한 기법일 수도 있지만, 그 밖의 경우에 출산이 가능한 다른 수단이 있을 수 있다. 만약 어떤 사람에게 출산이 가능한 대안적 방법이 있다면, 복제는 특정 개인의 유전체를 복제한다는 이유에서만 선택될 것이다. 이때 문제시되는 생식적 이익은 단순히 생식 그 자체가 아니라 어떤 종류의 아이를 낳을 것인가라는 좀더 구체적인 이해관계가 된다.

그러나 체세포 핵이식을 통한 복제처럼, 생식적 선택이 단순히 자신의 삶에 대한 선택이 아니라 다른 사람의 본성에 대한 결정일수록, 그 사람의 — 즉, 그 결과로 탄생하는 아이 — 이익에는, 그 본성을 결정하는 결정이라는, 더 큰 도덕적 가중치가 주어져야 한다(Annas, 1994).

그밖에도 부모와 아이에게 생식은 공유되는 현상이기도 하다. 그것은 새로운 사람을 세상에 탄생시킨다. 그리고 공동체 전체가 이 새로운 구성원의 복지에 대한 의무를 진다.

따라서 생식 결정은 태어나게 될 새로운 사람과 그 새로운 사람과 함께 살아가고 상호작용할 사람 모두에게 중요한 영향을 미친다. 그러므로 자연스레 언제, 그리고 어떻게 이 사람이 태어날지 분별할 공동의 지혜를 요구하게 된다. 헌법이 생식 선택의 일부 측면을 기본권으로 간주하고 있지만, 그에 대한 담론이 제약되지는 않는다. 따라서 우리는 생식의 선택이, 윤리의 문제로서, 공동체적 가치 관점에서 이루어져야 한다고 주장할 자유가 있다. 설령 이러한 도덕적 판단을 법률 형태로 구체화하기 위한 노력을 회피해야 할 행정적·정치적 이유가 있고, 법률 집행이 국가가 가족생활과 부부관계의 지극히 사적인 영역에 과도하게 간섭하는 결과를 낳을 것이라는 점을 인정한다고 해도 말이다.

과학연구의 자유

체세포 핵이식을 통한 출산 금지에 반대하는 또 하나의 주장은 연구와 과학 발전을 증진시킬 필요성에 초점을 맞춘다. 책임 있고 윤리적인 지식 추구의 자유가 오랫동안 옹호되었고, 과학자와 비과학자 모두가 지지하는 미국적 가치라는 점에는 의문의 여지가 없을 것이다. 역사적으로 과학연구는 보호되어 왔고 사회에 큰 혜택을 주기 때문에 장려되기까지 했으며, 대중은 '지식의 신성함과 지적 자유의 가치'를 지지하면서 그 혜택을 인정했다. 그러나 우리가 자유로운 과학연구를 중시한다고 해서 도덕적 제약이 없는 과학 추구를 인정하는 것은 아니다.

뉘른베르크 강령이나 헬싱키 선언처럼 인간을 대상으로 한 연구윤리에 대한 국제적 선언들은 아무리 가치가 높아도 과학이 중요한 도덕적 제약에 따라야 한다는 것을 명시하고 있다. 이 점에 대해서는 과학자와 비과학자 모두 동의한다. 예를 들어, 과학연구는 공동체의 안전과 인간 피실험자의 권리 및 이익을 위협하지 말아야 한다. 마찬가지로, 과학연구는 동물에게 불필요한 고통을 주지 말아야 한다.

따라서 연방 정부와 주 정부는 이미 연구대상의 권리와 공동체의 안전을 지키기 위해 연구방법을 규율하고 있다. 예를 들어, 연구대상의 자율성을 보호하기 위해 고지된 동의를 요구하고, 연구대상이

되는 사람의 선택을 정의의 원리에 비추어 평가하는 방식으로 피실험자의 자율성을 보호하기 위해 연구가 제약될 수 있다. 따라서 가령 정보가 복제와 복제 기술에 대한 제약이 개인이나 사회의 일반 복지를 위해 충분히 중요하다는 것을 입증할 수 있다면, 이러한 제약은 적법하고, 수정헌법 1항에서 과학자들이 과학연구의 권리를 가진다해도, 합헌적인 정부의 행동으로 인정될 수 있다(Robertson, 1977).

따라서 설령 과학연구가 헌법이 보장하는 행동이라고 해도, 정부는 체세포 핵이식으로 아이를 낳을 가능성으로 인한 물리적 위험과 같은 명백한 위해를 막기 위해 그 기술에 제약을 가할 수 있다. 지식을 추구할 자유는 그 지식을 얻기 위한 방법을 선택할 권리와 구분될 수 있다. 왜냐하면 방법 자체는 규율의 대상이 될 수 있기 때문이다. 정부가 신지식의 발전을 방해하려는 시도로 연구를 금지하지 않을지라도, 만약 그 수단들이 타인에게 심각한 해를 입힐 가능성을 포함한다면, 그 수단에 제약을 가하거나 금지할 수 있다(Robertson, 1977). 궁극적으로, 연구자 자신이 윤리적·과학적 기준을 준수할 책임이 있으며, 자신의 연구에서 이 두 가지 기준을 통합시키기 위해 노력해야 한다.

예외적 사례들에 대한 고려

법이 아닌 윤리의 측면에서도, 체세포 핵이식 방법을 이용한 인간 복제를 무차별적으로 비난하는 것을 반박할 수 있다. 일부 사례들은 이러한 방법으로 아이를 낳으려는 선택이 이해할 만하다는 것이 확인되었고, 심지어 일부 학자들은 바람직하다고까지 주장한다. 다음과 같은 사례들을 고려해 보자.

사례 1

한 부부가 아이를 원하지만, 두 사람 모두 치명적인 열성 유전자 보인자이다. 그들은 4분의 1의 확률로 짧고 고통스러운 삶을 살아갈 아이를 수태하는 위험을 감수하는 것보다 다른 대안을 모색했다. 아이 기르기를 포기하는 방법, 양자를 들이는 방법, 착상 전 검사를 통해 선택적 낙태를 하는 방법, 열성 형질이 없는 공여자의 생식체를 이용하거나 부부 중 한 사람의 세포를 이용해 아이를 복제하는 방법 등이 그것이다.

공여자의 정자나 난자를 이용하는 방법과 선택적 낙태는 피하고, 아이와 유전적 연결을 지속하기 위해 그들은 복제를 선택했다.

사례 2

한 가족에게 끔찍한 사고가 닥쳤다. 아버지는 살해당하고, 하나밖에 없는 어린아이는 죽어가고 있다. 어머니는 죽어가는 아이의 일부 세포를 이용해서 체세포 핵이식 방법으로 새로운 아이를 낳기로 결정했다. 이것은 그녀가 이미 고인이 된 남편의 생물학적 아이를 기를 수 있는 유일한 방법이다.

사례 3

말기 환자인 아이의 부모는 골수이식만이 아이의 생명을 살릴 수 있다는 말을 들었다. 다른 공여자를 구할 수 없었기 때문에, 부모는 죽어가는 아이의 세포를 이용해 인간복제를 하기로 결정했다. 만약 성공한다면 새로 태어난 아이는 골수이식을 위한 완벽한 상대가 될 것이고, 심각한 위험이나 불편 없이 공여자가 될 수 있다.

최종 결과는 부모로부터 사랑받는 두 명의 건강한 자식들이다. 그들은 나이만 다를 뿐 똑같은 쌍둥이이다.

각각의 사례에서, 복제를 선택하게 된 정황은 충분히 이해함직하다. 첫 번째 사례에서, 부모 중 한 사람과 유전적으로 동일한 아이를 가짐으로써 발생할 수 있는 혼란은 선택적 낙태를 피하거나 익명의 정자나 난자 공여자라는 유령으로부터 자유로운 부부 관계를 유지한다는 가치들과 비교해 저울질되었다.

두 번째 가상 사례의 경우, '대체' 아이를 낳는다는 심리적 복잡함이 남편을 잃은 슬픔뿐 아니라 장성한 후 사랑했던 사람을 쏙 빼닮은 아이를 가질 수 있다는 가능성과 견주어졌다. 불임이나 슬픔은 인간 존재의 일부이기 때문에 이 두 가지 사례 모두 설득력이 없다고 주장하는 사람도 있을 수 있겠지만, 불임이나 가족을 잃은 슬픔이 고도로 사적인 성격을 갖기 때문에 그에 대한 대응 역시 개인적인 결정의 문제라는 주장이 제기될 수 있다.

세 번째 사례는 아마도 인간복제에 대한 가장 강력한 논거가 될 수 있을 것이다. 이 기술이 생명을 구하기 위한 목적에 어떻게 사용될 수 있는지 잘 보여 주기 때문이다. 실제로 복제에 대한 도덕적·정치적 반대로 병든 아이를 죽게 두어야 하는 비극은 이 분야에서의 정책 수립이 얼마나 어려운지 잘 보여 준다.

어떤 사람은 이들 시나리오에서 더 중요한 것이 그 결과로 태어나

는 아이를 어떻게 볼 것인가의 문제라고 주장한다. 매클린은 이렇게
말한다.

> 이러한 상황에서 윤리는 부모가 그 결과로 태어난 아이를 기르는 방법, 그
> 리고 그들이 정상적인 방법으로 태어난 아이와 보조 생식술로 태어난 아이
> 에게 똑같은 사랑과 애정을 쏟을 것인지에 의해 판단되어야 한다
> (Macklin, 1997).

체세포 핵이식 방법을 통한 출산을 금하는 정책은 일부 사람들이
공감하는 몇 가지 시나리오를 실현불가능하게 만들 것이다. 그럼에
도 불구하고, 다른 중요한 사회적 가치를 지키기 위해 이러한 복제
를 전면적으로 금지하는 것이 필요할 수도 있다.

도덕적 추론과 공공정책

> 인간복제가 실현되더라도 그 결과 사회에 아무런 실질적 혜택이 돌아오
> 지 않을 가능성이 매우 높다. 이것은 인간복제가 상당한 위해를 낳을 가
> 능성이 있는 경우에만 금지한다는 논변에 대한 좋은 근거가 될 것이다.
> 복제를 연구의 맥락과 그 너머에까지 진행시킬 경우 발생하는 위해가 너
> 무 커서 규율이나 감시가 있다고 해도 매우 심각한 해가 발생할 수 있다
> 고 결론내리기 전에, 최악의 SF적 시나리오를 인용하는 방식이 아니라
> 현실적인 상을 그릴 필요가 있다(Ruth Macklin, 1997).

> 우리는 그 잠재적 혜택에 대한 강력한 논변이 성립가능한 경우에만 인간
> 복제에 대한 연구를 진행해야 한다(Nancy Duff, 1997).

일부 시민들은 이 장에서 언급된 위해와 오류가 윤리적으로 설득력이 있으며, 체세포 핵이식을 통한 복제를 절대 허용해서는 안 될 결정적 근거가 된다고 동의할 것이다. 반면 다른 사람들은 반대의 중요성을 덜 확신하거나 그 피해가 최소한으로 입증되기만 한다면, 체세포 핵이식 복제가 윤리적으로 허용불가능하다는 결론을 꺼릴 수도 있다. 이처럼 넓은 범위의 관점들은 국가생명윤리 자문위원회(NBAC)에서 검토된 증언, 서한, 그리고 위원회의 문건들에 투영되었다. 또한 이것은 위원들 자신의 특성이기도 하다.

NBAC는 공공정책으로 체세포 핵이식을 통한 출산을 허용, 규율 또는 금지할 것인지를 고려해달라는 요청을 받았다. 출산처럼 민감한 영역의 공공정책 수립은 신중한 고려와 심사숙고를 필요로 한다.

미국의 경우, 특정 인간 행위를 규율하거나 금지하는 정부 정책은 그 정당성을 입증해야 한다. 개인행동에 대한 정부의 간섭과 관련된 일반적 가정이 있기 때문이다. 이 가정은 다양한 근거와 조건에서 반박될 수 있다. 그러나 체세포 핵이식 복제를 비판하는 많은 사람은 개인행동 불간섭이라는 초기 가정이 현명치 않은 정책으로 귀결하는 사태에 대해 우려한다.

일부 고찰은 개인적 판단의 성립보다 공공정책 영역에 더 큰 비중을 둔다. 예를 들어, 개인적 선택을 하는 경우보다 공공정책 수립에서 실용적이고 절차적인 고려에 더 큰 비중이 주어지며, 그것은 지극히 적절하다. 그 한 가지 이유는 공공정책을 집행해야 하는 부담이 고려될 수밖에 없기 때문이다. 예를 들어, 개인과 커플들의 생식에 대한 결정을 모니터하는 것은 극도로 침입적인 조치이다. 설령 이러한 개인행동에 대한 판단을 공개하지 않는다 해도, 체세포 핵이식을 통한 출산의 일부 사례는 허용하고, 일부는 금지하는 식의 정책 수립은 비실질적이다.

게다가 수용가능한 이유와 그렇지 않은 이유를 구분하기도 쉽지 않다. 사람들은 '수용가능한' 것으로 인정되는 조건에 맞추어 자신들의 진짜 이유를 숨기고 허위 진술을 하게 될 것이다.

또한 체세포 핵이식을 통한 출산에 대한 공공정책의 적절성을 평가하는 데 적용되는 추론은 사적 판단에 적용되는 추론과는 조금 다르다. 개인들이 판단을 내릴 때면 대개 여러 가지 지혜와 지식에 의존한다. 거기에는 종교적 신념과 도덕적 직관도 포함된다. 사람들은 타인의 행동을 판정하기 위해서 뿐 아니라, 자신들이 무엇을 하고 무엇을 하지 말아야 하는지 결정하는 데에도 도덕성에 대한 자신의 이해를 적용할 것이다.

그러나 공공정책에 대한 도덕적 담론에 포함되는 논의는, 아무리 깊은 의미가 있더라도, 개인적 고려를 넘어 많은 사람이 특정 관점을 수용하도록 설득할 수 있는 일관된 주장을 개발해야 한다. 따라서 대부분 사람들이 이해하고 숙고할 수 있는 방식으로 도덕적 신념들을 정식화하는 편이 유용하다.

다원주의 사회에서 정부의 개입이 언제 어떻게 정당화될 수 있는지 쉽게 판단할 수 있는 방법이란 없다. 특정 상황에서 정부 개입을 지지하는 논변이 개입에 반대하는 논변보다 강력한지 명백히 밝혀주는 알고리즘은 없다. 그보다는 대중적 숙의 과정을 통해 도덕적 담론, 주장, 그리고 논쟁을 진행해야 한다. 설령 합의에 도달하지 못해도 반드시 논쟁을 종결하고 결정을 내려야 하지만, 우리 사회는 체세포 핵이식을 통한 출산 가능성에 대해 진지한 성찰을 이제

막 시작했을 뿐이다. 해당 주제에 할애된 시간이 너무 적기 때문에 일부 쟁점에 대한 결론을 내리기는 시기상조일 수 있다.

따라서 정책 수립의 윤리는, 복제 자체의 윤리와 달리, 우리에게 구트만과 톰슨과 같은 학자들이 제기한 가이드라인으로 돌아갈 것을 요구한다. 그것은 다음과 같은 물음을 포괄한다.

도덕적 우려가 금지나 규율을 정당화할 만큼 충분한가? 만약 그렇다면, 우리가 개인의 자유나 법적으로 보호된 권리에 제약을 가함으로써 치르는 비용은 수용할 만한가?

개별 사례들을 예외적인 것으로 간주할 수 있는가? 예외를 만드는 것이 더 큰 문제를 야기하는 것은 아닌가? 예를 들어, 사람들의 동기에 대한 침입적인 조사라는 형태로, 예외를 인정하는 것이 혜택보다는 더 큰 위해를 일으키는 것은 아닌가?

이러한 물음들에 대해 확실한 답을 얻기는 어렵다.

결 론

요약하면, 위원회는 체세포 핵이식 방법을 이용한 출산에 관한 공공정책의 적합성을 고려하는 과정에서 여러 가지 결론에 도달했다.

가장 중요한 첫 번째 결론은 이런 방법을 통한 출산이 현 시점에서 비윤리적이라는 것이다. 그 이유는 가용한 과학적 근거가 이러한 기술들이 현 시점에서 안전하지 않다는 것을 시사하기 때문이다. 그러나 설령 안전에 대한 우려가 해소된다 하더라도, 이러한 기술의 개인적·사회적 이용이 야기하는 부정적 영향에 대한 심대한 우려는 여전히 남는다.

이 주제에 대한 공중 여론은 양분된 상태로 계속될 수도 있다. 일부는 체세포 핵이식을 통한 복제가 중요한 사회적 가치들을 훼손하고 그 결과로 탄생하는 아이에게 심리적 위해나 그 밖의 위해를 초래할 것이기 때문에 항상 비윤리적이라고 믿는다.

덧붙여서, 위원회는 일부 사람들에게 이 기법을 이용하는 것이 바람직한 사례가 있다는 것을 인정했지만, 전반적으로 이러한 사례들은 이 기법의 이용을 정당화할 만큼 설득력을 갖지 못했다. 마지막으로, 이 기술의 사용이 널리 확산될 가능성이 거의 없으리라는 전망을 토대로, 그리고 가정된 위해의 상당 부분이 순전히 공상적이라는 믿음을 기반으로 복제 금지를 반대하는 주장은 위원회를 설득하지 못했다.

마지막으로, 체세포 핵이식을 통한 출산의 많은 시나리오들은 아이의 유전적 조성이 그 아이의 형질이나 소양을 선택하는 것과 같다는 심각한 오해에 기반을 둔 것이다.

이러한 복제에 대한 좀더 폭넓은 토론이 주는 이점은 한 사람의 특성이나 소양이 유전자뿐 아니라 교육, 훈련, 그리고 사회적 환경과 같은 요소들에 크게 의존한다는 사실을 좀더 명확하게 인식하게 된다는 점이다. 그러나 만약 이러한 유형의 복제가 실제로 이루어진다면, 그 결과로 태어나는 모든 아이는 다른 사람들과 똑같은 권리와 도덕적 지위를 가지는 것으로 간주되어야 할 것이다.

분명한 것은, 인간복제의 가능성이 야기하는 심각한 도덕적 우려에 대해 좀더 깊은 대중적 숙의가 필요하다는 것이다. 위원회가 평가를 진행하는 과정에서, 위원들은 다른 위원들과 대중으로부터 의견을 들으면서 많은 것을 배웠다.

아직도 숱한 주요 쟁점들이 해결되지 않은 채 남아있다. 가령 생식 선택의 자유에 대한 우리의 도덕적 관심의 범위와 성격, 그리고 이 자유에 체세포 핵이식 방법을 통한 출산이 포함되어야 하는가 등이 그런 예에 해당한다.

위원회는 이처럼 복제에 대한 다양한 반응과 그 기술의 사용에 대한 다양한 정책들을 지지하거나 반대하는 윤리적 주장들을 이해하려는 노력이 필수적이라고 믿는다. 이 보고서는 생명공학이라는 신기술이 주는 영향을 평가하기 위해 대중적 논의과정의 출발점에 불과할 것이다.

■ 참고문헌

Annas, G. J. (1994), "Regulatory models for human embryo cloning: The free market, professional guidelines, and government restrictions", *Kennedy Institute of Ethics Journal*, 4/3 (1994): 235-249.

Brock, D. (1997), "Cloning human beings: An assessment of the ethical issues pro and con", Paper prepared for NBAC.

Brock, D. W. (1997), "The non-identity problem and genetic harm", *Bioethics*, 9 (1995): 269-275.

Cahill, L. (1997), *Testimony presented to the National Bioethics Advisory Commission*, March 13.

Chadwick, R. F. (1982), "Cloning", *Philosophy*, 57: 201-209.

Coleman, F. (1996), "Playing God or playing scientist: A constitutional analysis of laws banning embryological procedures",

27 *Pacific Law Journal*, 17: 1331.

Duff, N. (1997), "Theological Reflections on Human Cloning", *Testimony Presented to the National Bioethics Advisory Commission*, March 13.

Etzioni, A. (1990), *The Moral Dimension*, New York: Free Press.

Feinberg, J. (1980), "The child's right to an open future", In *Whose Child? Children's Rights, Parental Authority, and State Power* edited by W Aiken and H. LaFollette, Totowa, N. J. : Rowman & Littlefield.

Glendon, M. A. (1991), *Rights Talk*, New York: Free Press.

Gutmann, A. and Thompson, D. (1996), *Democracy and Disagreement*, Cambridge: Belknap.

Jonas, H. (1974), *Philosophical Essays: From Ancient Creed to Technological Man*, Englewood Cliffs, N. J. : Prentice-Hall.

Kass, L. (1997), "Why we should ban the cloning of human beings", *Testimony Presented to the National Bioethics Advisory Commission*, March 13.

Kevles, D. J. (1995), *In the Name of Eugenics*, Cambridge: Harvard University Press.

Macklin, R. (1994), "Splitting embryos on the slippery slope: Ethics and public policy", *Kennedy Institute of Ethics Journal*, 4: 209-226.

_____ (1997), "Why we should regulate-but not ban-the cloning of human beings", *Testimony presented to the National Bioethics Advisory Commission*, March 14.

Meilaender, G. (1997), "Remarks on Human Cloning to the National Bioethics Advisory Commission", *Testimony presented to the National Bioethics Advisory Commission*, March 13.

Mill, J. S. (1859), *On Liberty*, Indianapolis: Bobbs-Merrill.

National Institutes of Health (1994), Report of the Human Embryo Research Panel, Bethesda, Md. : National Institutes of Health.

Nussbaum, M. C. (1990), "Aristotelian Social Democracy", In *Liber-*

alism and the Good edited by R. Bruce Douglass et al., 217-226.

Parfit, D. (1984), *Reasons and Persons*, Oxford: Oxford University Press.

Posner, R. (1992), *Sex and Reason*, Cambridge: Harvard University Press.

Radin, M. (1991), "Reflections on Objectification", *Southern California Law Review*, 341(November): 65.

_____(1995), "The Colin Ruagh Thomas O'Fallon Memorial Lecture on Personhood", *Oregon Law Review*, 423(Summer): 74.

Rhodes, R. (1995), "Clones, harms, and rights", *Cambridge Quarterly of Healthcare Ethics*, 4: 285-290.

Robertson, J. A. (1977) "The Scientist's Right to Research: A Constitutional Analysis", *Southern California Law Review*, 1203: 51.

_____(1994), "The question of human cloning", *Hastings Center Report*, 24: 6-14.

_____(1997), "A ban on cloning and cloning research is unjustified", *Testimony presented to the National Bioethics Advisory Commission*, March 14.

Rothenberg, K. (1997), *Testimony before the Senate Committee on Labor and Human Resources*, March 12.

Schwartz, H. (1996), *The Culture of Copy*, New York: Zone.

제31장

불쾌감의 지혜 [•]

레온 R. 카스[*]

과학과 기술에서 중요한 발견이 이루어졌다는 소식을 들을 때 환호하는 우리의 습관은 '돌리'라는 이름의 복제양이 탄생했다는 선언으로 큰 도전을 받았다. 돌리가 다른 양들과 '부드러운 가죽, 풍성한 털, 빛나는 색깔'을 공유했지만, 블레이크가 던졌던 "어린 양아, 누가 너를 만들었느냐?"[**]라는 질문에 대해서는 전혀 다른 답을 제공했다.

- [•] 저자의 허락을 얻어 재수록하였다. 이 글의 출전은 다음과 같다. *The New Republic*, June 2, 1997.
- [*] 〔역주〕 Leon. R. Kass. 미국의 의사, 과학자, 교육자로, 2001∼2005년 대통령 생명윤리위원회 위원장으로 활동했고, 현재 시카고대학 교수이다.
- [**] 〔역주〕 William Blake의 시집 〈무구의 노래〉(*Songs of Innocence*)에 포함된 "양"(The Lamb)의 구절이다. 이 시는 이렇게 시작된다. "어린 양아, 너를 누가 만들었느냐?, 너는 누가 너를 만들었는지 아니?"

문자 그대로, '돌리'는 만들어졌다. 돌리는 자연이나 자연의 신이 아니라 인간, 즉 윌머트(Ian Wilmut)라는 영국인과 그의 동료 과학자들의 작품이다. 게다가 돌리는 무성생식으로 탄생했을뿐더러 ― 역설적이게도 '그분은 자신을 어린 양이라고 불렀다'*와 마찬가지로 ― 유전적으로 성숙한 암양과 동일한 복제(그 형태와 청사진의 완벽한 체현)였다.

오랫동안 기다려왔지만 실제로 가능하리라고 생각되지 않았던 포유류 복제는 즉각 인간복제의 가능성을 ― 그리고 그 망령을 ― 불러일으켰다. '난 어린아이, 넌 어린 양.'** 우리의 차이에도 불구하고, 우리는 항상 창조의 동등한 후보였다. 그렇지만 이제 복제라는 방법을 통해, 둘 다 신의 놀이를 하는 인간의 손에서 탄생할 수 있게 된 셈이다.

전문가들의 논평과 대중들의 당황스러운 반응으로 떠들썩했던 초기의 소동이 지난 후, 여론조사를 통해 인간복제에 대한 압도적인 반대가 확인되자 당시 클린턴 대통령은 인간복제 연구에 대한 모든 종류의 연방 지원을 금지했고, '국가생명윤리 자문위원회'에 90일 이내에 인간복제 연구윤리에 대한 보고서를 제출하도록 명령했다. 위원회는 (대통령의 임명과 국립과학기술위원회에 보고할 임무를 부여받았고, 과학자와 비과학자 동수인 18명의 위원으로 이루어진 패널) 과학자, 종교 사상가, 그리고 생명윤리학자뿐 아니라 일반 대중으로부터도 증언을 청취했다. 이 위원회는 현재 윤리적 측면과

공공정책의 측면에서 권고해야 할 내용을 숙의하고 있다.*

의회는 위원회의 보고를 기다리면서, 법안을 마련할 준비를 하고 있다. 인간복제 연구에 연방기금을 사용하지 못하도록 금지하는 법안이 하원과 상원에 상정되었다. 그리고 하원에서 상정된 또 다른 법안이 '누구든 인간 체세포를 인간복제를 하는 데 사용하는 행위'를 불법으로 금하게 될 것이다. 운명적 결정이 눈앞에 있다. 인간을 복제할 것인지는 더는 학문적 문제가 아니다.

복제 진지하게 받아들이기, 과거와 현재

복제가 대중적 관심을 끌게 된 것은 대략 30년 전이었다. 당시 영국에서 핵이식 방법을 통해 10여 마리의 올챙이를 무성생식으로 복제하는 데 성공했다. 인간복제의 가능성과 전망을 대중적으로 확산시키는 데 중요한 역할을 한 사람은 노벨상을 받은 유전학자이자 대단한 야망가인 레더버그(Joshua Lederberg)였다. 그는 1966년에 〈아메리칸 내추럴리스트〉(*The American Naturalist*)에 인간복제와 그 밖의 형태의 유전공학의 우생학적 이점을 상세하게 기술한 주목할 만한 논문을 실었다. 또한 이듬해에는 과학과 사회를 주제로 정기적으로 칼럼을 기고하던 〈워싱턴 포스트〉에 인간복제의 가능성에 대해 썼다. 그는 복제가 여전히 인간의 생식을 지배하고 있는 예측불가능한 다양성을 극복하고, 우리가 우월한 유전적 재능을 영속할 수 있

---

* 〔역주〕 이 위원회의 보고서는 제30장을 참조하라.

도록 도와줄 수 있을 것이라고 주장했다.

이러한 일련의 저술은, 나도 가담한, 소규모 대중 논쟁에 불을 붙였다. 당시 국립보건원 분자생물학과의 젊은 연구자였던 나는 〈워싱턴 포스트〉에 반박글을 썼다. 그 내용은 레더버그가 도덕적으로 중차대한 주제를 비도덕적으로 다루고 있는 점을 비판하고, 우리가 직면한 일련의 물음과 반대의 급박성을 제기하는 것이었다. 이 글은 '프로그램된 인간의 생식이 실제로 인간을 비인간화시킬 것이다'라는 주장에서 정점에 다다랐다.

지난 30년 동안, 인간복제의 진정한 의미에 대한 이해는 쉬워진 것이 아니라 오히려 더 어려워졌다. 어떤 의미에서 우리는 영화, 만화, 농담, 그리고 언론매체에, 이따금 진지한 어조를 띠기도 하지만 대부분 가벼운 논조를 띤, 간헐적인 논평 등을 통해, 인간복제라는 개념에 대해 유연해졌다. 그동안 우리는 인간생식에서 나타나는 새로운 실행들에 대해 익숙해졌다. 여기에는 시험관 수정뿐 아니라 배아 조작, 배아 증여, 그리고 대리모 임신 등도 포함된다. 동물 생명공학은 형질전환 동물과 유전공학이라는 신흥 과학을 탄생시켰고, 유전공학은 순조롭고 빠른 속도로 그 대상을 사람으로 바꾸었다.

더욱 중요한 것은 오늘날 보다 넓은 문화적 변화로 인해 섹슈얼리티, 출산, 발생기의 생명, 가족, 모성, 부성, 세대 간 연결의 의미 등을 존중하는 공통의 이해를 표현하기가 한층 더 어려워지고 있다는 점이다. 25년 전만 해도 낙태는 대부분 불법이었고, 비도덕적 행위로 인식되었으며, 성의 혁명(경구 피임약이 결혼하지 않은 남녀 사이에서 사용가능해지면서)은 아직 초기였고, 미혼 여성이나 동성애 남녀의 생식권에 대한 논의는 (자신의 근친상간에 대한 파렴치한 회고는 두말할 나위도 없이) 본격화되지 않았다.

당시에는 당혹스러움 없이 인간생식의 신기술들과 — 즉, 성관계가 없는 아기의 탄생 — 정상적인 친족 관계의 혼란이 — 난자 공여자, 대리모, 그리고 태어난 아기를 기른 사람 중 누가 어머니인가? — '생물학적 부모 자식 관계가 일부일처제를 지지하고 정당화한다는 주장의 근거를 침식하게' 될 것이라고 주장할 수 있었다.

그러나 오늘날, 안정적인 일부일처제 옹호자들은 '새로운 가족 형태'로 살아가는 성인들이나, 심지어 보조생식술의 혜택도 받지 않고 부모가 3, 4명이나 1명, 혹은 전혀 없는 아이들을 모욕한다는 비난을 받을 위험이 있다. 심지어 오늘날에는, 25년 전까지도 거의 보편적으로 이들 문제에 대한 우리 문화의 지혜의 핵심으로 간주되었던 견해를 밝히는 것조차 사과해야 할 판이다.

과거에 주어졌던 자연의 경계들이 기술변화에 의해 흐려지고, 그 도덕적 경계를 쉽게 파악할 수 없는 세계에서, 인간복제에 반대하는 설득력 있고 강력한 주장을 제기하기는 것이 훨씬 더 어려워지고 있다. 라스콜리니코프가 말했듯이, '인간은 모든 것에 익숙해진다 — 짐승들!'

실제로 '돌리' 소식이 전해진 후 벌어졌던 논란의 가장 침울한 특성은 그 냉소적 색조, 태연한 빈정거림, 그리고 도덕적 불감증일 것이다.

"어미 없이 양을 만드는 방법"(〈네이처〉), "복제는 과연 나쁜가?"(〈시카고 트리뷴〉), "복제라는 돌파구에서 누가 이익을 얻을 것인가?"(〈월 스트리트 저널〉) 등이 그것이다.

이러한 보도에서 도브잔스키(유전학), 요나스(철학), 램지(신학)

의 현명하고 용감한 목소리는 찾아볼 수 없다. 그들은 불과 25년 전만 해도, 인간복제에 대해 강력한 도덕적 논변을 제공했다. 오늘날 우리는 이러한 주장을 펴기에는 너무 노회해졌다. 지나치게 엄격한 도덕적 자세를 견지하면 대중에게 파고들 수 없다. 절대적인 주장은 잊어야 한다. 우리 모두 혹은 거의 모두는 이제 포스트-모더니스트가 된 셈이다.

복제는 우리가 살고 있는 새로운 시대의 지배적 견해를 완벽하게 구현했다. 성(性)의 혁명 덕분에, 우리는 실천에서, 그리고 점차 사고에서까지 섹슈얼리티 자체의 본질적인 생식 목적론을 부인할 수 있다. 만약 성이 출산과 내재적인 연결을 갖지 않는다면, 아기를 성과 불필요하게 연결시킬 필요가 없는 셈이다. 페미니즘과 동성애자 권리보호운동 덕분에, 우리는 점차 자연적인 이성의 차이와 그 탁월함을 문화적 구성의 문제로 돌리도록 장려된다.

이혼과 혼외 출산이 다반사가 되면서 안정적인 일부일처제가 더는 출산을 위한 이상적인 터전으로 합의된 문화적 규범으로 인정받지 못하고 있다. 이 새로운 율법에서 복제는 이상적인 표상, 즉 궁극적인 '한부모아이'가 된다.

모든 아이가 바람직한 아이가 되어야 한다는 우리의 믿음(피임과 낙태를 정당화하기 위해 우리가 사용하는 좀더 고결한 원칙) 덕분에, 머지않아 우리의 요구를 충족시키는 아이들이 완전히 받아들여질 것이다. 복제를 통해, 우리는 아이들의 정체성에 우리의 욕구와 의지를 불어넣을 수 있을 것이다. 개인주의라는 근대적 개념과 빠른 문화적 변화 때문에, 우리는 자신을 조상과 연결되고 전통에 의해 규정되는 존재가 아니라 자기창조를 위한 계획으로 간주한다. 그것은 자기제조 인간일 뿐 아니라 인공 자아이기도 하다. 그리고 자기복제는 이렇듯 뿌리 없고 자기애적인 자기 재창조의 연장일 뿐이다.

과거에 지고 있는 빚을 수긍하지 않고, 미래에 대한 불확실성과 제약을 인정하려 하지 않기 때문에, 우리는 과거, 미래와 잘못된 관계를 맺고 있다. 복제는 스스로는 어떤 통제도 받지 않으면서 미래를 완전히 통제하려는 우리의 열망을 구현한다. 기술의 마력에 눈멀고 그 노예가 되면서, 우리는 자연과 생명의 심오한 수수께끼에 대한 경이감과 외경심을 잃었다. 우리는 기꺼운 마음으로 우리 자신의 출발점을 스스로의 손 위에 올려놓고, 마치 마지막 인간인 것처럼 눈을 깜박이고 있다.

이러한 우리의 만족감의 책임은, 슬프게도, 부분적으로 생명윤리 분야 그 자체, 그리고 이 도덕적 문제에 대한 전문성에서 찾을 수 있다. 생명윤리는 새로운 생물학이 인간성의 가장 깊은 문제들을 건드리고 위협한다는 사실을 이해하는 사람들에 의해 수립되었다. 그런 깊은 문제들에는 신체의 온전성, 정체성과 개체성, 혈통과 친척관계, 자유와 자기통제, 성애와 갈망, 그리고 육체 및 정신의 관계와 다툼 등이 포함된다.

그러나 이러한 주제들이 분석 철학에 포획되고, 그로 인해 불가피한 일상화와 전문화를 겪으면서 이 분야는 대체로 도덕적 논변을 분석하고 새로운 기술적 발전에 대응하고 공공정책의 새로운 쟁점들을 다루는 데 스스로 만족할 수밖에 없었다. 그리고 이러한 일들은 우리가 두려워하는 악이 동정심, 규율, 그리고 자율성에 대한 존중으로 극복될 수 있으리라는 순진한 믿음에서 이루어졌다.

생명윤리는 인간 피실험대상의 보호, 그리고 개인의 자유가 위협받는 그 밖의 분야에 중요하게 기여했다. 그러나 몇 가지 예외를 제외하면, 생명윤리학자들은 인간의 큰 문제들을 작고 사소한 것으로 바꾸어 놓았다. 그 한 가지 이유는 짜깁기로 수립되는 공공정책이 도덕의 중요한 문제를 작은 절차의 문제들로 잘게 쪼개는 경향이 있기 때문이다.

미국의 저명한 생명윤리학자들은 대부분 연방 위원회나 주의 특별위원회, 그리고 자문위원회 등에서 활동하고 있으며, 법률, 규율, 그리고 공공정책의 쟁점들을 토론하는 과정에서 공리주의가 모든 참여자들에게 받아들여질 만한 유일한 윤리적 어휘들이라는 사실을 발견했다. 이들 위원회의 상당수는 국립보건원이나 보건복지부의 공식적 후원을 받거나, 그 밖의 과학의 진보를 지지하는 강력한 목소리에 지배되었다. 대부분의 윤리학자들은 약간의 '가치 명료화'(*values clarification*)를 거친 후 양손을 쥐어짜면서 어쩔 수 없이 불가피함을 인정하고 축복을 선언하는 데 만족했다.

실제로 오늘날 인간복제의 가장 분명한 지지자들은 과학자가 아니라 윤리학자들이다. 국립윤리 자문위원회에서 있었던 두 차례의 증언에서 인간복제를 지지한 사람들은 모두 생명윤리학자들이었다. 그들은 우리와 같은 반대 입장을 가진 사람들의, 이른바, 비합리적 우려에 대해 열심히 반박했다. 우리는 보다 나은 건강과 과학 진보라는 선 앞에서 그 밖의 모든 선이 고개를 숙여야 한다는 잘못된 믿음으로, '전문가'들이 모든 기술 혁신에 무턱대고 도장을 눌러대는 타협주의 윤리를 목도하기에 이르렀다.

도덕적 근시안을 교정하려면, 우리는 가장 먼저 현재 쟁점이 되는 심각한 문제에 대해 안심하지 말 것을 스스로에게 설득해야 한다. 어떤 점에서는 과거 생식기술의 연장이기도 하지만, 인간복제는 그 자체로, 그리고 쉽게 예견할 수 있는 결과를 통해 전혀 새로운 기술에 해당한다. 그 결정에 따른 위태로움은 실로 엄청나다. 우리가 직면한 문제가 출산이 인간의 몫으로 남게 될 것인지, 아이를 낳을 것인지 제조할 것인지, 인간적으로 말할 때 (기껏해야) 멋진 신세계의 비인간화된 합리성으로 이어지는 길을 선택하는 것이 옳은지를 결정하는 것이라고 주장한다면 조금은 과장일지는 모르지만 틀린 것은 아니다.

이것은 늘 벌어지는 일, 잠깐 부산을 떨다가 이내 승인의 도장을 받는 그런 종류의 일이 아니다. 우리는 이 난국에 대처해야 하며, 우리 인류의 미래가 불안정한 상황에서 스스로 판단을 내려야 한다. 왜냐하면 정말 그 결정에 따라 인류의 미래가 좌지우지되기 때문이다.

현 상황

인간복제의 중요성을 과소평가해서도 안 되지만, 그 임박성을 과장하거나 실제로 그 주제에 포함된 문제점을 오해해서도 안 된다. 이 과정은 개념적으로 매우 간단하다. 성숙한 미수정란의 핵을 제거하고, 성체(또는 태아)의 조직에서 채취한 분화된 세포의 핵을 대신 넣는다(돌리의 경우, 제공된 핵은 유선상피세포에서 얻은 것이다). 세포의 거의 모든 유전물질이 핵에 들어 있으므로 탈핵 난자와 이 난자가 발생해서 태어나는 개체는 핵을 제공한 개체와 유전적으로 동일하다. 따라서 핵이식 방법을 사용하여 무한히 많은 수의 유전적으로 동일한 개체, 즉 복제생물을 만들 수 있다.

이론상으로, 남자든 여자든, 신생아든 성인이든 모든 사람이 무한히 복제될 수 있다. 실험실 배양과 조직 저장을 통해, 그 근원보다 오래 살 수 있는 세포들 덕분에 죽은 사람까지도 복제가 가능하다.

윌머트와 그의 동료들이 극복한 기술적 장애물은 공여자 세포 속에 들어 있는 DNA의 상태를 다시 프로그래밍하여 분화된 발현을 역전시킨 후, 온전한 분화전능을 복원시켜 성숙한 개체를 다시 발생시키는 전체 과정을 시작하게 만드는 것이었다. 이제 이 문제가 해결되었기 때문에, 우리는 다른 동물들, 특히 최상급 고기와 우유를 영원히 만들어내기 위해, 가축복제 러시가 일어날 사태를 예상해야 한다. 윌머트의 기술은 거의 확실하게 인간에게 적용가능하기 때문에, 인간복제 '시도'는 당장에라도 가능하다.

그러나 몇 가지 사항에 대해 신중을 기하는 것이 바람직하고, 가능한 몇 가지 오해를 바로잡을 필요가 있다. 먼저 복제란 복사가 아니다. 귀에 못이 박히게 반복된 이야기지만, 설령 유전적 쌍둥이라 해도 멜 깁슨의 복제는 다른 모든 갓난아기들과 마찬가지로 머리털이나 이 하나 없이 기저귀에 오줌을 싸면서 이 세상에 태어난다.

게다가 그 성공률은, 최소한 초기에는, 그리 높지 않을 것이다. 윌머트의 경우, 277개의 성체세포 핵을 탈핵된 양의 난자에 이식해서 29개의 복제된 배아를 얻었지만, 단 한 마리의 복제양을 얻었을 뿐이었다. 다른 이유도 있지만, 특히 이 점 때문에, 최소한 현재로서는 복제양 돌리 사건이 매우 큰 인기를 끌었으며, 당장 대량 복제가 이루어질 우려는 없다. 난자를 얻기 위해 필요한 반복적인 외과

수술, 그리고 더 중요하게는, 이식을 위해 많은 수의 자궁을 빌려야 하는 이유로 복제는 그 이용이 제한된다. 또한 값비싼 비용으로 그 이용이 제한될 것이다. 게다가 생식 능력이 있는 사람이라면 누구나 훨씬 매력적인 자연적 수태 방식을 선호할 것이다.

그러나 미국에서만 200곳이 넘는 보조생식술 클리닉에서 수만 명의 사람들이 도움을 받고 있으며 이미 시험관 수정, 정자직접주입술이나 그 밖의 보조생식기술을 이용할 수 있으므로, 실제로 복제는 더는 크게 문제되지 않는 선택지의 하나가 될 것이다(특히, 성공률이 향상될 경우). '정자 은행'이 운영되듯이 상업적 이익을 좇아 '핵 은행'이 개발된다면, 유명한 운동선수나 그 밖의 유명 인사들이 자필 서명이나 그 밖의 다른 것들을 팔 듯 자신들의 DNA 판매에 나설 것이다. 배아와 생식계열 유전자 검사와 조작 기술이 예상처럼 개발된다면, 더 나은 아기를 얻기 위해 실험실을 이용하는 사례가 늘어나게 될 것이다.

이 모든 일이 이루어진 후, 그 다음 단계인 복제가 이루어진다. 만약 복제가 허용된다면, 유전자 풀을 개량하거나 우월한 유형을 복제하려는 사회적 조장이 없을지라도, 주변적인 적용을 넘어 자유로운 생식적 선택을 기반으로 손쉽게 행해질 것이다. 더구나 인간복제에 대한 실험실 연구가 진행되면서, 설령 복제된 인간을 생산하려는 의도가 없더라도, 처음에 연구목적으로 실험실에서 만들어진 복제된 인간배아가 이후 아기 제조로 이식의 길을 닦게 될 것이다.

인간복제를 예상하면서, 찬성론자와 반대론자들은, 감정적이고 동정적인 사용에서부터 숭고한 이용에 이르기까지, 이미 완벽해진 기술의 사용이 가능하다고 예상했다. 그중에는 다음과 같은 경우가 포함된다.

불임 부부를 위한 아기 출산, 죽었거나 죽어가는 사랑하는 배우자나 자식의 '복제', 유전병의 위험을 회피하는 수단, 이성과의 성관계에 의한 출산을 원하지 않는 남성과 여성 동성애자를 위한 생식 수단, 장기이식을 위해 유전적으로 완벽하게 일치하는 조직과 장기의 원천, 본인을 포함해서 자신이 선택한 유전형을 가진 아이를 낳기 위한 수단, 위대한 천재나 예능인, 미인 등의 복제 ─ 가령 정말 마이클 조던과 같은 아이를 만드는 것, 유전적으로 동일한 사람이 이점이 있는, 예를 들어, 천성 혹은 후성과 같은 문제를 해결하려는 연구 또는 평화나 전쟁과 같은 특수한 임무를 위해 (첩보를 위한 임무도 배제되지 않는다) 같은 유전자를 가진 사람의 집단을 대량으로 만들어내는 일 ─ 등이 그런 예에 포함된다.

물론 인간복제를 꿈꾸는 대부분 사람들은 이런 시나리오들 중에서 그 어느 것도 원하지 않는다. 그들이 그 이유를 말할 수 없다는 사실은 그리 놀랍지 않다. 이 냉소적인 시대에 그들이 무슨 말이라도 한다면, 그것이 오히려 놀랍고 환영할 만한 일이다.

불쾌감의 지혜

'싫다', '괴기스럽다', '혐오스럽다', '불쾌하다'. '반발심이 든다'. 이런 말들이 인간복제의 가능성에 대해 가장 일반적으로 쓰이는 용어들이다. 이런 반응은 남자든 여자든, 보통 사람이든 지식인이든, 종교를 가진 사람이든 무신론자이든, 인문학자이든 과학자이든 거의 똑같다. 심지어 돌리를 탄생시킨 사람조차 만약 인간복제가 이루어진다면 '불쾌한 느낌이 들 것'이라고 말했다.

사람들은 인간복제의 여러 측면에 대해 반감을 느낀다. 인간의 개성을 위협하는 똑같은 모습의 대규모 복제물 형태로 나타날 인간의 대량생산 가능성, 아버지-아들이나 어머니-딸 쌍둥이의 출현, 여성이 자신이나 배우자 또는 사망한 부모의 유전적 복제물을 출산하고 기르게 될 괴이한 가능성, 죽은 아이와 똑같은 대체물인 아이를 수태하는 기괴한 현상, 이식에 필요한 조직이나 기관을 얻을 실용적 목적으로 자신과 유전적으로 동일한 배아를 만들어서 냉동시키는 현상, 자신을 복제하는 자기도취증, 복제될 가치가 있거나 태어날 아기가 받게 될 유전형이 매우 흥미롭다고 생각되는 타인을 복제하는 사람들의 오만함, 인간 생명을 창조하고 그 운명을 통제하려는 프랑켄슈타인과도 같은 과도한 자신감, 신의 놀이를 하는 사람들 등이 그런 측면에 해당한다.

여기에 열거된 인간복제의 이유들이 설득력 있다고 생각하는 사람은 거의 없지만, 대부분 사람들이 인간복제의 오용과 남용 가능성을 예상한다. 게다가 많은 사람은 그런 일이 일어나지 않도록 막기 위해 우리가 할 수 있는 일이 거의 없을 것이라는 생각에 짓눌려 압박을 받는다. 이러한 측면이 인간복제의 가능성을 한층 더 구역질나게 한다.

불쾌감은 주장이 아니다. 그리고 과거에 불쾌하게 여겨진 것들 중 일부는 오늘날 담담하게 받아들여진다. 물론 항상 상황이 나아지지 않는다는 점을 덧붙여야 하지만 말이다. 그러나 중요한 사례들에서, 불쾌감은 그것을 충분히 표현할 수 있는 이성의 힘을 넘어서는 깊은 지혜의 감정적 표현이다.

아버지와 딸의 근친상간(설령 동의에 의한 것이라도)이나 동물과
의 성관계, 사체 절단, 인육 섭취 또는 (단순한!) 강간이나 살인 등
의 끔찍한 일에 대해 충분히 적절한 논변을 제기할 수 있는 사람이
누가 있겠는가? 이런 일들에 대한 자신의 혐오감을 충분히 합리적
으로 정당화하지 못한다고 해서 그 혐오감이 윤리적으로 의심스러
운 것인가? 절대 그렇지 않다. 반대로 우리는 근친상간의 극악무도
함을 단지 근친 교배라는 유전적 위험으로 설명하려고 시도하여 자
신의 전율을 정당화할 수 있다고 생각하는 사람에 대해 의구심을 품
는다.

인간복제의 불쾌감은 이런 범주에 속한다. 우리는 이러한 현상의
낯섦이나 새로움 때문이 아니라, 굳이 우리가 소중히 여기는 것들
을 침해한다는 주장이 없더라도, 즉각적으로 느끼고 직관하기 때문
에 인간복제의 가능성에 역겨움을 느끼는 것이다. 다른 경우와 마
찬가지로, 여기에서 불쾌감은 자신의 뜻으로 모든 것을 통제하려는
인간의 과도함에 대한 반발이며, 우리에게 말로 표현할 수 없는 심
오한 무엇을 위배하지 않을 것을 경고한다. 실제로, 자유롭게 행해
지기만 하면 무엇이든 허용될 수 있고, 우리에게 주어진 인간 본성
이 더는 존경받지 못하며, 우리의 육체도 단지 자율적인 합리적 의
지의 도구로 간주되는 이 시대에, 불쾌감은 우리 인간성의 핵심적
인 본질을 지키기 위해 남아있는 유일한 표현일지도 모른다. 어떻
게 전율하는지를 잊은 영혼들은 천박하지 않은가.

일반적으로 모든 새로운 생의학기술에 대한 우리의 일상적 접근
방식은 불쾌감이 보호하는 선을 간과한다. 우리가 복제를 윤리적으

로 평가하는 방식은 실제로 우리가 기술하는 특징, 그것을 다루는 맥락, 그리고 그것을 보는 관점에 의해 빚어진다. 윤리의 첫 번째 과제는 적절한 기술이다. 그리고 우리의 실패가 시작되는 지점도 바로 여기이다.

일반적으로 복제에 대한 논의는 친숙한 3가지 맥락 중 하나 또는 그 이상에서 이루어진다. 그것을 기술적·자유주의적·사회개량론적 맥락이라고 부를 수 있다.

첫 번째 기술적 관점에서, 복제는 생식을 보조하고 아이의 유전적 조성을 결정하는 기존의 생식기술의 연장으로 다루어진다. 생식보조술과 마찬가지로 복제는 내재적 의미나 본질을 갖지 않는 중립적 기술로 간주되고, 때로는 좋게 때로는 나쁘게, 다중적으로 이용될 수 있다. 따라서 복제의 도덕성은 절대적으로 복제하는 사람의 의도, 동기의 선함이나 악함에 달려 있다. '그 윤리는 (오직) 부모가 그 결과로 탄생하는 아이를 기르고 양육하는 방식, 그리고 그들이 일반적인 방식으로 태어난 아이에게 쏟는 것과 같은 정도의 사랑과 애정을 보조생식술로 태어난 아이에게도 줄 수 있는지에 달려 있다'.

둘째, 자유주의적 (자유의지론적 또는 해방론적) 관점은 권리, 자유, 그리고 개인에 대한 권한부여라는 맥락에서 복제를 다룬다. 여기에서 복제는 단지 자신이 원하는 종류의 아이를 가지거나 생식할 개인의 권리 행사를 위한 새로운 선택지일 따름이다. 새로운 선택 가능성인 복제는 자연의 속박, 우연에 의한 변덕 또는 반드시 성교를 해야 하는 속박에서 벗어날 자유(특히 여성의 자유)를 증진한다.

실제로 복제를 통해 여성은 남성을 전혀 필요로 하지 않게 된다. 왜냐하면 복제 과정은 난자, 핵, 그리고 (일시적인) 자궁만을 필요로 하기 때문이다. 물론 거기에, 이 모든 일을 대자연과 자연의 어머니들을 대상으로 기꺼이 수행하는, 이른바 '남성적인' 조작적 과학이 상당 정도 더해져야 할 것이다. 이러한 관점을 가지는 사람들에게, 복제의 유일한 도덕적 제약은 적절히 고지된 동의를 확보하고 신체에 위해가 가해지지 않도록 방지하는 것이다.

동의 없는 복제가 이루어지지 않고, 복제자가 물리적 손상을 입지 않는다면 자유주의적인 합법성, 즉 도덕적 행위의 조건은 충족되는 셈이다. 의지나 육체적 손상을 넘어선 우려는 '상징적'인 것으로, 즉 비현실적인 것으로 배제된다.

셋째, 사회개량론적 관점은 건강신경과민자나 우생학자들이 지지한다. 후자는 과거에 이 논의에서 훨씬 강력한 견해를 제기했지만, 오늘날에는 일반적으로 자유나 기술 성장이라는 덜 위협적인 기치 아래 보다 진전된 목표를 설정하는 데 만족한다. 이런 사람들은 복제에서 인간 개량을 위한 새로운 가능성을 찾는다.

최소한으로는 유성생식의 우연성에 내재한 유전병의 위험을 피해 건강한 개인을 영속시키고, 최대한으로는 뛰어난 유전물질을 보전하는 '최적 조건의 아기'를 생산하고 (곧 실현될 정확한 유전공학기술의 도움을 받아) 여러 측면에서 타고난 인간 능력을 향상시키는 것이 그런 가능성에 속한다. 여기에서 수단으로서의 복제의 도덕성은 오로지 그 결과의 탁월함, 즉 아름다움, 억센 근력, 그리고 높은 지능처럼 복제된 개체의 뛰어난 특성에 의해서만 정당화된다.

이 3가지 접근방식은 모두 본질적으로 미국적인 것이고, 미국에서는 완벽할지 모르지만, 사람의 출산에 대한 접근방식으로는 상당히 부족하다. 최소한 출생, 소생, 개인성의 경이로운 수수께끼, 그리고 부모 자식 관계의 깊은 의미 등을 우리의 환원주의적 과학과 그 잠재적 기술이라는 렌즈를 통해 보는 것은 심각한 왜곡을 낳는다. 마찬가지로, 생식을 (그리고 가족생활의 친밀한 관계를!) 일차적으로 정치적·법률적이고, 적대적이고 개인주의적인 권리로 보는 관점은 사적이지만 근본적으로 사회적·협력적이고, 출산/양육, 그리고 결혼 서약과 결합되어 임무가 배태된 성격을 훼손한다. 자연에서 완전히 벗어나려는 (생식이라는 자연적 욕망과 자연권을 만족시키기 위해서!) 시도는 이론에서 모순적이고, 실행에서도 자기소외적이다.

우리는 불행하게 육신에 구속되어 있는 지성과 의지에 불과한 존재가 아니라, 육체를 가진 존재이기 때문에 성애적 존재이다. 건강과 적합성은 훌륭한 덕목이지만, 가능성 있는 아이를 유전공학으로 인위적으로 완벽하게 만들 수 있는 산물, 우리 마음대로 설계, 규격, 그리고 허용가능한 오류 한계 등이 부과되는 생산물로 보는 관점에는 심각한 우려가 제기된다.

기술적, 자유론적, 그리고 개량적 접근방식은 모두 새로운 생명을 탄생시키는 데 포함된 보다 깊은 인류학적, 사회적, 그리고 존재론적 의미를 간과한다. 보다 적합하고 심오한 관점에 따르면, 복제는 그 자체가 체화되고, 성적이고, 발생적인 존재로서 주어진 우리의 본성에 대한 — 그리고 이러한 자연적 토대 위에 세워진 사회적 관계들에 대한 — 심각한 변질이자 위배이다.

일단 이러한 관점이 인정되면, 복제에 대한 윤리적 판단은 그 동기나 의도, 자유와 권리, 혜택과 위해 심지어 수단과 목적의 문제로 환원된다. 그것은 일차적으로 의미의 문제로 간주되어야 한다. 즉,

복제는 과연 인간의 출생이나 귀속성을 충족하는가? 아니면 오히려 내가 주장하듯이 그에 대한 오염과 왜곡에 불과한가? 오염과 왜곡에 대한 가장 적절한 반응은 혐오와 반발뿐이다. 그리고 역으로 일반화된 혐오와 반발은 부정함과 침해의 자명한 근거이다. 도덕적 논증의 부담은 전적으로 인류의 폭넓은 불쾌감이 단지 소심함과 미신에 불과하다고 주장하고 싶은 사람들이 져야 할 것이다.

그러나 이성의 법정에서 불쾌감을 발가벗길 필요는 없다. 우리가 인간복제에 대해 느끼는 혐오감의 지혜는 부분적으로 명료하게 밝힐 수 있다. 설령 그것이, 이성이 완전히 알 수 없는 이유들을 마음이 알고 있는 사례 중 하나라고 해도 말이다.

성의 심오함

적절한 맥락에서 복제를 고찰하기 위해, 우리는 먼저, 과거에 내가 했듯이, 실험실 기술에서 시작하는 것이 아니라 유성생식의 — 자연적이고 사회적인 — 인류학에서 시작해야 한다.

유성생식은 — 내가 사용하는 이 말의 의미는 새로운 생명이 (정확히) 두 상호보완적 요소들, 즉 수컷과 암컷의 성교를 통해 새로운 생명이 발생하는 것을 뜻한다 — 인간의 결정, 즉 문화나 전통에 의해 수립된(만약 그것이 정확한 개념이라면) 것이 아니라 자연에 의해 수립되었다. 즉, 그것은 모든 포유류의 생식에서 나타나는 자연적 방식이다. 따라서 모든 아이는 정확히 두 계통에서 나오며 둘을 하나로 결합시킨다. 나아가 자연적 발생에서, 그 결과로 태어나는 아이의 정확한 유전적 조성은 자연과 우연의 조합에 의해 결정된다. 모든 아이는 공통된 자연적인 인간종의 유전형을 공유하며, 각각의 아이들은 유전적으로 (동등하게) 각각의 (양)부모(들)에 대해 유전적으로 동류(同類)이다. 그러나 또한 모든 아이는 유전적으로 고유하다.

이처럼 우리의 기원에 대한 생물학적 진리는 우리의 정체성과 인간 조건 모두에 깊은 진리를 예시한다. 우리들 개개인은 동등한 인간이면서, 그 기원에서 똑같이 특별한 가족적 유대관계라는 그물망으로 얽혀 있고, 평등하게 탄생에서 죽음에 이르는 궤적에서 저마다의 특성을 가지며, 다른 문제가 없으면, 상호보완적인 상대와의 성교를 통해 이러한 인간적 가능성의 평등한 재생 과정에 참여할 수 있다.

우리 공통의 조상보다는 덜 중대하지만, 우리의 유전적 개체성은 인간적 견지에서 사소하지 않다. 그것은 우리가 어디에서든 인식하는 우리의 특징적인 외모를 통해 스스로를 드러낸다. 또한 그것은 고유한 '서명' 각인(刻印)인 지문과 우리의 몸이 스스로를 인지하는 면역체계를 통해 나타난다. 이 개체성은 개별 인간 생명의 결코 반복되지 않는 고유한 특성을 예시하고 상징한다.

사실상 모든 인간 사회는 아이 낳기라는 뿌리 깊은 자연적 사실을 토대로 양육 책임, 그리고 정체성과 친척 체계를 구축했다. 신비롭지만 편재하는 '자신에 대한 사랑'은 아이들을 제조하는 것이 아니라 잘 보살피고, 모두에게 의미, 귀속, 그리고 임무의 분명한 끈을 창조하는 것임을 확인하기 위해, 도처에서 문화적으로 이용되었다. 그러나 이처럼 자연에 뿌리를 둔 사회적 실행을 단지 문화적 구성물로 (가령, 자동차 운전석이 왼쪽에 달려 있는지 오른쪽에 달리는지, 사체를 매장하는지 화장하는지 등의) 간주해서 사소한 인간적 비용을 들이기만 하면 바꿀 수 있는 무엇으로 생각하는 것은 잘못이다.

명백한 자연적 기반이 없다면 친족이 어떤 의미가 있는가? 그리고 친족관계가 없다면 정체성을 어떻게 찾을 수 있는가? 우리는 유성생식을 '전통적 생식법'이라고 부르기 시작한 사람들, 우리를 전통적인 사람들, 암암리에 독단적인 사람으로 간주하는 자들에게 저항해야 한다. 그러나 실상 그것은 자연적일 뿐 아니라 가장 심원적인 무엇이다.

'편부모' 자식을 낳는 무성생식은 자연적이고 인간적 방식으로부터의 급진적인 이탈이며, 아버지, 어머니, 형제자매, 조부모 등에 대한 모든 정상적인 이해, 그리고 그와 연결된 모든 도덕적 관계들을 뒤죽박죽으로 헝클어 놓는다. 더구나 그 결과로 태어난 아기가 배아가 아니라 성인에서 유래한 복제이고 유전적으로 동일한 쌍둥이일 경우, 이 과정이 자연적 사건(가령, 자연적 쌍둥이와 같은) 이 아니라 의도적인 인간 설계와 조작의 결과일 경우, 그리고 그 아이의 (또는 아이들의) 유전적 구성이 부모(부모들 또는 과학자들)에 의해 사전에 선별되었다면 훨씬 급격한 이탈이 될 것이다.

따라서 앞으로 살펴보겠지만, 복제는 3가지 종류의 우려와 반대에 취약하다. 그것은 다음과 같은 3가지 측면과 연관된다. 복제는 소규모로 이루어지더라도, 정체성과 개인성의 혼란을 초래한다. 복제는 출산에서 제조로의 변모라는 (설령 최초는 아닐지라도) 엄청난 비약이다. 다시 말해, 생식과정의 점증하는 몰인격화를 향한, 인간 의지와 설계의 산물인 인공물로서의 인간 아이의 '생산'을 향한 (다른 사람들이 새로운 생명의 '상품화' 문제라고 부른 것) 비약인 것이다.

그리고 다음 세대에 나타나게 될 복제와 유사한 다른 형태의 우생학적 공학이 복제자에 대한 복제 행위자의 독재의 한 형태를 나타내고, 따라서 (호의적인 경우에도) 부모 자식 관계, 그것이 아이에게 미치는 의미, 그리고 우리가 스스로의 죽음과 '대체'에 대해 '예'라고 긍정하는 내면적 의미에 대한 노골적인 위배를 뜻한다. *

구체적인 윤리적 반대를 살펴보기 전에, 최근 한 친구가 내게 제기했던 반론을 예로 들어 자연적인 방식의 심오함에 대한 나의 주장을 검증해 보자.

만약 우리에게 주어진 인간의 자연적인 생식 방식이 무성생식이었다면, 그리고 오늘날 우리가 새로운 기술 혁신을 ─ 인공적으로 유도된 유성생식적 동종이형과 상보적인 생식체의 혼합 ─ 다루어야 하고, 그 발명자들이 유성생식이 잡종 강세와 개체성의 대폭적인 증가와 같은 모든 종류의 이익을 약속한다고 주장한다면 어떻게 되겠는가?

그렇다면 자연적인 무성생식이 자연적이라는 이유로 무성생식을 옹호할 것인가? 이 경우에도, 우리는 그것이 깊은 인간적 의미를 가질만하다고 주장할 수 있는가?

이 반론에 대한 답변은 유성생식의 존재론적 의미를 제기한다. 나는 섹슈얼리티나 유성생식이 없었다면, 인간생명은 ─ 심지어 고등한 형태의 동물도 ─ 존재할 수 없었을 것이라는 주장을 제기한

---

* 〔역주〕 유성생식은 필연적으로 죽음을 수반하기 때문에 유성생식을 통한 생식은 자신의 죽음을 인정하고 후손을 통한 자신의 대체를 인정한다는 의미에서, 복제는 이러한 깊은 의미를 위배한다.

다. 우리는 박테리아, 조류(藻類), 균류, 그리고 일부 하등한 무척추동물과 같은 하등한 생명형태에서만 무성생식을 발견할 수 있다. 섹슈얼리티는 이 세계에 새롭고 풍부한 관계를 가져온다. 성을 가진 동물만이 보완적 상대를 찾고 발견할 수 있으며, 그 상대와 함께 자신의 존재를 초월하는 목표를 추구할 수 있다.

성적인 존재에게 이 세계는 더는 무관심하고 대체로 균질한 타자성, *즉 일부는 먹을 수 있고, 일부는 위험한 타자가 아니다. 세계는 일부이지만 매우 특수하고, 연관되어 있으며, 상보적인 존재, 즉 같은 종류이지만 반대의 성을 가진 존재, 특별한 관심과 격정으로 접근하게 되는 상대를 포함한다. 고등한 조류나 포유류에서, 외부에 대한 응시는 단지 먹이를 구하거나 포식자를 경계할 뿐 아니라 유망한 짝짓기 상대를 찾기 위해 관찰을 계속한다. 장려한 세계에 대한 주시는 결합에 대한 욕망, 즉 인간의 성애와 사회성의 맹아에 해당하는 동물적 원형으로 가득 차 있다. 인간이라는 동물이 가장 성적인 동물이면서 — 인간 여성에게 교미기가 따로 없고 성주기(性週期) 전 기간 수태가 가능하기에 생식에 성공하려면 인간 남성이 훨씬 강한 성욕과 에너지를 가져야 한다는 사실 — 가장 포부가 크고, 가장 사회적이며, 가장 열려 있고, 가장 지적인 동물이라는 사실은 결코 우연이 아니다.

실제로 영혼을 고양하는 섹슈얼리티의 능력은 도덕성과의 기묘한 관계에 뿌리를 두고 있다. 섹슈얼리티는 도덕성을 받아들이는

---

* 〔역주〕 섹슈얼리티, 즉 성성(性性)이 없는 무성생식의 세계에서 모든 존재는 균질한 타자가 된다. 즉, 먹이와 포식자만이 존재한다. 저자는 이러한 특성을 '균질한 타자성'으로 표현하고 있다.

동시에 극복하려고 시도한다. 무성생식은 자기보존 활동의 연속으로 볼 수 있다. 한 유기체가 발아해서 분리되어 둘이 되며, 원본도 그대로 남아 있으므로 아무것도 죽지 않는다. 반면 섹슈얼리티는 죽을 수밖에 없는 운명과 봉사, 그리고 대체를 뜻한다. 결합해서 한 생명을 탄생시킨 두 개체는 곧 죽게 된다. 사람의 경우도 동물과 마찬가지로, 성욕은 이기적인 개체에 부분적으로 숨겨지고, 종국적으로 그 개체와 상충되는 목적을 위해 기능한다.

그 사실을 알든 모르든, 성적으로 활동적일 때, 우리는 자신의 성기(性器)를 통해 스스로 소멸에 찬성투표를 던지고 있는 셈이다. 상류를 향해 헤엄쳐 올라가 알을 낳고 죽는 연어는 보편적인 이야기를 들려준다. 즉, 성은 죽음과 떼려야 뗄 수 없이 한데 묶여 있으며, 성은 출산에서 죽음에 대한 부분적인 답을 얻는다는 것이다.

연어와 그 밖의 동물은 이러한 진리를 맹목적으로 나타낸다. 사람만이 그 의미를 이해할 수 있다. 에덴의 낙원 이야기에서 알 수 있듯이, 우리의 인간화는 성적인 자의식, 우리의 성적인 적나라함, 그리고 그것이 함축하는 모든 것과 일치한다. 그 함축에는 우리의 초라한 불완전성에 대한 부끄러움, 제어하기 힘든 자기분열과 유한성, 영원성에 대한 경외, 어린아이의 자기초월 가능성과 신과의 관계에 대한 희망 등이 포함된다.

성적 자의식을 가진 동물에게 성욕은 성애가 될 수 있고, 육욕은 사랑이 될 수 있다. 따라서 인간의 견지에서 성욕은 전체성, 완성, 그리고 불멸성에 대한 성애적 갈망으로 승화된다. 그것은 우리를 포옹과 그 생식적 결실뿐 아니라 행위, 언어, 노래와 같은 좀더 고등한 모든 인간 가능성으로 우리를 이끈다.

남편과 아내에게 공동의 선인 아이를 통해, 남성과 여성은 진정한 통합을 (단순한 성적 '결합'으로는 얻을 수 없는) 획득한다. 둘은 풍부한 (궁핍하지 않은) 사랑을 나눔으로써 선(善)이라는 이 세 번째 존재를 얻기 위해 하나가 된다. 그들의 혈육인 아이는 부모가 혼합되어 외화된 존재이며, 그와 동시에 독립적이고 지속적인 존재이다.

통합은 양육이라는 두 사람의 공동의 노력으로 향상된다. 무덤을 넘어 미래를 향한 개구부를 열고, 우리의 종자뿐 아니라 우리의 이름, 그리고 그들이 우리를 능가해서 선과 행복으로 나아갈 것이라는 우리의 희망까지 실어 나름으로써, 아이들은 초월의 가능성에 대한 유언장인 셈이다. 성의 이중성과 성욕은 먼저 우리의 사랑을 우리 밖으로 끌어내고, 마침내 죽을 운명을 지고 있는 우리가 가진 한계와 구속을 부분적으로 극복하게 한다.

요약하면, 인간의 출산은 단지 우리의 이성적 의지에 따른 행동이 아니다. 그것이 좀더 완전한 것은 우리를 이성적으로 뿐만 아니라 육체적, 성애적, 그리고 영적으로 개입시키기 때문이다. 성의 쾌락을 그에 비해 불명료한 결합에 대한 갈망, 애정이 깃든 포옹을 통한 소통, 그리고 심층에 깔려있고 이러한 행위에서 부분적으로만 나타나는 아이에 대한 열망을 하나로 결합한 것이 바로 자연의 수수께끼 속에 들어 있는 지혜이다.

우리는 아이를 통해 인간 존재의 사슬을 이어가고, 그 가능성을 새롭게 하는 작업에 참여하는 것이다. 우리가 그 사실을 알든 모르든 간에, 성, 사랑, 그리고 정교(情交)로부터 출산을 분리시키는 것은 그 산물이 아무리 훌륭하다고 해도 본질적으로 비인간적이다.

이제 우리는 복제에 대해 더 구체적인 반론을 살필 준비가 되었다.

복제의 편벽함

먼저, 형식적이지만 중요한 반대가 있다. 인간을 복제하려는 모든 시도는 그 결과로 태어나는 아이에 대한 비윤리적 실험을 포함한다. 동물실험이 (개구리나 양과 같은) 보여 주듯이, 복제에는 기형이나 불운한 재난과 같은 심각한 위험이 따른다.

게다가, 복제 자체의 의미로 인해, 우리는 설령 건강하게 태어나도 미래에 복제될 아이에게 복제에 대한 동의를 받을 수 없다. 따라서 윤리적으로 말하면, 우리는 인간복제가 실행가능한지조차 알 수 없다.

물론 나는 결함을 가진 생명과 태어나지 않은 생명을 비교하는 것이 철학적으로 얼마나 어려운지 알고 있다. 철학적 명석함을 자랑하는 여러 생명윤리학자들이 임신 중인 아이에게 상처를 입힐 수 있다는 주장에 반박하기 위해 이런 어려운 질문을 던진다. 그 아이가 살아서 불평할 수 있는 것도 바로 그 문제 있는 수태(受胎) 때문이다.

그러나 상식은 우리가 이러한 궤변을 두려워할 필요가 없다고 말해준다. 우리는 사람들이 아이를 수태하는 행위 자체에서 아이가 해를 입거나 심지어 불구가 될 수 있다는 것을 알고 있다. 가령, 아버지를 통한 AIDS 바이러스 감염, 모체를 통한 마약 의존성 전달 또는 논쟁의 여지가 있지만, 혼혈아를 낳거나 적절하게 돌볼 수 없는 상태로 출생하는 것 등이 그런 예이다. 그리고 우리는, 의도적이든 실수든, 이러한 일을 하는 것이 변명의 여지가 없으며, 명백하게 비윤리적이라고 믿는다.

복제는 정체성과 개체성에 심각한 문제를 야기한다. 복제된 사람은 자신의 특이한 정체성에 대한 우려를 겪게 된다. 이 경우, 그 까닭은 그가 유전형과 겉모습에서 다른 사람과 똑같기 때문이 아니라, 그의 '아버지'나 '어머니'인 — 여전히 그런 호칭으로 부를 수 있겠지만 — 사람과 쌍둥이일 가능성이 있기 때문이다. 만약 당신이 당신의 쌍둥이의 '아이'나 '부모'가 된다면 그 심리적 부담이 어떻겠는가? 게다가 복제된 개인은 이미 다른 사람이 살았던 유전형을 부과 받게 될 것이다. 그는 이 세상에서 완전히 새로운 존재가 아닐 것이다.

사람들은 항상 그가 살아가면서 이루는 성취를 또 다른 나(alter ego) *의 그것과 비교하려고 할 것이다. 물론 그가 살아가면서 겪는 상황이나 후성 과정은 다르다. 유전형이 정확히 운명과 일치하는 것은 아니다. 그러나 원본을 따라 새로운 생명을 빚어내려는 — 또는 최소한 아이를 원본에 비추어 보는 시각이 항상 마음속에 있는 — 부모나 그 밖의 사람들의 노력 또한 예상해야 한다. 왜 그들이 농구 스타, 수학자, 미인대회 여왕 또는 사랑하는 죽은 아빠를 복제하지 않았겠는가?

'돌리' 탄생 이후, 유전적 정체성이라는 문제를 둘러싸고 무수한 속임수들이 있었다. 전문가들은 황급히 대중에게 복제를 해도 같은 사람이 태어나는 것이 아니고, 그 또는 그녀의 정체성에 대해 어떤 혼란도 일어나지 않는다고 강조했다. 앞에서도 언급했듯이, 그들은 멜 깁슨의 복제가 멜 깁슨이 되지 않는다는 사실을 즐겨 지적했

---

* 〔역주〕라틴어로 또 다른 나, 한 사람에게 있는 제 2의 인격이나 페르소나 등을 뜻한다. 여기에서는 복제된 원본에 해당하는 사람을 뜻한다.

다. 그 정도면 좋았을 것이다. 그러나 자궁 내 환경의 부수적인 중요성, 양육, 그리고 사회적 배경 등을 강조하느라 정작 중요한 진실에 주의를 기울이지 않았다.

진실은 유전형이 매우 자명하게 중요하다는 것이다. 결국 사람이든 양이든, 복제를 하는 유일한 이유는 바로 그 때문이다. 나는 체임벌린(Wilt Chamberlain)*의 복제자가 NBA에서 경기를 할 가능성이 라이히(Robert Reich)**의 복제자보다 무한히 높다는 점을 인정한다.

흥미로운 사실은 이 결론이, 우연하게도, 복제 지지자들이 주장해온 윤리적 장애물에 의해 뒷받침된다는 것이다. 그것은 공여자의 동의 없이 복제는 안 된다는 것이다. 정통 자유주의적 반대에도 불구하고, 이러한 결론이 유전형이란 정체성이나 개성과는 다르며 아이가 자신이 유전적 복사라는 사실에 합리적으로 불평할 수 없다고 주장하는 (루스 매클린과 같은) 사람에서 나왔다는 사실은 무척 당혹스럽다. 만약 멜 깁슨의 복제가 멜 깁슨이 아니라면, 멜 깁슨이 누군가가 자신의 복제가 되는 것을 반대할 근거가 어디에 있는가?

우리는 이미 연구자들이 혈액과 조직 견본을, 원제공자들에게 아무런 혜택도 돌아가지 않는, 연구목적으로 사용하는 것을 허용하고 있다. 떨어지는 머리카락, 타액, 오줌, 심지어 생검조직검사를 위해 떼어낸 조직을 위한 휴지조각까지 '내가 아니며', 내 것이 아니다.

---

* 〔역주〕 미국 필라델피아 출신의 전설적인 농구 선수.
** 〔역주〕 캘리포니아대학 교수로, 1993~1997년까지 클린턴 정부에서 노동부 장관을 역임했다.

법정 판결에 따르면 과학자들이 폐기된 나의 조직을 이용해서 얻은 이익이 법률적으로 내게 귀속하지 않는다. 그렇다면, 동의 없는 복제나 방금 사망한 사람의 복제가 허용될 수 없는 이유는 무엇인가? 만약 유전형이 '내가 아니라면', 공여자에게 어떤 해를 미치는가? 실제로, 복제 반대를 강력하게 정당화할 수 있는 유일한 논변은 유전형이 정체성과 무언가 관련을 가지며, 모든 사람이 그 사실을 안다는 것이다. 만약 그렇지 않다면, 무슨 근거로 마이클 조던이 누군가가 '그'를 '분실물', 즉 그의 몸에서 떨어진 작은 피부 조각에서 얻은 세포로 복제하는 데 반대할 수 있겠는가? 공여자 동의의 주장은 모든 복제에서 정체성의 문제가 무엇인지 드러낸다.

유전적 특징은 모든 아이들이 정당하게 얻은 인간 생명과 그들 부모의 독립성의 고유함을 상징하는 데 그치지 않으며, 다른 한편 가치 있고 존엄한 삶을 살아갈 수 있는 중요한 버팀목이 될 수도 있다. 이러한 논변은 모든 대규모 인간개체 복제에 적용될 수 있으며, 매우 설득력이 있다. 그러나 내 관점으로, 이 논거들은 인간을 복제하려는 최초의 시도까지도 충분히 논박할 수 있다. 우리는 우생학적이나 단지 장난스러운 공상이 실행되는 대상이 사람이라는 사실을 결코 잊어서는 안 된다.

매우 자명한 유전적 정체성(동일성)에 기반을 둔 정신적 정체성(독특함)의 혼란 문제는 사회적 정체성과 친족 관계의 완전한 혼동으로 한층 더 심각해진다. 앞에서 언급했듯이, 복제는 '부모'와 '자식'이라는 혈통과 그 사회적 관계를 뒤죽박죽으로 만든다. 생명윤리학자 넬슨(James Nelson)이 지적하듯이, '어머니'를 복제한 여자아이는 그녀의 '아버지'와의 관계에 대한 욕망을 키울 수 있으며, 그녀의 생물학적 쌍둥이 자매인 '어머니'의 아버지가 누구인지 찾을 수도 있다. 이런 일은 충분히 이해할 만하다. 아버지로서의 임무가 끝났다고 생각했던 '할아버지'는 복제자가 자신에게 아버지로서의 관심과 지원을 바란다는 사실을 알게 되었을 때, 과연 기쁘게 받아들일까?

사회적 정체성, 그리고 관계와 책임이라는 사회적 인연은 생물학적 친족관계와 폭넓게 연결되어 있으며, 그로부터 지지된다. 어느 사회에나 있는 근친상간(그리고 간통)에 대한 사회적 금기들은 누가 누구와 친척관계인지(그리고 특히 어떤 아이가 어떤 부모에게 속하는지)를 분명하게 구분할 뿐 아니라 연인, 배우자, 그리고 이혼-부모 (co-parents)*의 사회적 정체성과 함께 부모 자식(또는 형제자매)의 사회적 정체성을 혼동하지 않도록 구별해준다. 실제로, 사회적 정체성은 입양에 의해 변화되고 있다(그러나, 입양을 하기 위해 일부러 아이를 낳지는 않기 때문에, 입양은 이미 살아 있는 아이에게는 최선의 이익이다).

실제로, 공여자의 정자나 완전한 배아 공여를 통한 인공수정과 시험관 수정은 어떤 면에서 '착상 전 입양'의 한 형태로 볼 수 있으므로, 전혀 문제가 되지 않는다. 그러나 여기에도, 각각의 사례에 대해 (무성생식의 경우와 마찬가지로) 정자를 제공한 알려진 남성이나 난자의 원천으로 알려진 여성의, 즉 유전적 아버지와 유전적 어머니가 있고, (입양된 아이에서 흔히 발생하듯이) 누구와 유전적으로 친척관계인가라는 문제가 나타난다.

---

* 〔역주〕 이혼이나 별거 후 자녀양육을 공동으로 분담하는 부모를 뜻한다.

그러나 복제의 경우에는 '부모'가 오직 한 명이다. 여기에서 흔히 거론되는 '한부모아이'가 의도적으로 계획된다. 게다가 근친상간의 끔찍한 결과가 — 형제자매의 부모가 된다는 — 성교 없이 의도적으로 나타난다. 또한 그 밖의 모든 관계가 뒤죽박죽이 될 것이다.

여기에서 아버지, 할아버지, 아주머니, 사촌, 자매는 어떤 의미를 가질 것인가? 누가 어떤 인연을, 그리고 어떤 부담을 질 것인가? 부모 중 어느 한편이 — '아버지'나 '어머니' — 완전히 배제된다면, 과연 어떤 종류의 사회적 정체성을 갖게 될 것인가? 이미 우리 사회에서 이혼, 재혼, 입양, 혼외 출산, 그리고 그 밖의 여러 가지 사례들이 높은 비율로 발생하고 있고, 혈통의 혼란이 일어나고 있으며, 친족관계나 아이(그리고 그 밖의 사람들)에 대한 책임이 어지러워졌다는 지적은 그에 대한 답변이 되지 않는다. 이것이 아이들에게 바람직한 상황이라는 주장을 하고 싶지 않다면 말이다.

또한 인간복제는 '아이 낳기'를 '아기 제조'로, '출산'을 '제품 생산'으로(말 그대로, '수제품'으로) 전환하는 엄청난 한 걸음을 뗀 것이다. 이 과정은 이미 시험관 수정과 배아에 대한 유전자 검사로 시작되었다. 복제는 손으로 이루어지는 과정에 그치지 않는다. 복제된 개인의 총체적인 유전적 청사진은 솜씨 좋은 인간 장인에 의해 선별되고 결정된다.

그런데 확실히 해둘 것은 이후 발생 과정이 자연적 과정에 따라 일어날 것이라는 점이다. 그리고 그 결과로 태어나는 아이는 식별 가능한 사람이 될 것이다. 그러나 이 대목에서 우리는 인간을 자신이 제작한 또 다른 물건으로 만드는 중대한 전환의 일보를 내딛게 된다. 인간 본성은, 본성의 모든 것을 인간이 마음대로 쓸 수 있는 원료물질로 바꾸는, 기술 프로젝트에 굴복하는 자연의 마지막 부분으로 전락하고, 우리의 합리적인 기술에 의해 이 시대의 주관적 편견에 따라 균질화된다.

그렇다면 아이를 낳는 것과 제조하는 것은 어떻게 다른가? 자연적 출산에서 인간은 상호보완적인 남성과 여성이 합쳐져, 과거에 그랬듯이, '있는 그대로의' 또 다른 존재를 탄생시킨다. 인간은 죽을 수밖에 없기 때문에, 성애를 갈망하며 살아간다. 그에 비해, 복제를 통한 재생산, 그리고 좀더 향상된 제조 형태에서, 우리는 있는 그대로가 아닌 우리가 의도하고 설계하는 것에 따라 인간을 만들어 낸다.

우리가 만든 모든 제조물과 마찬가지로, 그것이 아무리 뛰어나도 장인은 제조물보다 우월한 지위를 가진다. 장인은 그의 의지와 창조적 솜씨로 인해 그가 만든 물건과 동등하지 않고, 그것을 초월한다. 동물을 복제하는 과학자들은 자신들이 도구적 제작에 개입하고 있음을 분명히 표현한다. 처음부터 동물은 합리적 인간 목적에 봉사하는 수단으로 설계된다. 인간복제의 경우, 과학자와 장래의 '부모'는 똑같은 기술관료적 정신성을 인간 아이에게 불어넣을 것이다. 이렇게 해서 인간 아이는 그들의 인공물이 된다.

이러한 계획은 그 산물이 아무리 훌륭해도 근본적으로 비인간적이다. 같은 개체를 여럿 만드는 대량 복제는 이 점을 확실히 보여 준다. 그러나 설령 1명을 복제해도 인간의 평등, 자유, 그리고 존엄성은 엄연히 훼손된다. 인공물 제조로 비인간화된 출산은 상품화에 의해 한층 더 타락한다. 사실상 상업화는 아기 제조를 상업이라는 기치 아래 진행하도록 허용한 필연적 귀결인 셈이다.

유전공학과 생식생명공학 기업들은 이미 성장 산업 반열에 올랐다. 인간유전체 계획이 완성되면 이들 기업은 상업적 궤도에 오르게 될 것이다. 공급이 엄청난 수요를 창출할 것이다. 인간복제에 대한 수요가 발생하기 전에라도, 이미 설립된 회사들이 검시(檢屍) 과정이나 수술에서 적출한 난소에서 난자를 추출하는 계획에 투자하고, 배아의 유전자를 변화시키고, 유망한 공여자 조직의 비축을 시작할 것이다. 대리모 자궁 대여 서비스를 통해, 그리고 조직과 배아의 구매와 판매를 통해, 그리고 공여자의 우수성에 따라 가격이 정해지면서, 발생기 인간 생명의 상업화를 향한 거센 물결을 멈출 수 없게 될 것이다.

마지막으로, 그리고 가장 중요한 점은 핵이식을 통한 인간복제가 ― 다음 세대에 예상되는 그 밖의 형태의 유전공학과 마찬가지로 ― 아이를 가진다는 것의 의미 그리고 부모 자식 관계의 의미에 대한 심각하고 해로운 오해를 더욱 악화시킬 것이라는 사실이다. 한 커플이 출산을 결정했을 때, 두 사람은 새로운 생명의 창발에 대해 동의한 것이다. 그들은 아이를 가지는 것뿐 아니라, 암묵적으로, 향후 어떤 아이로 밝혀지든 그 아이를 받아들이는 데 동의한 것이다. 우리들의 유한성과 자신의 대체를 받아들임으로써, 우리는 암묵적으로 우리의 제어의 한계에 의문을 제기하고 있는 것이다.

본성이 도처에 존재하는 방식으로 인해, 출산을 통해 미래를 포용한다는 것의 정확한 의미는 인간생명과 인간종의 불멸성일 것이라고 우리가 바라는 무엇에서 각자의 몫을 취하는 바로 그 행동으로 우리가 집착을 버리고 있다는 것이다. 그것은 '우리' 아이들이 우리의 아이들이 아니라는 뜻이다. 그들은 우리의 자산, 우리의 소유물이 아니다. 그들은 우리를 위해 우리의 삶 또는 그 누구의 삶도 살 것이라고 가정해서는 안 된다. 그들은 오직 그들 자신의 삶을 살아갈 것이다.

그렇다. 우리는 그들이 스스로의 길을 찾도록 인도하려고 하며, 그들에게 생명뿐 아니라 양육, 사랑, 그리고 삶의 방식까지도 전달한다.

그렇다. 그들은 훌륭하고 번성한 삶을 살아갈 것이고, 우리가 스스로의 한계를 초월할 수 있는 작은 수단을 줄 것이라는 우리의 희망을 담지하고 있다. 그럼에도, 그들의 유전적 고유성과 독립성은 그들이 과거에-한 번도-일어나지-않았던 자신들만의 삶을 살아간다는 깊은 진리의 자연적 전조(前兆)이다. 그들은 과거에서 솟아올라 미래로 향하는 미지의 경로를 가고 있다.

이미 자식을 통해 대리 인생을 모색하는 부모들로 인해 아이들이 많은 상처를 받았다. 아이들은 때로 불행한 부모의 깨진 꿈을 충족하도록 강요되었다. 존 도우 2세나 3세는 같은 이름을 가졌던 사람들의 삶을 살아야 하는 부담을 지고 있다. 그러나 대부분의 부모들이 자신의 자식에 대해 희망을 품는 반면, 복제를 하는 부모들은 기대를 가질 것이다. 복제의 경우, 이러한 오만한 부모들은 처음부터, 부모 자식 관계의 개방되고 전향적인 성격의 총체적 의미와 모순되는, 결정적 조치를 취한다. 아이에게는 이미 살았던 유전형이 주어지며, 과거 생명의 청사진이 다가올 삶을 통제할 것이라는 기대 또한 부과된다.

복제는 본질적으로 전제적이다. 자신의 상(또는 자신이 선택한 상)에 따라, 그리고 자신의 의지에 따라 그들의 미래가 이루어지도록 강요하려 하기 때문이다. 일부 사례에서, 이러한 전제는 그 정도가 약하고 선의적일 수 있다. 그러나 다른 사례에서는 유해하고, 노골적으로 전제적일 것이다. 불가피하게 자신의 뜻에 따라 다른 사람을 통제하는 결과를 가져올 것이다.

몇 가지 반대에 대한 반론

물론 복제 옹호자들이 의식적으로 전제주의를 지지하는 것은 아니다. 실제로, 그들은 자신을 자유의 지지자로 생각한다. 그 자유란 개인이 생식할 자유, 과학자와 발명가들이 유전학 지식과 기술을 발견하고, 고안한 '진보'를 촉진할 자유이다. 그들은 동물에 대해서만 대규모 복제를 원하지만, 복제를 자신의 '생식권', 즉 아이, 바람직한 유전자를 가진 아이를 가질 권리를 행사하는 인간의 선택지 중하나로 보존하기를 원한다. 법률학자 로버트슨이 지적하듯이, 우리는 '생식권'에 따라 이미 비자연적·인공적 성교* 생식과 우생학적 선택의 초기 형태를 실행에 옮기고 있다. 그런 이유로, 그는 복제가 큰 문제가 되지 않는다고 주장한다.

　우리는 여기에서 '미끄러운 경사길 논리'의 전형적 사례를 찾아볼 수 있다. 그리고 우리는 이미 경사길로 미끄러지고 있는 셈이다. 불과 수년 전만 해도, 경사길 논리는 혈연관계가 없는 정자 공여자에

---

　* 〔역주〕일반적으로 혼외 생식을 뜻하는 용어이지만, 이 맥락에서는 성교 외의 방법으로 이루어지는 생식을 뜻한다.

의한 인공수정과 시험관 수정에 반대하는 목적으로만 사용되었다. 그런데 시험관 수정을 합리화하는 원칙들은 훨씬 더 인공적이고 우생학적인 실행들을 정당화하는 데에 이용될 것이고, 실제로 이용되고 있다.

그러나 옹호론자들은 그렇지 않다고 반박한다. 왜냐하면 우리가 필수적 구별을 할 수 있기 때문이라는 것이다. 그렇지만 오늘날, 그 필수적 구별을 하려는 시늉도 하지 않은 채, 인공수정과 복제의 연속성은 그 자체로 정당화되고 있다.

오늘날 복제 찬성론자들이 제기하는 생식 자유의 원칙은 논리적으로 나머지 경사길 전체를 — 즉, 정자를 이용해서 모체 외 발생 (ectogenesis) *으로 아이를 낳거나(그것이 가능하다면), 부모의 우생학적 계획과 선별로 전체 유전자가 인위적으로 설계된 아이를 탄생시키는 것 — 윤리적으로 수용할 수 있다는 뜻이다. 만약 생식의 자유가 자신의 선택으로 아이를 가질 권리를 뜻한다면, 그것이 무엇을 의미하든, 거기에는 아무런 제한도 없을 것이다.

그러나 '생식권'에 의한 정당화와는 전혀 달리, 보조생식술과 유전공학의 등장은 우리에게 이러한 억측적인 권리의 의미와 한계를 재고할 것을 요구한다. 실상, '생식권'은 항상 특별하고 문제가 많은 개념이었다. 일반적으로 권리는 개인에게 속하지만, 생식권은 결코 혼자 행사할 수 없는 (복제 이전에는) 권리이다.

그렇다면 이 권리가 커플에게만 귀속되는 것인가? 오로지 결혼한

---

* 〔역주〕 일반적으로 인공자궁 등의 장치를 이용해 발생에서 출생까지 모든 과정이 자궁 밖에서 이루어지는 완전한 인공 발생과 출생을 의미한다.

커플, 즉 부부에게만 권리가 있는가? 그것은 수태하고 분만할 (여성의) 권리인가, 아니면 양육하고 기를 (부부 중 한 명 또는 그 이상의) 권리인가? 그것은 자신의 생물학적 아이를 가질 권리인가? 오직 생식만을 시도할 권리인가, 아니면 뒤를 이을 권리인가? 자신의 선택으로 아이를 얻을 권리인가?

소극적인 '생식권'에 대한 주장은 출산의 자유에 대한 국가의 개입에 대한 보호를 주장할 때에는 명백한 의미를 가진다. 예를 들어, 강제적인 불임 프로그램* 등이 그런 예에 해당한다. 그렇다고 해서 이것이 자연에 대한 보상청구, 즉 자연 출산을 위한 자유로운 노력이 실패했을 때 기술에 의해 목적을 달성할 근거가 될 수는 없다. 아이를 얻기 위해 모든 기술적 수단을 자유롭게 사용할 권리에 대한 국가 간섭에 저항할 권리가 생식권에 포함된다고 주장하는 사람도 일부 있다. 그러나 이런 입장은, 그를 위해 채택되는 수단과 관계된 여러 가지 이유로, 지지되기 어렵다. 어떤 사회도, 개인의 기본 인권인 생식권을 침해하지 않으면서, 대리모 출산, 일부다처제 또는 불임 부부에 대한 아기 판매 등을 적법하게 금지할 수 있다. 과거에는 무해한 자유의 행사가 이제는 문제가 될 수 있는 실행을 포함하거나 그것을 침해하여 원래의 자유가 의도했던 것을 성취하기 어렵다면, 자유에 대한 일반적 가정은 재고할 필요가 있다.

---

* 〔역주〕유럽을 비롯한 여러 나라에서 강제 불임은 오랫동안 사용된 전통을 가지고 있다. 가령 비교적 최근인 1934~1976년 사이에 노르웨이에서만 2천여 명이 강제로 불임수술을 받았다. 주로 정신병으로 고통받는 사람들이 그 대상이었다. 단종(斷種) 수술법이 1970년에 폐지된 핀란드에서도 1천여 건의 사례가 공식적으로 확인된다.

실제로 우리는 이미, 유전자 선별 검사와 착상 전 진단을 통해, 소극적 우생학의 선택을 실행하고 있다. 그러나 이런 진단은 보건 규범으로 규율된다. 우리는 알려진 (심각한) 유전병으로 고통받는 아이의 출생을 예방하려고 시도한다. 유전자 치료가 가능해진다면, 이러한 질병은 자궁 내에서나 심지어 착상 이전에라도 치료될 수 있을 것이다.

나는 이러한 실행에 대해 이론상 아무런 윤리적 반대도 하지 않는다(물론 몇 가지 실질적 우려를 품고 있지만). 그 정확한 이유는 그것이 현존하는 개인들을 치료한다는 의학적 목적에 부응하기 때문이다. 그러나 치료는, 그것이 치료가 되기 위해서는, 현존하는 환자만을 포괄하지 않는다. 그것은 또한 보건 규범을 포괄한다. 이 점에서, 그 대상이 인간이 아니라 난자와 정자에만 국한되는, 생식계열 유전자 '치료'도 복제에 비하면 훨씬 덜 급진적이다. 복제는 치료와 아무 관계가 없다. 그러나 일단 건강 증진과 유전적 향상, 이른바 소극적 우생학과 적극적 우생학 사이의 차이를 흐리면, 미래의 모든 우생학적 설계에 문을 열어 주는 셈이 된다.

'어린아이가 건강해지고 삶에서 좋은 기회를 가질 수 있도록 확인해주는 것' 이것이 로버트슨의 원칙이다. 마지막 구절로 인해, 이 원칙은 어떤 제약도 없이 고무줄처럼 늘릴 수 있는 원칙이 된다. 240센티미터가 넘는 키, 마릴린 먼로와 같은 외모, 그리고 천재 수준의 지능을 가진다면 인생에서 아주 좋은 기회를 얻을 수 있을 것이다.

복제 찬성론자들은 불법적인 사용과 구별될 수 있는 복제의 적법한 사용이 있다고 우리를 설득하려 할 것이다. 그러나 그들 자신이 제기한 원칙에서 그것을 구분할 수 있는 어떠한 제한도 찾을 수 없다(또한 그 실행에서 이러한 제한을 전혀 강제할 수 없다). 그들이 이해하는 생식의 자유는 오로지 장래 부모의 주관적 바람(그리고 아이에게 미치는 신체적 위해의 회피)에 의해서만 억제된다. 따라서 결혼했지만 자식이 없는 부부의 경우처럼 정서적으로 호소력이 있는 사례와 살아 있거나 이미 사망한 유명 인사나 배우를 복제하려는 개인(기혼이든 미혼이든)의 사례를 구별할 수 없다. 나아가 여기에서 승인된 원칙은 복제뿐 아니라 '완벽한 아기를 창조(제조)하려는 미래의 모든 인공적 시도까지 정당화한다.

구체적 사례를 통해, 이론이 아니라 실제로, 이른바 순수한 사례가 좀더 문제 있는 사례들과 혼합되거나 심지어 전환될 수 있다는 것을 보여 준다. 실제로 아기를 갈망하는 부모는 전문성의 전제의 희생양이 될 가능성이 높다. 가령 아내의 난자나 남편의 정자에 문제가 있는 불임 부부가 자신들의 (유전적) 아이를 원해 남편이나 아내의 복제를 추진한다고 하자. 과학자-의사(복제 회사의 공동 소유주이기도 한)는 발생할 수 있는 문제점, 즉 복제된 아이가 실제로 그들의 (유전적) 아이가 아니라 단지 그들 중 한 명의 아이라는 사실을 지적한다. 이러한 불균형은 결혼생활에 스트레스를 줄 수 있고, 아이가 정체성 혼란을 겪을 수 있으며, 불임의 원인이 영속될 위험이 있다. 또한 그는 공여자 핵을 선택하는 이점을 지적한다. 자신들의 아이를 낳는 것보다 그들 자신이 선택한 아이가 훨씬 우월하다는 것이다. 건강하고 능력 있는 공여자를 선택하는 자신의 전문성을 내세우며, 의사는 부부에게 공여자들의 사진, 건강 기록, 그리고 그의 복제 공여자들의 업적 등이 들어 있는 최신 카탈로그를 보여 준다. 그들의 조직 견본은 엄격한 통제하에 있다. 그렇다면 사랑스럽고, 좀더 완벽한 아기를 갖지 않을 이유가 어디에 있겠는가?

물론 '완벽한 아기'는 불임 의사들이 아니라, 우생학적 과학자와 그 지지자들의 계획이다. 그들에게 지상의 권리는 이른바 생식권이 아니라 생물학자 글래스(Bentley Glass)가 25년 전에 말했던, 즉 '모든 아이가 건전한 유전형에 기반하여 건전한 육체적·정신적 조건을 가지고 태어날 권리 … 건전한 유산에 대한 양도할 수 없는 권리'이다. 그러나 이 권리를 확보하고, 새로운 인간 생명에 대한 필수적인 품질관리를 획득하려면, 수태와 임신은 실험실의 밝은 불빛 아래에서 이루어져야 한다. 그 아래에서만 수정, 번성, 가지치기, 잡초제거, 감시, 조사, 자극, 압박, 유도, 주입, 검사, 평가, 감별, 승인, 검인, 포장, 봉인, 그리고 배달이 가능하다. 완벽한 아기를 만들 다른 방도는 없다.

그러나 복제 지지자들은 우리에게 실험실 제조와 대량 복제인간과 같은 SF적 시나리오를 잊고, 자신들의 생식권을 행사하는 불임 부부의 온정적인 사례에 초점을 맞출 것을 촉구한다. 그러나 만약 1명의 인간복제가 무해하다면, 왜 대량 인간복제가 그토록 불쾌하게 느껴지는가? (마찬가지로, 복제가 완벽하게 수용가능하다면 다른 사람들이 복제를 통해 돈을 버는 데 대해 반대하는 이유는 무엇인가?) 우리의 선택을 보편화시키는 건전한 윤리 원칙을 따른다면 — '모든 사람이 체임벌린을 복제해도(물론 본인의 동의를 받아서) 정당한가? 모든 사람이 무성생식을 하기로 결정하는 것은 옳은 일인가?' — 우리는 일견 무해한 것처럼 보이는 사례들에서 무엇이 잘못된 것인지 발견하게 된다. SF적 사례라 불리는 것들은 우리에게 해롭지 않은 것처럼 오해되는 것들의 진정한 의미를 생생하게 보여 준다.

　설령 시험관 수정과 복제 사이에 어느 정도 연속성이 있음을 인정한다고 해도, 나는 복제가 본질적이고 중요한 방식에서 다르다고 믿는다. 그러나 나의 생각에 동의하지 않는 사람들은 '연속성' 논변이 양쪽 모두를 차단할 수 있다는 점을 상기해야 할 것이다. 우리는 때로 잘못된 선례를 만들고, 그 냉혹한 논리에 따라 우리가 결코 원하지 않았던 결과에 도달했을 때에야 비로소 그것이 잘못임을 깨닫는다.

　복제 옹호자들은 그들의 원리에 따라 실험실에서 아기('완벽한 아기')를 제조하거나 그들의 유전형을 완전히 제어하는 (이른바 향상을 포함해서) 행위가, 어떤 본질적인 측면에서, 기존의 보조생식술의 형태와 어떻게 윤리적으로 다르게 볼 수 있는지 입증할 수 있는가? 또는 연속성 원리에 집착함에도 불구하고, '어머니'나 '아버지'의 완전한 말살, 출산의 완전한 비인격화, 완전한 인간 제조, 그리고 한 세대에서 다른 세대로 이어지는 유전자의 완전한 제어 등이 윤리적으로 문제가 있고 본질적으로 현재 이용되는 생식보조술의 형태와 다르다는 것을 기꺼이 인정하는가? 만약 그렇다면, 그들은 어디에 어떻게 그리고 왜 선을 그을 것인가? 나는 주어진 모든 근거를 기반으로 복제에 선을 긋는다.

인간복제 금지

그렇다면 우리는 무엇을 해야 하는가? 우리는 인간복제가 그 자체로 비윤리적이고, 그로 인해 발생할 수 있는 결과에서 위험하다고 선언해야 한다. 그럼으로써, 우리는 국민들, 인간종, 그리고 (내가 믿기로) 대부분의 활동 중인 과학자들의 압도적 다수로부터 지지를 얻어야 한다. 그런 다음, 우리는 인간복제를 막을 수 있는 모든 일을 해야 한다. 가능하다면 국제법을 통한 금지로, 최소한 국내 금지 조항을 통해 이런 조치를 취해야 한다.

과학자들이 은밀하게 이런 법을 어길 수도 있지만, 기술적 허세나 성공에 대한 업적을 자랑스럽게 주장할 수 없다면 그들도 단념하게 될 것이다. 나아가, 복제를 통한 아기 출산 금지는 기초적인 유전과학과 기술의 발달을 저해하지 않을 것이다. 반대로 대중에게 과학자들이 기꺼이 인간 공동체의 윤리적 규범과 직관을 거역하지 않으면서 연구한다는 것을 확인시켜 줄 것이다.

아직도, 특히 자궁에 착상시킬 의도 없이 연구목적으로 이루어지는, 초기 인간배아 복제를 이용한 실험실 연구를 둘러싸고 복잡한 문제들이 남아있다. 이러한 연구가 정상적인 (또는 비정상적인) 분화에 대해, 그리고 이식용 조직 발생에 관한 기초지식 획득의 엄청난 가능성을 가진다는 데에는 의문의 여지가 없다. 그로 인해 생각할 수 있는 혜택을 몇 가지만 꼽아도 백혈병이나 뇌, 척수 손상 치료에 이용할 수 있을 것이다. 그러나 제약을 받지 않는 복제 배아 연구는 살아 있는 인간복제의 가능성을 훨씬 높일 것이다. 일단 램프의 요정 지니가 복제된 배아들을 호리병에 넣게 되면, 그 배아가 어디로 가는지 (특히 배아를 착상시켜 아기를 탄생시키지 못하게 하는 법률적 금지가 없다면) 누가 엄격하게 통제할 수 있겠는가?

인간복제에 대한 대통령의 일시중지 요청은 우리에게 중요한 기회를 제공했다. 역사상 유례를 찾을 수 없는 방식으로, 우리는 지혜, 신중함, 그리고 인간의 존엄성을 위해 기술적 계획에 대한 인간적 통제를 가할 수 있다. 생각하기도 싫은 일이지만, 인간복제의 가능성은 우리가 규제되지 않은 발전, 그리고 궁극적으로 그 인공물의 노예가 될 것인지 아니면 우리의 기술을 인간 존엄성의 증진을 향해 이끌어가는 자유로운 인간으로 남아있을 것인지를 결정하는 중요한 기회이다. 우리가 그 기회를 잡으려면, 고(故) 폴 램지가 썼듯이, 다음과 같이 해야 할 것이다.

우리는 경박하지 않게 진지한 양심으로 윤리적 물음을 제기해야 한다. 경박한 사람은 미래가 우리를 따라잡기 전에 긴급하게 고려해야 하는 윤리적 문제가 있다고 선언한다. 이 말은 흔히, 우리가 미래를 위해 하는 일에 대한 합리화를 제공할 새로운 윤리를 고안할 필요가 있음을 의미한다. 그것은 과학을 통해 가능해질 새로운 행동과 개입으로 사람들이 해야만 하는 무엇이다. 반면, 진지한 양심을 가진 사람들은 우리가 결코 해서는 안 될 일이 있을 수 있다는 급박한 윤리적 문제들을 제기한다. 사람들이 해야 할 바람직한 일은 그들이 하기를 거부하는 일에 의해서만 완성될 수 있다.

제 32 장

유전적 앙코르 *

인간복제의 윤리학

로버트 워시브로이*

지난 2월 스코틀랜드에서 발표한 다 자란 양의 복제 성공 소식은 최근 과학적 발견이 대중적 쟁점이 된 가장 극적인 예 중 하나이다. 지난 수개월 동안, 다양한 평자들이 ― 과학자와 신학자, 의사와 법률 전문가들 ― 이 소식에 대응하느라 몹시 분주했다. 평자들 중 일부는 공포를 가라앉히기 위해 노력했고, 다른 사람들은 인간복제 가능성을 경고했다. 대통령의 요청으로 국가생명윤리 자문위원회 (NBAC)가 청문회를 열었고, 인간복제를 둘러싼 종교적·윤리적·법률적 쟁점들에 대한 보고서를 준비했다. 인간복제에 대한 항구적

- 저자의 허락을 얻어 재수록하였다. 출전은 다음과 같다. *Reports of the Institute for Philosophy and Public Policy*, University of Maryland.
* 〔역주〕Robert Wachbroit. 메릴랜드대학 철학 및 공공정책 연구소 연구원으로 과학기술정책, 과학철학, 의료 윤리 등의 영역에서 논문을 발표했다.

인 금지에 대한 요구를 정중히 거절하면서, 위원회는 인간복제 노력에 대한 일시중지를 권고했고, 향후 이 주제에 대한 대중적 숙의의 중요성을 강조했다.

위원회 보고서에는 흥미로운 긴장이 감돈다. 위원들은 '인간복제에 대해 널리 확산된 대중적 불쾌함 또는 혐오감'에 대해 잘 알고 있었다. 그들이 "우리의 국민정신에 미친 영향은 그야말로 괄목할 만한 것이었다"고 지적했을 때, 필경 전국 규모 잡지들의 표지를 장식했던 '복제양 돌리'의 사진을 떠올렸을 것이다. 따라서 그들은 자신들의 임무가 가능한 충분히, 그리고 공감적으로 인간복제의 전망이 불러일으킨 우려의 범위를 밝히는 것이라고 생각했다.

그러나 최소한, 이러한 우려 중 일부는 유전적 영향, 그리고 복제로 탄생할 개체의 본성에 대한 잘못된 믿음에 기반하고 있는 것이 분명하다. 가령 복제가 단순히 누군가의 '복사본'이 ― 흔히 SF에 등장하는 종류의 자동인형이 ― 아니라 '개인'일 것이라는 공포에 대해 살펴보자.

많은 과학자들이 지적했듯이, 실제로 복제는 판박이 '복사'가 아니라 지연된 일란성 '쌍둥이'에 더 가깝다. 그리고 일란성 쌍둥이가 2명의 ― 유전적 측면을 제외하고 생물학적, 심리적, 도덕적, 그리고 법률적으로 ― 전혀 다른 사람이듯이, 마찬가지로 복제자도 같은 시기에 태어나지 않은 쌍둥이와 다른 사람이다.

달리 생각하면, 이런 공포는 유전자 결정론, 즉 유전자가 우리의 모든 것을 결정하고, 인간 발생에서 나타나는 환경 요인들이나 임의적인 사건들은 중요하지 않다는 믿음을 받아들이는 것이다.

압도적으로 많은 과학자는 유전자 결정론이 틀렸다는 데 동의한다. 유전자가 작동하는 방식을 이해하게 되면서, 생물학자들은 환경이 유전자의 '발현'에 영향을 주는 무수한 방식들에 대해 알게 되었다. 가령 키나 머리 색깔과 같은 가장 단순한 신체적 특징에 대한 유전자의 작동에도 환경 요인(그리고 확률적 사건들)이 크게 개입한다. 우리가 가장 큰 가치를 부여하는, 지능에서 동정심에 이르는, 특징들에 대한 유전자의 영향에 대해서는 가장 열광적인 입장의 유전학 연구자들까지도 그 영향이 제한되고 간접적이라고 인정한다. 일반적으로 복제에 대한 불쾌감이 얼마나 유전자 결정론에 대한 믿음에 기반을 두고 있는지 그 정도를 가늠하기는 힘들다.

사람들이 복제의 가능성에 '본능적으로 반발한다'는 사실을 설명하기 위해, 윌슨(James Q. Wilson)은 이렇게 말한다.

"동일한 생물학적 공장에서 똑같은 아기들이 생산되는 모습을 마음속에서 그릴 때 자연스레 발생하는 불쾌한 감정이 있다."

이런 설명은 이런 의문을 제기한다. 일단 사람들이 그러한 상상이 단지 SF에 지나지 않는다는 것을 알게 되었을 때, 복제가 '자연적 감정'에 일으켰던 불쾌감이 약화되거나 사라질 수 있을까?

엘쉬타인(Jean Bethke Elshtain)은 '역사 속의 히틀러가 실패를 만회할 때까지 자신을 계속 복제하는 무자비하고 냉혹한 히틀러의 진짜 군대'가 득시글거리고, 결국 그들이 '우리를 절멸시키는' 미래를 상상하는 '평범한 사람들'의 악몽과 같은 시나리오를 인용했다. 이런 시나리오들이 모든 신뢰성을 상실했을 때(마땅히 그러해야 하지만) 복제라는 주제가 불러일으킨 '공감과 두려움'은 어떻게 되겠는가?

르원틴(Richard Lewontin)은 유전자 결정론이 반박되면 비평가들의 공포가 — 또는 최소한, 공공정책을 수립하는 데 고려사항이 될 수 있는 종류의 공포 — 해소된다고 주장했다. 그는 NBAC 보고서가 인간복제 반대자들의 주장을 맹종하고 있다고 비판했고, 과학적 주제에 대한 대중 교육을 강화할 것을 요청했다(실제로 위원회는 같은 권고안을 제출했지만, 르원틴에게는 그다지 인상적이지 못했던 모양이다).

그러나 설령 대중교육 캠페인이 성공을 거두어서 유전자가 미치는 영향에 대한 가장 터무니없는 오해가 상당 정도 불식되더라도, 그것만으로 문제가 해결되지는 않을 것이다. 사람들은 계속 인간복제의 권리와 이해관계에 대해, 복제 과정의 사회적·도덕적 결과에 대해, 그리고 이러한 방식으로 아이를 낳는 동기에 대해 우려를 표시할 것이다.

이해관계와 권리들

인간복제에 대한 윤리적 우려 중 하나는 복제 기술의 현 수준과 관련된 불확실성과 위험에 대한 것이다. 이 기술은 아직 인체실험을 거치지 못했고, 과학자들은 돌연변이나 그 밖의 생물학적 손상 가능성을 배제하지 못하고 있다. 따라서 NBAC 보고서는 다음과 같은 결론을 내렸다.

"이 시점에서, 공적 부문이든 사적 부문이든, 연구목적이든 치료를 위한 것이든 간에, 누구든 체세포 핵이식 복제 기법으로 출산하는 것은 도덕적으로 수용할 수 없다."

그러나 복제 논쟁에서 가장 중요한 윤리적 쟁점은 복제 기술에서 나타날 수 있는 실패 가능성이 아니라 그 성공으로 인한 결과에 대한 것이다. 과학자들이 위에서 언급한 위험을 초래하지 않으면서 인간을 복제할 수 있다고 가정한다면, 복제자의 복지(福祉)에 대해서는 어떤 우려가 있을 수 있는가?

복제 반대론자들 중 일부는 이러한 개인들이 도덕적으로 심각하게 부당한 취급을 받을 수 있다고 믿는다. 대부분의 부당한 대우에는 파인버그(Joel Feinberg)가 '열린 미래에 대한 권리'라고 불렀던 권리 박탈이 포함된다. 예를 들어, 복제된 아이는 자신이 복제된 성인과 끊임없이 비교될 수 있으며, 따라서 기대감의 압박이라는 부담을 지게 된다. 더욱 심각한 것은 실제로 부모들이 아이의 성장이나 발전 기회를 제한할 가능성이다. 가령, 농구 선수를 복제한 아이는 농구와 무관한 다른 교육 기회를 박탈당할 수 있다. 결국, 부모의 행동이나 태도와 무관하게, 아이는 스스로가 복제이며 '원본'이 아니라는 생각 때문에 부담을 갖게 될 가능성이 있다. 따라서 그 아이의 자존감 또는 개성이나 존엄성은 지켜지기 어려울 것이다.

그렇다면 이러한 우려에 대해 어떻게 대응해야 하는가? 한편으로, 열린 미래에 대한 권리는 상당한 직관적 호소력을 가진다. 우리는 아이의 성장과 발전 가능성을 극단적으로 제약하는 부모들에 대해 우려한다. 아이들을 현대 세계에서 완전히 고립시키는 근본주의 신앙을 가진 부모, 똑같은 옷이나 운(韻)이 같은 이름을 강요하는 쌍둥이 부모를 비난할 수 있듯이, 복제된 아이를 억압적 기대로 압박하는 부모 역시 비난받을 수 있다.

그러나 그 정도로는 복제 자체에 반대하기에 충분치 않다. 복제된 아이의 부모가 억압적으로 될 수밖에 없다고 주장하지 않는 한,

우리는 사후적인, 그리고 피할 수 있는 범죄나 나쁜 가정교육을 했다는 이유만으로 — 그들이 처음에 아이를 복제하기로 선택했기 때문이 아니라 — 그들이 아이들을 학대했다고 주장할 만한 근거를 갖지 못할 것이다(이러한 선택의 가능한 이유들에 대해서는 앞으로 다루게 될 것이다).

또한 우리는 아이들이 온갖 희망과 기대를 한 몸에 받으며 태어난다는 점을 기억해야 한다. '유전적으로 나와 동일한 누군가가 있다'는 생각이 특별한 부담을 준다는 주장은 지나치게 사변적이다. 나아가, 유전자 결정론의 오류를 고려한다면, 아이가 자신이 복제된 원본에 대한 관찰에서 이끌어 내리라고 추정되는 모든 결론은 기껏해야 불확실한 정도일 것이다. 많은 아이가 자신의 (의학적) 가족력에 대해 알기 시작했을 때, 그의 미래에 대한 지식이 이미 가지고 있던 지식과 달라질 수 있다.

그러나 그것은 정도의 차이일 뿐이다. 가령, 우리 중 일부는 자신이 대머리가 될 것이라는 사실 혹은 어떤 질병에 걸릴 소질이 있는지 알고 있다. 분명, 복제된 개인은 그 또는 그녀가 어떻게 될지에 대해 더 많은 사실을 알 것이다. 그러나 발생에 미치는 환경 영향에 대한 지식이 불완전하기 때문에 복제된 개인은 분명 새로운 상황에 처하게 될 것이다.

마지막으로, 복제자들이 특별한 부담을 가지게 될 가능성이 높다고 확신하더라도, 그것만으로 복제인간의 창조가 나쁘다는 것을 입증하기에는 불충분하다. 가난한 가정에서 태어난 아이는 미래에 특별한 곤경과 부담을 겪을 것이라 예상할 수 있다. 그렇지만 그 이유로 이런 아이들이 태어나지 말았어야 한다고 결론 내리지는 않는다.

곤경에도 불구하고, 가난한 아이들은 부모의 사랑과 삶의 숱한 즐거움을 경험할 수 있다. 아무리 고통스러워도, 빈곤으로 인한 박탈은 결정적인 것이 아니다. 좀더 일반적으로 말하면, 그 누구의 삶도 얼마간의 어려움이나 부담에서 완전히 자유롭지 않다. 이러한 고려가 결정적이려면, 생명이 어떤 보상 혜택도 주지 않는다고 말할 수 있어야 한다.

그러나 복제 인간의 복지에 대한 우려는 이처럼 엄격한 평가를 만족시키지 못하는 것 같다. 대부분의 복제된 아이들은 충분히 살 만한 가치가 있다고 기대할 수 있다. 가정된 위해의 대부분은 전통적인 방법으로 태어난 아이들이 직면하는 그것보다 더 심각하지 않다. 복제에 대해 근본적으로 반대할 만한 이유가 있다면, 그것은 복제 과정 자체나 사람들이 복제를 이용할 때 제기함직한 근거의 함의를 검토할 때 드러날 가능성이 높다.

복제 과정에 대한 우려들

개념적으로 인간복제는 서로 다른 두 기술 사이에 위치한다. 한쪽 끝에는 시험관 수정과 같은 생식보조술이 있다. 이런 기술의 일차적 목표는 커플들이 자신과 생물학적 유연관계가 있는 아이를 낳도록 도와주는 것이다. 다른 쪽 끝에는 유전공학에서 새롭게 출현하는 기술들이 있다. 구체적으로 유전자 이식기술이 그런 예에 해당하며, 일차적 목표는 특정 형질의 아이를 탄생시키는 것이다. 많은 복제 지지자가 후자를 전자의 일부로 본다. 복제는, 그렇지 않았으면 가질 수 없었던 생물학적 아이를, 커플에게 제공하는 또 하나의 방법일 뿐이라는 것이다. 따라서 이러한 목표, 그리고 서로 다른 기술들이 수용가능하기 때문에, 복제 역시 수용가능해야 한다는 주장이다.

다른 한편, 많은 복제 반대자들은 복제를 두 번째 기술의 일부로 본다. 복제가 특정 유전자가 아니라 핵 전체를 이식하는 것이라 해도, 그것은 특정 형질의 아이를 낳으려는 시도이다. 우리가 아이의 유전자 조작에 대해 깊은 우려를 한다면, 복제 역시 우려해야 한다는 것이다.

이 논쟁은 단순히 어떤 기술이 복제에 더 가까운지 결정하는 식으로는 해소될 수 없다. 예를 들어, 일부 복제 반대자들은 복제가 보조생식술과 연속성을 가진다고 본다. 그러나 그들도 이 기술에 반대한다. 동화가 승인을 나타내지는 않는다. 복제를 어느 한쪽 기술로 분류하려는 시도보다, 나는 복제를 서로 다른 기술들과 비교함으로써 복제 과정의 중요성을 가장 잘 이해할 수 있다고 주장하고자 한다.

이러한 비교분석의 접근방식에서 무엇을 배울 수 있는지 알아보기 위해, 그동안 제기된 복제 반대의 핵심 근거들을 고찰해 보자.

그것은 복제가 정체성과 계보*의 경계를 흐려 가족구조를 침식한다는 것이다. 한편으로, 성인과 그녀로부터 복제된 아이의 관계는 부모 자식 관계로 기술될 수 있다. 실제로 일부 평자들은 복제를

---

* 〔역주〕'lineage'의 역어이다. 여기에서 저자는 계보를 생물학적·사회적 측면을 모두 포함하고 개인의 정체성을 구성하고 가족관계의 구조적 틀을 이루는 중요한 요소로 보고 있다.

'무성생식'이라고 불렀다. 그것은 복제가 후손을 낳는 하나의 방법임을 분명히 시사한다. 이 관점에서, 복제자의 생물학적 부모는 1명 뿐이다. 반면, 유전학의 관점에서 복제로 탄생한 아이는 형제이다. 따라서 복제는 무성생식이 아니라, 좀더 정확하게 표현하면, '지연된 쌍둥이 낳기'이다. 이 관점에서 복제로 태어난 아이는 1명이 아니라 2명의 생물학적 부모를 가진다. 즉, 복제자의 부모와 그 개체가 복제된 원본의 부모가 같은 것이다.

따라서 복제는 모호성을 낳는다. 복제자는 자식인가 형제인가? 복제자의 생물학적 부모는 1명인가, 2명인가? 이러한 모호성이 도덕적으로 중요한 것은, 서구사회를 비롯한, 많은 사회에서 계보가 책임감과 동일시된다는 사실에서 비롯된다. 일반적으로 부모는 자식과 달리 아이에 대해 책임감을 가진다. 그러나 만약 확실한 부모가 없다면, 누가 복제자를 책임질 것인가라는 우려가 제기될 수 있다. 사회적 정체성이 생물학적 연결을 기반으로 한다면, 이 정체성이 흐려지거나 혼란스럽지 않겠는가?

일부 생식보조술도 계보와 정체성에 비슷한 문제를 야기했다. 익명의 정자 공여자가 자신의 생물학적 아이에게 부모로서의 책임감을 가진다고 생각할 수 없다. 대리모가 자신이 낳은 아이에 대한 모든 친권 주장을 포기하도록 요구받을 수 있다. 이런 경우, '누가 부모인가'에 대한 사회적・법적 결정은 생물학적 사실을 무시하고, 대개 우리 사회가 지지하고 고수하는 가치들을 뒤엎는 것처럼 보일 수 있다. 따라서 보조생식술의 '목적'이 사람들에게 자신과 생물학적으로 연결된 아이를 낳고 기르게 하는 것이지만, 복제는 생물학적 관계를 짓밟는 사회적 인연을 창조할 수 있다.

그러나 복제의 경우, 모호한 계보로 인한 문제가 덜 한 것처럼 보일 수 있다. 그 정확한 이유는, 그렇지 않았으면 그 또는 그녀가 생물학적 관계를 인정했을, 아이에 대한 권리를 포기하라고 요구하지 않기 때문이다. 그렇다면 비판론자들은 무엇을 두려워하는 것인가? 누군가가 자신을 복제해서 그 아이를 자신의 부모에게 떠맡기면서 "당신들이 이 아이를 돌보시오! 이 아이는 '당신의' 딸이오!"라고 요구할 가능성은 희박하다. 더구나 자신이 아이를 기르다가 자매의 책임이 아니라는 이유로 갑자기 대학 등록금을 지원하지 않겠다고 선언할 가능성도 거의 없다. 물론, 정책입안자들은 복제로 인해 사회적·법적 책임 할당과 관련해서 가능한 모든 혼란을 다루어야 한다. 그러나 이것이 다른 생식기술의 사례보다 '덜' 어려울 것이라고 판단할 근거들이 있다.

　　마찬가지로, 우리가 복제를 유전공학과 비교할 때, 복제는 두 기술 중에서 상대적으로 문제가 덜하다는 것을 입증할 수 있다. 흔히 복제가 불러올 암울한 미래가 대체로 사실이라고 해도 마찬가지이다. 일례로, 최근에 〈워싱턴 포스트〉는 유전자 향상 기술의 발전이 '사람들이 선호하는 육체적 특성에서 시장을 창출'할지도 모른다는 우려를 집중 검토했다. 그 기사에서 기자는 이렇게 물었다.

　　"이러한 발전이 DNA를 가진 자와 갖지 못한 자의 (계급) 사회로 이어지고, 유전적으로 강화된 사람들을 따라잡을 수 없는 새로운 하층계급을 탄생시킬 것인가?"

　　이와 비슷하게, 국가생명윤리 자문위원회의 한 위원은 복제가 '선호된 실행'이 되고, '자신의 아이에게 가장 좋은 것을 주려는 노력의 연장'으로 자리 잡게 될지 모른다고 우려했다. 그 결과 '시대에 뒤진 생식이라는 복권 추첨'을 선택한 부모는 '무책임한 사람'으로 간주될지도 모른다는 것이다.

그러나 이러한 공포는 복제보다는 유전공학에서 더 심할 것이다. 어떤 사람에게 — 모든 가능성을 고려할 때, 상층계급의 구성원 — 바람직한 특성을 획득할 기회를 줌으로써, 유전공학은 기존의 사회적 계층화를 생물학적으로 강화(또는 악화)시킬 수 있다. 물적 자원과 지적 기회가 특권 계층 아이들에게만 주어진다는 점을 고려할 때, 불우한 아이가 좀더 풍요로운 조건의 상대와 경쟁하기는 이미 충분히 어려운 상태이다. 유전자 조작이 현실로 다가온다면, 이러한 불공정성이 배가되리라는 것은 자명하다. 그에 비해, 복제는 유전체의 향상을 가져오지 않는다. 오히려 모든 결함을 포함하고 있는 유전체를 그대로 복사하는 방식이다. 따라서 특정 집단이 일부 가치 있는 특성을 계속 발전시켜 갈 수 있도록 하지는 않을 것이다.

부가적으로, 일부 비평가들에게 이 차이는 크게 중요시되지 않을 수 있다. 신학자 메일렌더 2세는 복제 기술을 통해 탄생한 아이들이 '선물로 환영'받기보다 '상품으로 설계'될 수 있다는 이유로 복제에 반대한다. 이 관점에서, 설계 과정이 유전공학의 경우 좀더 선택적이고 미묘한 차이를 가진다는 사실은 아무런 도덕적 중요성을 갖지 않는다. 이러한 반대가 인간 생명의 상품화에 대한 우려를 반영하기 때문에, 우리는 사람들이 복제에 관여하는 이유를 고려하면서 부분적으로 이 주장을 다룰 수 있다.

복제의 이유들

복제 논쟁에서 마지막 쟁점이 제기되는 분야로는 과학, 철학만큼이나 심리학 영역을 꼽을 수 있다. 인간복제 기술이 안전하고 폭넓게 수용된다면, 사람들은 어떻게 그 기술을 이용할 것인가? 그들이 복제를 선택할 수밖에 없는 이유는 무엇인가?

대통령에게 제출한 보고서에서 국가생명윤리 자문위원회는 사람들이 스스로 복제를 이용할 수 있는 몇 가지 상황을 상상했다. 한 시나리오에서 아이를 원하는 남편과 아내는 모두 치명적인 열성 유전자 보인자이다.

> 4분의 1의 확률로 아이가 짧고 고통스러운 삶을 살아갈 위험을 무릅쓰는 대신, 이 부부는 여러 가지 대안을 고려하고 있다. 아이를 포기하기, 입양, 착상 전 진단으로 선택적 낙태를 하는 방법, 열성 유전자가 없는 공여자의 생식세포를 이용하는 방법 또는 두 사람 중 한 사람의 세포를 이용해서 아이를 복제하는 방법. 자신들의 아이와의 유전적 연결을 유지하면서 공여자의 생식세포 이용이나 선택적 낙태를 피하기 위해, 그들은 복제를 선택했다.

다른 시나리오에서, 시한부 선고를 받은 아이의 부모는 골수이식만이 아이의 생명을 건질 수 있다는 말을 들었다. 다른 공여자를 구할 수 없었기 때문에, 부모는 죽어가는 아이의 세포로 인간복제를 시도했다. 만약 성공한다면, 신생아는 골수이식에 면역적으로 완벽히 일치할 것이며, 심각한 위험이나 불편을 초래하지 않으면서 공여자가 될 수 있다. 최종 결과는 부모의 사랑을 받는 2명의 건강한 아이들이다. 그들은 나이가 다른 쌍둥이일 뿐이다.

위원회는 특히 두 번째 사례에 강한 인상을 받았다. NBAC 보고서는 이 시나리오가 '인간복제에 대해 가능한 가장 강력한 논거를 제공한다'고 서술했다. 실제로 보고서는 '병든 아이가 복제에 대한 도덕적·정치적 반대로 인해 죽어가도록' 방치된다면 '비극'일 것이라고 주장했다. 그럼에도 불구하고, 우리는 많은 사람이 소수자를 공여자로 이용하는 데 대해 도덕적 불편함을 느낀다는 점을 지적해야 한다. 설령 이러한 불편함이 다른 우려에 의해 정당하게 극복될 수 있다고 해도, '이식 시나리오'는 생물학적 자식을 필사적으로 원하는 불임 부부보다 복제에 대해 더 설득력 있는 논거를 제공하지 않을 수 있다.

실제로 대부분의 비판론자들은 이러한 비극적(필경 아주 드물겠지만) 상황의 구체적 정황에 개입하기를 거부한다. 그 대신, 그들은 아주 다른 시나리오들을 상상함으로써 자신들의 논거를 뒷받침한다. 그들은 이 기술의 잠재적 이용자들이 나르시시스트이거나 통제광(統制狂)이라고 ─ 즉, 자기 아이들을 자유롭고, 고유한 존재로 간주하지 않고, 엄격한 규격에 맞도록 고안된 상품으로 간주하는 사람들 ─ 주장한다. 이런 사람들이 유전자 결정론자라 해도, 그들이 복제에 의지한다는 사실은 자신들이 만드는 아이의 '종류'에 대해 가능한 모든 영향력을 행사하려는 욕망을 시사할 것이다.

이러한 가능성에 대한 비판론자들의 경고는 부분적으로, 이미 앞에서 살펴보았듯이, 이러한 갈망이 복제된 아이에게 부과할 수 있는 욕망과 같은 심리적 부담에 대한 우려와 연관된다. 그러나 그것은 한 사회의 생식 정책이 표현하고 장려하는 가치들에 대한 보다

넓은 우려를 투영한다. 비평가들은 사람들이 스스로를 복제할 수 있도록 허용하는 사회는 아이를 가지는 가장 자기애적인 — 유전적 앙코르를 통해 자신을 영속시키려는 — 이유를 승인하는 것이라고 주장한다. 이러한 동기가 아무리 강해도 유전자 결정론의 명백한 오류는 거의 줄어들지 않을 것이다.

복제자가 자신의 부모가 이러한 동기에서 그들을 탄생시키는 데 대해 불평을 하는지와 무관하게, 이러한 동기에 사회적 면죄부를 주는 것은 부적절하며 해로운 일이다.

그러나 NBAC 보고서에 서술된 것처럼 가슴 아프고 절박한 이유가 아닌 경우에도 사람들이 스스로를 복제하도록 허용하는 정책의 사회적 의미를 비판론자들이 오해하고 있다는 주장이 제기될 수 있다. 미국은 생식의 자율성을 강하게 고수해왔다(이것은 우생학의 비참한 역사에 — 때로 복제에 대한 규제를 뒷받침하기 위한 사례로 거론되는 바로 그 역사 — 대한 대응으로 비롯되었다). 강압이나 착취와 같은 — 특히 아기 매매나 상업적 대리모 등 — 경우를 제외하면, 우리는 사람들이 거의 모든 수단을 통해 아이를 낳거나 얻을 자유에 개입하지 않는다. 이러한 정책이 독단적인 자유방임주의를 뜻하는 것은 아니다. 오히려, 설령 중대한 사회적 반향이 있더라도, 생식에 대한 결정이 가지는 특별한 인격적 중요성과 사적인 성격을 인정하는 것이다.

또한 우리가 이러한 정책을 기꺼이 유지하는 것은 양육의 도덕적 복잡성에 대한 인정을 반영한다. 예를 들어, 우리는 사람들이 아이를 낳으려는 동기가 반드시 그 아이를 기르는 방식까지 결정할 필요는 없음을 알고 있다. 어떤 부모가 처음에는 나르시시스트였다고 해도, 양육의 경험이 때로 그들의 초기 충동을 변화시켜 그들에게 배려, 존중, 심지어 자기희생까지 가능하게 할 수도 있다. 자기 자식이 성장하고 발전하는 모습을 보면서, 그들은 아이가 단지 자신의 연장이 아니라는 것을 알게 된다. 물론, 어떤 부모는 이런 발견을 하지 못할 수도 있다. 다른 사람들은, 그 사실을 알았어도, 자신의 아이들이 그렇게 되는 것을 결코 용납하지 않는다.

부모들 (아이들과 마찬가지로) 사이에서 일어나는 도덕적 발전의 속도와 그 정도는 무한히 변화가능하다. 그렇다 해도, 그런 사실로 인해 복제에 개입하는 사람들이 부모성의 변화 효과에서 제외되지 않는다는 주장은 여전히 정당하다. 설령 그들이 '유전자 추첨'을 하는 보통 부모들보다 문제 있는 동기에서 출발한 것이 (항상 그렇지 않은 것이) 사실이라고 해도 말이다.

게다가 부모의 동기는 그 자체로 비평가들이 흔히 생각하는 것보다 복잡하다. 우리는 나르시시즘이 장려되어서는 안 될 악덕이라는 데 동의할 수 있지만, 자신의 아이에 대한 자부심이 끝나고 나르시시즘이 시작되는 지점이 어디인지 명확하게 선을 긋기 어렵다. 예를 들어, 아이가 거둔 성과에 큰 기쁨을 느끼는 것이 꼴사나운 모습인가? 가령 딸의 뛰어난 운동 능력을 기쁘게 생각하는 챔피언 운동선수를 생각해 보자. 그 아이가 실제로 그 선수의 체세포에서 복제되었다고 가정하자. 과연 우리는 그녀가 딸의 성공에서 받는 기쁨에 대한 도덕적 평가를 달리 해야 하는가? 또는 복제를 원하는 사람이 자신의 아이에게 자신이 누리지 못했던 기회를 주려 한다고 가정하자. 옳든 그르든, 그 남자는 아이의 성공을 자신의 개발되지 않은 잠재력의 척도로 — 자신이 누렸을 수도 있는 성공한 삶의 표시 —

삼는다고 가정해 보자. 이러한 감정은 비난받을 만한 일인가? 그리고 그것은 보통 부모들이 느끼는 감정과 다른 것인가?

결 론

최근까지도, 체세포 핵이식을 통한 인간복제에 대한 윤리적·사회적·법적 토론은 거의 이루어지지 않았다. 그 이유는 이러한 과정이 생물학적으로 가능하지 않다는 것이 과학계의 공통된 견해였기 때문이다. 그러나 '복제양 돌리'의 탄생으로 상황이 바뀌었다. 그러나 오늘날 인간복제의 가능성이 좀더 높아지기는 했지만, 그 실행이 폭넓은 이용으로 이어질 것인지에 대해서는 의문을 품을 수 있다.

나는 그렇지 않을 것으로 생각한다. 그러나 나의 근거가 복제 비평가들에게 위안이 되지는 않을 것이다. 핵이식기술이 발전하고 있지만, 다른 기술들도 ― 가령 유전공학기술들 ― 발전할 것이다. 앞으로 인간 유전공학은 폭넓은 특성에 적용되면서 복제보다 훨씬 강력한 기술이 될 것이며, 더 많은 사람의 관심을 끌게 될 것이다. 또한, 앞에서 주장했듯이, 유전공학기술은 지금까지 복제의 가능성이 일으켰던 것보다 훨씬 많은 골치 아픈 문제를 일으킬 것이다.

■ 참고문헌

National Bioethics Advisory Commission (1997), "Cloning Human Beings: Report and Recommendations", June 9.

Wilson, J. Q. (1997), "The Paradox of Cloning", *Weekly Standard*, May 26.

Elshtain, J. B. (1997), "Ewegenics", *New Republic*, March 31.

Lewontin, R. C. (1997), "The Confusion over Cloning", *New York Review of Books*, October 23.

Kass, L. (1997), "The Wisdom of Repugnance", *New Republic*, June 2.

Cohen, S. (1997), "What Is a Baby? Inside America's Unresolved Debate about the Ethics of Cloning", *Washington Post Magazine*, October 12.

Weiss, R. "Genetic Enhancements' Thorny Ethical Traits", *Washington Post*, October 12.

제33장

줄기세포 연구와 그 응용 •
발견과 권고사항

미국과학진흥협회 · 시민사회연구소*

발견과 권고사항: 1999년 11월

인간 줄기세포 연구는 기초적인 인체 생물학의 이해에 기여할 수 있는 엄청난 잠재력을 가진다. 기초 연구에서 나오는 결과를 예측하기는 불가능하지만, 이러한 연구는 아직 적절한 치료법이 존재하지 않는 많은 질병에 대한 처치와 궁극적으로 치료법을 마련할 수 있는 현실적 가능성을 제공할 것이다.

● 미국과학진흥협회의 허락을 얻어 재수록하였다.
* 〔역주〕 American Association for the Advancement of Science (AAAS).
 1848년 창립되어 미국 과학 진흥과 발전을 목표로 하는 민간과학단체이다.
 Institute for Civil Society. 미국의 시민단체로 아동과 교육 · 건강관리 개혁, 과학정책과 의료연구, 기후변화와 전 지구적 안보, 경제 변화 등의 영역에서 개혁을 위한 촉매 역할을 하는 것을 목표로 한다.

신약이나 새로운 의학 지식의 도입으로 개인과 사회가 얻게 될 이득이 얼마만큼인지 추정하기는 힘들다. 예를 들어, 항생제와 백신의 도입은 전 세계 사람들의 수명을 크게 늘렸고, 보건을 증진시켰다. 인간 질병의 예방과 치료에서 이루어진 제반 진전에도 불구하고, 심장질환, 당뇨병, 암, 그리고 알츠하이머와 같은 신경계 질환처럼 파괴적인 질병들은 모든 지역의 사람들의 복지와 건강을 계속 위협하고 있다. 인간 줄기세포 배양기술을 발전시킨 과학은 이러한 질병들의 처치와 치료에서 전례를 찾을 수 없는 결과를 가져올 수 있다.

이러한 모든 연구와 함께 줄기세포-유래 치료법이 제공하는 기회에 대해 고찰할 수 있는 우리의 능력도 여러 해에 걸친 연구의 결과이다. 줄기세포 과학은 1980년대 중반부터 시작되었고, 많은 논문이 동물 모델에서 얻은 줄기세포를 분리하거나 실험실에서 조작한 결과를 발표했다. 이 모델들은 불완전하지만, 인간에게 일어나는 일이 무엇인지 예측할 수 있는 최초의 바람직한 예견자로 과학계에서 인정받았다.

이미 동물연구를 통해 줄기세포가 원하는 세포로 분화될 수 있으며, 이 세포들이 이식된 환경에서 적절하게 작동할 것이라는 증거가 있다. 사람의 경우, 암 치료를 위해 조혈(피를 만드는) 줄기세포를 이식하기 위한 연구가 수년 동안 이루어졌다. 그밖에도, 좀더 미숙한 실험들(예를 들어, 태아 조직을 파킨슨병 환자의 뇌에 이식하는)은 줄기세포 치료가 여러 가지 인간 질병에 대해 확실한 치료법을 제공할 수 있으리라는 기대가 합리적임을 시사한다. 진정한 가능성은 통제된 과학연구를 통해서만 이해될 수 있을 것이다.

· 이 연구는 윤리적 · 정책적 우려를 낳지만, 이런 문제는 줄기세포 연구
  에서만 나타나는 것은 아니다.

혁신적인 연구와 그로 인한 신기술들은 거의 언제나 윤리적 · 정
책적 우려를 야기한다. 생의학 연구에서, 이러한 쟁점들에는 기초
와 임상연구의 윤리적 수행뿐 아니라 새로운 치료법의 평등한 분배
도 포함된다. 이러한 주제들은 줄기세포 연구와 그 결과의 적용에
대한 논의와 연관된다. 그러나 그것은 생의학 연구에서 이루어지는
모든 진전과 관련된 윤리적 · 정책적 우려의 일부이다. 인체 물질의
이용에 대한 가이드라인이나 정책들은, 기관 내 윤리위원회에서 국
가생명윤리 자문위원회에 이르는, 여러 수준에서 논의되었다. 위
원회는 최근 이러한 물질의 이용에 대한 상세한 보고서를 발간했
다. 기존의 정책들은 실험실 내에서의 세포주의 이용에서 인간 피
실험자 보호에 이르는 연구의 모든 측면들을 포괄한다. 이런 주제
들은 줄기세포 연구에 대한 고찰에서 제기될 것이다.
  줄기세포 연구와 그 적용으로 비롯된 윤리적 · 정책적 쟁점들에
대해 충분한 교육과 정보를 받은 대중의 존재가 필수적이다. 이러
한 주제들에 대한, 충분한 정보에 기초한 대중 토론은 줄기세포 연
구와 연관된 과학 이해에 기반을 두어야 하며, 사회의 폭넓은 단면
들을 포괄해야 한다.
  시민들이 중대한 사회적 영향의 가능성이 높은 신기술 개발과 적
용에 대한 공공정책 숙의에 실질적으로, 그리고 충분한 정보를 토
대로 참여하는 것이 필수적이다. 과학에 대한 이해는 윤리적 · 정책
적 주제들의 토론을 위해 특히 중요하다. 이상적으로 말하면, 과학

자들은 연구결과를 다양한 청중들이 즉각적으로 이해가능한 방식으로 소통해야 하며, 줄기세포 연구와 관련된 대중 토론에 참여해야 한다. 줄기세포 연구가 야기하는 윤리적·정책적 주제들이 특별하지는 않지만, 이 연구는 상당한 대중적 관심을 받아왔고, 이처럼 민감한 연구 영역의 함의에 대한 공개적인 성찰을 통해 얻는 것이 많다. 의회 청문회, 정부기관들의 공청회, 그리고 언론매체의 보도 등이 줄기세포의 쟁점들에 초점을 맞추도록 압력을 가해왔다.

관심 있는 모든 사람이 이 과정에 참여해서 관찰할 수 있도록 허용했던 공개 방식, 그리고 과학자, 정책 입안자, 윤리학자, 신학자, 그리고 대중들 사이에서 지속된 대화가 줄기세포 연구의 진진에서 출현하는 쟁점들을 고려할 수 있도록 지원이 계속되어야 한다.

▪ 정보에 기반한 대중적 대화와 결합된, 기존의 연방규제와 전문적 통제 메커니즘은 인간 줄기세포 연구를 감독하기에 충분한 틀을 제공한다.

신기술의 등장은 그 이용을 둘러싸고 여러 집단들 사이에 불확실성을 발생시키고 불안감을 야기할 수 있다. 이러한 우려가 중요한 윤리적·사회적 함의를 가진 주제들과 연관되는 한, 특정 수준의 감독이 적절하다. 그러나 감독의 급박한 이유가 있는 경우에만 새로운 감독 기구를 창설하거나 규제책임을 부여하는 것이 중요하다.

연방기금은 기존의 감독 기구들이 생의학 연구가 폭넓은 사회적 가치와 법률적 요구사항에 부합하도록 하기 위한 역할을 하도록 촉발할 수 있다. 개인 식별이 불가능한 줄기세포를 이용한 기초적인 실험실 연구가 특별한 윤리적 문제나 감독 문제를 일으키지 않는 데 비해, 실험 물질의 획득에서 임상실험 행위에 이르기까지 인간 피실험자를 포함하는 연구에 대해서는 정교한 평가 체계가 마련되어 있다. 인간 대상 연구에 대한 보호규정(Federal Common Rule)은, 위험 대비 혜택의 비교평가와 관련된 자발적 동의를 필요로 하는 상황에서, 연구제안서에 대한 지역과 연방 차원 기관들의 평가 기준을 제공한다.

식품의약품국은 질병이나 질병의 기반이 되는 조건들을 진단, 처치 또는 치료하기 위해 생물학적 산물, 의약품, 의료 장치 등으로 이용될 인간 줄기세포의 개발과 사용을 규율할 권한을 가진다. 나아가 주(州)는 연방 정부의 '배아 실험실 허가를 위한 모델 프로그램'을 채택해야 한다.

이러한 규제 메커니즘을 실행에 옮기는 것이 NBAC와 재조합 DNA 자문위원회이다. NBAC는 생의학 연구에서 이루어진 발전과 연관된 사회 정책에 대한 대중참여를 촉진하기 위해 국가기구로서 노력을 기울일 필요성에 대한 주장이 적합했음을 입증했다. RAC는 현재 유전자 치료와 관련된 윤리적·정책적 쟁점들을 평가하는 임무를 맡고 있으며, 그 범위를 확장하기 위해 임무에 변화를 줄 권한도 함께 부여받았다. 이러한 연방기구들은 줄기세포 연구 수행과 관련된 이해당사자들을 — 전문가 기구, 환자 집단, 종교 단체, 의회, 연구비 지원기관, 사설 재단, 기업, 그리고 그 밖의 관련 단체들 — 참여시켜야 한다. 그래야만 대중들이 연구가 발전하는 과정에서 적절한 안전장치가 제대로 작동하고 있다는 확신을 가질 수 있을 것이다.

따라서 현 시점에서, 미국의 줄기세포 연구에 대한 책임 있는 사

회적·전문적 통제를 확보하기 위해 어떤 새로운 규제기구도 필요
치 않다.

- 연방의 줄기세포 연구지원은 연구의 유망한 분야에 투자를 촉진하고,
  건전한 공공정책 수립을 장려하고, 이러한 연구 수행에 대한 대중의
  신뢰를 형성하기 위해 필요하다.

줄기세포 기술이 건강에 줄 수 있는 잠재적 혜택에 대한 이해는
연구에 대한 대규모적이고 지속적인 투자를 필요로 할 것이다. 연
방 정부는 심각한 질병에 시달리는 ― 연구결과가 실험실에서 병상
으로 전달될 가능성으로 인해 미래에는 그로부터 구원될 수 있는 ―
사람들을 위해 막대한 연구비를 투입할 수 있는 유일하게 현실적인
원천이다. 공공 자금에 의한 촉진이 없는 한, 새로운 치료법 개발은
상당히 지연될 것이다.

연방기금 투자는 과학적으로 엄밀하고, 윤리적으로 적절한 방식
으로 줄기세포 연구가 진행될 수 있도록 보장하기 위해 대중적 관심
을 촉구하도록 수립된 감독 기구를 통해 대중적 평가, 승인, 그리고
모니터링을 할 수 있는 기반을 제공한다. 덧붙여, 공공자금 투입은
줄기세포 연구결과가 폭넓은 사회적 우선순위를 반영할 가능성을
높여 건전한 사회 정책에 기여한다. 만약 사적 부문만으로 연구가
수행된다면, 이처럼 다양한 우선순위가 고려되기는 어려울 것이다.

그런데 미국에는 특정 종류의 줄기세포 연구를 지원하는 데 공적
자금을 사용하는 도덕적 근거에 대해 동의하지 않는 사회적 영역들
이 있다. 그러나 다원주의 사회의 공공정책이 민감한 사회적 쟁점

을 둘러싼 전국 단위 토론에서 나타나는 모든 차이를 해결할 수는 없다.

줄기세포 연구의 맥락에서, 우리는 3가지 실질적 결론에 도달하게 된다. 첫째, 연구자든 배아나 태아 조직 공여자든 간에, 개인이 이러한 문제들에 대해 자신의 도덕적 관점에 따라 행동하도록 허용하는 것이다. 둘째, 그 연구가, 기초 인체 발생 생물학에 새로운 분자적·세포적 통찰력을 불어넣는 것을 포함해서, 공중보건의 증진과 보호와 관련될 경우, 연구지원에 대중을 참여시키는 것이다. 셋째, 공중보건과 안전의 보호와 증진에 부합하는 한, 반대 견해들, 특히 종교적 근거에 기반을 둔 관점들을 존중하는 것이다.

> ▪ 모든 원천(배아, 태아, 성체 등)에서 유래한 인간 줄기세포에 대한 공적·사적 연구는 다양한 원천에서 채취한 인간 줄기세포의 잠재력에 대해 빠른 속도로 변화하고 발전하는 과학적 이해에 기여해야 한다.

줄기세포에는 기본적으로 3가지 원천이 있다. 각각은 얼마나 많은 발생 경로를 가질 수 있는지와 유기체의 기능에 대한 우리의 이해에 기여할 수 있는 정도에 따라 차이가 있다. 초기 배아에서 유래한 배아 줄기세포와 태아 조직에서 수집한 배아생식세포는 폭넓은 치료적 적용 범위를 가진다. 현재 우리의 지식에 따르면, 이 세포들이 사실상 모든 세포를 발생시킬 수 있기 때문이다. 또한 이들 원시 세포에 대한 연구는 인간세포 생물학을 연구할 수 있는 독특한 기회를 제공할 것이다.

성체 조직에서 얻는 성체 줄기세포는 배아 줄기세포에 비해 상대적으로 좁은 범위의 세포 유형으로 분화한다. 그 결과, 현재 의료적 관심이 높은 많은 세포들은 성체-유래 줄기세포에서 얻을 수 없다. 또한 성체 줄기세포는 대규모 세포 배양이 상대적으로 어렵다. 그러나 현 시점에서, 충분한 이해가 이루어졌고, 구체적인 조직 유형으로 신뢰성 있게 분화할 수 있으며, 임상실험이 진행된 세포는 인간 성체 줄기세포가 유일하다는 점을 지적할 필요가 있다.

인간 줄기세포 연구가 아직 발전 초기 단계이기 때문에, 현 시점에서 그 결과나 발견을 예측하기는 힘들다. 더 많은 연구가 이루어지면, 서로 다른 줄기세포의 충분한 발전 잠재력에 대한 좀더 충분한 이해가 이루어질 것이다.

미국 사회의 일부 영역에서 제기된 배아와 태아 조직의 이용에 대한 도덕적 우려의 관점에서, 대안적 원천과 (또는) 줄기세포를 유도하는 방법에 ― 성체 줄기세포에 대한 좀더 적극적인 발의를 포함해서 ― 연방 자금이나 사적 자금 투입을 강화하도록 장려해야 한다. 인간 줄기세포 연구는 완전히 윤리적인 방식으로 이루어질 수 있다. 그러나 배반포 단계의 내부 세포 덩어리로부터 배아 줄기세포를 추출하는 과정에서 도덕적 문제가 발생한다. 이 문제를 제기하는 사람들은 배아 줄기세포 추출을 도덕적으로 잘못된 의도적인 수단에 의해 배아의 생명을 고의적으로 손상시키는 행위로 간주한다. 마찬가지로, 낙태된 태아의 생식선 조직에서 배아생식세포를 추출하는 행위 역시 낙태 반대론자들에게 문제가 될 수 있다. 반면, 성체 줄기세포는 미국 사회에서 좀더 폭넓게 수용될 수 있다.

▪ 배아 줄기세포와 배아생식세포 연구에 공공 자금이 투자되어야 하지

만, 아직 논쟁 중인 배아 줄기세포의 분리와 관련된 연구는 지원 대상이 아니다. 이러한 접근방식은 공적 지원을 받은 연구자들이 인간 질병으로 인한 고통을 완화시킬 수 있는 발견에 좀더 빨리 다가갈 수 있도록 해줄 것이다.

인간 줄기세포가 윤리적 방식으로 추출될 수 있다고 하더라도, 공공 자금 투입에 대한 반대 권고를 고려할 만큼 줄기세포의 유도 과정에 대한 충분한 반대가 있다. 나아가, 예측할 수 있는 가까운 미래에 공공 자금을 이용하지 않는 연구자들에 의해 분리된 충분한 재료가 있을 수 있으므로 이러한 배제가 연구에 부정적 영향을 주지는 않을 것이다.

많은 사람이 임신 외 목적의 모든 인간 배아 이용이 비윤리적이라고 믿는다. 그들은 배아가 수정되는 최초의 순간부터 완전한 인간으로 간주한다. 그러나 많은 종교 전통은 인격의 '발생적' 관점을 채택한다. 즉, 초기 배아 또는 태아가 점차 완전한 인간으로 되어가며, 따라서 성장한 후와 동일한 도덕적 보호를 받을 권리를 갖지 않는다고 본다. 한편, 다른 사람들은 배아가 인간 생명을 표상하지만, 그 생명을 미래에 다른 생명을 구하거나 보전하기 위해 이용할 수 있다고 주장한다.

이러한 쟁점들에 대한 토론은 미국에서 계속 진행 중이다. 그러나 이러한 우려로 이미 수립된 세포주의 연구활동에 대한 공적 지원을 배제할 필요는 없다.

배아 줄기세포는 배아의 원조자(*progenitor*)*들이 그 배아의 보존

---

* 〔역주〕 줄기세포 연구에 사용되는 배아 중에는 불임클리닉 등에서 시험관

을 원하지 않는다는 의사결정을 내린 후, 불임 치료에서 남은 배아에서 채취할 수 있다. 이 결정은 원조자들이 배아 줄기세포 연구에 그 배아를 사용해도 좋다는 동의를 확보하기 이전에 명시적으로 갱신해야 한다.

인간의 원시 줄기세포의 가장 윤리적인 원천은 시험관 수정을 위해 만들어진 배아 중에서 원조자들이 착상하지 않기로 결정하고, 연구목적에 이용하는 것에 대해 충분히 고지된 동의를 거친 배아들이다. 적절한 공여가 이루어질 수 있는 두 가지 잠재적 원천은 이식에 적합하지 않을 만큼 질이 저하된 배아, 그리고 불임 부부가 이미 출산을 종료하고 타인에게 잉여 배아의 공여를 원치 않은 상태에서 남은 배아이다.

고지된 동의는 여성이나 해당 커플이 상당한 이해를 가지고 있고, 다른 사람으로부터 영향을 받지 않은 상태에서 자신들의 잉여 배아를 연구목적으로 이용하도록 승인하는 것이다. 보조생식술이 많은 스트레스를 동반하는 과정일 수 있으므로, 고지된 동의는 두 단계를 거친다. 또한 그 과정에서 임신을 원하는 여성이나 커플과 일하는 관계자와 줄기세포 연구를 위해 배아를 수집하는 관계자는 계속 분리될 것이다.

이 절차의 시작 단계에서, 임신을 원하는 여성이나 커플과 일하는 사람은 보조생식술을 적용하는 과정에서 남게 된 배아의 미래에 대한 그들의 선호를 확인해야 한다. 그들이 고려할 수 있는 선택지

수정 등의 방법으로 만들어져 사용하고 남은 '잉여 배아'가 있다. 이 잉여 배아는 냉동 보관된다. 원조자란 이때 이 배아를 만드는 과정에서 난자와 정자를 제공한 남자와 여자를 지칭한다.

에는 다른 커플에게 공여하는 동의, 연구를 위한 공여 동의, 그리고 잉여 배아의 파괴 등이 반드시 포함되어야 한다. 해당 커플은 출산 종료를 최종 결정한 다음, 배아를 배아 줄기세포 연구에 사용하는 명시적인 동의를 확보하는 두 번째 단계에 들어가야 한다.

- 자신의 잉여 배아를 연구목적으로 공여할 것을 고려하는 사람의 고지된 동의와 결정의 자발성은 가장 높은 수준으로 보호되어야 한다.

줄기세포 추출을 목적으로 배아를 얻는 과정은 여러 가지 이유로 매우 신중하게 진행되어야 한다. 그 이유는 생식체 공여자의 이익을 보호하고, 대중에게 중요한 선을 넘지 않고 있음을 확인시키고, 이러한 연구의 요소들에 윤리적으로 불편함을 느끼는 사람들이 최대한 참여할 수 있도록 하고, 최상의 연구 질과 가능한 결과를 확보하려는 것이다.

바람직한 연구 실행과 조화를 이루기 위해, 배아 획득 정책은 최소한 다음과 같은 측면을 포괄해야 한다. ① 배아의 일부가 연구목적으로 공여될 것이라는 기대로 더 많은 '잉여' 배아를 만들기 위해 여성들이 추가적인 배란과 회복 주기를 겪게 해서는 안 된다. ② 현행 장기 공여 실행과 마찬가지로, 임신을 원하는 여성 및 커플들과 함께 일하는 인원과 줄기세포를 목적으로 배아를 수집하는 인원들 사이에 견고한 '벽'을 설치해야 한다. ③ 개인 또는 커플인 남녀는 배아 창출의 대가를 받아서는 안 되며, 그 보상으로 불임 시술 비용을 할인받아서도 안 된다. ④ 생식체 공여자 두 사람의 동의를 모두 받아야 한다.

- 적절하다면, 줄기세포 연구 수행에 대해 전문가와 대중의 지지를 모두 받을 수 있는 가이드라인을 개발해야 한다.

현재, 줄기세포 연구는 특별한 윤리적·정책적 쟁점을 야기하지 않는다. 연구가 진전되면서, 수용가능한 윤리적 실행과 공공정책을 위협하는 쟁점들이 새롭게 출현할 수 있다. 따라서 특히 인간 줄기세포 연구를 대상으로 한 가이드라인의 필요성을 대중적으로 재고할 기회가 있어야 한다. 이러한 노력은 최신 과학적 근거로 뒷받침되어야 하며, 사회의 모든 부문의 포괄적 참여를 촉진하는 과정을 통해 진행되어야 한다.

재조합 DNA 연구를 거의 20년 동안 감독한 RAC의 경험은 여기에서 제안한 줄기세포 연구에 대한 대중과의 대화를 촉진하고 새로운 가이드라인 개발을 위한 노력을 조정하기 위한 효율적인 제도적 초점이 될 수 있다. 그동안 RAC가 걸어온 경로는 복잡한 윤리적 쟁점들을 추리고 갈등을 완화시키는 공개 토론의 장을 제공해온 기록을 입증한다. 나아가, 위원회는, 유전자 치료의 설계와 실행에 대한 고려사항이 폭넓게 수용되면서, 공공 및 사적 부문에 속한 과학자들로부터 상당한 정도의 정당성을 획득했다.

- 초기 배아의 지위에 대해 다양한 도덕적 입장을 가진 사람들이 그들의 원칙을 손상하지 않으면서 줄기세포 연구에 참여할 수 있도록 하기 위해서, 그리고 건강한 과학을 육성하기 위해서 줄기세포(그리고 줄기세포주)는 그 원천을 확인해야 한다.

환자와 연구자는 그 세포가 비윤리적이라고 생각하는 방식으로 유래했을 경우 줄기세포 이용을 기피할 수 있어야 한다. 바람직한 연구 실행의 측면에서, 생물학적 재료의 원천에 대한 기록은 일상적으로 유지된다. 줄기세포의 원천에 대한 기록이 연구자나 줄기세포 치료의 잠재적 수용자가 즉각 이용할 수 있도록 유지되는 것은 특히 중요하다.

- 줄기세포 연구의 이익에 대한 평등한 접근이 이루어지도록 특별한 노력을 기울여야 한다.

심각한 질병을 처치하고, 가능하다면, 치유할 수 있는 치료적 가능성이 공적·사적 자원을 인간 줄기세포 연구에 대규모로 투자하는 주된 근거이다. 그러나 잠재적 혜택을 기반으로 줄기세포 연구에 대한 지원, 특히 공공 자원의 이용을 정당화하려면, 치료법이 현실화되었을 때, 필요한 사람들이 접근할 수 있으리라는 얼마간의 확신이 필요하다.

여러 요인으로 인해, 이러한 연구의 혜택에 대한 평등한 접근 가능성이 어려워지고 있다. 서구 다른 나라들의 민주주의와 달리, 미국은 전(全) 국민보건관리(Universal Health Care)에 대한 방침을 가지고 있지 않다. 4천 4백만 명 이상의 국민들이 건강보험에 가입하지 못했고, 기본적인 보건관리조차 확실하게 받지 못하는 실정이다. 그 외의 사람들은 보험에 가입해 있다. 게다가 만약 줄기세포 연구가 첨단기술과 값비싼 비용을 요하는 치료법으로 귀결한다면, 건강보험회사들은 이러한 치료법에 자금을 제공하려고 하지 않을 것이다.

이러한 장애를 극복하고 미국에서 줄기세포 연구의 혜택에 대한 평등한 접근을 확보하는 것은 정치적으로나 재정적으로 막중한 과제이다. 따라서 그 적용 분야를 개발하기에 앞서 어떻게 이런 과제를 해결할 것인지 고려를 시작하는 편이 적절하다. 연방 정부는 줄기세포 연구의 혜택에 대한 평등한 접근을 위한 방안들을 고려해야 한다.

- 줄기세포 연구의 지적 재산권 제도는 기초 연구를 제약하거나 미래의 상품 개발을 막지 않는 조건을 마련해야 한다.

미국 특허 및 상표국(PTO)은 이미 정화되고 분리된 줄기세포 산물과 연구 도구들이 특허대상 기준에 부합한다고 발표했다. 오늘날 줄기세포 연구의 경우처럼 사적 부문에서 연구비 지원을 받고 특허를 신청하는 경우, 연구목적이나 개발을 위해 새로운 지적 재산권을 획득할 수 있는지, 어떤 조건으로 가능한지 등은 모두 기업들의 문제이다. 그렇지만 사적 부문이, 상당한 치료적 전망이 있을 수 있지만 상업적 가치가 없다고 판단하는, 잠재적 응용 분야에 자원을 투자하지 않을 것이기 때문에 특별한 우려가 제기된다.

줄기세포 연구의 전망을 고려하면, 광범위한 치료 혜택이 있는 산물을 많은 사람이 접근할 수 있는 방향으로 개발하도록 장려하는 것이 중요하다. 이러한 목표는 다양한 방식으로 성취할 수 있다. 정부가 가능성 있는 연구분야에 투자하면, 연방기관과 연구소들이 특허를 취득해 줄기세포 기술발전을 증진하고 그 확산에 기여하는 방향으로 활용할 수 있다. 의회나 PTO는 제삼자가 줄기세포 산물과 연구 도구를 특허 보인자의 허락을 받지 않고 연구목적으로 사용할 수 있는 강력한 예외 조항을 규정해야 한다.

또 다른 가능성은 제한되고 명확하게 규정된 조건에서 강제실시권(compulsory licensing) *을 요구하는 것이다.

- 사적 부문에서 기업에 기반한 독립적 윤리자문기구가 장려돼야 한다.

사적 부문에서의 연구는 줄기세포 연구 발전에 중요한 부분을 차지한다. 이러한 연구의 윤리적 수행을 위한 가이드라인 개발을 위해 외부 윤리자문위원회를 설립하면서 지금까지 발간된 모든 인간 배아와 생식세포 연구를 후원한 기업이 보여 준 리더십은 칭찬할 만하다. 사적 부문의 윤리위원회들이 공적 감독과 지침을 대체하는 것은 아니지만, 기업이 지원하는 줄기세포 연구가 추진되는 방향에 긍정적 영향을 줄 수 있다.

만약 이러한 윤리자문위원들이 연구 출발 단계부터 윤리적 쟁점을 검토하고, 위원을 지역 공동체 대표를 포함해서 여러 분야에 걸친 성원들로 구성하고, 위원들의 활동에 대해 최소한의 재정적 보상을 하며, 위원회 활동에서 나온 발견과 권고사항을 다른 기업들과 공유한다면, 그들의 신뢰성과 영향력은 한층 신장될 것이다. 특

---

* 〔역주〕 지적 재산권자의 허락 없이 강제로 특허를 사용할 수 있도록 하는 특허의 배타적 권리에 대한 일종의 제약이다. 일반적으로 강제실시권이 적용될 수 있는 경우는 ① 합리적 기간 내에 합리적 계약조건으로 권리자로부터 라이센스를 받을 수 없는 경우, ② 국가비상사태나 긴급한 상황, ③ 공공의 비영리목적 등으로 규정되어 있다.

히 마지막 사항, 즉 발견과 권고사항의 공유는 사적 영역에서 '판례'를 개발하여 전국적 가이드라인을 개발하려는 공적 노력에 도움을 줄 수 있을 것이다.

제34장

인간배아와 줄기세포 연구에 대하여 *

법률적 · 윤리적으로 책임 있는 과학과 공공정책에 대한 호소

연구윤리를 위한 미국인 연합*

최근 인간배아 줄기세포 연구에서 이루어진 과학적 진전으로 인간
배아의 존엄성과 지위에 대해 새로운 관심이 촉발되었다. 이러한
과학적 발전은 보건복지성(HHS)과 국립보건원(NIH)에 배아 파괴
에 의존하는 줄기세포 연구지원을 결정하도록 재촉했다. 나아가,
국가생명윤리 자문위원회(NBAC)는 인간배아로부터 파괴적으로
줄기세포를 채취하는 연구에 직접 연방 기금을 지원하는 것을 허용
하기 위해 현재 시행 중인 인간배아연구 연방 지원금지 조치를 수정
할 것을 요청하고 있다. ** 이러한 진전은 이 연구와 관련된 법률적

- 연구윤리를 위한 미국인 연합의 허락을 얻어 재수록하였다.
* 〔역주〕 Coalition of Americans for Research Ethics. 미국의 연구자, 보건
  전문가, 생명윤리학자, 법률 전문가, 그리고 인간생명에 해를 주지 않는 보
  건과 과학연구에 헌신하는 사람들의 전국 연합이다.
** 〔역주〕 2009년 3월 9일 미국 대통령 버락 오바마는 줄기세포 연구에 대한

・윤리적・과학적 주제들을 비판적으로 검토하고 명확하게 밝힐 것을 요구하고 있다. 우리는 이들 쟁점에 대한 신중한 고찰을 통해 법률적, 윤리적, 그리고 과학적 근거에서 인간배아 파괴에 기반을 둔 인간 줄기세포 연구에 반대해야 한다는 결론에 도달했다. 나아가 인간 줄기세포를 획득하고 인체 조직을 치료하고 재생하는 대안적 방법이 존재하며 계속 개발되고 있으므로, 인간배아의 생명을 파괴하는 것은 의학 발전을 위해 불필요하다.

인간배아 줄기세포 연구는 기존 법률과 정책에 위배된다

1998년 11월, 미국의 두 과학자 팀은 각기 독자적으로 인간배아와 태아에서 얻은 줄기세포를 배양해서 분리하는 데 성공했다고 보고했다. '줄기세포'는 인체의 210개에 달하는 서로 다른 조직들이 시작되는 세포를 뜻한다. 많은 질병이 단일세포 유형의 죽음이나 기능장애로 비롯되기 때문에, 과학자들은 같은 종류의 건강한 세포를 환자에게 주입하면 상실되거나 손상된 기능을 회복할 수 있을 것이라고 믿는다. 오늘날 인간배아 줄기세포는 실험실에서 분리 증식할 수 있으며, 일부 과학자들은 당뇨병, 심장질환, 알츠하이머, 파킨슨병 등 다양한 질병의 처치가 가능해질 것으로 기대한다.

고통받는 환자들의 처치나 치료가능성이 더할 나위 없는 좋은 일

연방 정부의 재정지원을 허용하는 내용의 행정명령에 서명해서 부시 행정부에서 강한 규제를 받았던 미국 내 배아 줄기세포 연구에 새로운 흐름을 열었다.

이라는 데에는 논쟁의 여지가 없지만, 우리는 바람직한 선(善)을 얻는 방법이 도덕적·법률적으로 정당화되지 않을 수 있다는 점도 인식해야 한다. 그렇지 않다면, 의학적으로 수용되고 법률적으로 요구되는 고지된 동의와 환자에게 위해를 주지 않으려는 시도는, '그보다 큰 선'을 획득 가능할 때마다 무시될 것이다.

미국 법률의 가장 위대한 특징 중 하나는 개인의 생명, 특히 취약한 생명을 어떻게든 보호하려고 노력해왔다는 점이다. 인간 생명과 인권에 대한 미국의 전통적 보호는 모든 사람이 가지고 있는 본질적 존엄성의 인정에서 유래한다. 마찬가지로 — 근대세계가 거둔 위대한 업적 중 하나인 — 국제 인권법의 구조는 한 사람의 존엄성이 공격받으면 우리 모두가 위협을 받는다는 확신을 기반으로 한다.

인간 생명을 보호해야 할 의무는 미국 50개 주 모두가 가지고 있는 살인에 대한 법률에 구체적으로 투영된다. 나아가 연방 법과 많은 주의 법률은 취약한 인간배아를 해로운 실험으로부터 보호하고 있다. 그러나 최근 발표된 실험에서, 줄기세포가 배아를 파괴하는 방식으로 인간배아에서 채취되었다.

인간배아 연구에 대한 연방 기금의 지원을 금지하는 현 의회의 금지 조치에도 불구하고, 보건복지성은 1999년 1월 15일 정부가 인간배아 줄기세포 연구에 연구비를 지원할 수 있다고 결정했다. 보건복지성이 이 결정을 뒷받침하는 근거로 발표한 내용은 줄기세포는 배아가 아니며(이 주장 자체가 쟁점이 될 수 있다), 인간배아를 파괴해서 얻은 세포를 이용한 연구는 파괴 자체와 분리될 수 있다는 것이었다.

그러나 1999년 5월 6일 줄기세포 연구에 대한 보고서 초안에서 나온 다음과 같은 진술에서 잘 드러나듯이, NBAC조차도 후자의 근거를 부인하고 있다.

태아 조직을 이용하는 연구자들이 그 태아의 죽음에 책임이 있는 것은 아니지만, 배아에서 채취한 줄기세포를 이용하는 연구자들은 통상적으로 배아 파괴에 관련될 것이다. 이것은 연구자들이 배아 줄기세포의 채취에 참여했는지 여부와 무관하다. 배아가 연구 사업의 일부로 파괴되었다면, 배아 줄기세포를 이용하는 연구자들은(그리고 그들에게 기금을 지원하는 사람들까지도) 배아의 죽음에 공모한 것이다.

만약 보건복지성의 잘못된 근거가 수용된다면, 연방 기금을 받는 연구자들은, 파괴행위 자체가 연방 기금의 지원을 받지 않는 한, 배아기의 인간을 파괴해서 얻은 줄기세포로 연구를 할 수 있게 될 것이다. 그러나 기존 금지 조항의 문구는 '인간배아의 파괴, 폐기 또는 고의적으로 상해나 죽음의 위험을 초래하는 연구'에 연방 기금을 지원하지 못하도록 금하고 있다. 분명 의회의 의도는 단지 배아 파괴에 연방 기금을 사용하지 못하게 금지하는데 그치지 않고, 어떤 식으로든, 이러한 파괴에 의존하는 연구에 연방 기금을 사용하는 것을 금하는 것이었다.

또한 지금까지 자궁 외 인간배아를 — 가령, 체외 수정이나 복제 등의 방법으로 실험실에서 생성된 배아와 같은 — 포함하는 연구에 한 번도 연방 기금이 지원되지 않았다는 사실이 중요하다. 이것이 가능했던 것은, 최초로 1975년 연방규제에 의해 윤리권고위원회(Ethics Advisory Board)*의 승인을 받은 실험이 아닌 한, 체외수정에 대한 정부 지원을 금지했기 때문이었다. 그런데 윤리권고위원회

448

가 이 문제에 대한 합의에 도달하지 못하면서, 행정부는 더는 새로운 윤리권고위원회를 설치하지 않았다.

1993년에 의회가 이 결정을 취소한 후, 인간배아 연구패널(Human Embryo Research Panel) ** 은 국립보건원에 인간배아를 이용하는 유해한 비치료적 실험의 특정 유형에 연방 기금을 지원해야 한다고 권고했다. 그러나 클린턴 대통령은 이 권고를 부분 기각했고, 의회에 의해 전면적으로 거부되었다.

나아가, 연구자들이 선택적 낙태로 얻은 태아 조직을 이용할 수 있도록 허용하는 기존 법률이 낙태가 연구목적과 전혀 무관한 이유로 이루어져야 한다고 요구한다는 점에 주목할 필요가 있다. 이 법은 보건복지성이 의학 발전이라는 명목으로 인간 생명의 파괴를 촉진하지 못하도록 금한다. 그러나 엄밀하게 말하면, 의학 발전에 대한 언급은 인간배아에서 줄기세포를 얻을 때 발생하는 인간 생명의 파괴를 정당화하고 그 동기를 부여하려는 것에 불과하다.

인간배아를 손상하거나 파괴하는 연구에 대한 지원을 금하는 현

---

* 〔역주〕 1973년 연방 대법원의 '로우 대 웨이드 사건' 판결로 낙태가 전국적으로 합법화되면서, 낙태로 폐기된 태아를 과학연구에 이용할 가능성에 대한 우려가 미국 내에서 확산되었다. 1975년에 의회는 이 문제를 다룰 '생의학과 행동연구의 인간 피실험자 보호를 위한 전국 위원회'를 설립했다. 그리고 위원회는 현재 보건복지성의 전신인 보건교육복지부 산하에 윤리권고위원회를 설치했다.

** 〔역주〕 연방연구기금의 연구에 대해 체외수정연구를 심사해온 윤리권고위원회가 폐지된 후, 미국 국립보건원은 이 분야의 연구에 대해 연방의 재정지원이 가능하도록 하기 위한 지침을 마련하고자 연구패널을 조직했다. 이에 따라 만들어진 것이 '인간배아 연구패널'이다. 이 패널의 1994년 보고서는 가장 진보적인 허용정책의 흐름을 대변한다.

행 법률은 어떤 인간 생명도 연구목적으로 남용하는 데 반대하는, 훌륭하게 정립된, 국가적·국제적·법률적·윤리적 규범들을 반영한다. 1975년 이래, 이 규범들은 자궁 속에 있는 아직 태어나지 않은 모든 발생 단계의 태아에 적용되었고, 1995년 이후에는 자궁 밖의 인간배아에도 적용되었다. 인간배아 연구에 대한 기존 법률은 인간을 대상으로 한 실험을 규율하는 보편적으로 인정된 원칙들을 ― 뉘른베르크 강령, 세계 의학협회의 헬싱키 선언, UN 인권 선언, 그리고 그 밖의 많은 선언들에 투영된 원칙들 ― 반영하는 것이다.

따라서 연구에 대해 고지된 동의를 할 수 없는 인간종의 구성원은 그 실험에서 개인적 이익을 얻을 수 있거나 실험이 그들에게 심각한 해를 미칠 위험이 없는 경우가 아니면 실험대상이 되어서는 안 된다. 이러한 연구 원칙을 지켜야만, 우리는 사람이 대상으로 ― 즉, 지식이나 타인의 이득을 위한 단순한 수단 ― 취급되는 것을 방지할 수 있다.

배아기 인간의 법적 보호가 미국 연방 대법원의 1973년 낙태 합법화와 공존하고 있다는 사실을 알면 놀랄 사람들이 있을 것이다. 그러나 연방 대법원이 낙태라는 맥락 이외에 태아의 생명을 보호하지 못하도록 정부를 방해한 적은 결코 없었다. 그리고 대중적 정서도 낙태에 대한 지원보다는 배아 실험에 대한 정부 지원에 대해 더 반발할 것이다. 루이지애나, 메인, 매사추세츠, 미시간, 미네소타, 펜실베이니아, 로드아일랜드, 그리고 유타 등 미국 여러 주의 법률은 자궁 외의 배아기 인간을 구체적으로 보호하는 조항을 가지고 있다. 이들 조항은 대부분 자궁 밖에 있는 배아에 대한 실험을 금지한다.

우리는 앞에서 언급했던 인간 존엄성에 대한 폭력에 반하는 법률적으로 인정된 보호조치들이 모든 인간 존재로 — 성, 인종, 종교, 건강, 불구, 또는 연령 등과 무관하게 — 확장되어야 한다고 믿는다. 따라서 설령 진술된 동기가 타인을 돕기 위한 것이라고 해도, 인간배아는 고의적인 파괴 대상이 되어서는 안 된다. 그러므로 기존의 법적 근거만으로도, 초기 인간배아의 파괴로 유래한 줄기세포를 이용한 연구는 금지된다.

인간배아 줄기세포 연구는 비윤리적이다

인간배아 파괴를 수반하는 연구에 연방 기금을 제공하기로 한 보건복지성의 결정과 NBAC의 권고는, 설령 이 연구가 위대한 과학적·의학적 성과를 가져온다 하더라도, 근본적으로 혼란스러운 것이다. 우리 모두는 정부가 인간배아를 조작하고 파괴하는 연구를 지원할 가능성에 대해 경각심을 가져야 마땅하다. 인간이 의학이라는 명목하에 파괴된다는 것은 우리 모두에 대한 위협이다. 인간배아 줄기세포 연구의 가능성이 너무 크기 때문에 연구가 지연되거나 금지되어서는 안 된다는 최근의 주장들은 우리가 하고 있는 일의 진실과 우리가 자신과 다른 사람들에게 가할 수 있는 위해를 가릴 수 있는 지나친 오만과 유토피아주의를 예고한다. 인간배아는 단지 생물학적 조직이나 세포 덩어리가 아니다. 그것은 가장 작은 인간 존재이다. 따라서 우리에게는 의도적으로 배아를 손상하지 않을 도덕적 책임이 있다.

오늘날 전 세계 과학자들 사이에서 이루어진 합의는 인간배아가 수정과 함께 생물학적으로 인간이라는 사실을 인정하고 있으며, 단세포 단계부터 인간 성장과 발생의 연속성을 승인하고 있다. 1970~1980년대에 개구리와 생쥐를 연구한 일부 발생학자들은 발생 첫 주나 두 번째 주의 인간배아를 '전-배아'라고 불렀다. 그것은 이 시기의 배아가 이후 발생 단계의 배아에 비해 덜 존중받아도 된다는 의미이다. 그러나 오늘날 일부 발생학 교과서들은 '전-배아'를, 이미 폐기된, 과학적으로 근거가 박약하고 '부정확한' 용어라고 쓰고 있다. 그리고 과거에 이 용어를 사용했던 다른 교과서들도 개정판에서 조용히 삭제되었다. 인간배아 연구패널과 국가생명윤리 자문위원회는 모두 이 용어를 받아들이지 않았고, 인간배아를 최초 단계부터 생명체이자 '인간 생명의 발생적 형태'로 기술했다. 따라서 초기 인간배아가 14일 이후나 자궁에 착상된 이후에야 인간이 된다는 주장은 과학적 신화에 불과하다.

마지막으로 1995년의 배아 연구에 대한 역사적인 램지 콜로키움(Ramsey Colloquium) 선언은 다음과 같은 사실을 인정한다.

> (배아는) 인간이다. 그 배아는 다른 동물로 발생하지 않을 것이기 때문이다. 인간인 모든 존재는 인간이다. 만약 5일이나 15일된 배아가 인간처럼 보이지 않는다면, 바로 이것이 발생한 지 5일 또는 15일된 인간의 모습이라는 — 우리들 각자가 그렇게 보이듯이 — 것을 지적해야 한다.

따라서 전-배아 개념, 그리고 그것이 함축하는 모든 것은 과학적으로 타당하지 않다.

지난 150년 동안, 진보와 의학적 이익이라는 명목하에, 약자들을 대상으로 수많은 잔혹행위가 벌어졌다. 19세기에 사회적 약자들은 마을 광장에서 노예로 팔렸고, 마치 가축처럼 사육되었다. 금세기에는 약자들이 무자비하게 처형되었으며, 다하우와 아우슈비츠에서 실험대상이 되었다. 금세기 중반에 취약 계층은 아무런 정보 제공이나 동의절차 없이 미국 정부의 방사능 실험대상이 되었다. 마찬가지로, 앨라배마 주 터스키기의 취약한 아프리카계 미국인들은 매독의 영향을 연구하기 위해 정부가 후원한 연구 프로젝트의 실험대상이 되었다. 최근 우리는 정신병 환자들이 순전히 실험적인 연구의 대상으로 남용되는 상황을 목격하고 있다. 이런 실험들은 인간의 하위 집단을 만들어내는 어리석은 공리주의 에토스에서 기인한 것이다. 그것은 다수의 잠재적인 이익을 위한 소수의 희생을 허용한다.

이처럼 인간에 대해 형용할 수 없이 잔인하고 본질적으로 잘못된 행동은, 과학 발전에 대한 요구라는 전제주의로부터 보호받을 권리를 포함해서, 인권과 자유의 보호를 요구하는 법률과 정책의 제정으로 귀결한다. 과거의 아픈 교훈은 우리에게 — 특히 그 연구가 그 사람의 건강이나 생명의 몰수를 뜻한다면 — 누구든 동의 없이 연구에 징집되어서는 안 된다는 것을 가르쳐 주었다. 설령 특정인의 죽음이 불가피한 것으로 간주되더라도, 우리에게는 그를 치명적인 실험에 끌어들일 면허는 없다. 그것은 사형수를 대상으로 실험을 하거나 그들의 동의 없이 장기를 적출할 수 없는 것과 같은 이치이다.

우리는 수많은 노벨상 수상 과학자들이, 질병으로 고통받은 사람들에게 큰 이익을 줄 수 있다는 이유로, 인간배아 줄기세포 연구를 승인한다는 것을 알고 있다. 우리는 사람을 치료하려는 갈망이 칭찬할 만한 목표임을 인정하고, 많은 사람이 이 목표를 실현하기 위해 생명을 바쳤다는 것도 알고 있지만, 다른 한편 우리에게 비윤리적 수단으로 선한 목적을 추구할 자유도 없었다는 사실을 알고 있다. 모든 인간 중에서, 배아는 남용에 저항할 수 없는 가장 힘없는 존재이다. 인간배아의 이용과 파괴를 장려하는 정책은 과거의 실패를 반복하게 될 것이다. 다른 사람의 이익을 위해 어떤 사람을 고의적으로 해치는 것은 잘못이다. 따라서 윤리적 근거만으로도, 인간배아 파괴로 얻은 줄기세포를 이용하는 연구는 윤리적으로 금지된다.

인간배아 줄기세포 연구는 과학적으로 의문시된다

인간배아 줄기세포 연구에 연방 기금을 사용하도록 결정할 때 필수적인 것은 줄기세포와 배아의 구분이다. 보건복지성은 줄기세포가 배아가 아니기 때문에 인간배아 줄기세포 연구에 연방 기금을 사용할 수 있다고 말했다. 이 결정에 대해 보건복지성의 법률자문실은 다음과 같이 발표했다.

> 인간배아 연구에 대한 (정부) 기금 사용의 법정 금지는 … 다능성 인간줄기세포를 이용하는 연구에 적용되지 않을 것이다. 왜냐하면 이러한 세포가 법령의 정의 내에서는 인간배아가 아니기 때문이다. (게다가) 다능성 줄기세포가 인간으로 발생할 능력을 갖지 않기 때문에, (그 세포는) 통상적으로 인정되는 의미나 그 용어의 과학적 의미와 일치하는 인간배아로 간주될 수 없다.

실험에 이용되는 재료뿐 아니라 실험방법도 과학연구의 일부로 간주된다는 것이 중요하다. 과학연구가 출간되면, 논문의 처음 부분은 연구방법과 연구에 이용된 재료를 상술한다. 실험의 윤리적·과학적 평가는 연구 과정에서 사용된 재료와 방법을 모두 고려한다. 따라서 연구를 위해 채취된 줄기세포의 원천은 과학적으로나 윤리적으로 모두 의미 있는 고려사항이다.

인간배아 줄기세포 연구에 대한 반대는 이 연구가 사전에 인간배아를 파괴해야 한다는 사실에서 기인한다. 그러나 줄기세포가 배아가 아니며 배아로 발생할 수 없다는 보건복지성의 주장은 그 자체가 논쟁의 대상이다. 일부 증거에 따르면, 실험실에서 배양된 줄기세포는 배아 발생을 개시할 수 있는 세포 집합을 형성하고 재집결할 수 있는 경향을 가질 수 있다. 1993년에 캐나다의 과학자들은 생쥐의 줄기세포군에서 살아 있는 생쥐를 만드는 데 성공했다고 보고했다. 이 줄기세포가 암컷 생쥐에 착상하기 위해 태반과 비슷한 세포들에 둘러싸여 있었던 것은 사실이지만, 줄기세포군이 그 본성에서 배아가 아니라는 주장에는 얼마간의 의구심이 제기된다.

만약 배아 줄기세포가 실제로 인간배아처럼 발생할 능력을 가진다면(세포가 인간배아로 전환되도록 영향을 주는 어떤 활성화 과정도 없이), 이러한 줄기세포에 대한 연구는 그 자체로 인간 생명의 창조 및 파괴와 연관될 수 있으며, 따라서 명백히 현행 배아 연구에 대한 연방기금 지원금지 조치의 대상이 된다. 보건복지성이 사전에 이러한 세포의 지위를 식별하지 않은 채 인간배아 줄기세포 연구를 지도하고 허용하는 것은 무책임한 처사이다. 인간배아로 전환될 수 있는 모든 연구에서 줄기세포를 이용하는 행위 역시 금지되어야 한다.

인간배아를 파괴하지 않으면서
인간 조직을 치료하고 재생할 방법이 있다

인간배아 줄기세포 연구의 지지자들이 인간배아를 파괴하는 연구에 정부의 지원을 얻기 위해 공격적 로비를 벌이고 있지만, 다른 한편 인간 조직을 치료하고 재생할 대안적 방법들이 의학 발전을 위해 이러한 접근방식을 불필요한 것으로 만들고 있다.

예를 들어, 질병 치료를 위한 유망한 원천으로 부상하는 좀더 성숙한 줄기세포는 조혈줄기세포이다. 이 세포는 골수 또는 신생아의 태반과 탯줄에서도 얻을 수 있다. 이미 조혈세포는 암 치료와 백혈병을 비롯한 그 밖의 질병 치료를 위한 연구에 널리 이용되고 있다. 최근 실험결과는 이 세포의 능력이 과거에 생각했던 것보다 훨씬 크다는 것을 시사했다. 예를 들어, 적절한 조건이 주어지면, 골수세포는 근육 조직을 재생하는 데 사용될 수 있다. 이것은 근디스트로피의 잠재적 치료를 위한 전혀 새로운 길을 열어 주는 것이다.

1999년 4월, 골수에서 장간막 세포를 분리해서 지방, 연골, 그리고 뼈 조직을 형성하도록 지시하는 새로운 진전이 이루어졌다. 줄기세포 연구 전문가들은 이들 세포가 암, 골다공증, 치과 질환 또는 상해 등으로 고통받는 환자들의 조직을 대체할 수 있을 것으로 믿고 있다.

성숙한 줄기세포에서 엄청난 가능성을 제공하는 새로운 원천은 태아의 골수이다. 태아 골수는 성인의 골수나 제대혈(탯줄 혈액)보다 몇 배나 효과가 높다. 태아 골수세포는 성인이나 신생사 세포와 같은 정도로 면역반응을 유발하지 않는 것으로 보인다. 이것은 태아가 공여자가 되든 수용자가 되든 마찬가지이다. 즉, 태아 세포가 성인을 치료하는 데 사용될 수 있고, 성체 골수세포가 일반적으로 해로운 면역반응의 위험 없이 자궁 속의 아이를 치료하는 데 사용될 수 있다. 이러한 세포는 고의적으로 낙태된 태아에게서 채취하지 않아도 되며, 자연 유산되거나 사산된 태아에게서 추출될 수 있다.

1999년에 살아 있는 사람의 신경조직, 그리고 심지어 성인의 시체에서 신경줄기세포를 분리 배양하는 획기적인 발전이 이루어졌다. 이러한 진전은 파킨슨병이나 알츠하이머, 그리고 척수 손상과 같은 질병에 대한 처치가 파괴적인 배아 연구에 의존하지 않을 수 있도록 해주었다.

배아 줄기세포만이 '자기재생'과 무한 성장이 가능하다는 종전의 주장은 현재 성급한 것으로 볼 수 있다. 예를 들어, 과학자들은 사람의 조직이 거의 무제한으로 성장하게 해주는 효소인 텔로머라제를 분리했다. 이 효소는 암의 발생과 관련되지만, 연구자들은 그것을 통제된 방식으로 이용해서 암으로 성장하거나 다른 해로운 부작용을 일으키지 않으면서 유용한 조직을 '불멸화'시키는 수단으로 사용할 수 있었다. 따라서 비배아 줄기세포의 배양은 거의 무한정으로 임상적 이용을 위해 성장하고 발전하도록 유도될 수 있다.

줄기세포 연구에서 가장 흥분되는 새로운 진전 중 하나는 1999년에 캐나다와 이탈리아 연구자들이 다 자란 생쥐로부터 채취한 신경 줄기세포에서 새로운 혈액세포를 창출하는 데 성공했다는 선언이다. 최근까지 성체 줄기세포는 신경계에 속하는 세포로만 발생할 수 있다고 생각되었다. 연구자들은 배아 줄기세포만이 인체의 모든 조직을 형성할 능력을 가지고 있다고 믿었다. 그러나 성인 환자에게서 얻은 줄기세포가 전혀 다른 기관에서 기능할 수 있는 세포와 조직을 생성할 수 있다면, 예를 들어, 파킨슨병 환자를 치료하는 데 필요한 새로운 뇌 조직이 환자의 골수에서 유래한 혈액세포에서 생성될 수 있을 것이다. 거꾸로, 혈액과 골수를 만드는 데 신경줄기세포가 이용될 수도 있다.

환자 자신의 줄기세포를 이용하면 배아 줄기세포 이용이 야기하는 중요한 장애 중 하나를 극복할 수 있다. 그것은 다른 사람에게서 추출한 조직을 환자에게 이식했을 때 거부반응이 나타날 위험이다. 따라서 〈브리티시 메디컬 저널〉 1999년 1월 30일자에 실린 이 발견에 대한 논평은 배아 줄기세포 연구가 '머지않아, 더 즉각적으로 이용가능하고, 덜 논쟁적인 성체 줄기세포에 의해 빛을 잃게 될 것'이라고 말했다. 성체 줄기세포의 기능이 처음에 배아 단계를 거칠 필요 없이 전환된다는 점을 고려하면, 이러한 세포의 이용은 인간배아 줄기세포 이용으로 야기된 윤리적 · 법적 반대에 직면하지 않을 것이다.

국립보건원 소장은 성체 줄기세포가 다른 기능을 가질 수 있다는 증거는 쥐를 상대로 한 연구에서만 나타났다는 점을 지적했다. 그러나 인간배아 줄기세포 연구가 당뇨병과 그 밖의 질병을 치료할 수 있다는 그 자신의 주장 역시 쥐를 대상으로 한 실험의 성공이 유일한 근거이다.

줄기세포에 전혀 의존하지 않고 체세포 유전자 치료에만 의존하는 조직재생방법은 이미 실험적 처치에 사용되고 있다. 성장인자의 생성을 제어하는 유전자를 직접 환자의 세포에 주입하면, 그 결과 새로운 혈액이 발생할 것이다. 초기 실험에서, 이런 종류의 요법을 통해 절단위기였던 환자의 다리를 살렸다. 1999년 1월에 이 기법으로 환자의 심장에서 새로운 혈액을 생성했고, 심장혈관 폐색 환자 20명 중 19명의 증상이 호전되었다는 보고가 있었다. 오늘날 이러한 성장인자가 여러 종류의 새로운 조직과 기관을 성장시키는 수단으로 가능한지에 대한 탐색이 진행되고 있다.

　지금까지 설명한 최근의 진전은 질병 처치를 위해 굳이 인간배아를 파괴해서 줄기세포를 얻을 필요가 없음을 시사한다. 점차 많은 수의 연구자들이 머지않아 성체 줄기세포가 암, 면역 질환, 정형외과적 손상, 충혈성 심장질환, 그리고 퇴행성 질환과 같은 질병의 치료법을 개발하는 데 사용될 것이라고 믿고 있다. 이 연구자들은 배아 줄기세포보다 성체 줄기세포 연구를 진전시키기 위해 노력하고 있다. 이처럼 유망한 새로운 과학적 진전의 견지에서, 우리는 의회가 배아기 인간생명을 파괴할 필요 없이 인간조직을 치료하고 재생하는 방법을 개발하는 데 연방 자금을 제공할 것을 촉구한다. 이 방법이 인간배아 줄기세포처럼 질병 치료에 유용하다는 것이 입증되지 않는다 하더라도, 의학 발전을 명목으로 후자를 이용하는 것은 지금까지 이 글에서 제기한 이유에 따라서 법률적으로나 윤리적으로 정당화될 수 없다.

결론

우리는 인간배아 줄기세포 연구와 관련된 법률적·윤리적·과학적 쟁점의 검토를 통해 다음과 같은 결론에 이르게 되었다고 믿는다.

즉, 인간배아 파괴를 수반하는 모든 연구에 대한 연방 기금 사용은 법에 의해 보류되고, 금지되어야 한다. 따라서 우리는 의회에 다음 사항을 요구한다.

① 연방 기금의 지원을 받는 유해한 인간배아 연구에 대한 기존의 금지 조치를 유지하고, 인간배아 파괴를 요구하는 줄기세포 연구에도 금지 조치를 확실하게 적용해야 한다.

② 인간배아의 생명을 파괴하지 않는 대안적 처치법의 개발을 위해 연방 기금을 제공해야 한다. 지난 150년 동안 인간에게 행해진 잔혹 행위로부터 아무것도 얻은 것이 없다면, 그것은 타인의 이익이라는 것에 대한 한 인간 집단의 공리주의적 평가절하가 단순히 지급할 수 없는 엄청난 비용을 초래한다는 교훈이다.

더 깊은 내용을
원하는 사람들을 위한 참고문헌

유전학과 윤리학의 기초

Barnum, S. and Barnum, C. (1997), *Biotechnology: An Introduction*, Brooks Cole.

Drlica, K. (1996), *Understanding DNA*, John Wiley.

Frankenna, W. (1994), *Ethics*, Prentice-Hall.

Rachels, J. ed. (1998), *The Right Thing to Do: Basic Readings in Moral Philosophy*, McGraw-Hill.

_____ (2000), *The Elements of Moral Philosophy*, 3d ed., McGraw-Hill.

Boylan, M. and Brown, K. (2002), *Genetic Engineering: Science and Ethics on the New Frontier*, Prentice-Hall.

Freestone, D. and Hay, E. eds. (1996), *The Precautionary Principle and International Law*, Kluwer.

Morris, Julien ed. (2000), *Rethinking Risk and the Precautionary Principle*, Butterworth.

Nelson, G. ed. (2000), *Genetically Modified Organisms in Agriculture: Economics and Politics*, Academic Press.

Peters, T. (1997), *Playing God*, Routledge.

Raffensberger, C. and Ticknor, J. eds. (1999), *Protecting Public Health and the Environment: Implementing the Precautionary Principle*, Island.

Ridley, M. (2000), *Genome*, Harper.

Turner, R. C. (1993), *The New Genesis*, Westminster/John Knox.

Wildavsky, A. (1998), *Searching for Safety*, Transaction.

농업 생명공학

Busch, L., Burkhardt, J., Lacy, W. B., *Plants, Power, and Profits*, Blackwell.

Committee on Environmental Effects Associated with the Commercialization of Transgenic Plants. National Research Council (2002), *Environmental Effects of Transgenic Plants*, National Academy Press.

Committee on Genetically Modified Pest Protected Plants and National Research Council, (2000), *Genetically Modified Pest Protected Plants: Science and Regulation*, National Academy Press.

Comstock, G. (2001), *Vexing Nature*, Kluwer.

Kloppenburg, J. (1998), *First the Seed: The Political Economy of Plant Biotechnology, 1492-2000*, Cambridge University Press.

Krimsky, S. and Wrubel, R. (1996), *Agricultural Biotechnology*, University of Illinois Press.

Rissler, J. and Mellon, M. (1996), *The Ecological Risks of Engineered Crops*, MIT Press.

Thompson, P. (1998), *Agricultural Ethics: Research Teaching and Public Policy*, Iowa State University Press.

Thompson, P., Matthews, R. J., Van Ravenswaay E. O., (1994), *Ethics, Public Policy, and Agriculture*, Macmillan.

그 외에 National Agricultural Biotechnology Council가 발간한 여러 권의 도서들이 매우 유용하다. 이 책들에는 연례 학술대회에서 발표된 논문들이 실려 있다. 특히 다음 저서들을 언급해둘 필요가 있다. *Agricultural Biotechnology and the Common Good* (1994); *Agricultural Biotechnology: Novel Products and New Partnerships* (1996); *Agricultural Biotechnology and Environmental Quality* (1998).

식품생명공학

Charles, D. (2001), *Lords of the Harvest*, Perseus.
Mather, R. (1996), *A Garden of Unearthly Delights*, Plume.
Pence, G. (2002a), *Designer Foods*, Rowman & Littlefield.
_____ (2002b). *The Ethics of Food: A Reader for the Twenty-First Century*, Rowman & Littlefield.

동물생명공학

Cohen, C. and Regan, T. (1998), *The Animal Rights Debate*, Rowman & Littlefield.
Fishman, J. ed. (1998), *Xenotransplantation*, New York Academy of Sciences.
Institute of Medicine, National Academy of Sciences (1996). *Xenotransplantation: Science, Ethics, and Public Policy*, National Academy Press.
Regan, T. (1985), *The Case for Animal Rights*, University of California Press.
_____ (2001), *Defending Animal Rights*, University of Illinois Press.
Singer, P. (1991), *Animal Liberation*, 2d ed., Avon.
Varner, G. (1998), *In Nature's Interests*, Oxford University Press.

인간 유전자 검사와 치료

Andrews, L. (2001), *Future Perfect*, Columbia University Press.
Buchanan, A. Brock, D. W., Daniels, N., Wikler D. (2000), *From Chance to Choice: Genetics and Justice*, Cambridge University Press.

Chadwick, R., Shickle, D., Tenhave, H. A., Wiesing, U. eds. (1999), *The Ethics of Genetic Screening*, Kluwer.
Kristol, W., and Cohen, E. eds. (2002), *The Future Is Now: America Confronts the New Genetics*, Rowman & Littlefield.
Langer, J. P. (1999), *Human Germline Gene Therapy*, R. G. Landes.
Lemaine, N. and Vie, R. eds. (2000), *Understanding Gene Therapy*, Springer-Verlag.
Lyon, J. (1996), *Altered Fates*, Norton.
Willer, R. (1998), *Genetic Testing and Screening*, Kirk House.

복제

Kass, L. and Wilson, J. (1998), *The Ethics of Human Cloning*, AEI Press.
McGee, G. ed. (2000), *The Human Cloning Debate*, 2d ed., Berkeley Hills Books.
Pence, G. ed. (2000), *Flesh of My Flesh: The Ethics of Cloning Humans*, Rowman & Littlefield.
Shostak, S. (2002), *Becoming Immortal: Combining Cloning and Stem Cell Therapy*, SUNY Press.
Silver, L. (1998), *Remaking Eden: How Genetic Engineering and Cloning Will Transform the Family*, Avon.

연구사례

농업 생명공학

사례 1

2000년 2월 몬트리올에서 생명다양성 협약에 대한 카타지나 생명안전성 프로토콜이 조인되었다. 포함된 언어 중 일부로, 프로토콜은 협약 당사국들에게 다음과 같은 표현으로 유전자 변형 동식물의 수입을 금지하는 것을 허용했다.

> 인체 건강에 미치는 위해에 대한 고려는 물론이고, 유전자변형 생물체가 생물다양성의 보전 및 지속가능한 이용에 대해 미칠 수 있는 잠재적인 부정적 영향의 정도에 관한 과학적 정보 및 지식이 불충분하여 과학적 확실성이 결여되었다고 하더라도, 잠재적인 부정적 영향을 회피하거나 최소화하기 위하여 식품이나 사료로 직접 이용하거나 가공을 위한 유전자변형 생물체의 수입에 대해 수입당사국이 적절한 결정을 내리는 것을 막을 수 없다.

여러분은 이 '사전예방원칙'이 정당하다고 생각하는가? 당신이라면 그것을 어떻게 개정하겠는가? 이 원칙이 정보기술과 같은 다른 기술에도 적용되어야 하는가?

사례 2

환경보호국은 유전자 변형 유기체의 모든 포장시험에 대한 평가를 요구한다. 여러분이 자사의 향상된 질소고정 박테리아가 밀 곡물에 미치는 영향을 조사해달라고 요청한 박트진사(Bactgene. Inc)의 검사 요청을 검토하는 환경보호국 그룹의 일원이라고 가정하자. 회사는 그 유전자가 다른 곡물로 전이될 수 없음을 보여 주는 일차 자료를 가지고 있다고 주장한다.

그린피스 대변인은 다음과 같은 근거로 이 실험에 반대한다:

여러분은 이 연구를 할 수 없다. 회수될 수 없는 살아 있는 생물체에 대한 연구는 본질적으로 생태계에 위험하며, 따라서 그 자체가 생명이다. 그 연구는 자연의 본질적인 균형과 가치를 파괴할 것이다. 우리는 지구를 먹여 살릴 충분한 식량, 특히 밀을 가지고 있으므로 생태계의 온전성이나 자연적 가치를 유린할 어떤 급박성도 없다. 또 한 명의 대변인은 만약 이 원리가 수용된다면, 어떤 백신도 인간 자원자에게 시험할 수 없을 것이라고 반박했다. 왜냐하면 무언가 해로운 결과가 나타날 수 있고, 인간과 질병 사이의 자연적인 균형을 혼란시킬 수 있기 때문이다.

이 문제에 대한 여러분의 대응은 무엇인가? 생태계의 온전성 개념은 생태계가, 그 본성의 많은 부분이, 실제로 변화되고 있을 때에만 의미를 가지는가? 우리는 미래 세대와 그들의 식량 수요를 어떻게 배려해야 할 것인가? 안정된 생명체계에 대한 그들의 요구는 어떻게 고려할 것인가?

사례 3

앵미(red rice)는 북남미 논에 심각한 피해를 주는 잡초이다. 벼와 앵미는 같은 종, 같은 속의 서로 다른 품종이기 때문에 잡종번식이 가능해서 방제가 극히 어렵다. 이계교배 빈도는 약 2%이다. 이것은 식물육종 기준에서 높은 것으로 간주된다. 그것은 앵미가 발생한 논에서 벼의 특성이 빠르게 앵미로 전이될 수 있다는 의미이다.

벼는 유전공학을 통해 제초제 내성 유전자를 갖도록 변형되었다. 이계교배 때문에, 만약 제초제 내성 벼가 앵미가 나타난 논에서 자라면, 앵미는 제초제 내성을 획득하게 될 것이다. 한 국제적 공여기관이 유전공학으로 벼가 제초제 내성을 갖게 하는 연구를 지원했다. 그 과학자는 씨앗을 사용하면 환경에 대한 화학적 부담을 덜고 생산비용을 줄일 수 있을 것이라는 이유로 씨앗을 원했다.

콜롬비아의 전형적인 쌀 문화는 토양에 급수관을 설치하여 모든 씨앗을 발아시키고, 발생한 묘목과 잡초들을 화학적으로 죽이는 것이다. 모판이 이식할 준비가 끝나기까지 이 과정이 3차례 반복된다.

① 제초제 내성 쌀을 이용할 때 발생할 수 있는 위해는 무엇인가?
② 그 잠재적 이익은 무엇인가?
③ 이익을 얻는 사람과 피해를 보는 사람은 누구인가?
④ 모든 사항을 고려했을 때, 그 씨앗을 생산하고 판매하겠는가?

사례 4

파라도르의 발전을 모색하는 장관으로서, 당신은 모국의 농촌 사회의 빈곤 문제에 대해 깊이 우려하고 있다. 아르고사가 당신에게 찾아와 한 가지 제안을 했다고 하자. 그들은 당신네 나라의 농업 지역에서 가장 흔하게 찾아볼 수 있는 토양에서 생산성이 높은 형질전환 콩을 개발했다. 그들은 이 곡물을 당신네 농부들에게 도입시키는 대규모 프로그램을 제안한다. 그들은 농부들에게 최선의 성장 기법을 교육하고, 장기 대부 형식으로 종자, 화학비료, 그리고 수확 기계를 제공할 것이다. 또한 그들은 자신들의 국제 식량기업과 동물 사료사업을 위해 수확물 전체를 사들일 것이다.

   일부 전문가들은 이 프로그램이 절실하게 요구되는 농촌 개발을 가능하게 할 것이라고 믿고 있다. 당신은 이 개발을 장려할 것인가? 당신은 그 프로그램에서 어떤 위험을 예견하고, 어떻게 대처할 것인가? 당신이 권고안을 만들기 위한 위원회를 소집했다고 하자. 그 위원회의 구성은 다음과 같다.

   개발부 대표, 파라도르대학의 농학 교수, 경제학자, 농촌 협동운동 대표, 파라도르 대규모 영농협회장, 토착민 연합 대표, 농무부 대표.

사례 5

UN 식량 및 농업기구(FAO)는 국제위원회를 소집했고, 당신은 그 위원 중 한 사람이다. 위원회의 설립 목표는 농업생명공학 국제 공동체에 대한 권고사항을 마련하는 것이다. 위원회는 3가지 출발점을 승인했다.

① 공평하게 분배된다면, 현재 세계 인구 전체를 먹여 살릴 충분한 식량이 있다.
② 자식의 수에 대한 가족의 권리에 UN 선언이 계속 고수된다면, 미래에 인구 증가가 식량 공급을 추월할 가능성이 있다.
③ 새로운 유전자 변형 곡물과 그 광범위한 이용을 위한 오랜 개발시간이 있다.

위원회는 더 생산적인 동물사료나 인간 소비를 위한 더 많은 수확량을 얻기 위해 새로운 곡물의 개발과 현장시험에 대한 적극적인 프로그램을 권고해야 하는가?

개발도상국과 전 세계의 자급자족 농부들을 위해 어떤 안전조치가 마련되어야 하는가? 유기농 재배자들에 대해서는 어떠한가?

사례 6

유명한 생물학자이자 생명공학 반대자인 매완 호 박사는 다음과 같이 썼다.

생물다양성과 종의 온전성은 떼려야 뗄 수 없이 연결되어 있다. 형질전환 기술은 종의 온전성과 종의 경계를 모두 침범하여 생산되는 형질전환 동물의 생리학뿐 아니라, 생물다양성이 그것에 의존하는, 균형 잡힌 생태적 관계들에도 예측하지 못한 체계적 영향을 미친다. … 자연은 모든 종들이 자신의 고유한 온전성을 유지하는 방식으로 서로 연결되어 있으며, 그것이 생물다양성의 핵심일 수 있다. 생물다양성이란 단지 전체로서의 생물을 위해 존재하는 것과 흡사한 생태계를 위한 응집상태에 불과할지도 모른다(Ho, M. W. and Tappeser, B., "Transgenic Transgression of Species and Species Integrity", available at the Web site "Genetic Engineering and Its Dangers" maintained by Ron Epstein at San Francisco State University).

이 주장에 대해 당신은 어떻게 대응할 것인가?

식량생명공학

사례 1

하원의원 다나 웹은 오랫동안 유전자 변형식품의 안전성에 대해 우려를 품었다. 상점에서 판매하는 식품의 약 70%에 유전자 변형 원료가 들어 있다는 보도가 나오자, 자신이 '규제받지 않는 대규모 실험'이라 불렀던 사태에 대한 그녀의 우려는 더욱 심해졌다. 따라서 그녀는 의회에 사람이 먹을 수 있도록 승인된 모든 유전자 변형식품에 대해 인간과 동물을 대한 포괄적인 안전성 검사를 요구하는 법안을 제출했다.

  FDA는 특정 식품에 건강을 위협할 만한 증거가 없는 한, 이러한 법안은 불필요하다고 믿는다. 그들은 만약 식물이나 동물이 인간이 이미 노출된 방식으로 변화되었다면, 그 위험은 이미 알려졌을 것이기 때문에 추가적인 시험은 불필요하다고 생각한다. 웹은 '사전 예방원칙'을 적용해서 모든 유전자 변형식품을 모두 검사해야 한다고 믿는다.

그녀가 이 주제에 대해 마을 회의를 열었고, 다음과 같은 사람들이 발언을 했다고 하자.

생명공학 산업기구, 식품 안전을 위한 센터 대표, 식품 정보센터 대표(대규모 생산자가 지원하는 단체), 유기농산물 소비자조합 대표, 그녀가 거주하는 주에서 가장 큰 식료품 체인점 대표, 식품 안전을 위한 시민행동가, 그녀가 속한 주의 농장관리국 대표.

사례 2

UN 식품 및 농업기구는 식품생산의 생명공학에 대해 개발도상국과 대화를 갖기 위해 주요 식품생산국 회의를 개최했다. 첫 번째 발언자는 극빈국의 사회정의당 의원으로 다음과 같이 주장했다.

"당신들은 모두 생명공학에 대해 우려하고 있다. 그런데 우리 국민을 위한 정의와 안전은 어디에 있는가? 스스로를 '세계의 식품점'이라고 부르는 기업들이 모든 토지를 소유하고 있는 상황에서 가난한 나라의 국민들에 대한 식량공급이 확보될 수 있겠는가? 이들 빈곤층이 재배하는 모든 작물이 수백 마일 떨어진 곳에서 처리되는 환금 곡물이기 때문에 자신들이 늘 재배하던 곡물을 사먹어야 한다면 어떤 일이 벌어질 것인가? 우리 국민들은 당신들의 기준에 따르면 가난하다. 그렇지만 과거에는 그들에게도 토지와 품위가 있었고, 스스로 자급할 수 있었다. 당신들은 그들을 기업의 노예로 만들려하고 있다. 기업들은 그들의 식량공급을 파괴하고 그들의 땅을 빼앗을 것이다."

　이 회의에 파견된 미국 대표의 보좌역으로, 당신은 이 주장에 대해 답변할 것을 요청받았다. 당신은 이 발언의 전부 혹은 일부를 논박하거나 미국이 그 입장을 지지한다고 주장할 수 있다.

사례 3

1997년, 스코틀랜드 출신의 한 연구자는 영국 텔레비전 방송에 출연해서 쥐에게 유전자 변형 감자를 먹인 실험결과 심각한 부작용이 입증되었다고 주장했다. 당시 그는 자신의 주장을 뒷받침할 데이터를 제공하지 않았다. 18개월 후, 그와 동료 연구자는 세계적으로 유명한 한 과학저널에 그들의 주장을 뒷받침하는 연구보고서를 제출했다. 통상적 관행에 따라, 저널의 편집자는 다른 전문가들에게 그 논문의 심사를 의뢰했다. 평가가 끝난 후, 논문은 심사자들의 지적사항을 반영하기 위해 3차례나 수정을 했다. 마지막으로 저널 편집인은 선택을 해야 했다.

　일부 심사자들은 그 논문이 반드시 게재되어야 한다고 생각했고, 다른 사람들은 결정적인 결함이 있어서 게재 불가 판정을 내려야 한다고 생각했다. 세 번째 그룹은 그 연구에 결함이 있기는 하지만 그래도 발표되어야 한다는 입장이었다. 그들의 생각은 유전자 변형식품에 대한 대중의 불안감을 고려할 때, 논문이 게재되지 않을 경우 진실을 은폐하려는 음모라는 우려를 부채질하게 되리라는 것이다. 다른 한편, 논문을 게재하면 저명한 과학저널이 근거 없는 대중의 공포에 신빙성을 더해 줄 것이다.

당신이 편집인이라면 어떻게 하겠는가?

사례 4

유전자변형 생물체로 만든 식품 생산과정에 유전자조작식물이나 동물이 들어갔지만 그 자체로는 유전자 변형 물질을 포함하지 않는다면, 그 식품에 GM 표시를 해야 하는가? 스타링크 옥수수(GM 옥수수)를 둘러싼 논쟁에 관해 생각해 보자. 그 옥수수는 확인되지 않은 건강에 대한 우려 때문에 동물사료로 이용이 제한되었다고 생각되었지만, 확인 결과 실수로 타코를 비롯한 옥수수를 원료로 한 식품에 사용되었음이 밝혀졌다. 결국 이 식품들은 시장에서 회수되었다. 문제가 된 옥수수의 동물사료 이용을 엄격하게 제약했다고 가정하자. 그 결과로 얻은 육류 제품들은 어느 정도까지 생산 공정에서 생명공학이 적용되었다는 사실을 반영해서 표시를 해야 하는가? 유전자 변형식품을 먹지 않은 사람은 신체적으로 영향을 받지 않기 때문에 신체적 해를 입을 수 없다.

과연 이 제품에 표시를 해야 하는가? 한다면, 딱지에 어떤 문구를 넣어야 하는가? 실제 소비되는 제품(가령, 햄)은 기술적인 측면에서는 'GMO 없음'(*GMO free*)이라고 딱지에 그렇게 적어야 하는가?

사례 5

미국에서 생산된 또 다른 제품이 뿌리로 감염되는 기생충인 선충류에 의해 오염되었다. 선충류는, 토양으로 전파되는 무척추동물처럼, 작은 벌레이다. 뿌리 감염의 결과는 나무의 고사에서 소출 감소에 이르기까지 다양하다. 통상적으로, 선충류 방제 수단에는 메틸 브로마이드가 포함된다. 이 물질은 독성이 강하고, 휘발성이 있으며, 오존층을 파괴하기 때문에 2005년에 전 세계적으로 사용이 금지될 예정이다. 또한 보통 30년가량인 과수원 생명주기의 전 기간 수용성, 지하수를 오염시키는 자포를 발라야 한다.

선충류의 증식을 억제하기 위한 전쟁을 돕기 위해, 뉴저지 주 가든 시티 바이퍼텍 생명과학사의 농업 분과는 독사의 독에 들어 있는 단백질이 선충류에 치명적이라는 사실을 발견했다. 변형된 독의 단백질을 암호화하는 염기서열은 '사과나무 뿌리에만 축적되도록 한정하는 프로모터'로 합성되었다. 철저한 분석결과, 독액 유전자 조성이 뿌리 이외의 어떤 식물에서도 발현하지 않는다는 사실이 밝혀졌다. 포장 평가는 형질전환 사과에 어떤 선충방제 약품도 뿌릴 필요가 없다는 것을 입증했다. 변형된 독액 단백질은 토양 속에서 빠른 속도로 붕괴했다.

다음과 같은 단체의 구성원들을 여러 그룹으로 나눈다. 각 그룹은 이 기술을 적용할 것인지에 대한 결정을 내려야 한다.

사과 농가, USDA/FDA, 식품가공업자, 그린피스, 유기농 재배자 연합 등이다.

사례 6

농무부 장관이 '유기농' 식품 표시제를 위한 규칙 제정 과정에 들어
갔다. 농무부로 쏟아져 들어온 편지들은 이 맥락에서 유전자 변형
식품에 대한 우려를 나타냈다. 이 규칙은 모든 유전자 조작 동식물
이 '유기농' 식품의 원료로 사용되지 못하도록 금지해야 하는가? 금
지 품목에는 육종가들이 개발한 식물이나 과일의 신품종, 세계 여
러 지역에서 온 외래종도 포함되어야 하는가? 만약 그 규칙이 이런
종류의 육종을 포함하도록 허용한다면, 생명공학으로 개발된 곡물
이 허용되지 않는 이유는 무엇인가? 앞선 사례의 사과는 금지 대상
인가? 그 사과는 자연 성장한 사과와 정확히 동일하며, 유기농 작물
기준에 맞도록 재배할 수 있다.

사례 7

미국에서 두 번째로 큰 식료품 체인점의 소비자 담당 부사장은 한 가
지 문제에 직면했다. 그녀는 유전자 변형식품에 반대하는 소비자들
을 대상으로 한 틈새시장이 점차 늘어나고 있다는 사실을 알고 있다.
이러한 소비자들은 생명공학 기업의 여러 측면에 대해 우려했다.

① 그들이 먹는 식품의 안전성, ② 토착 농업의 붕괴, ③ 거대 기
업의 세계 식량 공급 지배, ④ 살충제와 같은 환경문제 등이다.

그녀는 소극적인 표시제 프로그램을 고려하고 있다. 그녀의 회사
는 생산자로부터 정보를 얻어 유전자 조작식품을 포함하거나 유전
자 조작으로 생산되지 않은 모든 식품에 표시를 할 예정이다. 그러

나 그녀는 그 표시에 어떤 문구를 넣어야 할지 그리고 왜 그런 문구를 포함해야 하는지 고민하고 있다. 또한 이런 표시가 다른 제품들에까지 소비자들에게 바람직하지 않은 인상을 주지는 않을까 우려했다. 대부분 사람들이 유전자 변형식품에 대해 걱정하지 않기 때문에, 그녀는 표시를 하는 것이 표시하지 않는 쪽보다 그녀의 상점에 부정적인 영향을 주지 않을까 걱정했다.

동물형질전환

사례 1

아직 영장류 복제를 위한 준비가 이루어지지 않았지만, 연구목적을 위해 침팬지와 같은 영장류를 복제한다면 매우 유용할 것이다. JFM사는 이 연구를 포괄적으로 기획하고 있다. 그들은 실수가 있을 것을 알고 있다. 수정된 배반포 중 상당수는 착상에 실패할 것이다. 수태가 되었어도 일부는 분만에 이르지 못할 것이다. 최종적으로 태어난 개체들 중에서도 일부는 심각한 기형을 나타내, 폐기될 것이다. 복제동물은 최상의 기준에 따라 보살핌을 받을 것이다. 그들은 AIDS 백신 개발과 같은 의학연구에 이용될 것이다. 그리고 연구가 끝나면, 그 동물들은 폐기될 것이다.

　대중적 비판을 피하고, 이후 제기될 불만을 막기 위해 JFM사는 다양한 배경의 식견 있는 개인들로 이루어진 그룹과 함께 자신들의 연구에 대한 토론을 하기로 결정했다.

이 그룹으로 들어가서, 다음과 같은 역할을 맡았다고 가정하고 토론해 보자.

미국 동물보호협회 회원, 주요 대학의 영장류 행동연구센터 소장, 대규모 제약회사 소속 연구소 소장, 기독교 동물복지연합 대표, 에이즈 행동 네트워크 대표, 국립보건원 연구원 등이다.

사례 2

양고기는 세계에서 가장 널리 소비되는 육류 중 하나이다. 이슬람과 유대교도들에게는 돼지고기를 금하는 식사 규칙이 있다. 그리고 건조한 기후에서는 소떼가 충분히 먹을 만큼 풀이 자라지 않는다. 그러나 양떼를 너무 넓은 면적에 놓아기르는 것은 경제적으로 비효율적이다. 그 해결책이 양의 공장식 집약축산으로 생각된다. 양은 양고기 가공공장에 직결된 수천 개의 우리로 이루어진 대규모 '농장'에 갇힌 채 이상적인 몸무게가 될 때까지 길러진다.

그러나 공장식 축산에 대해서는 동물복지의 관점에서 여러 가지 반대가 제기된다. 그리고 이런 시설은 동물해방전선(Animal Liberation Front)과 같은 과격주의 동물권 단체들의 표적이 될 수도 있다.

램즈 엔드사(Lamb's End Inc.)는 생명공학을 이용해서 이러한 우려를 불식시키려 한다. 그들은 몸무게가 늘어나는 대신 뇌가 충분히 발생하지 않는 형질전환 양을 개발하여 수익성을 늘리고 동물들이 겪는 고통을 대폭 줄이는 계획을 제안했다.

과연 이것은 생명공학의 현명하고 도덕적 이용인가?

사례 3

최근 한 부자가 주요 대학의 연구자들을 찾아가서 다음과 같은 사항을 요청했다. 자신이 사랑하던 개 미시가 '점차 나이를 먹어가기' 때문에 '똑같은 개를 만들거나 최소한 유전적 복제'를 만들어달라는 것이었다. 그 전에 연구자들은 다른 애완동물 주인들이 사랑하는 동물의 유전적 복제를 얻을 수 있도록 DNA 뱅크를 개설해두었다. 그 데이터베이스의 이름은 지네틱 세이빙스 앤 클론(Genetic Savings & Clone)이다. 이 프로젝트는 다음과 같은 엄격한 윤리 규범을 마련했다.

여러분은 이 프로젝트에 대해서 어떻게 생각하는가? 그리고 어떤 규범이 필요하다고 생각하는가? 이 프로젝트는 과학적 재능과 재정적 자원의 바람직한 이용에 해당하는가?

• 미시 복제 프로젝트를 위한 윤리 규범 •
① 연방 법률에 따르면, 연구 단계를 포함해서 이 프로젝트가 진행되는 어떤 시점이든 모든 동물에게 의도적으로 해를 주어서는 안 된다. 그리고 주의나 관리 소홀 또는 모든 종류의 위험한 절차로 인해 동물들이 위험에 처해서도 안 된다.
② 이 프로젝트와 관련해서 모든 개의 심리적 복지, 행복, 그리고 사회화 등이 항상 고려되어야 한다. 날씨가 허락하는 한, 이 일을 위해 특별히 고용한 인원과 함께, 모든 개에게 최소한 1시간의 야외놀이시간이 보장돼야 한다. 부득이한 경우에는 실내에서 놀이시간을 줄 수도 있다.
③ 난자 공여자와 대리모로 어떤 개가 사용되는지와 무관하게, 프로젝트에서 수행한 역할이 완료된 후 모든 개는 사랑받을 수 있는 가정으로 돌려보내져야 한다.

④ 프로젝트에 참여한 동물이 사랑하는 가정으로 다시 돌아가기까지의
   '반환 기간'은 6개월 이하를 목표로 삼고, 최소한 8개월 이내로 한정되
   어야 한다.
⑤ 생존가능한 배아의 낭비를 최소화하기 위해 모든 노력을 기울여야 한
   다. 배아는 착상이 불가능한 경우 또는 결함이 있거나 기형의 가능성
   이 높은 경우에만 폐기되어야 한다.
⑥ 이 프로젝트로 태어난 모든 개는, 설령 미시의 실제 복제가 아니라고
   하더라도, 애완견으로 취급되어야 하고, 사랑받는 가정에 보내져야
   한다. 태어난 개에게 기형 혹은 그 밖의 문제가 있을 때, 그리고 개가
   심한 고통을 받는 경우에만 안락사를 시키는 것으로 제한되어야 한다.
⑦ 어떤 종류의 형질전환 연구도 실시해서는 안 된다.
⑧ 이 프로젝트를 위해 개발된 기술과 절차들이 미래에 윤리적·사회적
   으로 긍정적인 방식으로 적용되도록 모든 노력을 기울여야 한다.
⑨ 어떤 데이터, 개인 또는 자원도 인간복제를 원하는 사람이나 프로그
   램에 공유되어서는 안 된다.

사례 4

FDA는 이종(異種) 간 장기이식에 대한 최초의 실험을 승인하는 과
정에 있다. 이 실험은 매우 상세한 동의 양식을 갖게 될 것이다. 먼
저 그 절차를 기술하고, 환자들에게 구체적인 지식과 행동에 대한
상세한 목록에 대해 질문을 한다.
   환자는 그 장기가 장기적인 해결책이 아니라 인간 장기를 얻을 수
있을 때까지 가교 역할을 하는 임시 장기에 불과하다는 사실을 알고
있는가? 어떤 추적조사와 모니터링이 요구되는가? 추적조사는 어
떻게 이루어질 수 있는가? 누가 추적을 원할 것인가? 당신이라면 탈

락할 수 있겠는가? 그것에 대한 '벌칙'은 무엇이 될 것인가?

여러 그룹으로 나누어, 환자들에게 줄 동의 양식에 들어가야 할 사항이 무엇인지 찾아보자. 수업이 끝난 후, 모든 사람은 그들의 그룹이 정한 목록과 그들이 들었던 그 밖의 모든 것을 종합해서 완전한 동의 양식을 작성하라. 각각의 그룹은 다음과 같은 항목들을 포함해야 한다.

이식 수술, 간질환을 가진 잠재적 환자, 공동체 주민, 공중보건 관계자(공무원), 인권 변호사, 윤리 교사, 지역 장기이식 생존자 단체 회원.

사례 5

인간 이식용 맞춤 장기 전문가인, 레스터사(Restor Corporation) 부사장은 주주와 환자들에 대한 어려운 문제에 직면했다. 그의 회사는 형질전환 돼지의 장기를 개발하고 있다. 이 돼지 장기는 인간 장기를 얻을 수 있을 때까지 환자에게 이용될 임시 장기를 위해 2개의 인간 유전자를 삽입해서 변형한 것이다.

회사가 이 연구를 계속하는 유일한 근거는 장기가 필요하지만 얻을 수 없는 수많은 환자들로부터 투자자가 회수할 수 있는 기대 이익이다. 애석하게도, 정부가 수립한 규칙은 형질전환 돼지 장기의 최초의 실험적 시도를 더는 살아날 희망이 없는 환자에게만 실시하도록 정해놓았다. 그들은 긴 대기자 목록 중에서 가장 병세가 심각한 환자들일 것이다. 그들이 장기이식이 필요한 모든 환자를 대표하는 것은 아니다. 언젠가는 그보다 훨씬 큰 집단이 레스터사의 시장이 될 것이다. 최초의 연구 데이터는 가교용 기관임에도 불구하고 근원적인 원인이나 장기 거부반응으로 거의 모든 환자가 사망했다는 것을 보여 주었다.

그렇다면 그는 이식 장기를 사용하는 평균적인 환자들을 위해 유용한 필수 정보를 어떻게 얻을 수 있는가? 그 데이터는 모든 개인 환자에게서 비용편익 분석결과, 장기를 사용하지 말아야 한다는 것을 보여 주지 않겠는가?

인간 유전자 검사와 치료

사례 1

1994년 미리어드 제네틱사는 FDA의 승인을 얻어 유방암 유전자로 잘 알려진 BRCA1 유전자 검사를 상품으로 판매하기 시작했다. 회사에 따르면, 여성이 유방암과 1급 관계가 있고 검사결과 유전자에 대해 양성 반응이 나왔을 경우, 평생 동안 언젠가 유방암에 걸릴 확률은 85%라고 한다.

캐리 존스는 25세 여성이다. 그녀의 어머니는 얼마 전에 유방암으로 세상을 떠났고, 이모 또한 유방암으로 목숨을 잃었다. 그녀는 고용주의 건강보험회사로부터 검사를 위한 비용을 부담하겠지만, 그 결과는 그녀의 건강 기록의 일부가 될 것이라는 말을 들었다. 만약 그녀가 직업을 바꾼다면, 그 결과는 계속 그녀를 따라다닐 것이다. 보험업자는 근치유방절제술(가슴근육까지 절제하는 수술) 비용을 지급할 것이기 때문에 캐리는 두 번 다시 유방암으로 고민하지 않아도 될 것이다. 그러나 만약 검사결과 아무런 이상이 없다고 밝혀지고, 새로운 정보에 의해 보험이 갱신된다면 그녀는 발병 위험이 높기 때문에 훨씬 높은 보험료를 지급해야 할 것이다. BRCA1에 대한 지식은 이로울 수 있다. 그녀는 열심히 자가 검진을 할 것이다. 그리고 더 자주 의사를 찾아가서 유방 촬영술을 일찍 시작할 수 있을 것이다.

당신이라면 그녀에게 어떤 조언을 하겠는가?

사례 2

헌팅턴 무도병은 매년 수천 명의 미국인의 목숨을 앗아가는 무서운 질병이다. 이 질병은 35~45세 사이에 아무런 전조도 없이 발병하며, 일단 발병하면 모두 목숨을 잃는다. 이 병은 신체 제어능력이 점차 불능으로 빠지는 유전성 신경근 질병이다. 대개 손에 미약한 경련이 일어나거나 발음이 분명치 않은 증세에서 시작해서, 보행 불능으로 발전하고, 결국 발작을 동반하는 전신 몸부림으로 이어진다. 최초 증상이후 15년이면 목숨을 잃는다.

오랫동안 이 질병은 낭포성 섬유증과 마찬가지로 고전적인 우성/퇴행 패턴으로 유전되는 것으로 알려졌다. 1980년대에 이 질병에 대한 유전표지검사법이 개발되었다. 이제 가족 중에 이 질병이 있는 사람들은 자신이 병에 걸리게 될지, 자식에게 질병 유전자를 전달하게 될지 알 수 있게 된 것이다.

개인이 미래를 설계하기 위해 자신에 대한 정보를 알아야 할 의무가 있는가? 자신에게 유전자가 있는지 알고, 결혼이나 출산 전에 배우자에게 그 사실을 알려야 할 의무가 있는 것인가? 부모는 자식에게 이 검사를 시킬 의무가 있는가? 착상 전 검사를 한 경우, 이 유전자를 가진 태아를 낙태시켜야 하는가?

사례 3

대학 의료센터에 근무하는 제임스 파킨슨 박사와 그의 연구팀은 알츠하이머의 소인이 있는 유전표지 식별에 대한 연구에서 저명한 연구자들이다. 알츠하이머가 유전적 요인을 가진다는 생각은 널리 퍼져 있다. 만약 이 유전적 요소가 확인된다면, 이 질병의 가족력이 있는 사람들은 용기를 얻어 검사를 받을 수 있을 것이다. 그렇게 되면 이 사람들에게 질병의 진행을 늦추는 처치를 할 수 있고, 그들은 개발 중인 새로운 치료법의 실험 후보가 될 수 있을 것이다.

파킨슨 박사는 연구를 위한 잠재적인 환자와 그 가족구성원을 찾기 위해 그 지역의 노인학자, 양로원장, 그리고 알츠하이머 환자 가족지원 단체들을 두루 만났다. 당신의 아버지가 알츠하이머 환자이고, 제임스 빌리지 치매센터 소장이 당신의 부친이 이 연구에 참여할 수 있는지 그리고 당신과 당신의 누나의 참여 가능성을 확인하기 위해 당신과 당신 누나(각기 28세와 31세)에게 접촉했다고 하자. 파킨슨 박사는 아는 것이 힘이라고 주장한다. 연구에 참여하면 질병을 완화 및 지연시키는 조치를 받을 수 있다. 그리고 무엇보다 중요한 것은 당신이 미래를 계획할 수 있다는 점이다.

그런데 당신의 누나는 그리 확신을 갖지 못한다. 그 질병을 피할 수 없다면, 구태여 알아야 할 필요가 있는가? 당신은 고속도로에서 운전을 할 때마다 위험에 처해있다. 그렇다고 10년 이내에 치명적인 사고를 당하게 될 것이라는 사실을 알아야 하는가? 마지막 날까지 최선을 다해 살고, 걱정하지 말자.

당신이라면 이 연구에 참여하겠는가? 8살 난 당신의 아이를 연구에 참여시키겠는가?

사례 4

최근 FBI는 모든 기결수의 DNA 데이터베이스를 만들 것을 제안했다. 이는 현재 범죄자에 대한 지문기록을 남기는 것과 같은 맥락이다. 인권론자들은 지문과 달리 DNA에는 많은 정보가 담겨 있고, 이 정보가 고용이나 보험 등에서 개인을 차별하는 데 이용될 수 있다고 주장한다.

심지어 일부는 이 데이터베이스에 범죄 혐의로 체포된 적이 있는 사람들까지 모두 포함하자는 제안을 제시했다. 강간범과 아동 성추행범 중 상당수는 체포되어도 관련 피해자들이 너무 두려운 나머지 증언을 꺼린다는 것이다. 이 데이터베이스는 앞으로 범죄가 발생했을 때 이런 범인들을 식별하는 데 유용할 것이다.

이 제안에 대해 평가위원회가 소집되었다. 위원회의 구성원은 다음과 같다.

인권 변호사, 피해자 권익옹호자, 지방 법원 판사, 교도소 개혁 옹호론자, 경찰서장, 실험실의 책임 과학자, 지방 감사

사례 5

데니스 브라운과 그녀의 남편은 생식계열 유전자 치료연구 참여를 고려 중이다. 데니스에게는 망막모 세포종의 가족력이 있다. 이것은 어린아이의 눈을 멀게 하는 종양이며, 대개 한 쪽 눈에만 발병한다. 이 질병은 대부분의 사례에서 유전적 원인이 밝혀졌다. 13번 염색체의 q14 밴드에서 일어난 돌연변이나 결손이 그 원인이다. 데니스의 가족력 때문에 브라운 부부는 40~50%의 발병 확률이 있는 아기를 원하지 않는다. 그녀는 두 번 다시 가계도에 그 질병이 나타나지 않기를 바랐다.

그녀는 질병을 예방할 수 있는 방법에 대해 알기 위해 기꺼이 연구에 참여하고자 했다. 그녀와 남편은 연구 성공률이 낮고, 임신 후 분만에 이르지 못할 확률이 높다는 사실을 알고 있다.

당신은 그 연구가 수행되어야 한다고 생각하는가? 당신이라면 연구자에게 어떤 질문을 하겠는가? 이 정도의 실패율은 적절한가? 출산 실패율이 매우 높다는 것을 알고 있을 때, 연구목적의 의도적 배아 창출이 허용될 수 있는가? 유산이 흔한 일이라는 점을 고려하면, 이 경우와 정상 임신 사이에는 무슨 차이가 있는가?

사례 6

연방 기금으로 이루어지는, 유전자 치료와 관련된, 모든 연구는 국립보건원의 재조합 자문위원회의 승인을 받아야 한다. 이 위원회에 연구제안서가 제출되었고, 현재 검토 중에 있다. 유명 연구 대학 의료센터의 톰 브리슨 박사는 부부 중 한 사람의 가계에 알코올 중독이나 우울증이 있는 커플에게 생식계열 변형을 시도하는 연구를 계획하고 있다. 이 연구가 제안된 당시 알코올 중독과 우울증에 부분적으로 관여하는 유전자 서열이 밝혀졌다. 모든 유전자 치료와 마찬가지로, 여기에도 실패 가능성이 있다. 배아 중 일부는 출산으로 이어지지 못할 것이다. 그리고 일부 아이들에게서 원하는 변화가 나타나지 않을 수도 있다.

'우울증과 알코올 중독'은 그 원인이 완전히 유전적이고 효과적인 처치가 없는 질병들과는 다르다. 우울증의 경우, 여러 가지 효과적인 치료법이 있다. 이 치료를 받은 수백만 명의 미국인들이 정상적으로 활동하고 있다. 알코올 중독에는 어느 정도 유전적 소인이 있지만, 미국의 단주회와 같은 단체는 유전자가 색맹처럼 알코올 중독을 결정하지 않는다는 살아 있는 증거이다. 자문위원회는 브리슨 박사의 연구제안서에 대한 결정을 내려야 한다. 자문위원회의 구성은 다음과 같다.

국립보건원의 유전학 전문가, 정신병학자, 낙태반대전국위원회 위원, 단주회 부대표, 윤리학과 유전학을 전공한 철학자, 불구자 권익 변호사, 우울증을 앓고 있는 일반인.

복제와 줄기세포 연구

사례 1

대학 의료센터에서 인간 피험자를 포함하는 모든 연구제안서는 반드시 전문가와 일반인으로 구성된 위원회의 검토를 받아야 한다. 위원회는 연구 설계가 피험자에게 해를 주지 않는지와 환자에게 수반되는 이익, 위험, 부작용, 그리고 추적 검사 등을 충분히 알렸는지에 대해 조사해야 한다.

이 분야의 저명한 연구자인 조지 샌즈 박사는 불임을 치료하기 위해 실험적인 인간복제를 제안한다. 기술적인 견지에서, 이 연구는 매우 훌륭한 것으로 보인다. 그러나 위원회의 한 일반인 위원이 한 가지 문제를 제기했다. 대부분의 동물연구에서 소수의 심각한 기형 출산이 나타나는 것이다. 전체 연구 중 대부분에서 수정된 배반포가 임신에 성공하지 못했고, 임신에 성공해도 대부분 출산에 이르지 못했다. 소수만이 출산에 성공했고, 그중 일부는 심각한 비정상을 나타내거나 몇 달 이상 생존하기 힘들었다. 따라서 그 위원은 이 연구가 최소한 일부 신생아에게 의도적인 해를 입히지 않고 수행될 수 없다고 말한다.

샌즈 박사는 설령 심각한 비정상의 위험이 (예를 들어, 낭포성 섬유증) 있어도 부부가 임신하는 것은 충분히 허용가능하다고 반박한다. 또한 이 대학에서는 시험관 수정도 실시하고 있으며, 부부가 원하는 아이를 낳은 후에 살아 있는 배아는 폐기된다. 따라서 우리는 이미 의도적인 창조와 생명파괴로 이어질 것은 알면서도 이런 절차들을 허용하고 있다.

위원회는 어떤 입장을 취해야 하는가? 위원회의 구성은 다음과 같다.

마을 전업주부, 의료센터 변호사, 이 센터의 윤리 교사, 병원 내과 과장, 개업 중인 심리학자, 이 센터의 생화학자, 소아과 교수.

사례 2

의회는 국가 복제윤리자문위원회를 설립했다. 이 위원회에는 3가지 과제가 주어졌다. 첫째, 의회에 인간복제에 관한 모든 연구를 금지하는 법안을 철회할 것인지에 대한 권고를 제출해야 한다. 둘째, 최초의 인간복제 연구에 대한 지침이 될 원칙을 수립해야 한다. 여기에는 고지된 동의 원칙, 개인에게 미치는 위해 최소화 원칙, 실패한 배반포와 배아의 처분에 대한 원칙, 그리고 마지막으로 심각한 이상이 있는 후기 배아나 출산 가능성이 있는 소수 배아를 어떻게 할 것인지에 대한 원칙 등이 포함된다. 세 번째, 위원회는 복제를 불임 부부, 한쪽에 심각한 유전적 이상이 있는 부부, 아이에게 골수를 이식하기 위해 완전한 면역적합성을 가진 공여자로 다른 아이를 원하는 부부에게 한정할 것인지를 결정해야 한다.

위원회의 구성은 다음과 같다.

의학 전문가, 동물복제 전문가, 생명존엄성 수호 전국 연합 대표, 전국 불임자 연맹 대표, 자연출산위원회 대표, 미국신체장애자 연합 대표, 바이오 본사 사장.

사례 3

당신은 전국적으로 유명한 복제 연구자이다. 한 부부가 찾아와서 간절히 도움을 청했다. 희귀한 혈액 질환을 가진 3살 된 딸이 점점 죽어가고 있다. 딸이 살아나려면 골수이식이 필요하다. 그런데 애석하게도 일치하는 공여자를 찾을 수가 없었다.

부모는 딸의 체세포를 이용하여 아이를 복제하기를 원한다. 복제된 아이는 유전적으로 완전히 일치하기 때문에, 완벽한 골수 공여자가 될 것이다. 만사가 순조로우면, 부모는 2명의 건강한 아이를 얻게 될 것이고, 이 가족은 목적을 달성할 것이다.

생명윤리 과정을 막 끝낸 당신은 여러 가지 우려를 품을 것이다. 이 절차가 제대로 작동할 것인가? 실패할 경우 어떤 일이 벌어질까? 복제된 아이는 비인간적인 대우를 받게 될 것인가? 복제된 아이는 누군가의 복지를 위한 수단으로 이용되는 것인가? 그러나 복제가 아니었다면, 똑같은 유전적 조성을 가진 신생아는 결코 태어날 수 없을 것이다. 그렇다면 태어나지 않는 것보다 더 나은 것인가?

사례 4

스미스 부부는 세계적으로 유명한 안과 질환 전문가인 모리스 박사를 찾았다.

> 스미스 부인: 저희 소아과 의사인 헤븐 박사님이 우리 아이 로니가 한쪽 눈이 실명될 질환을 앓고 있다고 하더군요. 우리가 할 수

있는 방법이 있을까요?

모리스 박사: 정말 안됐지만, 유일한 조치는 감염된 눈알을 제거하는 것
　　　　　　뿐입니다.

스미스 부인: 어쩌다 이런 일이 일어났지요? 제게 무슨 잘못이 있나요?

모리스 박사: 자책하지 마세요. 이 병은 유전적 소인이 있지만 아직 충분
　　　　　　히 밝혀지지 않았습니다. 부인이나 아이 모두 스스로 유전
　　　　　　자를 선택한 것이 아닙니다.

스미스 부인: 우리가 할 수 있는 일이 없을까요? 치료법을 찾으려고 노력
　　　　　　하는 의사는 없나요?

모리스 박사: 이 연구는 쉽지 않습니다. 우리는 이 질병이 태아에게서 어
　　　　　　떻게 발생하는지 면밀하게 연구해야 합니다. 지금 우리는
　　　　　　할 수 있는 모든 연구를 하고 있습니다. 그러나 중절 클리
　　　　　　닉은 대개 태아에게 이 질병이 있는지 조사하지 않습니다.
　　　　　　게다가 13주 이후의 유산에는 여러 가지 위험이 따릅니다.

스미스 부인: 저는 무슨 일이라고 하겠습니다. 로니를 복제해서 연구에
　　　　　　필요한 시점에 바로 중절하겠습니다. 어디선가에서 영국
　　　　　　정부가 연구목적의 복제를 승인했다는 기사를 읽은 적이
　　　　　　있습니다. 개화된 사람이라면 그것을 허용할 수 있어야 합
　　　　　　니다. 나는 아기를 죽이는 것이 아니에요.

　스미스 부인의 주장을 어떻게 생각하는가? 그녀의 추론은 정당한
가? 당신이라면 그녀에게 무슨 말을 해줄 것인가?

생명공학과 윤리, 그 사회적 차원들

1) 들어가는 말

인간은 17세기의 과학혁명과 그 이후의 산업혁명 이래 세계의 모습을 바꾸어 놓았다. 지금까지의 변화가 인간을 둘러싼 조건과 환경의 변화였다면 최근 생명공학에서 나타나는 변화는 인간과 생명 그 자체의 변화를 의미한다. 제레미 리프킨(Jeremy Rifkin)은 1999년 《바이오테크의 세기》(*The Biotech Century*)라는 저서에서 이렇게 말했다. "향후 25년 동안 우리의 생활양식은 우리가 과거 200년 동안 겪었던 것보다 더 근본적으로 변화할 것이다. 2025년까지 우리와 우리의 후세들은 인류가 일찍이 과거에 경험했던 세계와는 전혀 다른 세계에서 살게 될지도 모른다."(Rifkin, 1999) 리프킨이 이야기한 변화는 상당히 근본적이고 포괄적인 것이다. 그것은 그 변화의 정도가 생물에 대한 정의, 인간의 본성, 성(性), 생식, 출생, 부모의 역할, 나아가 평등과 자유의지에 대한 의미까지도 바꾸어 놓을 수 있음을 뜻하는 것이다.

이제 리프킨이 이야기한 2025년까지 채 10년도 남지 않은 상황에서 생명공학을 둘러싼 상황은 당시보다 훨씬 복잡해졌다. 생명공학의 산물로 기대를 모으며 처음 시장에 나왔던 GM 식품의 안전성을 둘러싼 논쟁은 영국을 비롯한 유럽에서 프랑켄푸드라는 오명을 벗지 못한 채 아직도 그 끝을 알 수 없이 계속되고 있으며, 단일 과학 프로젝트로 가장 큰 규모였던 인간유전체계획이 2003년 완성된 지 10년이 훌쩍 넘었지만 질병 치료와 기아 문제 해결에 대한 장밋빛 약속이 지나친 거품이었다는 비판이 거세지고 있다. 또한 인간유전체계획이 출범하면서 윤리적 · 사회적 · 법률적 함의(ELSI)에 대한 연구에 상당한 연구비가 함께 지원되어 생명윤리 분야가 크게 발전했지만, 과연 그동안 생명공학의 발전방향을 규율하는 실질적인 역할을 했는지 회의적인 분위기가 팽배하고 있다.

그러나 생명공학을 둘러싼 가장 큰 변화는 상업화의 심화와 신자유주의적 과학 실행양식의 대두일 것이다. 인간유전계획이 출범하게 된 계기도 21세기에 열릴 천문학적 생물공학 시장에 대한 정치경제적 기대였지만, 이후 생명공학은 날로 자본에 포획되는 정도가 심해지고 있다. 2000년대 이후 등장한 초국적 생명공학 기업들은 천문학적 연구비로 생명공학을 비롯한 과학지식이 생산되는 양식까지 바꾸면서 이른바 전 지구적 사유화 체제로 나아가고 있다. 또한 자본의 흐름을 방해하는 모든 장벽을 제거하려는 신자유주의와 세계화의 흐름 속에서 비단 첨단 생명공학의 주제 뿐 아니라 전통적인 생명윤리의 쟁점들도 새로운 국면을 맞이하고 있다. 가령 2009년에 다큐멘터리로 제작되어 상당한 반향을 불러일으켰던 〈구글 베이비〉(*Google Baby*)는 이스라엘의 사업가가 고객을 모집해 미국에서 수정란을 만들어 윤리 장벽이 없고 값싼 인도의 대리모를 통해 분만하는 3개 대륙에 걸친 아기 산업 문제를 다루었다.

이처럼 오늘날 생명공학이 처한 사회적 맥락은 급격하게 변화하고 있다. 생명공학을 둘러싼 정치경제 및 사회문화적 상황 변화 속에서 생명윤리 역시 그 내용과 성격이 바뀌고 있다. 이 글은 먼저 생명공학의 전개과정을 역사적으로 살펴보고, 1980년대 이후 생명공학의 윤리가 특히 중요해진 이유가 상업화와 신자유주의를 비롯한 상황 변화에서 기인했음을 밝히려고 시도할 것이다.

2) 생명공학의 전개과정

생명공학의 이념적 기원

과학사회학자 이블린 폭스 켈러(Evelyn Fox Keller)는 그녀의 저서 《유전자의 세기》(*The Century of Gene*)에서 생명공학이라는 말은 1917년에 헝가리의 칼 에레키(Karl Ereky)에 의해 처음 만들어졌다고 썼다. 원래 그 의미는 당시까지와는 다른 생물학적 원료를 이용한 기술을 뜻하는 것이었다(Keller, 2000). 과학사학자 로버트 버드(Robert Bud)는 공학(*engineering*)의 전형이 화학공학이며 그 특성은 자본과 에너지 집약적인 공정을 이용해 그 산물을 대량 생산하는 것이라고 말한다. 따라서 'bio'와 'technology'라는 얼핏 보기에 서로 잘 어울리지 않는 두 가지 개념이 하나로 결합된 '생명공학'이라는 용어는 종전 화학공학의 효소기술과 양조기술에서 사용되던 공학적 개념이 그 대상을 생물로까지 자기확장한 것이다(Bud, 1998).

오늘날의 생명공학의 개념이 처음 등장한 것은 제2차 세계대전이 끝난 후인 1960년대 중반으로 당시 이미 MIT, 컬럼비아 대학을 비롯한 미국의 5개 대학에서 '생화학 공학'이라는 이름의 강좌가 개설되었다. 이 무렵 화학공학의 방법을 생물학적 처리에 적용한다는 연구의 방향성이 이미 정립되었다. 그것은 공학적 방법이 생물학적 시스템의 탐구를 위한 수단이 될 수 있고, 그 방법을 통해 생물학적 물질의 대량 조작과 처리가 가능하다는 것이었다. 1982년에 OECD의 보고서가 내린 정의는 이 두 가지 방향성에서 후자의 특성을 잘 보여 준다. "생명공학이란 상품과 재화를 생산하기 위해 생물학적 요소에 의해 원료를 처리하는 과정에 과학적·공학적 원리를 적용시키는 것이다."

흔히 생명공학은 효소기술과 발효기술을 중심으로 한 미생물적 접근방식의 구(舊) 생명공학과 분자생물학의 수립을 통해 본격화되기 시작한 1970년대 이후의 신 생명공학(new biotechnology)으로 구분된다. 이후 1973년의 재조합 DNA 기술의 등장으로 구 분자생물학과 신 분자생물학은 미생물학과 유전학으로 구분되었다.

재조합 DNA 기술과 대중논쟁 [1]

재조합 DNA 기술은 생명공학의 전개과정에서 1953년의 DNA 이중나선구조 발견에 필적할 정도로 중요한 의미를 갖는다. 이 기술은 1973년에 스탠리 코헨(Stanley Cohen)과 허버트 보이어(Herbert

---

[1] 해당 내용은 김동광(2002)을 기초로 한 것임.

Boyer) 에 의해 최초로 개발되었으며, 종의 경계를 뛰어넘는 유전자 이식이라는 새로운 가능성을 열어 놓았다. 이 기술을 통해 자연 상태에서는 발견될 수 없는 새로운 종류의 잡종생물이 탄생할 수 있게 되었기에 그 잠재적 가능성은 거의 무한한 것으로 평가되었다. 그러나 이 기술이 처음 탄생했을 때부터 새로운 기술에 대한 기대와 함께 이 기술로 가능해질 유전자 조작을 통한 질병이 사람에게 옮거나 유전자 조작된 생물체의 실험실 밖으로의 방출로 인한 생태계 교란과 같은 문제점에 대한 우려가 제기되었다.

왓슨과 크릭의 이중나선구조 발견이 DNA 염기서열이라는 물리적 정보체계와 그 복제과정을 통해서 생명에 대한 물리적 해석을 가능하게 해주었다면, 재조합 DNA 기술은 실질적으로 생명을 조작할 수 있다는 가능성을 열어주었다고 할 수 있다.

이 기술의 중요한 특징은 수십억 년의 진화과정에서 이루어진 종과 종 간의 간격을 뛰어넘어 자연 상태에서 존재하지 않는 새로운 생물을 만들어낸다는 점이다. 물론 전통적인 육종도 이른바 인위선택을 통해서 야생으로는 존재할 수 없는 생물들을 만들어낸다. 우리가 먹는 과일은 대개 염색체가 2, 3배 이상 되는 이배체, 삼배체로 자연 상태에서 볼 수 없으며, 가축들도 자연 상태와는 다르다. 그렇지만 이러한 전통적인 육종은 종의 경계를 넘지 못한다. 반면 재조합 DNA 기술은 미생물과 동물, 식물과 동물 등 지금까지 상상도 할 수 없었던 방식으로 유전자를 재조합한다.

재조합 DNA 기술은 탄생 시점부터 많은 논란을 불러일으켰고 생명공학의 대중논쟁과 시민참여가 처음 이루어지는 중요한 장을 마련해 주었다. 논쟁은 재조합기술을 연구한 과학자들의 경고에서 시작되었다. 콜드 스프링 하버 연구소의 로버트 폴락(Robert Pollack)이 스탠퍼드대학의 폴 버그(Paul Berg)와 그의 연구팀이 수행하고 있던 실험의 위험성을 지적한 것이 그 발단이었다.

　과학자들이 느낀 위험성은 ① DNA를 재조합하는 데 사용되는 바이러스가 사람에게 감염될 위험성, ② 새롭게 만들어진 DNA를 가진 생물체가 생태계에 방출되었을 때 어떤 영향을 미치게 될지 모른다는 사실, ③ 이 기술이 사회에 어떤 영향을 줄지 알 수 없다는 것이었다.

　과학자들은 새로운 위험에 대처해야 할 필요성을 느끼고 재조합 DNA 기술의 위험성에 대한 토론을 위해 회의를 조직했다. 이것이 유명한 '아실로마 회의'이다. 총 4일 동안 진행된 이 회의의 참석자는 83명의 미국 과학자(대학, 기업, 정부 소속), 51명의 외국 과학자, 그리고 21명의 언론인이었다. 아실로마 회의에서 이루어진 주된 토의 내용은 엄청난 과학적 가치가 예상되는 새로운 기술에 대한 연구를 계속하면서 예견되는 위험을 최소화할 수 있는 기술적 방안을 마련하는 것이었다. 이 과정에서 참석자들은 잠재적인 위험을 막기 위한 가이드라인의 필요성을 제기했다. 아실로마 회의는 그 자체는 전문가 회의였지만, 위험성을 최초로 공개적으로 인정했고, 이후 보고서가 잡지를 통해 보도되면서 재조합 DNA의 주제를 대중적으로 공론화하는 역할을 했다.

　그러나 과학자들을 중심으로 마련된 가이드라인은 과학자, 환경운동가, 그리고 지역주민 등의 다양한 집단의 반발에 부딪혔다. NIH 가이드라인이 발표되자 여러 지역에서 격렬한 대중논쟁이 벌어졌다. 시민들의 우려는 주로 자신들의 지역에 있는 대학에서 이루어지는 재조합 DNA 실험의 안전성 문제였다. 그중 대표적인 대중논쟁이 하버드대학교에 설치될 재조합 DNA 실험실을 둘러싸고 일반 시민으로 구성된 '케임브리지 실험심사위원회'를 중심으로 이루어진 논쟁이었다. 이 논쟁은 과학정책 결정에 시민이 참여한 최초의 성공적인 사례로 꼽히며, 생명공학에 대한 시민참여의 근거를 마련해 주었다.

인간유전체계획과 그 함의[2]

생물학의 거대과학인 인간유전체계획(Human Genome Project)은 이후 생명공학의 전개과정에 중요한 영향을 미쳤다. 사람의 전체 유전자, 즉 인간 게놈을 해석하는 인간유전체계획은 약 10만 개에 달하는 사람의 유전자의 정확한 지도를 작성해, 어느 유전자가 어떤 특성에 관여하는지를 밝혀낸다는 계획이다. 1953년 왓슨과 크릭이 DNA의 이중나선구조를 밝힌 지 불과 30여 년 후인 1985년 미국 샌타크루스의 캘리포니아대학에서 최초로 인간 게놈을 해석하는 계획에 대한 논의가 시작되었고, 그 후 21세기에 미국이 세계를 주도하게 만들 핵심기술이 생물공학임을 간파한 미국 에너지성(Department of Energy: ODE)과 국립보건연구소(NIH)가 주도권을 놓고 치열한 경쟁을 벌이다가 1989년에 상호협조 각서에 서명하면서 본격적으로 준비가 시작되었다.

인간유전체계획은 미국의 주도로 이루어졌다. 초기에 원자폭탄 제조계획으로 거대과학을 본격화한 맨해튼 프로젝트(Manhattan

2) 해당 내용은 김동광(2001)을 기초로 한 것임.

Project)의 산모 격인 원자폭탄 위원회(Atomic Bomb Casualty Commission: ABCC)가 중요한 역할을 담당했다. ABCC는 원자에너지 위원회(Atomic Energy Committee)가 설립한 것이며, 이후 미국 에너지성이 된다. ABCC는 1980년대 중반부터 HGP를 구상한 것으로 알려져 있다. 이 기구는 에너지성으로 변화했지만, 냉전 이후 시대의 미국의 안보를 중심에 놓는 사고는 변하지 않았다. HGP는 냉전 종식으로 변화된 상황에서 새로운 안보, 즉 기술력과 경제력을 확보해주는 축으로 인식되었다.

이 계획은 1990년 10월 1일에 공식 출범했다. 그 형식은 국제적 컨소시엄이었고, 이탈리아, 영국, 러시아, 프랑스, 독일, 덴마크, 칠레, 일본 등에서도 게놈연구가 진행되었다. 특히 일본은 미국이 게놈프로젝트를 추진하게 만든 중요한 동력을 제공했는데, 그것은 주로 '일본이 추격하고 있다'는 경쟁론이었다. 그밖에도 많은 나라가 참여했지만 나중에 자신들도 일익을 담당했다는 명분을 얻기 위한 성격도 있었다.

2001년 6월 26일에 있었던 게놈 초안 발표는 철저한 준비를 거쳐 극적인 효과를 노리고 정교하게 안무된 한 편의 의식(儀式)이었다. 클린턴과 블레어는 인공위성까지 동원한 화려한 의식을 통해 게놈 지도의 초안 발표를 '인류사에서 가장 중요한 사건' 중 하나로 끌어올렸고, 전 세계를 상대로 DNA에 초국적 권위와 힘을 부여했다. 클린턴과 블레어는 세계를 상대로 DNA 독트린을 발표한 셈이다.

이 연구에 참여한 대부분의 과학자와 국가 연구프로젝트를 지원하는 각국 정부는 인간유전체계획이 우리에게 줄 수 있는 긍정적인 측면들을 적극적으로 부각시켰다. 가장 많이 거론된 분야가 하늘이

내린 천벌로 불리는 유전병이다. 유전성 알츠하이머병, 헌팅턴 무도병, 낭포성 섬유증, 겸형 적혈구 빈혈증 등이 여기에 속한다. 그 외에도 유방암, 대장암 등의 암(癌)과 에이즈를 비롯해 아직까지 인류가 극복하지 못한 난치병들도 유전자와의 관계가 밝혀진다면 치료와 예방을 위한 새로운 길이 열릴 수 있다는 것이다. 그러나 공식적으로만 30억 달러에 가까운 비용이 들어간 것으로 추정되는 인간유전체계획이 전체 인구 중에서 극히 일부를 차지하는 유전병 환자들을 위해 계획된 것은 물론 아니다. 이 프로젝트가 처음 논의된 지 불과 몇 년 만에 일사천리로 결정된 데에는 다음 세기에 열릴 엄청난 규모의 시장에 대한 예상이 큰 역할을 했다.

그렇지만 이러한 움직임이 매끄럽게 진행된 것은 아니었다. 사후적인 관점에서 볼 때 그런 저항은 잘 보이지 않지만, 실제로 그 과정에서 많은 과학자의 반대가 있었다. 훗날 게놈프로젝트의 책임자가 된 제임스 왓슨의 지도교수이기도 했던 살바도르 루리아는 〈사이언스〉지에 "게놈 연구 프로그램은 공개 토론 없이 소수의 권력지향적인 열성 지지자 무리에 의해 추진되고 있다"고 비판했다.

반대 움직임은 이 계획을 반대하는 편지를 과학자들에게 보내는 공동 캠페인의 형태를 띠기도 했다. 당시 언론에는 약 500명의 과학자가 이런 편지를 받은 것으로 보도되었다. 그 주된 내용은 에너지성에서 이 계획을 주도하는 저의에 대한 의문, 염기서열을 밝히는 작업이 단순 반복적인 노동이며 필연적으로 수많은 과학자가 마치 공장 노동자처럼 그 일에 매달리게 될 것이라는 문제점, 그리고 과연 그 작업이 모든 과학자를 동원할 만한 가치가 있는가 하는 근원적인 문제제기 등이 포함되었다. 그리고 생물학계의 불화를 줄이기 위해서는 규모를 대폭 축소해야 한다는 주장도 제기되었다.

하버드대학의 버나드 데이비스와 그 동료들은 게놈프로젝트가 출범하기 약 9개월 전인 1990년 1월에 〈사이언스〉에 반대 이유를 밝힌 서한을 실었다. 그 서한도 연구자금 배분의 우선순위에 대한 의문이었다. 당시 이 계획에 반대했던 과학자들의 주된 논거는 첫째, 그동안 생물학의 발달은 이와 같은 거대과학 없이 과학자들의 동료평가에 기반을 두고 훌륭하게 이루어졌다. 따라서 굳이 이런 거대과학을 통하지 않고도 중요한 연구가 이루어질 수 있다. 둘째, 거대과학화는 필연적으로 과학의 정치화를 초래하고, 수많은 과학자를 이른바 일벌로 전락시킬 수 있다는 것이었다. 그것은 과학의 정치에 대한 예속을 가져온다는 것이었다. 셋째는 연구비가 지나치게 특정 분야에 집중되면서 배제되고 소외되는 분야가 나올 수밖에 없다는 것이었다.[3]

HGP는 단일 프로젝트로는 가장 큰 규모였을 뿐 아니라 그 밖의 여러 가지 특성에서 과학활동(scientific practice)에 새로운 전범을 제공했다. 어떤 면에서 HGP는 거대과학의 전형을 이루지만, 다른 한편으로 '미리 설정된 기한 내에 명확하게 주어진 목표를 실천'하는 새로운 연구양식을 선보였다. 또한 HGP 완성 단계에서 이루어진 게놈 컨소시엄과 셀레라 제노믹스사의 경쟁에서 잘 나타났듯이 자료의 대량처리 기술 그리고 연구결과를 놓고 벌이는 속도경쟁을 과학연구활동이 달성해야 할 주요한 목표이자 덕목으로 부상시켰다. 그리고 그 과정에서 이른바 과학연구의 '아메리칸 스타일'이라 불리

---

3) Science(1990. 7. 27), 249: 342-343.

는 자기선전과 광고도 연구활동에서 빼놓을 수 없는 지위를 확보하게 되었다.

　2003년에 공적 지원을 받는 인간유전체계획 컨소시엄 측과 개인 기업인 셀레라 제노믹스가 공동으로 결과를 발표한 이후, 셀레라 제노믹스사는 자신들이 해석한 게놈 정보를 판매하려고 시도했다가 많은 비판을 받기도 했다. 이러한 현상은 그동안 공적(公的) 활동으로 이해되었던 과학연구의 성격이 사적 또는 상업적 활동으로 변화되는 중요한 전환점을 이룬다. HGP는 그동안 유전자와 생물 특허를 둘러싼 논쟁, 공적 컨소시엄을 탈퇴한 과학자들의 바이오 벤처 설립, 공적 컨소시엄과 사기업의 속도 경쟁, 연구결과의 공공연한 판매 시도 등의 과정을 통해 그동안 암묵적으로 진행되어온 과학 활동 및 그 결과의 사유화 및 상업화를 공식화 및 합법화하는 과정이기도 했다.

3) 생명공학의 상업화와 그 함의[4]

생명공학의 상업화

인간유전체계획이 탄생하기 이전에 DNA 연구가 상업적으로 가능성을 가질 것이라는 사실을 가장 먼저 인식하고 실제로 기업체를 만든 것은 벤처 투자자와 연구자의 결합을 통해서였다. 이러한 결합 방식은 최근까지도 흔하게 나타난다. 생명공학은 거대기업들이 기

---

4) 다음 보고서 중 김동광이 수행한 연구 내용에 기반을 두고 있다[박기범·홍성주·김동광·한재각·홍성욱(2011), "과학기술과 공정성"(정책연구 2011-15), 과학기술정책연구소].

술개발이 구체화된 후에 등장하고, 초기에는 주로 벤처기업들이 중요한 역할을 했다.

재조합 DNA 기술을 처음 개발했던 허버트 보이어가 참여하면서 1976년 4월에 세계 최초의 생명공학 회사인 제넨테크(Genentech)사가 탄생하게 된다. 벤처 투자자인 밥 스완슨이 보이어를 설득하여 생명공학을 이용한 기업을 만들기로 합의했다. 생명공학의 상업적 가능성이 생명공학 기업의 형태로 처음 실현되기까지는 1973년에 최초의 재조합 DNA 기법이 등장한 이후 불과 3년밖에 걸리지 않았다.

이런 가능성에 착목한 사람들이 보이어와 스완슨만은 아니었다. 하버드대학의 윌리엄 길버트도 사람의 인슐린을 클로닝하여 과학적·상업적으로 이용할 수 있다는 가능성을 알아차리고 1978년에 '바이오젠'(Biogen)이라는 회사를 설립했다. 제넨테크사의 주식은 1980년에 상장되자마자 폭등했다. 35달러에서 89달러로 몇 분 만에 무려 3배 가까이 뛰어올랐다. 이것은 당시 월스트리트가 개장한 이래 유례를 찾을 수 없는 사태였다. 처음에 500달러씩 투자했던 보이어와 스완슨은 자신들이 순식간에 6천만 달러 이상의 부호가 되었다는 사실을 깨닫게 되었다.

인간유전체계획으로 가는 길목에서 일어난 또 하나의 중요한 사건은 생물 특허였다. 이것은 기술의 상업화를 가능하게 해주는 제도적 기반이 형성되는 과정이기도 하다. 특허는 자본주의 제도와 떼려야 뗄 수 없이 밀접한 연관을 가진 제도이고, 특히 어떤 기술이 개발되어서 본격적인 궤도에 오를 때에는 특허를 얻기 위한 치열한 선취 경쟁이 벌어지기 마련이다. 그렇지만 이 경우 그 대상이 생물이기 때문에 많은 쟁점이 등장하게 된다.

1972년에 제너럴 일렉트릭사 소속 과학자 아난다 차크라바티는 기름띠를 분해할 수 있는 슈도모나스라는 세균의 균주를 개발했고, 그 특허를 신청했다. 이 세균이 등장하기 전까지는 석유의 각기 다른 성분을 분해하는 많은 세균을 섞어 사용하는 것이 기름띠를 분해하는 가장 효과적인 방법이었다. 그런데 차크라바티는 분해경로를 맡은 유전자들이 들어있는 플라스미드를 서로 결합하는 방법으로 슈퍼 능력을 가진 슈도모나스 균주를 만드는 데 성공했다. 그렇지만 그가 제기한 첫 특허 신청은 기각되었다. 그것은 생물체에 특허를 부여할 수 있는가라는 윤리적 문제에서 비롯된 논란 때문이었다. 그러나 8년여에 걸쳐 법체제와 맞선 끝에 1980년에 마침내 특허가 주어졌다. 당시 미국 연방 법원은 '인간의 독창적인 연구결과'라면, 인위적으로 변화를 가한 것인 경우엔 살아 있는 미생물도 특허가 가능한 대상이라는 판결을 내렸다. 재판관 9명 중 5 대 4의 판결로 특허를 인정한 것이다. 이 판결은 엄청난 사회적 반향을 불러일으켰고, 사실상 이후 미생물이 아닌 동물과 식물에까지 특허를 줄 수 있는 물꼬를 터준 역할을 했다.

2003년 염기배열 해석이 끝난 후에 셀레라 제노믹스사는 실제로 자신들이 해석한 염기 정보를 인터넷을 통해 판매하겠다는 계획을 발표하는 바람에 많은 논란을 야기했다. 당시 많은 사람이 이러한 상업화 경향을 비판하면서 "멘델레예프의 주기율표나 아인슈타인의 $E = mc^2$과 같은 방정식을 사용할 때마다 그 후손들에게 이용료를 내야 하는가?"라는 물음을 제기하기도 했다. 이후 유네스코의 인간 게놈 선언에서도 잘 나타났지만 사람의 게놈을 비롯한 생물의 유전자는 지구에서 생명이 진화한 이래 수십억 년을 거쳐서 형성된 것이고, 나아가 생물권 전체의 것이지 단지 그것을 해석했다는 이유로 유전정보가 특정 기업의 전유물이 될 수는 없다는 것이 비판자들이 제기한 근거였다.

거대 기업이 연구를 주도하면서 나타나는 상업화의 문제도 심각하다. 지나친 상업화로 원래 인류의 복지를 증진시키기 위해 개발한다는 생명공학 연구가 오히려 제3세계 농민들을 파탄으로 몰아넣는 사태가 비일비재하게 벌어지고 있다. 가장 대표적인 사례가 이른바 터미네이터 기술을 둘러싼 거대 종자회사와 제3세계 농민들 사이에서 빚어진 갈등이다. 종자 기술은 초국적 식량기업들이 사활을 걸 만큼 중요한 기술인데, 문제는 농부들이 한 번 종자를 구입해서 농사를 지으면 이듬해 수확해서 다시 종자를 얻을 수 없다는 것이다. 물론 이렇게 될 경우 유전적 특성이 열화(劣化) 되어, 몇 해가 지나면 다시 종자를 구입해야 하지만, 종자 회사들은 그것마저 막기 위해 한 번 발아한 종자는 이듬해 그 자손을 만들어내도 다시 발아하지 않게 하는 기술을 개발했다. 유전적 스위치를 작동시켜 단 한 번만 싹을 틔우고, 그 후손들은 불임으로 만드는 기술이다.

상업화는 과학자들이 연구하는 방식에도 큰 영향을 미쳤다. 우선 국가나 기업이 확실한 목표를 설정하고, 그 목표를 달성하기 위해 가능한 모든 자원을 집중하는 고도 집약적 연구수행 방식이 일반화된다. 이것은 제2차 세계대전 이후 거대과학의 일반적인 특징이지만 생명공학에서 한층 고도화된 형태를 띠고 있다. 그로 인해 연구자들이 스스로 자신들의 연구를 계획하고, 상호 토론과 비판을 통해 연구의 방향이나 목적에 관해 끊임없이 문제를 제기하는 기회가 상대적으로 박탈되는 결과를 초래했다. 연구자들은 연구비를 얻기 위해 자신의 관심과 무관하게 연구 과제를 받아 기계적으로 연구를 수행해야 하는 경우가 많아졌고, 심하게는 거대 프로젝트의 한 부분으로 전락해 자신이 하는 연구가 궁극적으로 어떤 결과에 활용되는지, 사회에 어떤 영향을 주게 될지에 대해서는 생각도 하지 못하는 양상도 나타났다. 즉, 과학기술자들이 자신의 연구에 대해 성찰할 기회가 날로 줄어들게 되는 것이다.

또한 과학연구에서 오랜 전통이었던 연구결과의 공유도 특허가 관행이 되면서 점차 위축되었다. 심한 경우, 자신이 한 연구의 결과를 학술잡지에 발표하기를 꺼리고 먼저 특허를 신청해 연구결과, 방법, 개념 등을 독점하려는 경향이 나타난 것이다. 최근 국내에서 한 사회학자가 한 연구에서도 인터뷰에 참여한 상당수의 생명공학 연구자들이 요즈음 연구결과를 공유하는 것보다는 특허 등을 통해 자신의 권리를 확보하는 것에 우선순위를 둔다는 것을 인정했다.

그리고 과학연구의 신빙성을 검증하고 상호 비판을 가능하게 하는 중요한 기제인 동료평가의 전통도 점차 약화되고 있다. 우리나라에서도 2005년 황우석 사태에서 겪었듯이, 연구자가 자신의 연구결과를 학술지에 발표하고 엄격한 학문적 검증을 거친 다음에 언론에 보도되었던 과거의 양식과는 달리 먼저 언론을 통해 발표되고 검증이 나중에 이루어지는 웃지 못할 양상이 나타나고 있다. 또한 일단 중요한 연구로 알려지면 엄격한 검증이 진행되지 못하고, 과장이나 부정이 개입해도 같은 식구를 감싼다는 잘못된 전문가 주의가 작동하면서 동료평가 자체가 불가능해지는 문제점도 발생하고 있다.

마지막으로 생명공학기술에 대한 국가의 지나친 개입과 상업화는 그동안 공적 영역이라고 생각해온 과학연구, 국가의 역할을 상당 정도 바꾸었다. 기술평가국(OTA)의 연구에 따르면, "여러 사건과 정책들의 결과, 과학의 모든 분야에서 대학과 기업 간의 협력관계에 관한 활동에서 대학, 산업, 그리고 정부의 이해관계가 증가했다". 또한 지난 10여 년 동안, 산학 연계는 전례를 찾을 수 없을 정도로 강화되었다. 이러한 경향은 기업이 후원한 대학 기반 연구가 모든 산업 부문의 전체 평균보다 20% 이상 높은 생명공학 분야에서 특히 두드러졌다. 생명공학 기업 중에서 대학 연구를 지원하는 회사들은 50%가 넘는다(OTA, 1987).

같은 기간에 생명공학에서 최소한 11개의 수백만 달러의 다년 연구 계약이 화학과 제약회사들에 의해 체결되었다. 1984년까지 생명공학 분야 기업들이 대학에 지원한 연구비는 총 1조 2천만 달러에 달했다. 이 액수는 기업들이 대학 연구에 지원한 전체 연구비의 42%에 해당한다. 대학의 특허 획득을 허용한 베이 돌 법안의 영향은 미국립연구위원회가 개최한 지적 재산권에 관한 워크숍에서 발표된 요약 선언에서 단적으로 드러났다. 대학의 특허 획득은 1965년부터 1980년까지 점진적으로 증가했다. 그 이후 특허 숫자는 급격히 늘어났고, 이러한 추세는 1990년대까지 이어졌다. 1965년에서 1992년까지 대학의 특허 숫자는 96개에서 1,500개로 15배 이상(1,500%) 늘어났다. 반면 전체 특허 증가는 50%에 불과했다. 2000년에 대학이 받은 특허는 3,200개가 넘었다(Krimsky, 2010).

유전기술은 지금까지 한 번도 상상할 수 없었던 방식으로 다양한 집단에 적용되고 있다. 나아가 이 기술과 그 최종 산물의 사용에 대한 이윤적 동기의 부정적인 영향이 공공 영역에서 신뢰의 우려를 낳고 있다. 이 과정에서 공익과 사익의 구분이 불분명해졌고, 정부와 기업의 역할 구분의 모호함은 신뢰의 위기(*crisis of confidence*)로 이어졌다. 신뢰의 위기는 한편으로는 과학과 과학자들에 대한 신뢰의 위기로 나타났고, 다른 한편으로는 과학기술의 발전을 적절한 방향으로 이끌어야 하는 국가를 비롯한, 그동안 공공적이라고 여겨진, 제도들에 대한 신뢰의 위기라는 양면에서 나타났다. 공공성에 대한 '기대의 위기'를 낳았다.

과학지식생산의 구조적 변화-전 지구적 사유화 체제

최근 과학기술학(Science Technology Studies: STS)을 비롯한 여러 분야의 학자들은 과학기술의 상업화를 넘어서 오늘날 과학기술지식 생산양식이 과거와 상당한 차이를 나타내고 있다는 점에 주목했다. 프리켈, 헤스, 클라인만 등이 주장하는 신과학정치사회학(New Political Sociology of Science: NPSS)은 상업화가 지식생산에 미치는 영향을 분석하는 데 그치지 않고, 상업화를 비롯한 과학을 둘러싼 정치경제학의 변화에 새롭게 초점을 맞추면서 이러한 변화에 대한 시민사회의 대응의 중요성을 이끌어 낸다. 이러한 접근방식에서 상업화는 단지 국소적인 현상이 아니라 오늘날 전 지구적 사유화 체제로 이해되며, 그로 인해 과학활동 자체가 이전 시기와 크게 달라졌고 지식추구의 양상과 과학지식 생산양식에 큰 변화가 나타난 것으로 해석된다(김동광, 2010).

상업화로 새로운 과학지식 생산양식에 미치는 영향력의 중요성을 부각시킨 것은 필립 미로프스키와 에스더-미람 센트였다. 전 지구적 사유화 체제로 전환된 시기를 명확히 하기는 쉽지 않지만 많은 학자가 1980년 무렵, 여러 가지 측면에서 변화의 기점이 되었다는 데 동의한다. 가장 많이 언급된 사건들로는 상업화의 제도적 토대를 마련한 것으로 언급되는 베이 돌 법안(Bayh-Dole Act)이 통과된 것이었다. 그러나 베이 돌 법안은 기업들이 자기 제품을 지배하고 통제하면서 협동연구에 참여할 수 있는 능력을 확장시킨 1980년대의 여러 법률 중 하나에 불과했으며, 법률적 기반을 제공한 것은 사실이지만, 그 자체를 현대의 과학사유화의 원인으로 보아서는 안 된다(Mirowski and Sent, 2008). 미로프스키와 센트는 그보다는 사내 기업연구소의 몰락과 기업연구의 외주 관행 확산을 좀더 중요한 요인으로 꼽았다. 상업화가 과학의 역사에서 줄곧 나타났지만, 1980년 이후의 상업화 양상을 그 이전과 구분하게 만드는 것은 기업연구개발의 전 지구화와 그로 인한 전 지구적 상업화의 영향이라는 것이다. 지적 재산권의 강화, 기업정책에 대항할 수 있는 외국 정부의 능력 약화, 낮은 비용으로 실시간 통신할 수 있는 기술능력의 개발, 1980년대 이후 전면화된 연구의 국제적 외주 체제, 재구조화를 받아들여 연구비를 지원하는 기업 측에 연구에 대한 통제권을 기꺼이 넘길 채비가 되어 있는 대학 등이 전 지구적 사유화 체계를 가능하게 해주고, 이전 시기와 구분하게 해준 구조적 토대였다. 이 대목에서 상업화 논의는 미국의 경계를 넘어 전 지구적 현상으로 확장된다.

상업화가 고립된 일화적 사건으로 일국적 범위에 국한되지 않고 전 지구적 사유화 체제로 전환되는 과정에서 중요한 몫을 수행하고 있는 요소가 초국적기업이다. 초국적기업이나 다국적기업의 정의나 그 범위 구획 등은 아직 불명확하고, STS를 비롯한 학계에서 많은 연구가 이루어지지 않았다. 그들의 분석에서 1980년 이후의 상

업화, 즉 신자유주의 시대의 과학 상업화는 과거의 일반적인 상업
화 논의와는 구조적으로 차별화되는 전 지구적 사유화 체제이다.

상업화의 함의

그렇다면 상업화가 생명공학의 윤리와 관련된 대목은 어디인가?
1972년에 설립되어 1995년에 폐지된 미 의회 산하의 OTA는 산학협
력을 통해 대학과 기업의 이해관계가 결합해서 제어하기 힘든 난제
들이 발생할 것이라고 예상했다. "산학연계는 과학정보의 자유로운
교환을 저해하고, 학과 간 협력을 저해하며, 동료들 사이에서 갈등
을 일으키고, 연구결과의 발표를 지연시키거나 방해하기 때문에 대
학의 학문적인 환경에 나쁜 영향을 줄 수 있다. 나아가 특정 목적이
지시된 자금 지원(*directed funding*)은 간접적으로 대학에서 수행된
기초 연구의 유형에 영향을 미치고, 상업적인 가능성이 전혀 없는
기초 연구에 대한 대학 과학자들의 관심이 줄어들게 할 가능성이 있
다"(OTA, 1987). 이러한 OTA의 예견은 사실로 드러났다.

첫째, 이해상충의 증폭-공공성의 약화이다.

이해상충은 모든 사회 구조에서 나타날 수 있다. 그 구조가 복잡
할수록 그리고 이해관계의 얽힘이 다양할수록 이해상충이 나타날
가능성은 그만큼 커진다고 할 수 있다. 최근 들어 과학에서 이해상
충 문제가 부각되는 까닭은 과학을 둘러싼 상황의 급격한 변화에서
찾을 수 있을 것이다. 특히 생명공학의 경우에서 드러나듯이 과거
와는 다른 활동 영역이나 범주가 급격히 과학활동으로 편입되는 과
정에서 과학자들이 전통적으로 지켜오던 가치와 규범이 무너지고,
새로운 상업주의적 에토스가 빠른 속도로 유입되는 과정에서 빚어

지는 혼란이 이해상충을 더욱 부각시키는 측면이 있다.

　생명공학의 경우 1980년 이후 과학과 산업의 관계는 10년 전에는 상상도 할 수 없을 만큼 달라졌다. 허버트 보이어는 실험에 성공한 지 3년 만인 1976년에 최초의 생명공학 회사인 제넨테크를 설립했다. 곧이어 노벨상 수상자인 하버드대학의 월터 길버트도 미국과 유럽의 과학자들과 함께 바이오젠을 설립하면서 미생물을 유전자 조작하여 당뇨병 치료에 필수적인 인슐린을 생산하기 위한 치열한 경쟁에 돌입했다.

　오늘날의 상황은 1980년대와는 비교도 할 수 없을 만큼 바뀌었다. 더 이상 학문적 과학자가 기업을 차리고 특허를 받는 것이 문제가 되지 않으며, 오히려 대학의 연구는 '활용되지 못한 자원'으로 간주되면서 교수는 단순한 연구자나 교수자가 아니라 교수-기업가가 될 것을 권장받고 있다.

　또한 최근 대학에 대한 기업들의 자금 지원이 기하급수적으로 증가하면서 빚어지는 이해상충 유형의 하나는 연구 과학자가 자신이 지원받는 기업의 상품에 대한 임상시험이나 신약승인검사에 참여하는 경우이다. 연구의 전문화 정도가 날로 높아져 해당 분야의 연구자 풀이 크지 않고, 대학 연구자들이 문제의 기업체로부터 자금을 지원받고 있는지가 잘 드러나지 않기에 실제로 이런 경우는 자주 발생하는 것으로 알려져 있다.

　미국의 와이어스 레들레 소아 백신(Wyeth Lederle Vaccines and Pediatrics)은 로타바이러스백신으로 식품의약국(FDA)의 승인을 받은 최초의 제약회사이다. FDA는 신약 평가에서 가장 엄격한 기관으로 알려져 있고, 이 회사는 1987년에 '로타쉴드'(Rotashield) 백신으로 '조사 신약신청서'를 제출, 1998년 8월에 승인을 받았다. 그런데 이 백신은 승인을 받은 지 고작 1년 만에 시장에서 회수되었다. 그 이유는 이 백신을 맞은 어린이들 사이에서 100회 이상의 중증 장폐색(腸閉塞) 증상이 보고되었기 때문이었다.

미국 정부개혁 하원위원회가 이 백신 승인 과정의 배후 정황을 조사했을 때, FDA와 질병통제센터의 자문위원회가 해당 백신 제조업체와 연루된 인물들로 채워져 있다는 사실이 밝혀졌다. 또한 이해상충이 백신 프로그램에서 고질병처럼 빈발한다는 사실도 확인되었다(Krimsky, 2010).

로버트 머튼은 과학자들이 과학지식이라는 확증된 지식을 만들어낼 수 있는 것은 다른 집단과 달리 과학자들에게 고유한 규범 체계가 존재하기 때문이라고 말했다. 그것은 보편성, 공유성, 불편부당함, 그리고 조직화된 회의주의이다. 비록 1940년대의 상황을 토대로 한 것이었지만, 과학자들에게 이러한 규범이 작동하고 그래야 한다는 믿음은 과학자들뿐 아니라 사회 전체에서 오랫동안 지속되었다. 그러나 오늘날 이러한 믿음은 더 이상 통용되지 않는다. 비단 생의학 분야에만 국한되는 현상은 아니지만 학문적 연구자가 불편부당함이라는 당위적 요구를 쉽게 무력화하고 자신이 지원을 받거나 주식을 가지고 있는 등 이해관계를 가지는 업체의 손을 들어주는 행위는 한편으로 공공 연구자의 진정성과 정체성의 문제를 제기하는 한편, 그 결과 많은 피해자가 발생할 수 있다는 점에서 안전성을 심각하게 위협한다. 또한 이러한 이해상충은 해당 기관에 대한 불신을 넘어서 과학 자체에 대한 '신뢰의 위기'를 낳을 수 있다. 겉으로 잘 드러나지 않지만 상업화가 수반하는 심각한 문제점 중 하나는 공익성을 담보해야 하는 정부의 과학정책과 대학의 연구가 상업화되면서 나타나는 공중의 신뢰 상실이라고 할 수 있다.

둘째, 과학정보의 자유로운 교환 저해이다.

과학의 상업화가 야기하는 중요한 문제 중 하나는 과학정보에 대한 독점, 자유로운 접근의 제약, 그리고 이해관계에 따라 정보의 일부를 고의적으로 은폐하는 문제이다. 그밖에도 상업화는 과학자들 사이에서 오랫동안 통용되었던 에토스인 공유주의를 급속히 쇠퇴시키고 비밀주의를 강화하는 결과를 낳고 있다.

영국의 왕립학회(Royal Society)는 과학기술과 연관해서 사회적으로 중요한 문제들을 미리 연구해 일련의 권고를 제기하는 방식으로 사회적 공론화를 주도하는 오랜 전통을 가지고 있다. 왕립학회는 지난 2003년에 "Keeping Science Open: The Effects of Intellectual Property Policy on the Conduct of Science"라는 보고서를 제출했고(Royal Society, 2003), 이어 2006년에도 상업화로 인한 커뮤니케이션의 저해를 막기 위해 "Science and the Public Inerest, Communicating the Results of New Scientific Research to the Public"라는 보고서를 냈다(Royal Society, 2006).

2003년 보고서는 상업화의 진전으로 지적 재산권 보호 추세가 점차 강화되는 상황에서 지적 재산권이 과학연구활동에 미칠 수 있는 부작용을 경고했다. 연구는 특허와 지적 재산권은 한편으로 창조적인 연구와 그에 대한 투자를 보호하여 혁신을 자극할 수 있지만, 다른 한편으로 그 결과가 독점된다는 사실은 사적 이윤과 공공선 사이에 긴장을 야기할 수 있고, 과학의 발전이 그것에 크게 기대고 있는 사상과 정보의 자유로운 교환을 저해할 수 있다고 주장했다. 또한

512

특허와 지적 재산권이 강화되면서 그것을 목적으로 하는 연구들은 장기적인 연구보다는 단기적인 연구에 치중할 위험이 있다고 경고했다. 이 연구는 "지적 재산권이 혁신과 투자를 자극하지만, 상업적인 세력들은 일부 영역에서 비합리적이고 불필요하게 정보에 접근하고 이용할 수 있는 권리, 그에 기반을 두고 연구할 수 있는 권리를 제약한다. 특허와 저작권에 의한 이러한 공공재(common)에 대한 제약은 사회의 이익을 위한 것이 아니며, 과학을 위한 노력을 부당하게 방해하는 것이다"라고 결론지었다.

노바티스의 자회사인 노바티스 농업 연구소(Novartis Agricultural Discovery Institute: NADI)와 미국 캘리포니아대학 버클리 캠퍼스(UCB) 천연자원 칼리지는 5년간에 걸쳐 2천 5백만 달러의 협력관계를 맺었다. 역사상 전례를 찾을 수 없는 이 포괄 협정에서 학과의 모든 교수에게 서명할 기회가 주어졌다. 1998년 12월까지 32명의 학과 교수 중에서 30명이 서명을 했거나 서명할 것으로 예상되었다. 미국의 한 고등교육 월간지는 "이 협정이 특정 주제에 대해 연구한 개인 연구자나 팀이 아니라 학과 전체에 적용된다는 점에서 매우 특이하다"라고 평했다(Krimsky, 2010).

노바티스는 2천 5백만 달러를 투자한 대가로 대학에 지원한 연구비와 회사 및 UCB 과학자들의 공동 프로젝트로부터 나온 모든 발견에 대한 사용권을 협상할 수 있는 우선권을 얻었다. 이 협정으로 대학 측은 NADI와 UCB의 고용인들의 공동 노력에 의해 발명이 이루어지면 그에 대한 모든 특허권을 가지게 된다. 반면 NADI 고용인들이 대학시설을 이용해서 발명을 한 경우에는 공동 소유가 된다. 기업의 연구자들이 UCB 내부 연구위원회에 앉게 되었다. 대학으로 통하는 이 문은 회사 측에 자신들이 기금을 지원하는 연구의 방향을 결정하는 기능을 부여했다. 결과적으로 이러한 조치는 대학 측 연구자들이 노바티스사의 제품에 부정적인 영향을 줄 수 있는 연구를 하지 못하게 막는 역할을 했다. 협정은 서명에 참여한 이 학과의 모든 구성원에게 제약을 가했으며, 참여한 교수들은 NADI의 전용 유전자 데이터베이스에 접근할 수 있는 권리를 부여하는 비밀 협정에 조인하게 되었다. 일단 교수가 비밀 협정에 서명을 하면, 당사자는 노바티스의 승인 없이는 해당 데이터가 포함된 결과를 발표할 수 없게 된다.

2000년 5월 캘리포니아 상원의원 톰 헤이든(Tom Hayden)의 주도로 버클리-노바티스 계약 건에 대한 청문회가 열렸다. 학장은 청문회에서 비밀 협정에 서명한 교수가 공중에 심각한 위험을 야기할 수 있는 데이터를 우연히 접하고 양심의 문제에 관해 이야기할 수 있겠는가 하는 질문을 받았다.

대학의 연구자나 학과와 계약을 맺은 기업들이 사전 협의 없이 연구결과를 발표하지 못하는 사례는 비일비재하다. 그리고 그 상당수는 공중의 위험과 직결된다. 또한 상업적 이해관계에 대한 정보 소통의 제약은 과학에 대한 과학자들의 통제력을 극도로 약화시킨다. 이것은 상업화로 인해 점차 상업적 이윤이 과학에 대한 거버넌스를 장악하고 연구 과학자들의 자기결정권은 급격히 줄어든다는 것을 뜻한다.

셋째, 불평등의 확대 재생산이다.

상업화가 과학연구에 미치는 여러 가지 영향에서 가장 근본적이고 그 결과가 오랜 기간에 걸쳐 지속되는 분야는 특정한 상업적 목적에 기여하는 주제로만 연구가 제한된다는 점일 것이다. 과학의 불평등을 주제로 다룬 *Science, Technology & Human Value* 의 2003년 특집호는 개발국과 저개발국 사이의 불평등이라는 주제를 집중적으로 다루었다. 이 특집호의 편집장을 맡은 피터 셍커(Peter Senker)는 편집자 서문에서 전 세계에서 이루어지는 연구개발(R&D)의 높은 비율은 초국적 기업을 비롯한 세계적인 기업들에 의해 전 지구적 시장 수요를 만족시키기 위해 이루어지고 있다고 말했다. 그 수요는 고소득 소비자들의 수요이며, 실질적으로 오늘날 대부분의 연구는 선진국의 대규모 시장 수요를 위해 진행된다는 것이다(Senker, 2003).

상업화로 인한 연구주제의 제한이 사회에 미치는 영향은 크게 두 가지 방향으로 살펴볼 수 있다. 하나는 오늘날 전체 연구비의 상당 부분을 차지하는 초국적 기업들이 지원하는 연구비가 상대적으로 높은 수익을 얻을 수 있는 연구로 몰리면서 이미 시장이 형성되어 있고, 고부가 가치를 실현할 수 있는 상품을 개발하는 기술로 집중되면서 결과적으로 불평등을 확대 재생산하는 현상이다. 다른 하나는 상업화로 인해 과학연구가 특정한 주제와 방향으로 쏠리면서, 이러한 편향이 연구의 다양성을 파괴하는 현상이다. 이것은 냉전 종식 이후 전 세계가 경제력을 중심으로 하는 무한경쟁체계로 돌입하면서 과학연구가 이를 위한 성장동력으로 동원되는 경향과 긴밀하게 연관된다.

과학이 정치성을 가진다는 것은 과학사회학에서 오랫동안 연구된 주제였다. 그것은 과학이 보편적이지 않고, 특정 집단에 더 많은 혜택을 줄 수 있다는 것을 뜻한다. 이러한 경향은 새로운 것이라기보다는 자본주의가 고도화되고, 그에 따라 과학기술이 자본의 운동에 날로 긴밀하게 포박되면서 그 정도가 심화되고 있다고 표현하는 편이 나을 것이다. 이것은 오늘날 우리 사회에 팽배해 있는 첨단 과학 지상주의와도 무관치 않다. 과학은 우리에게 좋은 것이라는 과학주의(scientism)는 첨단 과학 또는 신기술은 곧 바람직한 것이라는 관념으로 발전했다. 이러한 현상을 설명하기 위해서는 많은 것이 필요하겠지만, 이 글의 관심으로 국한한다면 첨단 과학에 대한 편향은 과학이 무엇을 위한 인간 활동이고, 첨단 과학이 누구에게 봉사하는가 하는 성찰을 무디게 하는 이데올로기적 기능을 내재한다.

이러한 편향은 생명공학과 의료기술의 영역에서 두드러지게 나타난다. 우리 사회를 뒤흔들었던 황우석 사태의 경우 초점이 논문 조작으로 모아졌지만, 그 속에는 누구를 위한 연구인가라는 사회적 쟁점이 포함돼 있었다. 당시 한 시민단체는 "황우석은 '가난한 이들의 대안이 아니다'라는 글에서 암의 정복이나 배아 줄기세포 연구의 성공이 국민 대다수를 이루는 노동자와 농민의 건강을 해결해주지 못한다"고 말했다(박주영, 2005).

날로 늘어나는 세계시장 규모는 과학연구에 이윤 창출과 경쟁력 확대라는 방향성을 부여하고 있고, 연구개발의 수요층은 점점 더 상품 구매 능력이 높은 고소득 집단을 그 대상으로 삼고 있다. 이러한 경향은 양극화를 강화시키고, 불평등을 확대 재생산하는 결과를 낳는다. 양극화의 심화는 필연적으로 계급, 계층 간 갈등을 심화해 과학 발전은 물론, 사회적으로 큰 손실을 일으킬 수 있다.

4) 나가는 말

전 지구적 사유화 체제는 생명공학의 신자유주의라고 할 수 있다. 공간적·시간적 거리가 사실상 소멸하면서 나타난 산업, 금융, 정치, 정보, 문화의 세계화는 20세기와 21세기의 생명공학 성장에서 중심을 이룬다. 세계화는 거대 제약회사의 성공에서도 핵심적인 역할을 한다. 상위 20개 회사의 연간 총매출을 합하면 4천억 달러에 달하며, 그 범위도 전 세계로, 연구활동과 임상시험의 장소를 계속 이전하고 있다. 서구에서 임상시험의 비용이 증가하고 유사한 약으로 치료를 받은 적이 없는 피험자를 찾기가 어려워지면서, 제약회사들은 임상시험을 가난한 국가들로 아웃소싱하고 있다. 신자유주의 경제를 받아들이고 내부 투자를 유치하려는 동유럽 국가들은 이를 환영했다. 예를 들어, 에스토니아는 자국의 교육을 받고 과학친화적인 인구가 신약 시험에 이상적이라고 광고하고 있다. 인간 재생산에 관한 연구는 민감한 윤리적·정치적 사안들과 결부돼 있어 인간 배아 줄기세포 연구의 장소를 찾는 문제를 복잡하게 만든다. 여기서는 규제가 거의 혹은 전혀 없는 국가나 분명한 윤리적 규제가 있지만 부담이 크지 않은 국가가 대안으로 부각되고 있다(Rose and Rose, 2015).

세계화를 통해 생명공학 분야가 부를 창출하는 한 가지 방식은 이른바 '소매 유전체학'(retail genomics)으로 나타났다. 지난 2007년에 캘리포니아에 기반을 둔 회사 23앤미(23andme)는 침 시료에 근거해 개인의 유전체 스캔을 제공하기 시작했다. 스캔은 완전한 서열을 제공해 주지는 않지만, 회사의 투자 설명서에 따르면 심장병, 당뇨병, 일부 암 같은 만발성(late onset) 증상 등 최대 100가지 질병에 대해 선별된 위험 관련 유전자들의 유무를 파악할 수 있으며 외모와 관련된 특징들을 예측하거나 조상을 추적할 수도 있다. 이 모든 것을 겨우 199달러(2011년 기준)에 얻을 수 있는 것이다. 이에 23앤미의 모험사업을 뒤따르는 몇몇 경쟁사들이 등장했다. 미국-아이슬란드 회사인 디코드(deCode)의 자회사 디코드미(deCODEme)도 그중 하나이다. 23앤미의 상품은 이것이 '구매자에게 힘을 주고 연구를 가속시킬' 것이라는 근거하에 판매되고 있다. 불확실한 재정 상황에서 개인 유전체에 대한 마케팅은 신생 생명공학 회사들이 미래를 확보하려는 수단이 되었다.

그러나 이런 유의 검사의 신뢰성, 재현가능성, 유용성에 대해서는 폭넓게 비판이 제기되어 왔다. 예를 들어, 에반스와 동료 과학자들은 2011년 〈사이언스〉에 실은 "게놈 거품을 빼다"라는 제목의 글에서 일부 닷컴 기업들이 일으키고 있는 '기대의 거품'을 현실적으로 파악하지 못하면 유전체 연구가 정당성을 잃을 수 있다고 경고했다(Evans et al., 2011).

이러한 외주화 관행은 생명윤리 분야에서도 나타난다. 1988년 인간유전체계획의 일환으로 출범했던 '윤리적·법적·사회적 함의'(Ethical Legal and Social Implications: ELSI)에는 HGP 전체 예산의 5%가 배당되었다. 당시 이 돈은 가동할 수 있는 전문가와 전문지식의 풀에 비해 너무 거액이었다. 생명공학 태동기 이래 줄곧 비판적인 연구를 수행해온 로즈 부부는 HGP 이후 생명윤리 분야의 확장에 대해 비판적인 목소리를 냈다. 미국의 경우, 오늘날 거의 모든 대규모 생의학 프로젝트가 직원이나 컨설턴트로 고용된 전문 윤리학자를 두고 있으며, 이제 생명윤리는 하나의 분야라기보다 사업이 되고 있다는 것이다. 윤리가 모든 연구자가 내면화해야 하는 것이 아니라 외주화되고 있는 셈이다. 〈네이처〉지는 이러한 전개 과정을 만족스럽게 보면서, 이제 대학의 생의학 연구자들이 '생명윤리가 필요하면 E에 다이얼을 돌려' 캠퍼스에서 생명윤리학자에게 상담을 할 수 있게 되었다고 평했다(Pilcher, 2006). 생명공학뿐 아니라 나노, 로봇, 신경과학 등 신흥기술(emerging technology)에서도 이러한 경향은 일반적으로 나타나고 있다. 실제로 신흥기술들은 생명공학의 성공사례를 모방하려는 경향을 보이고 있으며, 과학연구의 신자유주의적 특성을 스스로 강화하고 있다.

과학연구의 신자유주의와 세계화는 생명공학의 윤리를 둘러싼 상황을 크게 변화시키고 있다. 생명윤리가 생명공학을 실질적으로 규율하려면 생명윤리를 비롯한 모든 움직임을 사유화 체제에 편입시키려는 구조적 움직임에 주목할 필요가 있을 것이다.

■ 참고문헌

김동광(2001), "생명공학의 사회적 차원들-HGP의 형성과정을 중심으로", 〈과학기술학 연구〉, 1(1):105-122.

_____(2002), "생명공학과 시민참여-재조합 DNA 논쟁에 대한 사례 연구", 〈과학기술학 연구〉, 2(1): 107-134.

_____(2010), "상업화와 과학기술지식의 생산양식 변화-왜 어떤 연구는 이루어지지 않는가?", 〈문화과학〉, 겨울호, 327-347.

박기범·홍성주·김동광·한재각·홍성욱(2011), "과학기술과 공정성"(정책연구 2011-15), 과학기술정책연구소.

박주영 (2005), "황우석은 가난한 이들의 대안이 아니다", 〈작은책〉, 125호.

제레미 리프킨 (1999), 《바이오테크의 시대》, 전영택·전병기 역, 민음사.

Bud, R. (1998), "Molecular Biology and History of Biotechnology", in Thackray Arnold ed., *Private Science, Biotechnology and the Rise of the Molecular Sciences*, University of Pennsylvania Press J. P.

Evans, J. P., Meslin, E. M., Marteau, T. M., Caulfield, T. (2011), "Deflating the Genomic Bubble", *Science*, 331: 861-862.

Hilary Rose and Steven Rose (2015), *Genes, Cells and Brains*, 김명진·김동광 역, 《급진과학으로 본 유전자 세포 뇌》, 바다출판사.

Keller, E. F. (2000), *The Century of the Gene*, Harvard University Press.

Mirowski, P. and Sent, E. M. (2008), "The Commercialization of Science and the Response of STS" in Hackett J. Edward et al. ed., *The Handbook of Science and Technology Studies*, 3rd edition, The MIT Press.

OTA (1987), *New Development in Biotechnology: Ownership of Human Tissues and Cells*, Office of Technology Assessment.

Pilcher, Helen (2006), "Dial E for Ethics", *Nature*, 440: 1104-1105.

Royal Society (2003), *Keeping Science Open: the Effects of Intellectual Property Policy on the Conduct of Science*, Royal Society.

_____ (2006), *Science and the Public Interest, Communicating the Results of New Scientific Research to the Public*, Royal Society.

Senker, Peter (2003), "Editorial", *Science, Technology & Human Values*, 28 (1): 5-14.

Sheldon Krimsky (2010), *Science in the Private Interest: Has the Lure of Profits Corrupted Biomedical Research?*, 김동광 역, 《부정한 동맹: 대학 과학의 상업화는 과학의 공익성을 어떻게 파괴하는가》, 궁리출판.

찾아보기

국 문

리처드 셔록 (Richard Sherlock)

리처드 셔록은 유타 주립대학 철학 교수이다. 유타 주립대학으로 오기 이전에 그는 테네시 의과대학과 맥길대학에서 의료윤리를 가르쳤고, 뉴욕에 있는 포드햄대학에서 도덕 신학을 강의하기도 했다. 그의 주된 관심분야는 의료윤리, 초기 근대 철학, 철학적 신학, 생명공학의 윤리 등을 두루 포괄한다. 논문 및 저서로 "Preserving Life: Public Policy and the Life Not Worth Living"(1987), *Families and the Gravely Ill: Roles, Rules, and Rights* (1988) 등이 있다.

존 모레이 (John D. Morrey)

존 모레이 역시 유타 주립대학에 재직하는 교수이자 연구과학자이다. 그의 주된 관심분야는 바이러스 감염을 치료하기 위한 약품 개발, 사람의 바이러스 감염의 모델이 되는 실험실 동물 유전공학, 젖을 통해 사람에게 유용한 단백질을 생산할 수 있는 낙농 동물 유전공학, 그리고 동물 복제 등이다. 또한 그는 새로운 생물학과 생명공학의 윤리에 대해서도 여러 강좌와 워크숍 등을 통해 강의했다. 1996년에 처음 시작된 1회 형식의 강좌는 유전공학을 대상으로 한 것이었고 상당한 성공을 거두었다. 성공에 힘입어 이 강좌는 유타 주립대학에서 여름 워크숍과 심화 강좌로까지 이어졌다. 유타 주립대학에 오기 전에는 NIH(National Institutes of Health)의 연구원으로 근무했다. 그는 바이러스학, 약품개발, 동물 유전공학, 그리고 윤리학 등의 분야에서 45편 이상의 논문을 발표했다.

김동광

고려대 독문학과를 졸업하고 동 대학 대학원 과학기술학 협동과정에서 과학기술사회학을 공부했다. 과학기술의 인문학, 과학기술과 사회, 과학커뮤니케이션 등을 주제로 연구하고 글을 쓰고 번역하고 있다. 한국과학기술학회 회장을 지냈고 현재 고려대학교 과학기술학연구소 연구원이다. 고려대, 가톨릭대 생명대학원을 비롯하여 여러 대학에서 강의하고 있다. 지은 책으로는 《사회 생물학 대논쟁》(공저), 《과학에 대한 새로운 관점-과학혁명의 구조》 등이 있고, 옮긴 책으로 《인간에 대한 오해》, 《부정한 동맹》, 《급진과학으로 본 유전자, 세포, 뇌》(공역) 등이 있다.